Secure Your Network for Free

免费保护你的网络

〔美〕Eric Seagren 著
张骏温 贾卓生 译

科学出版社
北京

图字：01-2008-3024 号

This is a translated version of
Secure Your Network for Free
Eric Seagren

ISBN-13：978-1-59749-123-5
ISBN-10：1-59749-123-3

图书在版编目(CIP)数据

免费保护你的网络/(美)西格伦（Seagren，E.）著；张骏温，贾卓生译. —北京：科学出版社，2008
(21 世纪信息安全大系)
ISBN 978-7-03-023413-1

Ⅰ. 免… Ⅱ. ①西…②张…③贾… Ⅲ. 计算机网络-安全技术 Ⅳ. TP393. 08

中国版本图书馆 CIP 数据核字（2008）第 181286 号

责任编辑：田慎鹏 霍志国/责任校对：宋玲玲
责任印制：钱玉芬/封面设计：耕者设计工作室

科学出版社 出版
北京东黄城根北街 16 号
邮政编码：100717
http://www.sciencep.com

骏杰印刷厂 印刷

科学出版社发行 各地新华书店经销

*

2009 年 1 月第 一 版 开本：787×1092 1/16
2009 年 1 月第一次印刷 印张：19 1/4
印数：1—4 000 字数：451 000

定价：49. 00 元

（如有印装质量问题，我社负责调换）

第 一 作 者

Eric S. Seagren 拥有 CISA，CISSP-ISSAP，SCNP，CCNA，CNE-4，MCP+I 和 MCSE-NT 证书，有 10 年的计算机行业从业经验。近 8 年来，他为一家“财富”前 100 强的金融领域的公司提供服务。Eric 的计算机职业生涯从接触 Novell 服务器开始，并且在一家休斯敦本地的小公司从事排除一般网络故障的工作。由于他一直在金融服务行业工作，故职位和职责都得到稳步提升，职责包括服务器管理、灾难恢复、业务连续性协调员、千年虫修补、网络脆弱性评估和风险管理。过去几年，他是一名 IT 构建师和风险分析师，设计并评估了安全的、可扩展的冗余网络。

Eric 作为联合作者或技术编辑参与了几本书的编写，包括《强化网络安全》(McGraw-Hill)、《强化网络基础设施》(McGraw-Hill)、《黑客大揭秘：思科网络》(McGraw-Hill)、《配置检测点 NGX VPN-1/FireWall-1》(Syngress)、《防火墙基础》(思科出版社) 和《设计开发企业非军事区》(Syngress)。他还获得了美国 Toastmasters 的注册培训经理 (CTM) 证书。

感谢帮助完成本书的人。首先感谢 Sandra 和 Angela 在整个写作过程中的支持、耐心和理解；感谢 Wes 所给予的质量和一致性方面的建设性的反馈意见；感谢 Holla 提供的最初的思想火花，正是这个火花最终演变成了本书（尤其是第 2 章和第 7 章）；感谢 Moe 在机会出现时的支持。

技术编辑

Wesley J. Noonan（休斯顿，得克萨斯州） 在计算机行业从业已经超过12年，专攻基于Windows的网络和网络基础设施的安全设计和实施。他是NetIQ公司的安全软件产品线上的一名质量工程师。他编写了《强化网络基础设施》（McGraw-Hill）一书，并且是《CISSP培训指南》（Que Publishing）、《强化网络安全》（McGraw-Hill）、《设计开发企业非军事区》（Syngress）和《防火墙基础》（思科出版社）等书的联合作者。他还是《黑客大揭秘：思科网络》（McGraw-Hill）的技术编辑。他是《Redmond》杂志的撰稿人，为该杂志撰写网络基础设施和安全专题，同时为Techtarget. com（http://searchwindowssecurity. techtarget. com/ateAnswers/0,289620,sid45 _ tax298206,00. html)维护一个叫做“专家咨询”的Windows网络安全版。他还出席了2004年的TechMentor活动。他住在得克萨斯州的休斯顿。

Stephen Watkins（CISSP） 他是有10年以上相关技术经验的信息安全专家，其中8年都投身于安全领域。目前他在维吉尼亚州东南部的Regent大学任信息保险分析师。来Regent之前，他领导一个安全专家组为一个全球规模的政府网络提供深入分析。在过去的8年里，他积累了有关边界安全和多级安全体系结构的专业知识。他的有关Check Point的经验可追溯到1998年FireWall-1 version 3. 0b时代。他获得了Old Dominion大学计算机科学专业的学士学位，并且获得了James Madison大学的计算机科学硕士学位，专攻信息安全。他几乎是维吉尼亚海滩的终身居民，他和家人在那里是教堂和当地的少年棒球联盟的活跃分子。

Stephen是第3章的技术编辑。

目　　录

Chapter 1

第 1 章 免费安全产品的商业案例

本章主要内容：

- 使用免费安全产品的成本
- 使用免费安全产品节省的费用
- 免费产品与商业产品的比较
- “卖”一个免费产品

√ 小结

√ 快速解决方案

√ 常见问题

引言

你也许正在寻找解决安全问题的省钱的方法，并且想对可用的免费工具有更多了解。本书将介绍一些最好的免费产品。在一些环境中，首倡并实现任何类型的安全措施都会使你陷入麻烦中，即使有最好的计划，也会产生问题。本章将帮助获得所需要的支持，以便实施一个低成本的产品。

无论是对解决方案进行修改并需将修改后的解决方案卖给经理的人，还是需要明白一个特定的免费软件的真正含义的决策者，本章都有助于找到所需的安全产品。本章将讨论免费产品的一些隐性成本，并且阐明这些产品所带来的后果；本章也将说明一个事实：在很多情况下，一个免费包和一个商业产品之间一对一的比较是不合理的。有了所有的信息，就应该能够提出一个解决方案并以一些令人信服的商业数据来支持自己的选择。

使用免费安全产品的成本

至于安全产品，生活中没有什么事是免费的。可能不用为一个安全产品本身付钱，但有关实施产品的费用（这点并不明显）也许就免不了了。很多情况下，安全需要指定哪个产品合适。如果没有一个可用的免费产品，则不得不使用商业产品了。幸运的是，有很多高质量的免费产品可用。后面章节的内容旨在以各种混合等级提供一系列产品。如果未经充分了解和研究就急不可待地实施一个免费产品，则有可能会比购买一个商业产品花费更多。

培训成本

培训成本是实施一个免费产品时最大的支出之一。首先是直接的培训支出（如送某人去听课）。当进行免费软件产品的培训时，选择可能受到限制。在多数情况下，集中于某一主题的培训并不存在（例如，可能找不到一个关于 netfilter 防火墙的课程）。相反，也许能间接地找到适用的培训，如关于普通的 Linux 的使用和管理的课程。

另一项培训成本是资料（如书）。本书只是涉及了某个问题的某点，而除此之外可能还需要该问题的更多信息。例如，如果正实施一个 Snort 入侵检测系统，本书会指导一步步地建立 Snort，但若需要更多信息，则本书就不涉及了。一个覆盖已经实施的特定软件的所有相关领域的小图书馆是值得的投资。

还可能招致培训成本，如培训期间被培训的雇员不可用。此时脱离工作是一项支出，因为你在为一项不可获得的资产付钱。雇员在现场并自行培训的也同样如此。

硬件成本

一个安全设备是一个不需要计算机的设备，并且仅被用于特定的目的，而所有的免费产品都需要一个系统来运行。幸好需求通常是极小的，因此通常可以使用一台旧的 PC。然而，正因为系统的配置是非专用的，所以在使用这样的系统进行连接时，就可能带来安全风险。系统对资源的需求使得主机几乎不可能再实现其他功能（如 the Snort IDS 日志能力可以很快耗完硬盘空间，不给其他程序留一点空间）。

如果没有旧的系统可用，则很多在线的零售商提供价格合理的旧系统。低端 PC 机的很大一部分成本用在操作系统上。很多零售商提供廉价的系统，这些机器要么以 Linux 为操作系统，要么没有安装操作系统。这样可以购买一个相对便宜的较现代的系统，然后把它安装所买来的机器上，这对运行安全工具并提供用户工作站来说是一个可行的选择。

咨询成本

必须谨慎地权衡要把钱花在哪里。培训太少，最终得雇请顾问。实施、配置或安装免费防火墙会比买一个防火墙花费更多。与花 500.00 美元买一个小防火墙相比，所谓的免费很快就不免费了。

虽然那么说，如果需要，还是不要害怕找顾问。与实施某些有专有权的解决方案比起来，高价聘请一个顾问来配置免费产品且保证此配置是基于最佳实践的还是便宜的。一个顾问也可以是一个培训者。可以跟着顾问看他正在做什么，是怎么做的，可以提一些问题并学习为什么那些事情要以那种方式做。通过这种方式，可以让一个博学且有经验的人实施所选定的产品，并且给内部人员提供培训和指导。

如果曾经不得不依赖顾问，可能知道他们不总是“物值其价”。有时他们不像自己说的那么博学。关键是清楚需求是什么并和咨询公司良好地沟通。一个好的顾问可以挽救局面。

警　告

削减咨询预算的时候必须非常谨慎。我看到过试图省钱却以花费更多告终的尝试。在几乎所有的情况下，尽快找一个顾问是最好的做法，从长远来看也是最有效的。如果发现一个喜欢的熟练的有技能的顾问，每月的聘用金也许就是一项好的投资。

无形成本

一个免费产品的所有成本有哪些？对一个初学者而言，是电的消耗。我有一个 Windows 98 系统仅被用作打印服务器。这台机器大约每个月花掉 7 美元的电费。一台专用打印服务器仅花费约 30 美元且不用电，若买这样的打印服务器，5 个月内我就开始省钱。Pentium II 运行 Windows 98 技术上是“免费”的，但是付电费维持运行也不是最划算的选择。一些安全工具不是作为商业产品提供的，而一些是（例如，从一些制造商那里可以得到小的、便宜的且耗电远比标准的桌面 PC 机少的防火墙）。付的电费会不一样。基于电费账单，可以非常准确地计算一台设备会花费什么。

另一个因素是 HVAC［Heating（暖气），Ventilation（通风），Air-Conditioning（空调）］费用。这些基本是环境控制设备。额外的电脑产生额外的热量，这会花掉更多的空调费和电费。如果不能选择一个专用的设备，额外的 HVAC 需求就会是避免不了的额外费用。相反，在采用更有效的基于设备的产品的情况下，则几乎总是比使用通用的工作站产生的热量少。这也适用于旧计算机与新计算机间的差异。重负荷时要求更多的电力和冷却的新系统常常包含优于旧系统的节能特性。

也有不动产的费用。一台淘汰的全尺寸塔式 PC 比一个新的雪茄烟盒大小的商业设备占据更多空间。也许房间现在有很多空间，但当服务器间变得越来越拥挤时，空间就会成为一个问题。一个键盘、显示器、鼠标（KVM）切换器在空间上节省的费用也许比购买它的成本节省更多。由于服务器包装越来越严密，良好的空气流通和充分的冷却都将被抑制，并且对该系统进行物理访问操作或者维护也会很困难。

考虑到技术支持人员可能不熟悉新的免费产品，由此而产生的低效行为也是免费产品带来的成本。当一名工作人员在新的防火墙上执行一项任务时，不熟悉的防火墙会比熟悉的防火墙花更长的时间。这种低效行为通常只延长了完成一个任务的时间，然而，如果发生停电或业务中断，这一延迟可能导致利润损失或商业损失。规划项目和其他活动时，这些延迟也必须考虑。

免费产品通常是由小型组织或个人制作的。这些产品可以非常好地完成指定的任务，但可能不是很知名。但如果配置免费产品的人离开了或是由于其他原因找不到了，这就可能会产生问题了。如果有一个 PIX 防火墙需要工作，找个人来帮你可能没那么难，但是如果需要一个人来管理一个晦涩的免费产品，找这样的人就很难。这种困难作为一项隐性成本，会通过增加解决问题的延迟时间显示出来，即不得不付给顾问更高的酬金或一些其他的无效行为。

使用免费安全产品节省的费用

以下部分讨论一个免费安全产品是怎么省钱的。首要的节约显而易见：不用为产品付钱。然而，还有其他的好处。这部分提供了关于使用免费软件好处的详细研究。通过评估预期的节约与成本，可以构造一个更实际、准确的关于实施一个免费安全产品能获得什么的全景图。

购买费用

购买费用是使用免费软件时单项最大的成本节约之一。最好的例子就是防火墙。一个小小的 Linksys 或是 Netgear 防火墙价值约在 20～50 美元之间。它们几乎不用电、支持端口转发、执行网络地址转换、可用作动态主机配置协议服务器，且是状态良好的包过滤防火墙。假如使用 Linux 和 netfilter 来运行一个免费的防火墙，则可能员工建立 Linux 防火墙所花费的时间成本会比买一个 Linksys 的花费更多。防火墙是商业产品如何易于得到且负担得起的最好的例子之一。

仍然可以在购买上省钱。有几类产品，尤其是 IDSes、网络分析和报告工具，还有商业虚拟专用网产品的花费数额大的惊人。比较价格的时候，尽可能比较同类产品。把可获得的最贵的“豪华”软件产品用作决策价格是误导人的。免费产品不会有和商业版本一样的特征和性能。以商用产品中认为是必须的那些特性为起点，以这些商用产品的成本为依据，决定免费产品可以节省多少。

维护费用

维护可能是很昂贵的，一年的维护费用为购买价格的 10％很正常。这个价格也是波动的，因为几乎所有的供应商都根据不同的响应时间和服务等级协议确定了不同的支持水平。然而，事实是如果你选择了免费产品并把那 10％花在培训上，可能会有来自员工的非常高的响应度，而确保来自供应商的同等程度响应度和可得性则可能会花掉一大笔。自己的支持人员去办公室或者远程解决这一问题可能会比除最大、信誉最好的供应商外几乎所有的供应商还要快得多。即使供应商可以在 2 小时内到现场，但有时让一个具体的人回复呼叫并对紧急任务做出方案仍需要时间。可能你与员工取得联系所需的时间即使不比这快，至少也一样快。在评估不必购买一份维护合同可节省的成本时，期望的服务水平应该在考虑因素之中。

定制费用

定制能够获得巨大收益还是不合理，这个问题取决于环境。如果购买一个商业产品，可能会发现它没有办法为环境定制。如果能得到某种程度的定制，则它很少是免费的。通常这种服务的小时收费率是相当高的，在真的想要或是需要所期望的功能且愿意付钱来添加它之前，必须明白这点。有了一些免费产品，如果有专门的知识，则这些定制就能负担得起，甚至可以不花钱。然而，并不是所有的免费软件都是可定制的，原因在于它是免费的，但并不总意味着是开源的。开源软件是源代码（例如，使软件运行的程序代码）可以免费获得的软件。当软件是开源的时候，可以下载源代码并把它编辑进核心内容。可以随心所欲地添加或多或少的自定义功能。

很显然，这是一个并不是每个人都需要或有办法利用的优势。取决于考虑的（讨论的）软件包，有些是使用不同的编程语言实现的，因此即使员工知道得足够多，能制定一个程序，他们也可能不知道所要求的特定的编程语言。定制也是进入实施阶段后才知道需要的东西。如果提前知道定制需要，就可以相应地调查权衡费用。总的来说，即使定制免费产品的费用和同等的商业产品的一样，则前者可能达到的定制水平常是（但并不总是）与后者相等或比后者更好。

免费产品与商业产品的比较

当需要做一个正式的决定：是购买一个商业产品还是实施一个免费产品时，有一些与金钱无关的因素要考虑进来。第一个也是首要的因素是，只比较需要的功能。不要把商业产品的豪华版本与免费版本做比较。它们或者特性不一样，或者学习曲线不一样，或者所要求的硬件不一样。最终通过做尽可能最正式和最合理地比较，选择最好的产品。

免费产品的优势

免费产品较之商业产品常有的一个优势是开发速度。开发速度因产品的不同而不同。不是所有的免费产品都有很快的开发周期。开源包常有非常快的开发周期且比相应的商业产品能更快地解决最新的安全问题。如果要站在前沿，免费软件（尤其是开源软件）也许是比商业产品更好的途径。

前面我们讨论了针对一些免费软件进行定制是节约成本的一个因素。这是因为常常可以自己完成定制，而不用付钱让供应商做。值得一提的是定制本身的优势不仅限于成本节约。这里再强调一次，并不是所有的免费软件都可以定制。有时候一个特定类别里最好的软件使用了封闭的代码，因而没有办法执行任何定制。但是开源运动最大的优势之一就是每个人都有编辑、定制和改进软件的自由。

免费产品的一个潜在的优势是实施的速度（这个速度有别于开发速度）。当我提到免费软件的实施速度，我是指装载该软件并让它工作所需要的时间。这不只包括安装，有时还包括重大购买时的繁文缛节。例如，假如正尝试建立一个将有利于组织的商业合作关系。这里时间是重要因素，合作关系越快建立越好。合作关系涉及网络连接以促进信息交换。检查了网络连接方案后，潜在伙伴开始犹豫不决，因为方案中缺乏充分的防火墙保护。也许当前的因特网连接用一个消费者级的家用路由器或是防火墙进行过滤，而现在却需要一个单独的非军事化区 DMZ，这个 DMZ 要有一些高级的地址转换规则和较好的日志。可以联系一家供应商并等待回应、得到一个报价并传给经理征得同意。经理同意购买计划后，把它交给财务部，他们购买并安排运输。一旦新的防火墙到了，必须安装、配置这个新的防火墙，然后测试。相反一种更快的方法是从储藏室找台旧的 PC，下载并在这个旧的 PC 上安装 Linux，配置防火墙。如果环境允许这样做，则实施免费软件会相当快。然而在对允许的供应商、许可软硬件等有限制的环境中，获得一个免费产品的许可会比获得一个商业产品更难更费时间。最终，环境将会证明实施速度是否真正是一个优势。

人们可能认为所有的免费软件都是由一些学校毕业的孩子制作的，不稳定且缺乏类似商业软件开发项目的质量管理。有时这当然是对的，有时却并不是这样。事实上，大的、建立良好的开源项目有上百的程序员评审、修订、详察、修改代码。几乎没有商业公司会把相同数量的资源放到一个单独的软件产品中。这就意味着在很多情况下，正在获得的免费软件比对应的商业软件经过了更多的同行评审和测试。这并不总是正确的，很多情况下免费软件几乎没有质量管理，而真正进行测试的是用户。根本上讲，这意味着免费软件的质量会有很多变数。为了减少正在实施满是 bug 的软件的情况，需要投入大量的业余精力。如果坚持使用成熟的产品，当然会提高实施成功的机会。避免使用改变了主要体系结构的新发布版软件也会有所帮助。如果正使用的某个产品的当前发布版新增了对最新芯片组的支持，则在实施该发布版之前多做些测试是明智的。关于免费软件的优点的优秀的长篇文章参阅 www.dwheeler.com/oss_fs_why.html。事实上，一些免费产品不适合充当任何类型的关键角色，其他一些则可以。最后，并不是所有的免费软件都是“廉价”软件，部分免费产品有很高的技术含量。

免费产品的劣势

在生产环境中，实施一个免费产品惟一最大的缺点就是支持，或是缺乏支持。从因特网上免费下载一些东西时，通常没有电话号码可用来寻求帮助。有时高质量的文档可以使这一问题得到部分解决，某些情况下，可以在为数众多的在线用户论坛上提问，并且得到软件包制作者或是其他用户的帮助。另一方面，高质量的文档非常稀少。很多免费工具软件（utilities）非常缺乏文档。这个问题是管理中最需关注的问题之一。一般而言，安全软件的关键性越大，实施一个有很少支持的产品时就应该越谨慎。如果你是一家依赖互联网的公司，比起其他在店面里赚钱且只用互联网来冲浪的公司，在实施一个免费的 Linux 防火墙之前，需要内部技术人员具有更高级别的专门知识。这并不是说免费软件没有充分的支持或是不应该使用免费产品来满足关键需求，只是说应该在认真考虑和计划后有意这样去做。

免费安全产品的管理能力通常没有商业产品的那么健壮，需要根据所使用的特定产品来决定这是否是一个真正需要考虑的因素。对于免费的入侵检测系统、反病毒和反间谍软件，管理能力的有或无常常更重要，这是因为这些产品都需要频繁地更新以便保持价值并有效地工作。一个企业级的反病毒程序将会围绕签名提供很多更新的控制和特征，如什么时候和如何执行更新，以及侦测到一个病毒时该如何处理。免费产品通常有更多局限，常需要手动扫描或更新程序，并且可能必须通过一个交互程序人工响应一个主动侦测，而不是自动响应。

有时免费产品还缺乏的另一个领域是报告。一些免费产品提供卓越的报告，其他很多免费产品则很少或没有提供报告的能力。在很多情况下，使用免费工具软件自己手动配置一些类型的报告，但即使能生成一些自动化的日志或报告，它也不会如一个本来就支持这些功能的商业产品那么简单或快捷。当考虑免费产品的报告能力时，你不仅要考虑想要的日志能力，还要考虑需要的日志能力。很多情况下，如果你在一个高度受管制的行业，如银行业或是卫生保健，是否有丰富的日志能力是导致是否购买商业软件的关键因素。如果需要通过审核，在制定出一个关于产品的战略决策之前，就要研究能仔细地生成的审核记录。

前面粗略地谈到免费产品常常是不知名的这一事实，以及如何转变成诸如咨询费用这样的隐性成本。这一隐性成本可能不限于咨询费用。如果你正要雇用一名新职员，并规定他们需要熟悉思科的设备，毋庸置疑，能很快找到你要的人，但如果规定他们要熟悉一些几乎无人知道的已经用过的免费产品，则会非常难。这并不是说他们不能被培训，只是这又会引来培训有关的成本和缺点。熟悉一个产品（因其无名）也能使实施一个产品比实施一种广为人知的技术所花的时间更长。实施（完成）速度在这里是作为潜在的资产被提到的，但是，如果找不到一个了解免费产品的人，这很容易就会变成债务。最终，使用行业标准产品比使用不广泛的产品有优势。

测评单个产品

研究一个免费产品时，需要决定该产品是不是最好的产品，做这个决定时有很多因素要考虑。下列列表简要概述了所需要的步骤，这些步骤决定一个免费产品对你而言是否是最好的。

（1）识别可供选择的产品

知道存在哪些可选择的免费产品，这可能是整个测评过程中最难的部分。希望本书会帮助你，除此之外在在线网站也会帮助找到免费软件。拥有开源软件的最大网站之一是 http://sourceforge. net/index. php，也可以看 http://freshmeat. net/。可以在 www. icewalkers. com/找到一个面向程序员的网站，该网站包含只在 Linux 系统上运行的软件，免费软件目录位于 http://directory. fsf. org/。Microsoft Windows 上运行的类似的免费软件的目录位于 http://osswin. sourceforge. net/。最后，一张包含在 Windows 上使用的免费软件的 top picks 的 CD 位于 www. theopencd. org/。

（2）研究可供选择的产品

通常这将意味着对软件进行研究。留意人们对各软件有多少问题，这些问题是否已得到解决。检查开发者的网站和文件，看这些文件是不是制作精良且完整。这是清除大多数候选软件并有望留在品质选择清单上的时候必须做到的。

（3）比较产品

前面的步骤是要挑选出最好的免费产品，这步旨在比较最好的免费产品和与之相应的商业产品。通过比较可以排除一些太贵或使用困难的产品。用于比较的指标包括：

- **功能** 产品必须满足所关注的业务需要。注意产品的体积。某个产品可以做你想做的，但其体积却超出预想。还要考虑是否这个产品将与其他的设备一起工作，或是否使用有所有权和闭源的方法、协议或算法。这些显著的特点稍后可能会成为限制因素并妨碍灵活性。
- **成本** 这是考虑一个免费产品的主要原因之一。试着尽可能准确地估计免费产品的真正成本，包括购买成本、维护成本、培训成本、升级成本等。
- **发展势头** 产品制作的有多好？记住这是免费产品和商业产品都要考虑的因素。软件做的越好，将来找到制作者的机会就会越多。一个大的做的好的项目也将可能有更好的社团支持和可靠性。全部的发展势头就是看该项目有多活跃。不要在一个似乎马上就要死亡或消失的产品上投入很多时间和精力。
- **支持** 支持的成本是多少？是不是可获得的？支持有多及时？支持采用什么样的形式（在线论坛、E-mail、电话等）？
- **性能** 哪些产品的性能是最好的？这包含速度、效率和可靠性。一个常出故障的强大的软件包不是一个可行的选择。
- **可用性** 产品是否好用？如果学习曲线非常高，培训成本会上升。如果产品没有喜欢的特征或功能，能定制并使它好用吗？
- **安全性** 即使对一个安全工具，也必须考虑隐含的安全性。产品是不是安全？会处理安全数据吗？正在引出任何新的安全风险吗？能生成什么类型的审计和日志？
- **法律及授权问题** 一定要严密地复查授权协议。对于一个商业单位来讲，免费软件经常就不是免费的了，或对安装数量有特殊限制，或有其他的标准。什么时候有疑问了，让法律顾问复查授权协议。
- **个人标准** 这些是指仅适合环境的一些特殊的需要或要求。对其他组织而言是好的东西可能不会为你所用。

（4）执行详细测试

在这个阶段，有望已将范围缩小到一个或两个选择了，所以是对这些产品进行一个真正的测试的时候了，看它们是不是如制造商声称的那样。测试可以在一个实验室进行，也可能在工作网络上做，这取决于相关的风险和产品的种类。需要基于环境估计执行详细测试的意义有多大。

(5) 得出结论

做了所有这些研究之后，可以决定认为最好的产品是什么了。不管是最终的批准者，还是需要把提案转呈给某个人得到正式批准的人，此时应该收集到所有的事实，便于做一个好的决定。

记住，前面的步骤有很大的灵活性，它们可以以一种或多或少的结构化的方式来实施。形式上可能没有覆盖所有步骤，但那些步骤会以另外的形式出现。这些步骤的文档越详细，越有利于评判自己的选择。

现在我们已经讨论了多种情形，即免费产品的成本可能比相应的商业产品的成本更高或者更低。看一个例子，假设经理要你提供一种报告机制，这个机制要能看到是谁正在大量使用互联网带宽，还想知道可疑用户使用带宽来干什么。你搜寻并找到一个叫做nGenius Performance Manager 的产品，这个产品由 Netscout（www. netscout. com/products/pm _ home. asp）制作。依照研究，它不仅能满足需要，甚至更多。它生成的图表非常好，并且能极细粒度地研究网络上通过的流量。在免费部分，你已经看了Ntop，它们看起来非常简洁，粒度一点都不精细，但是仍然免费提供相当数量的数据和报告。你打电话给 Netscout 并得到了一些 nGenius 设备的报价，服务器授权的报价结构是随着性能的不同而扩展的，因此想了解（查问）提供的最经济的服务器授权，这个授权要 20 000 美元。你将至少需要一个探测器来监听收集数据，这个探测器要 5000 美元；需要一个服务器运行这个探测器，而旧服务器可能不能用，所以还需要另外的 2000 美元；一年的维护合同将是购买费用的 10%，意味着又要 2500 美元，使得总数之和达 29 500 美元，这几乎是能够得到的最低报价了。

如果你找到经理，用这 30 000 美元的报价来说明为什么应该实施一个免费的流量报告分析工具，你的陈述可能并没有说出全部实情。首先，没有一个免费产品接近 nGenius 的能力和功能，因此并没有进行同类产品的比较。还有其他相对便宜的同类产品，用这些产品与 nGenius 比较，才能得到更准确成本节约的成果。

其次，即使钱不成问题，实施一个类似 nGenius 的企业级的产品也可能不是最好的选择。尽管它有一系列令人印象深刻的情结，但其学习曲线却相当陡峭。实施这样一个产品后，比使用一个免费的（更简单的）产品，内部员工可能在学习如何使用它时会更困难。

最后，可能不需要 nGenius 提供的详细程度和精细程度。如果 Ntop 或者一个差不多的免费产品能提供期待的所有报告和指标，实施一个更复杂的产品也许不是明智的做法。Ntop 也许是公司最好的选择，但是说这个选择会节省 30 000 美元则是很不准确的。

nGenius 是网络分析工具领域的 Cadillac，有一系列惊人的特征和令人印象深刻的定制能力，使你不必编程就可完成定制。如果我有预算和需要，就会用这个产品。那是不是说 Ntop 就同样强大呢？不！甚至连接近都谈不到。但是，在一个小的单位，nGenius 提供的附加特征可能根本不会用到。作为免费产品，通过利用 Ntop 或是众多其他免费产品中的某一个都可以做一切需要做的事，并且其学习曲线还较为平缓。

“卖”一个免费产品

如果不需要得到任何人的许可就可以实施一个新的安全产品，就不需要阅读这部分内容了。反之，如果不得不让某人在计划上签字，这部分内容应该是有所帮助的。如果确实需要得到上级的批准，则基本上应该试着去“卖”你的产品，如一个推销员一样，突出效益，明确说明方案的不足。记住，呈现一个产品的目的不是按你的方式去做事，而是给决策者提供最完整、最准确的信息，以便他们做出最佳决策。对环境和目标观众的判断将很大程度地决定对最好方法的评判标准。我们期待这些诸如如何赢得批准的指导原则会有助于你赢得成功的机遇。

通过做来“卖”

说明一个给定的产品的能力和效力的方法之一是实际示范操作该产品。如果环境允许，并且有资源、财力，安装要“卖”的软件，在演示它能做什么的同时产生报告，呈现事实，这些可能是可行的。但如果变更控制程序不允许这么做，而又不想做任何不恰当的事，将需要修改方法。假设可以进行示范，并且软件能够生成图和报告，如果通信量被协议和正关注的计算机打断，则没有什么能够比图更能清楚地显示其影响。这不只为软件的使用价值提供了真实的证据，还证明了你的进取心和先见之明。

警 告

这里要完全清楚，我们并不提倡在没有得到管理层同意的情况下实施为策略所禁止的软件。需要评估环境和涉及的因素如气候、政策、风险和效益，从而决定没有提前得到所有正当授权就实施一些软件是不是明智的。还是那句话，在某些情况下这样做完全可以，并且经理会得意于你的足智多谋和进取心，然而在其他情况下你可能要找一份新的工作了。通常的做法是，培养好的判断力并在有疑问时采取谨慎的态度。

提出一个提案

如果没有实施某些产品的权利而需要得到授权，就需要提出一个提案，这个提案要包含所有相关的信息，当然可以包括提案里说到的装置的样本数据。“提出一个提案”听起来非常正式，并且确实可以这样，但事实上也可以不一定必须这样。一些单位有比其他单位更正规的程序，提交提案非常结构化，如同填写一个标准模板的表格并提交那样，并且要用幻灯片做介绍。但也可以用一种简单的方式，如吃午饭的时候和经理谈谈，告诉他你想要做什么。

无论提案采取什么形式，口头的或书面的，一些共同的要素都要被涉及。如果尽可能准确地处理了所有这些问题，则成功的可能性会得到极大的提高。应当使信息和回答覆盖以下关于提案中的产品领域：

- 成本、培训、实施　产品需要什么？它会花多少钱？它会花多长时间来完成？需要多少培训，什么类型的培训？培训会花多少钱，花多长时间？可能需要什么硬件，这些硬件会花多少钱？它会影响用户的经验吗？如果会，是怎么影响的？
- 性能　它会做什么？别光是销售广告用语，真正的性能是什么？从你的环境产生真实的样品，或者在线找到一些东西，这都需要走很长的路。硬数据总是比夸大的销售广告更好。技术上的局限性是什么？
- 设想　若要此产品按计划工作还需要考虑其他什么因素？完成实施需要帮助吗？需要外面的顾问吗？
- 警告　方案中产品的缺陷是什么？是什么使得该产品缺乏吸引力？可能出现的潜在问题是什么？

小结

不是实施免费安全产品的所有方面都是免费的。总是有这种或那种类型的费用，这些费用的大小和相关性会因个人环境的不同而不同。无论如何不要成为开源或免费软件骗局的另一个受害者。这些受害者不做充分研究，读了或听说了一个“免费产品”就冒然地使用，因此招致混乱而无法收拾，因为让这些“免费产品”工作或清除它都很昂贵。有了适当的研究和计划，免费产品就可以提供一些非常强大的安全方案，并且不用花很多财力。真正的价值在于找到可用的最简单的免费软件，并且这些软件还可以满足需求。

快速解决方案

使用免费安全产品的成本

- √ 培训费用能很快地猛增，尤其是基于班级的培训。
- √ 咨询费用不是总能避免的。有时培训能提供一种非常有效方法来实施一个给定的产品，同时还提供一些急需的培训和文件。
- √ 无形成本也可能增加。虽然类似暖通空调费、电费和空间要求这些方面不可能耗尽资源，但应该意识到这些项目仍然是要考虑的因素，以便做出合理决定。

使用免费安全产品节省的费用

- √ 最大的节约是没有购买软件的费用。
- √ 没有维护费用。

免费产品和商业产品的比较

- √ 对于商业产品来说，由于存在购买且收到产品需要时间，所以比起实施一个商业产品来说，通常实施一个免费产品会更快。
- √ 免费产品的一个最主要的缺点就是支持。没有一个可打的免费电话，只能自己培养或付钱给有相应技能的人以获得帮助。极少或是没有文档有时会是成功实施免费软件的一个主要障碍。

- √ 很多免费产品也是开源的，这给定制、修改、变更甚至重写相关软件带来无与伦比的灵活性。

“卖”一个免费产品

- √ 要明确针对某一产品的赞成与反对的理由，数据要真实。记住，这样做的目的不是在搞实施某个特殊产品的竞赛，而是使大家都知道真实情况，以便选择最好的产品。
- √ 现实中的例子总是胜于理论。例如，在说到某产品可以画图时，利用该软件把当前网络中的数据画张图（如果策略允许），总比一个声称该产品可以画图的公告使人更容易理解。

常见问题

以下常被提及的问题，本书的作者都一一做出了解答。设计这些问题用来测试对本章出现的概念的理解，并帮助读者在实际生活中应用这些概念。如果还有其他问题，浏览 www. syngress. com/solutions 并单击 Ask the Author 一栏。

问： 我如何知道什么时候已经找到了最好的产品？

答： 今天最好的产品到明天也许就不是最好的了，免费软件的选择总是在迅速地变化着。某些处于领先地位的免费软件有可能在可预见的将来仍处于领先的地位，而其他免费软件已经更换了好几轮了。做一个好决定的惟一方法就是自己研究，如果可能，咨询一个机关领域的专家。

问： 既然部分免费工具这么好，为什么不是每个人都使用它们？

答： 在一个大的机构，免费产品缺少的特征或功能对它们而言正是至关重要的，因此对一些机构来说商业产品也许是惟一的选择。对于使用免费产品即可满足其需要的小一点的机构，通常是不知道该选择什么。没有一个人花钱在计算机杂志上为免费软件做广告，因此通常情况下只有更有经验和有见识的信息技术人员才知道所有可用的产品。

问： 免费软件真的是免费的吗？

答： 并不总是这样的。虽然软件本身不需要花钱，但考虑一个免费产品时还得考虑运行软件所需要的硬件的费用、实施软件需要的培训费用，还有潜在的维护费用（以人/小时和金额计）。把所有这些加起来以后，一些免费产品即使不是真正免费的，也是非常划算的。

Chapter 2

第 2 章 保护边界

本章主要内容：

- 防火墙的类型
- 防火墙的体系结构
- 实施防火墙
- 提供安全的远程访问

√ 小结
√ 快速解决方案
√ 常见问题

引言

当涉及网络安全时，首先进入脑海的是防火墙，它是一个组织的内部网和外部世界之间的主要守护者。尽管适当实施的防火墙是网络中最有效的安全工具之一，但是它不是惟一的工具。所谓的“深度防御”是指应该有多层次的安全措施。采用深度防御配置，如果防御体系的一个组成部分失败了或者被攻破了，还有其他多种措施来保护网络。随着越来越便宜的防火墙不断出现，如 Linksys 的有线/数字用户线路（DSL）路由器，使用免费的防火墙替代品可能对某些人已没有吸引力了。但如果稍加些工作，就会发现这些免费替代品更方便配置，比“家庭办公”级别的产品更加有灵活性和方便控制。

本章的重点是使网络边界更加安全。记住，虽然大多数实施防火墙的方式是在内部网和外部网（通常是因特网）之间，但不应该限制自己只在网络边缘放置防火墙。防火墙应该在想限制流量的任何地方。由于目前大多数安全隐患源于内部网络（通常是由员工或者是以前的员工引起的），公司越来越多的依靠防火墙来在内部网络的各部分之间隔离和过滤信息。

本章介绍一些有关防火墙的基本概念，简要讨论不同体系结构的防火墙的实施方法。本章大部分讨论的是运行在基于 Windows 和基于 Linux 系统上的免费防火墙的安装和配置。最后，在网络边界已经充分安全的条件下，我们讨论如何建立受控制的、安全的可穿越边界的用于远程连接的路径，这种远程连接的用途包括管理接入或者在家进行远程办公室/工作的情况。

防火墙的类型

讨论防火墙就必须讨论防火墙的不同类型。这一点在本书中尤其重要，因为它可以使读者更好地明白免费防火墙在防火墙体系中的精确位置。在构建网络的意义上，防火墙本质上是一个能限制网络流量的组件（软件或者硬件）。这是一个足够宽泛的定义，可以让人们选择各种方式去实施防火墙。一些防火墙在性能上极为有限，但是另一些则非常容易使用。

有了防火墙，就可以用很多不同的方法去限制网络流量。大多数方法的不同之处在于决策制定过程中智能水平的不同。例如，若要根据网络设备是发送者或者是接受者来决定允许或者拒绝通信量，应该用包过滤防火墙。在现实中，哪怕是最简单的包过滤防火墙都能根据源互联网协议（IP）地址、目的地 IP 地址和源或者目的地端口号做出决定。虽然这种类型的防火墙听起来可能过于简单，但考虑一台在因特网上运行一个网站的服务器，在通常情况下，需要允许通过的网络流量仅是以传输控制协议端口 80 或 443 为目的端口的流量，因此就可以配置防火墙允许这些流量通过。这些端口主要分别用于 HTTP 和 HTTPs。这个服务器是供互联网使用的，不能基于源地址或者源端口过滤，因为这些端口对于每个连接都不同。

简单包过滤器的最主要问题是包过滤防火墙必须依靠最原始的方法来决定什么时候

应该允许网络流量通过（例如，设置同步［SYN］或者确认［ACK］位）。虽然在因特网早期，安全问题还不突出时，这样就足够了，但现在却不再能够胜任了。用免费软件设置包中的位，使网络流量看起来如是对另一个连接的应答，这种方法已经没有什么用处了。状态监测防火墙就应运而生了。这种类型的防火墙检测全部连接（入站或者出站），当某个连接被允许进入了（根据防火墙的配置规则），就把这条连接放入一个表中。当这条连接的回应返回来时，即使这个回应用了一个这个防火墙以前没有配置允许的端口，它仍能智能地识别出这个流量是对某个被允许的会话的应答，并且允许此流量通过。

不幸的是，在防火墙变得越来越智能的同时，黑客用于攻陷防火墙的方法也越来越高明。假设你已经把防火墙配置的很完美了，没有任何漏洞：任何开放的端口都是明确同意的。用前面的例子，除了 Web 流量，没有任何流量被允许连接到 Web 服务器。这听起来很不错，但问题是，即使防火墙是足够安全的，服务器却可能不是。服务器软件的缺点是允许攻击者向服务器发送长达 10 000B 的 HTTP 请求，使服务器的缓冲区溢出并允许攻击者执行其选择的代码。用来传送 10 000 多字节的 HTTP 请求的包在防火墙看来都是合法的 TCP 包。因此，它允许这些包进入 Web 服务器。防火墙的下一步发展就是防御这种类型的攻击。这种类型的防火墙是应用网关型防火墙，或者称第七层防火墙。

这种类型的防火墙不仅能根据标准网络要素过滤网络流量，而且也能识别包含在包里面的更高层次协议的信息，如本例中的 HTTP。防火墙本身能知道合法的 HTTP 请求是什么样子的，它能过滤掉错误的或者恶意的请求，即使从网络角度看这个请求可能是一个被允许的包。这种类型的办法有一个不好的地方，即防火墙必须用相同高的智能去过滤普通的流量，另外防火墙还必须完全知道正在检查的协议。这就意味着，对于任何希望防火墙能识别的协议都要附加编程工作量。大部分主要的商用应用层网关都提供对主要协议的支持，如 HTTP、文件传输协议（FTP）和简单邮件传输协议（SMTP）。

到此，你可能想知道哪一种类型是免费的。一般来说，可以找到许多免费的执行某种类型状态监测的防火墙。应用层网关通常不免费。在现实生活中，很少有组织有资金去广泛地使用应用层网关。在不用应用层网关的情况下，应该确保暴露给不信任的流量的服务已经被配置得尽可能安全了，并且服务器本身足以抵御攻击。保持服务器补丁的经常更新对于成功减少应用层被攻击的机会有很大帮助。

防火墙的体系结构

如果网络没有设计好，当今配置的最安全的防火墙也不会提供很好的保护。例如，如果防火墙被安装在一个有能绕过防火墙的冗余路径的环境下，则这个防火墙只能够提供一个虚幻的安全。这种错误的体系结构能够使防火墙失去作用。简而言之，防火墙在哪里实施和它是如何被实现的同样重要。安装任何软件的第一步通常都是计划。接下来按安全等级递增为序讨论最普遍的防火墙体系结构。记住，这些章节讨论的防火墙的结构独立于防火墙的类型。例如，在下一节讨论到的任何一种设计中，都可以用包过滤防火墙、状态监测防火墙或者应用层网关。

屏蔽子网

屏蔽子网是最简单也是最常见的防火墙实现。绝大多数小公司和家庭都用这种类型的防火墙（图 2.1）。这种设计应该把防火墙放在网络的边缘，把任何事物都分为内部或外部（从防火墙的角度），没有任何东西在两者之间。

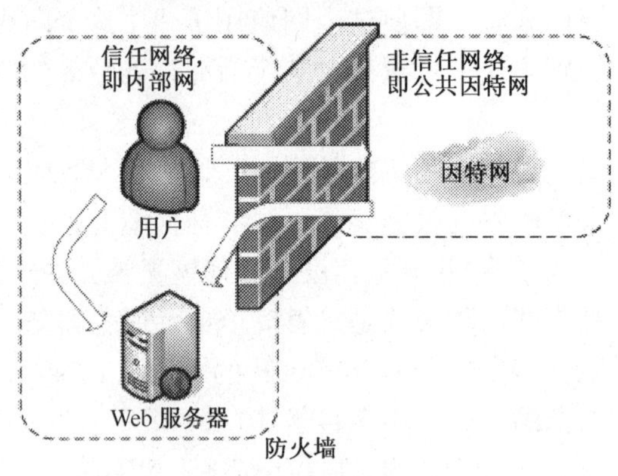

图 2.1 屏蔽子网防火墙

屏蔽子网防火墙（或者边缘防火墙）的作用正如名字所示。当因特网的使用者要访问内部服务器（例如，Web，FTP，SMTP 等）的时候，必须穿过这个防火墙，而内部网的使用者应该能够直接访问这些服务器。除访问基于 Web 服务器的流量外，任何流量都会被防火墙拦截，以防止对内部系统的攻击。所有内部网的用户也必须穿过防火墙去接入因特网。Linksys 路由器背后的家庭小型网络也使用这种相同类型的防火墙结构。这种结构有很多优点，最主要的优点是简单。只有两个用户界面，并且接入控制列表（ACLs）很简单，ACLs 是一些定义允许或者拒绝网络流量的准则的过滤器。

虽然这个架构是划算的和容易实现的，但并非没有缺点。在这种情况下，黑客有多种机会渗透到你的网络里。如果他/她在防火墙里能找到安全漏洞，或者如果防火墙没有正确的配置，他/她就可能接入内部网络。甚至防火墙一点都没有漏洞，黑客也有第二种机会接入。如果黑客先访问任何可访问的基于 Web 的服务，然后控制这些服务器，他/她就能够在内部网系统实施额外的攻击。最后，如果允许内部用户不用穿过防火墙来使用至关重要的业务功能的服务器，可能就会损失一些防火墙本来提供的审计功能。到目前为止，在这种结构中，最大的安全漏洞是一旦把任何基于 Web 的服务暴露在外面，运行这些服务的服务器就会被频繁地攻击，而这些服务器有一个被攻破，就可能会把全部的网络都暴露出去。

单边的

单边的非军事区域仍然有其成本优势，因为是用单个防火墙来构建非军事区域的（图 2.2）。一般来说，称呼防火墙的接口时使用内部或者里面、外部或者外面和非军事区域这些词。

这种类型的配置既有低成本的优点，又可给基于因特网的服务器增加一些隔离。内部网用户必须穿越防火墙访问服务器或者因特网。外部网用户必须穿越防火墙去访问基于 Web 的服务器。这种配置的真实情况是，如果运行基于 Web 服务的服务器被攻破了，黑客仍然需要攻破防火墙才能继续攻击内部网络。作为一项附加的功能，因为所有的用户（内部或者外部）必须穿越防火墙去访问基于 Web 的服务器，可以从防火墙的日志里面得到高等级的审计结果。如果想提供更高级别的隔离，假设有防火墙的接口，就可以为每个需要保护的基于 Web 的服务器设置单独的非军事区域。

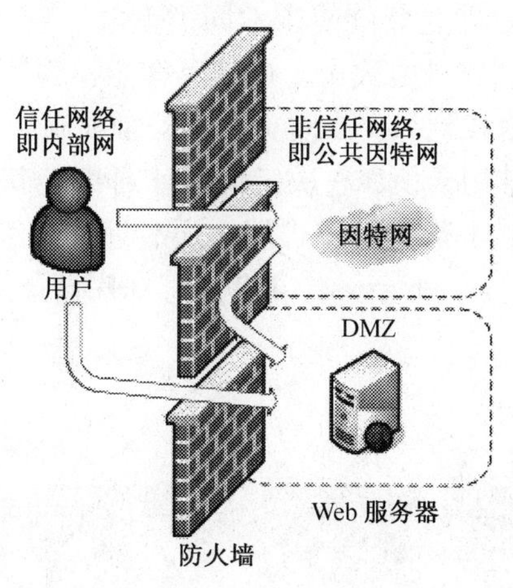

图 2.2　片面的非军事区域

这种配置惟一的缺点就是比较复杂，还有一些贵。当增加防火墙的接口时，这种配置就会变得更加复杂。不只是增加了配置和维护的时间、劳动力，而且还增加了配置中出错的机会。增加接口的同时，通常也会增加与其相对应的成本。在大多数情况下，这个成本的增加是不多的，远比增加一台防火墙要少，但若增加的是一些高速接口，这个成本就会变得非常昂贵。最后，在这种配置下，如果防火墙本身被攻破了，则整个网络就会暴露在攻击之下，虽然很多人觉得这种情况发生的可能性很小。当然，解决这种几乎不可能发生的问题的方法是相当昂贵的。

真正的非军事区域

真正的非军事区域一般被认为是最安全可靠的防火墙体系结构。这种设计的内部和外部都有防火墙。在这两者之间可以放任何因特网可访问的设备（图 2.3）。

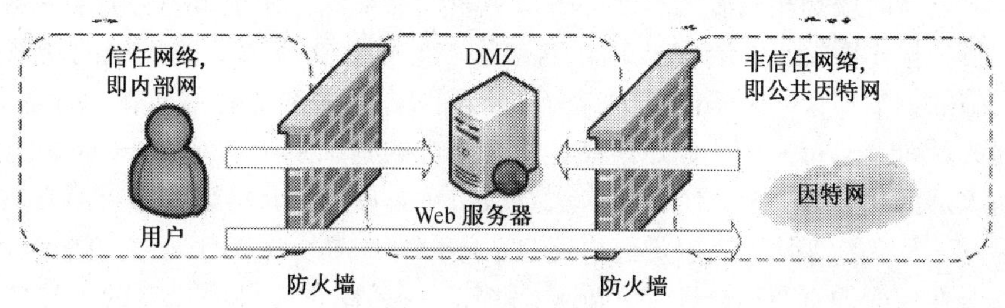

图 2.3　真实的非军事区域

因特网流量仅能访问非军事区域中的服务器，并且只能访问服务器正在监听的端口。例如，如果有 Web 服务器和 FTP 服务器在非军事区域里，只有目的地端口是 80 的传送数据才被允许访问 Web 服务器。对访问相同服务器的用户适用同样的规则。内部网用户必须拥有授权才能通过两个防火墙去访问因特网。很明显，这种类型的设计会增加成本，通常会加倍，但是这个增加的成本能够提高安全性。在真正的非军事区域，Web 服务器被攻破了，黑客仍会被困于两个防火墙之间。对于那些想要得到额外功能的人来说，内部和外部的防火墙可以使用不同类型的（例如，思科个人互联网交换机 PIX 和 Linux 的 netfilter）。这种方式中，虽然黑客能找到其中一个防火墙的安全漏洞，但是不太可能用同样的技术找到另一个防火墙的安全漏洞。

所有这些基本的体系结构会使你在决定何时计划和实施防火墙时处于有利地位。要牢牢记住的是，本章仅涵盖了基本的防火墙，还有许多整本书（例如，*Designing and Building Enterprise DMZs*，Syngress，2006）都在探讨防火墙体系结构、非军事区域的设计和实施等主题。

工具和陷阱

意外事情发生

我曾经见到过一个公司的防火墙/非军事区域有一个允许数据完全绕过防火墙的连接。我不知道这为什么会发生，因为该组织并不缺乏经过专业训练的人员。这种类型错误的发生，因为有些人没有充分分析变化的影响。这可能是一个仓促安装的连接，或者是一次紧急的修复，更甚至是临时的使用。所有这些都表明缺乏对改变进行控制的流程。也有可能是一些人在连接时不知道网络的完整布局，这表明网络文档的不完整。但不管怎样，做这些事的人都是经过专业训练、应该知道得更多的人员，但是事故偏偏发生在他们身上。

实施防火墙

选择防火墙时要考虑许多因素。对商用产品来说，除维护费用之外，还有一个预先的费用，而且有时候是相当多的。然而，对免费产品来说，处于第一位需要考虑的因素是准备在哪种操作系统上运行防火墙，这会影响它如何被管理。防火墙的功能几乎相似，而实施的细节却会非常不同。大部分防火墙（商用的和免费的）在 Windows 系统或者 Linux 系统上运行。一些商用产品运行在自己的基础系统（例如，Cisco PIX）上。有一些防火墙的底层 Linux 系统已经大大被改进了，所以现在被认为是有所有权的。在 Linux 系统防火墙的情况下，还要选择通过 CD-ROM 或者 pen drive 安装防火墙软件。这些步骤会在后面的章节结合在 Windows 和 Linux 系统上安装防火墙的配置实例详细讨论。

硬件防火墙和软件防火墙

另一种需要考虑的因素是把防火墙做成运行在其他功能系统之上的软件还是把防火墙做成一个专用的硬件。在Cisco PIX防火墙中，最小的模块只有一个雪茄烟盒大小，并且除了PIX软件外没有操作系统。这是一个执行防火墙功能的专用硬件装置，也被称作防火墙用具。另一种选择是防火墙不是一个专用的盒子，而是一个软件成分。许多流行的防火墙也采取这种方法，如一个check point防火墙，它可以安装在一个Windows系统上。就这两个方法而言，如果需要一个免费的解决方案，那么这个选择就不言自明了。就我所知，现在还没有基于硬件的免费防火墙，所以只能用软件防火墙。

配置netfilter

当提到基于Linux建立的防火墙时，只有一个选择，就是netfilter。部分原因是，从长期角度看，它是可获得的最好的选择。从版本2.4起，netfilter已经被嵌入Linux核心内部。即使许多运行在被修改过的Linux操作系统上的商业防火墙，在其自己定制的内核中也有netfilter。netfilter是Linux系统上嵌入的防火墙基础软件。netfilter元件读取网络包的内容且决定是允许或拒绝网络流量。通常，人们错误地把防火墙当作iptable，或者是更早一些的ipchains。事实上，iptable是通常配置netfilter用来决定允许或拒绝通信规则的软件指令，而ipchains（防火墙规则）是早期版本的iptable。即使在已决定采用Linux作为防火墙的基础操作系统之后，在开始任何配置之前，还要进行一些附加的选择。

选择一个Linux版本

尽管全部的Linux版本都具有一些共同的特征，但仍存在差异。取决于具体的Linux发布版，差异可以是很大的，并且每个版本或许都提供一些不同的程序包集合。有关不同的版本详细情况的一个极好的信息来源是www.distrowatch.com。这个网址包括一个有关发布版要实现什么的小结，并且包括主页和下载的超链接。因为存在如此多的可用Linux免费版，可以下载并安装一些不同的版本，看喜欢哪一个。这样做所付出的只是时间而不是金钱。我在下面的例子中将使用Fedora core 5作为基础系统，它是被许多公司使用的Red Hat Enterprise的免费版。我选择这个版本是因为它是一个最老的且为大家公认的Linux版本，因此如果需要，会有大量的支持文档。如果仅仅想知道Linux是否合适，尝试使用live CD，如slax。当选择使用具体的Linux版本时，还必须选择安装媒体，因为有些版本对某些媒体是不支持的。

选择安装媒体

Linux比Windows有趣的特性之一就是它可以从多种媒体运行。要把Windows配置成从CD-ROM运行是非常困难的，然而有些Linux系统可以运行在传统的硬盘以外的其他媒体上，CD-ROM、通用的串行总线（USB）驱动器，甚至是软盘。每种媒体类型都各有安全利弊，并不是每个版本在每种媒体类型上都是可利用的。如果需要某个发布版的某些特色，而这个版本却不支持你喜欢的媒体，那就需要折中。你需要研究不同的媒体并选择一个适合环境的媒体。下面我们回顾各种媒体的一些利弊。

完全安装

完全安装是在系统硬盘上进行安装时的传统方式。和 Windows 差不多，启动一个安装盘并按照一个安装程序指南一步步完成安装。大多数可安装在硬盘上的 Linux 发布版都提供安装程序的图形用户界面，指示安装步骤。除了因硬盘的尺寸而允许安装大量额外的软件外，用这类版本没有很大的优势。对于一个防火墙，通常想要使软件运行在最小的资源上来提高安全性，因此这不应该是一个重点考虑的对象。这种类型的安装也有其优点，那就是如果需要，它将很容易被修改或更改配置。

相反，这类安装有与基于 Windows 的主机类似的所有缺点。也就是全部的系统是安装在硬盘上的，如果一个黑客设法得到了根账号，他们将能在这个系统上安装病毒或特洛伊木马，这些病毒或木马可在以后系统重启时存活下来。这类安装与在以 Windows 为操作系统的主机上安装相比，不好也不坏。若不管这些担心，这是最通常的 Linux 防火墙安装类型，并且大多数的 Linux 版本都默认安装了防火墙组件。这意味着如果下载了一个喜欢的 Linux 的版本并安装到硬盘上，安装结束后就会有一个防火墙等待配置。

提示

一旦发现防火墙已经损害，最好的办法就是把防火墙卸载干净并重装。不幸的是，除非你能把全部变化隔离出去，否则不能保证清除防火墙后留下的这个系统是安全的。电脑黑客首先进行的步骤之一通常是安装一个后门以便能在未来容易地访问系统。这些后门包括诸如修改不同的系统命令这类技术，因此后门很难被发觉。因此我们推荐不要冒险使用一个可能被入侵的系统操作，而要完全格式化系统盘并重新安装操作系统。

只读光盘器

尽管可以在除可引导光盘、Live CD 和硬盘之外的其他媒体上运行 Windows，但实现这个的工作量比 Liunx 的情形要大得多。有很多版本的 Liunx 专门设计能从光盘上运行，这允许把任何计算机变成虚拟的防火墙，如路由器或者普通意义上的个人电脑。这种设计有一个明显的安全优势，就是把所有的配置信息都放在只读媒体上。即使黑客侵害了系统，所有需要做的只是重新启动，然后便能恢复到以前的状态。通过重新启动系统也能消除病毒和木马，但只有在重新启动之后才生效。此外，如果防火墙有硬件故障，例如，中央处理器坏了，所有需要做的就是把光盘放到另外的系统，并且重新启动。

基于光盘的安装的主要优点也是它的主要缺点。如果把整个系统和配置都刻到 CD 里，每当想要修改时，都要重新刻录一张 CD。CD 光盘的成本可能不是问题，但是这样的配置可能会妨碍远程控制系统的能力，限制更改正在运行中的配置。需要到现场放入新的光盘，然后重新启动，才能运行新的配置。如果想执行和测试修改的地方，则需要重新启动才能生效，所以这种类型的安装会让事情变得更加困难。最后，由于CD光盘空间的限制，不能够把需要的所有软件和功能都放在CD光盘。这就是说，如果防火墙的规则是相对静止的和不需要频繁修改的，这种Live光盘是一种很有吸引力的选择。

USB 驱动器

如果空间限制可以接受，从一个USB盘启动基于Liunx的防火墙可以是一种在安全性和灵活性之间达到最好的折中办法。把操作系统和防火墙装到pen驱动器上，其灵活性与基于光盘的系统相同，并且比光盘驱动器还有增加空间的能力。如果购买的USB磁盘有物理写保护开关，可以在不工作的时候做一些改变，如实时运行的系统做的那样，然后当完成时把写保护关上防止修改。随着USB驱动器存储容量的不断增加，将会用上功能不断增加的、基于USB的发布版。这种类型介质的一个重要的考虑因素是，不是所有的系统都支持USB盘启动。几乎所有较新的系统都支持这种媒体，而很多比较旧的系统是不支持的。

软盘

虽然功能通常是非常有限的，但确实有很多版本的Linux适用于3.5寸软盘。这些发布版的主要优势就是它们的低资源需求。通常，这些系统只需要8MB或者16MB的内存和486处理器即可。切换软盘上的写保护开关也可以提供配置的高度灵活性和安全性。考虑到软盘本身的不可靠性，如果系统对停电事故非常敏感，则这种方式可能并不适合。在发生故障时，至少要有备份的软盘。另一个缺点是它的功能性方面。一般来说，这种基于软盘的发布版是单一用途的设备，缺乏很多功能。另一个问题是，由于软盘空间的限制，这些基于软盘的发布版大多是命令行形式的，没有用于配置和管理的GUI。

Liunx 防火墙的运行

在讨论用于配置Liunx防火墙的具体命令之前，我们介绍一些Liunx防火墙的基本词汇及防火墙是如何运行的。netfilter包含防火墙的逻辑，iptables是用来修改防火墙所使用的规则的程序（参见netfilter的主页 www.netfilter.org/）。这些规则（或者ACLs）定义了用于允许或者拒绝数据包和如何对被拒绝的数据包作出反应的规则。目前的iptables既用表也用链。表是处理的块，对包的不同操作就是在表中进行的。不同的表处理不同的链。链是规则的集合（或者ACLs）。有4个内建的表：网络地址转换表、轧表、过滤表和原始表，每个表都处理不同的链（图2.4）。

下面所列的表和链不是根据任何特定顺序列出来的，同为一个包在被处理过程中可能会受到多个表和链的影响，主要的内建链是INPUT、OUTPUT和FORWARD。除了这些，可以创建自定义的链。用大写字母表示链的名称是一种公认的约定，但不是必须的。

表和链所扮演的角色简单总结如下，仅供参考。

- **Nat Table** 网络地址转换表，此表用于处理创建一个新连接的数据包。
    - **PREROUTING** 当包被收到但还没有做出路由决定时，此链被处理。

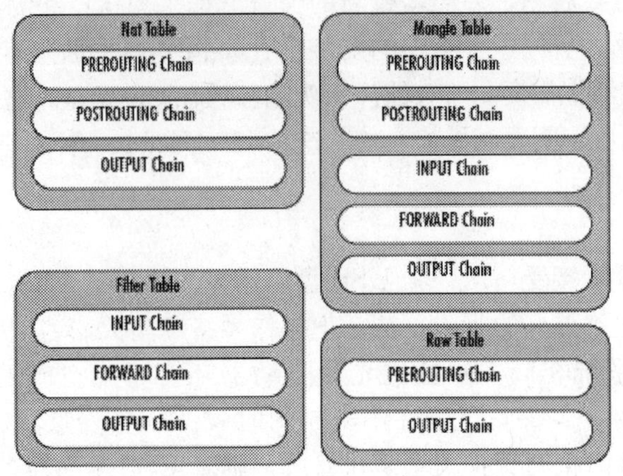

图 2.4　netfilter 表和链

- **POSTROUTING**　当路由决定已经做出，但包还没有被送到某个接口之前，此链被处理。
- **OUTPUT**　当有本地产生的数据包时，此链被处理。

■ **Filter Table**　这是当用 iptable 命令修改规则时所需要的默认表，这个命令不会用其他表。防火墙的大部分功能都是在这里实现的。

- **INPUT**　当有访问本地系统的数据包时，此链被处理。
- **FORWARD**　当有通过本地系统的数据包时，此链被处理。
- **OUTPUT**　当有本地系统产生的数据包时，此链被处理。

■ **Mangle Table**　所有必须对数据包进行特定的改变时，都要用到此表。例如，网络地址转换（NAT）或者对数据包内部的不同位进行操作。

- **PREROUTING**　当包被收到但还没有做出路由决定时，此链被处理。
- **POSTROUTING**　当路由决定已经做出，但包还没有被送到某个接口之前，此链被处理。
- **OUTPUT**　在对由本地产生的包进行路由判断之前，此链被处理。
- **INPUT**　当有访问本地系统的数据包时，此链被处理。
- **FORWARD**　当有通过本地系统的数据包时，此链被处理。

■ **Raw Table**　这个表主要被用来处理被免于连接跟踪的包，并且如果需要，本表可以在任何 netfilter 的其他表之前被调用。

- **PREROUTING**　只要有包被收到，此链就被处理。
- **OUTPUT**　当有本地系统产生的数据包时，此链被处理。

在初步了解所有的各种不同的表和链之后，有必要再讨论所有分组流。不是所有的包都要经过所有的链的处理，这一点必须牢记。根据分组是产生于 netfilter 主机，或者访问 netfilter 主机，或者仅仅是经 netfilter 主机这 3 种不同的情形，分组会经过不同链的处理，这一点可能会使人更加摸不着头脑。记住这一点将会在将来查找防火墙规则的问题并进行处理时节省大量的时间。图 2.5 是一个描述数据包流通过 netfilter 的示意图。

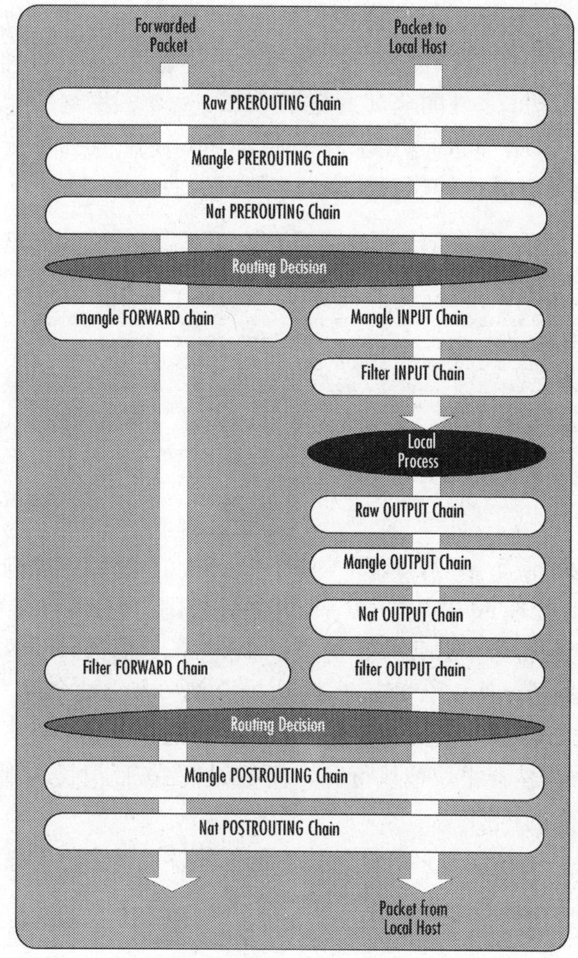

图 2.5 netfilter 包溢出

目标是当一个包符合一个给定的规则时应该采取的行动。目标用 j <target>文法（用于跳转）进行说明。防火墙所使用的主要目标是 ACCEPT 和 DROP。

- **ACCEPT** 包由 TCP/IP 协议栈的其余部分接收并处理。
- **DROP** 包被丢弃且不通知发送端。尽管这不符合 TCP/IP 协议的规定，但它被认为是最安全的选择，因为使黑客得不到关于防火墙的有用信息。但这种行为也有一个不好的副作用，即如果一个系统试图发起到一个被防火墙封堵了的端口的连接，则只有在这个连接请求超时之后，发起连接的主机才会放弃该连接。如果使用 REJECT，网络控制消息协议（ICMP）端口就会允许发起连接的系统立即放弃连接企图。
- **LOG** 这允许进行出现在 syslog 记录中的核心记录。更多的选择允许详细说明日志级别并为日志记录条目加一个叙述性的前缀。
- **RETURN** 在前一个链中，紧接着最近被处理的那个规则后的规则处继续处理。
- **QUEUE** 这是一个特殊的目标，它用一个用户空间保留住一个分组，等待处理。

不同于一些防火墙，netfilter 允许把多个规则集（链）应用到同一个接口上。虽然这看起来是微不足道的，但是却创造了许多有用的可能性。例如，假设有一个 ACL 且想允许除了 192.168.1.11 之外的全部发起于 192.168.1.0 网络的包，因为它是一个第三方的不完全可信的系统，同时想让来源于 192.168.1.11 且去往端口 22、25、53、80 和 443 的包通过，但所有其他的包都被阻挡，则配置参见图 2.6。

```
1 somerule
2 access-list 100 permit tcp host 192.168.1.11 any eq 22
3 access-list 100 permit tcp host 192.168.1.11 any eq 25
4 access-list 100 permit tcp host 192.168.1.11 any eq 53
5 access-list 100 permit tcp host 192.168.1.11 any eq 80
6 access-list 100 permit tcp host 192.168.1.11 any eq 443
7 access-list 100 deny ip host 192.168.1.11 any any
8 access-list 100 permit ip 192.168.1.0 255.255.255.0 any
9 somerule
```

图 2.6　思科 ACL

在图 2.6 中，为了便于参考，ACL 的每一行都标了数字。规则的次序是防火墙正确操作的关键。Cisco 处理 ACL 中的每一行并将该规则与包进行比较。如果它找到一个符合的，就执行指定的行为，并且停止更进一步对 ACL 的处理。这意味着如果把规则 #7 和 #8 的顺序颠倒了，从 192.168.1.11 来的全部包都会被允许。这种安排也意味着在被规则 #8 接受之前，源 IP 地址为 192.168.1.22 的包不得不先与规则 #2～7 比较。这里只有 7 个规则，当然会很快地执行完，但是如果 ACL 很长，则这些额外的处理任务会给 CPU 造成很大的负担。

netfilter 能让同一个包穿过多个链的能力使你能够设计出更有效的链（图 2.7）。

FORWARD Chain
CUSTOM Chain

```
1 somerule
2 iptables -A FORWARD -p tcp -s 192.168.1.11 -j CUSTOM
     2.1 iptables -A CUSTOM -p tcp -s 192.168.1.11 --dport 22 -j ACCEPT
     2.2 iptables -A CUSTOM -p tcp -s 192.168.1.11 --dport 25 -j ACCEPT
     2.3 iptables -A CUSTOM -p tcp -s 192.168.1.11 --dport 53 -j ACCEPT
     2.4 iptables -A CUSTOM -p tcp -s 192.168.1.11 --dport 80 -j ACCEPT
     2.5 iptables -A CUSTOM -p tcp -s 192.168.1.11 --dport 443 -j ACCEPT
     2.6 iptables -A CUSTOM -p ip -s 192.168.1.11 -j DROP
     2.7 iptables -A CUSTOM -j RETURN
3 iptables -A FORWARD -p ip -s 192.168.1.0/24 -j ACCEPT
4 somerule
```

图 2.7　netfilter 链

用 netfilter 和 iptable 创建规则 #2，它规定对源地址是 192.168.1.11 的数据包进行 CUSTOM 链的处理。CUSTOM 链可以用 iptable -N CUSTOM 命令来创建。通过 CUSTOM 链，检查 5 个允许的目的端口（规则 #2.1～2.5），然后拒绝一切别的访问（规则 2.6）。规则 #2.7 没有匹配准则自然会符合任何包，指示包返回到 FORWARD 链继续进行下面的处理。FORWARD 链的规则 #3 允许全部其他发自网段 192.168.1.0 / 24 的包。这意味着不是来自 192.168.1.11 的包只需要对照规则 #2 就可以越过后面的子链(S) 而不是对照全部规则进行检查。使用 iptable -L 命令可能查看实际出现在 iptable 中的规则：

```
# iptables -L
Chain INPUT (policy DROP)
target     prot opt source               destination

Chain FORWARD (policy DROP)
target     prot opt source               destination
CUSTOM     tcp  --  192.168.1.11         anywhere
ACCEPT     tcp  --  192.168.1.0/24       anywhere

Chain OUTPUT (policy DROP)
target     prot opt source               destination

Chain CUSTOM (1 references)
target     prot opt source               destination
ACCEPT     tcp  --  192.168.1.11         anywhere            tcp dpt:ssh
ACCEPT     tcp  --  192.168.1.11         anywhere            tcp dpt:smtp
ACCEPT     tcp  --  192.168.1.11         anywhere            tcp dpt:domain
ACCEPT     tcp  --  192.168.1.11         anywhere            tcp dpt:http
ACCEPT     tcp  --  192.168.1.11         anywhere            tcp dpt:https
DROP       all  --  192.168.1.11         anywhere
RETURN     all  --  anywhere             anywhere
```

另一个优点是，因为规则＃2把包发送到另一个链，因此就可以做一些原本不可以的假设。例如，在CUSTOM链可以把

```
iptables -A CUSTOM -p tcp -s 192.168.1.11 --dport 22 -j ACCEPT
```

替换为

```
iptables -A CUSTOM --dport 22 -j ACCEPT.
```

这是因为不与-p tcp和-s 192.168.1.11（源IP地址）匹配的包不可能进入CUSTOM链。如果想使CUSTOM链更加巧妙，在规则＃2.7中的RETURN目标甚至都可以不要。如果包到达一个用户定义的链的末端而没有与一个规则匹配，将默认地返回到前面的链。如果一个包到达嵌入链的末端而没有一个与之匹配的规则，就会使用政策目标（通常是DROP）。现在应该对iptable和netfilter的适应性和能力有些感觉了，我们来看一些实际的配置的例子。

配置实例

下一步演示如何配置netfilter防火墙。这是一个关键的步骤，防火墙只能在操作系统已经被安装、升级和强化之后才能被安装和配置。下面这些操作指示的前提条件是，在一个安全系统上工作，现在配置防火墙的功能。

想知道防火墙是否处于使能状态，可以运行chkconfig -list命令。该命令可以列出所有的服务及其设置好的开启时的运行等级。例如，得到如下输出

```
Chkconfig-list| grep iptables
Iptables  0:off  1:off  2:on  3:on  4:on  5:on  6:off
```

这个输出说明iptable会在等级2～5运行。通过使用chkconfig -level 2345 iptables on命令，

也可以让 iptable 运行在 2～5 等级。如果使用 GUI 窗口管理器，可以通过图形化的方式看到这个信息。例如，在 Fedora Core 5 中，可以导航到 System | Administration | Security Level and Firewall，打开如图 2.8 所示的窗口。

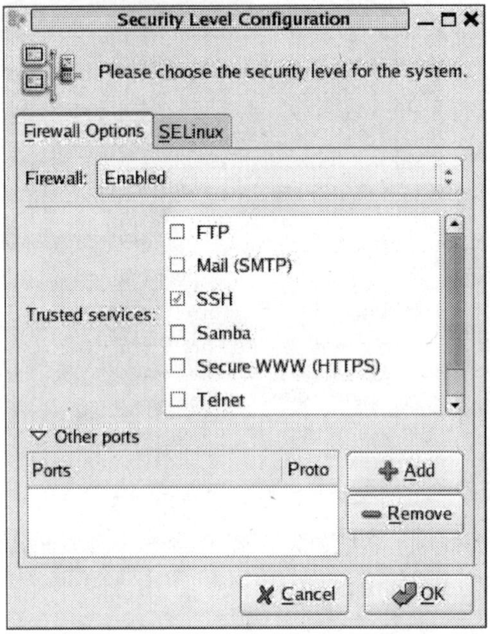

图 2.8　Fedora Core 防火墙图形化用户界面

可以通过选择 Firewall Options 防火墙选项列表中的 Enabled 和 Disabled 选项打开和关闭防火墙。Fedora Core 5 防火墙中的这个界面允许进行有限的防火墙规则配置（例如，选中信任的服务 SSH 后，允许进入的连接访问 TCP 端口 22 的规则就会被添加进去）。因为任何图形化界面会因发布版的不同而不同，所以我们使用命令行方式配置防火墙。

删除规则和链

许多 Linux 版本中的 netfilter 防火墙是开启状态的，但其规则集却是空的。在其他系统中，防火墙是开启的，并且有一个内容丰富的规则集。下面从删除所有默认规则开始，配置一个 Linux 防火墙。可以先使用 iptables -L（或--list）列出当前的规则。若默认规则集是空的，则会看到如下信息：

```
iptables -L
Chain INPUT (policy ACCEPT)
Target   prot opt source   destination
Chain FORWARD (policy ACCEPT)
Target   prot opt source   destination
Chain OUTPUT (policy ACCEPT)
Target   prot opt source   destination
```

如果存在任何默认规则，则可用 iptable 的-F 命令删除。-F 选项意味着充溢，相当于用-flush。这将会清除所有现在链中的规则。如果发布版有被创建为非默认的链，则可以用 iptables -X customchain 命令删除该自定义链。用 iptables -N customchain 命令来建立自己的自定义链。每个链的内部都有其自有的规则，除此之外，内建链还有一个与它们有关的默认策略。这个策略告诉 netfilter，如果一个包到达链的末端而没有发现一个匹配时应该做什么。若这个默认策略处于 ACCEPT 状态，最好用-P 选项把它改变为 DROP 状态，-P 选项是用于设置链的默认策略的，方法如下：

```
iptables -P INPUT DROP
iptables -P FORWARD DROP
iptables -P OUTPUT DROP
```

允许通信量进、出防火墙

既然已删除了默认规则和已有规则，并且默认策略也已设为 DROP，那么接下来首先可能想做的就是确保允许对防火墙本身进行访问的管理通信量的通过。这是必须首先做的，因为一旦启动一个默认策略为 DROP 的防火墙，就不能再远程管理该防火墙了，所以必须首先把防火墙的规则配置为允许管理通信量访问。这个通信量是与 INPUT 链相反的，因为它的目的地是 netfilter 主机本身。要允许到防火墙的 SSH（安全壳）连接，需使用下面的命令：

```
iptables -A INPUT -p tcp -s 192.168.99.0/24 --dport 22 -j ACCEPT
```

在本例中，向 INPUT 表中添加了一条规则，它允许来自 192.168.99.0/24 的业务量访问目的 TCP 端口 22。若没有其他配置，所有其他的通过或访问防火墙的业务量都将被拒绝。下面的列表表示的规则所体现的就是这个意思：

```
iptables -L INPUT
Chain INPUT (policy DROP)
Target    prot opt    source              destination
ACCEPT    tcp- -      192.168.99.0/24     anywhere              tcp dpt:ssh
```

虽然上述规则允许进入的 SSH 会话，但是当前还没有规则允许对这个 SSH 对话进行答复的通信量通过。如果把 OUTPUT 链的默认策略改为 ACCEPT，就可以让应答分组通过，但在下面的几个例子中，我们将用更安全的办法来替代这种办法。

如果也想允许 192.168.99.99 访问防火墙上的目的 TCP 端口 80，可以使用带有-A 的相同的语法来添加这条规则，它将把新的有关端口 80 的规则放在有关端口 22 的规则之后。还可以使用-I 来做插入（insert），即使用 iptables -I INPUT 1 -p tcp -s 192.168.99.99- -dport 80 -j ACCEPT 这条命令。这将把新规则作为规则#1 插入到 INPUT 链中，意味着有关端口 80 的规则会先于有关端口 22 的规则。记住，这仍是只允许了会话的一半；仍然需要允许向外输出的应答分组。有时使用 iptables -L -行号命令列出带有规则号的链是非常有用的。

至于向外输出的通信量（即由防火墙产生的通信量），需要在 OUTPUT 链中创建规则。为了允许从防火墙发出的到远端 syslog 服务器（192.168.1.99）的 syslog 通信量通过，应该输入如下命令：

```
iptables -A OUTPUT -p udp -d 192.168.1.99- -dport 514
```

这有一个假定前提，就是你使用的是默认的 syslog 端口——UDP 端口 514。因为通过 UDP 传输的 syslog 是单向会话，不需要允许任何进入的对 syslog 进行应答的通信量。对于在前面的例子中，已允许进入的通信量的应答通信量来讲，若要允许这些应答通信量输出，则需要在 OUTPUT 链进行配置。可以建立规则专门允许对 SSH 和 HTTP 应答的通信量通过，但还有一种方法，可以允许全部的应答通信量通过，只要它是对被允许的会话的应答。可以输入：

```
iptables -A OUTPUT -m state --state RELATED,ESTABLISHED -j ACCEPT
```

这个命令指示 netfilter 允许任一输出通信量通过，只要它是已建立的会话（ESTABLISHED）的一部分。RELATED 关键词与此相似，但是它针对的是作为不同会话的一部分的通信量，而这个会话必须与已建立的会话有关。一些协议会把开放附加的端口（如 FTP（文件传送协议））当做它们正常行为的一部分。对于 netfilter 知道的协议，它可以看到对附加端口的请求并允许新对话通过 FTP。

提 示

对链或规则本身进行操作的 iptable 命令使用大写字母表示：

-A 附加、-D 删除规则、-I 插入、-R 替换、-L 列表、-F 充溢、-N 新的、-X 删除链。

用于详细说明规则参数的选项用小写字母表示：

-s 源地址、-p 协议、-d 目的地址、-j 跳、-i 入界面、-o 出界面。

模拟 Windows 防火墙

接下来配置防火墙。在 Windows XP SP 2 或者更高版本上默认集成了内置的防火墙，其标准配置是允许从主系统出去的连接，而拒绝进入的连接，除非进入的连接是被明确配置的。对于那些是最初从主机产生的向外输出的通信量的应答的通信量，Windows 防火墙总是允许的。在执行 iptable-F 命令清除所有以前配置的规则后，可用下面的命令配置 Windows 防火墙，这些命令对 Linux 主机也适用：

```
iptables -P OUTPUT ACCEPT
iptables -P INPUT DROP
iptables -P FORWARD DROP
iptables -A INPUT -m state - -state ESTABLISHED,RELATED -j ACCEPT
```

--state 扩展项追踪连接的当前状态。通过指定 ESTABLISHED 或者 RELATED，防火墙允许那些是当前的会话的一部分的数据包，或者是创建了一个新会话，而这个会话又是与某个当前会话有关系（如一个 FTP 数据会话）的数据包。如果系统上运行某个服务，如 Web 服务，就应该适当地配置 INPUT 链。对于任何 Linux 系统来讲，这种配置都能提供最低级别的防火墙安全性，且对其整体功能几乎没有任何影响。

模拟家庭网络路由器

作为基本 iptables 配置的微小延伸，下面来看一个更实用的例子。对于一个典型的防火墙，进入其本身或从其本身发出的业务量是很少的。一般来讲，只有配置防火墙本身的管理会话的业务量才会这样。大多数的业务量都是穿过防火墙的，因此要对照 FORWARD 链进行检查。接下来的例子中，将用与典型的家用网络路由器如 Linksys 或者 NETGEAR 路由器/防火墙相同的访问控制策略配置 Linux 防火墙。这个例子假定 192.168.1.0/24 是内网，连接到接口 eth0，外网接口是 eh1。

```
iptables -P OUTPUT ACCEPT
iptables -P INPUT DROP
iptables -P FORWARD DROP
iptables -A INPUT -p tcp -s 192.168.1.0/24 -i eth0 --dport 80 -j ACCEPT
iptables -A FORWARD -s 192.168.1.0/24 -i eth0 -o eth1 -j ACCEPT
iptables -A FORWARD -m state --state ESTABLISHED,RELATED -j ACCEPT
```

注 释

一定要记住，如果把某个链的默认策略配置为 DROP（如 iptables -P FORWARD DROP），则必须要用直接的规则去允许返回的业务量。这可以通过以下的命令实现：

```
iptables -A <CHAIN> -m state --state ESTABLISHED,RELATED -j ACCEPT
```

所以如果要在 FOREWARD 链中配置允许返回的业务量，需要输入

```
iptables -A FORWARD -m state --state ESTABLISHED, RELATED -j ACCEPT
```

忽略一条允许返回的业务量的规则将会使维修 Linux 防火墙花费大量的时间。

INPUT 链允许内部网络通过端口 80 访问防火墙本身。很多家庭用的路由器都有 Web 界面用于配置，尽管你的配置可能不需要这个端口开放给防火墙，但这里却要讨论这个端口开放的情形，以便于说明不同的链是如何使用的。指定输入接口是非常重要的，这样源 IP 地址就不会被外部的黑客所欺骗。通过这样的方法，可以确保即使是一个源 IP 地址正常的数据包，如果它从外部接口（ETH1）进来，那么它就不应该能匹配这条规则，因而就不会被允许。FORWARD 规则允许任何从内部网络出去到外部网络的业务量。这个配置很容易实现；然而，192.168.1.0 这个 IP 范围是一个私有的 IP 范围，不会路由到因特网。因而，这个范围的 IP 的业务量不会被允许从内部网到因特网。为了让这个 Liunx 防火墙有效地代替家庭网络路由器，需要开启 NAT，这能允许内部网络中所有的系统，当在因特网上通信时，看起来如有各自单独的 IP 地址一样。

回顾 NAT 的不同形态。NAT 的原理是简单的，但是在复杂的环境中，它会被弄复杂。一如既往，好的文档能够使事情非常清晰。基本上，NAT 就是 NAT 设备（在这里就是 Linux netfilter 防火墙）改变数据包的 IP 地址，然后转发该数据包。根据需要，可以改变源 IP 地址（源 NAT（SNAT））、目的 IP 地址（目的 NAT（DNAT）），或者两者都改变（双 NAT），如家用路由器。在 NAT 能力背后的目标是允许所有的内部网主机通过使用你的网络服务提供商（ISP）提供的单个公共 IP 去与因特网通信（本

例中，我们使用SNAT)。因为在私人网络中的每个主机都会建立一个通向因特网服务器的连接，防火墙会改变源地址，使得每台主机的地址都看起来如是你从ISP那里得到的那个公共地址。这样做同时可以使返回的业务量找到该防火墙，然后被重新转换并被发送到最初的主机上（图2.9）。

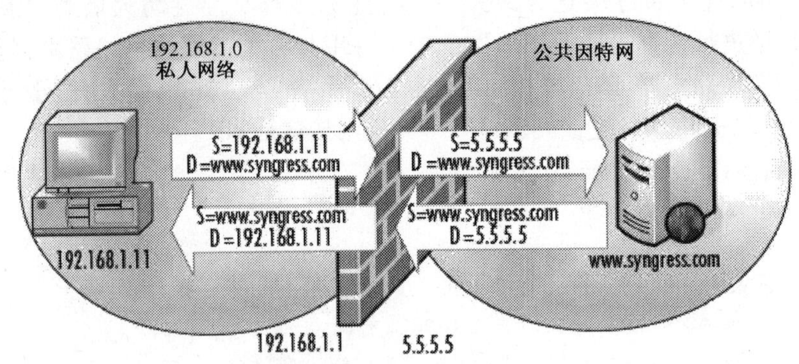

图2.9 SNAT

在图2.9中，内部网主机有私有IP地址192.168.1.11。防火墙的公共地址是5.5.5.5，是ISP提供的。如果在私有网络上的主机想要通过Web浏览器连接到www.syngress.com，则这个连接的源地址是192.168.1.11，目的地址是www.syngress.com。防火墙把源地址改变为自己的公共IP地址5.5.5.5，然后发送数据包。当服务器对目的地址5.5.5.5进行应答的时候，防火墙会重新编辑数据包，这次会插入一个新的目的地址192.168.1.11。所有这些对地址为192.168.1.11的主机和www.syngress.com服务器都是透明的。当有多个主机使用SNAT的时候，防火墙用端口来识别哪个连接属于哪台主机。Web服务器的目的地端口号是静止不变的（对于Web通常是端口80），而源端口号则通常是一个超过1024的随机选取的数。通过跟踪源端口号，防火墙知道哪个端口属于哪个会话。在两个主机尝试用同样的源端口号的情况下，NAT设备编辑一个连接的源端口号，用一个随机产生的源端口号代替它。当收到返回的业务量时，它再把源端口号转换回去，如对IP地址做的那样。因为NAT的这种方法很大程度上依靠源端口号，所以通常被称为端口NAT（PNAT）。

要把SNAT的功能加到上述示例防火墙中，可以用以下命令：

```
iptables -t nat -A POSTROUTING -o eth1 -j SNAT --to-source 5.5.5.5
```

-t选项用于指定要修改的表，-A选项表明要往POSTROUTING链中添加规则。通过指定传出的接口，可以确保只有当业务量离开私有网络的时候SNAT才发生作用，意味着只有离开才是正确的方向。

注 释

SNAT只能在NAT表中执行。然而，SNAT的规则只能在NAT表的POSTROUTING链中。这意味着当要用SNAT，你的规则会包括-t nat -A POSTROUTING。

跳转目标 SNAT 是自解释的，--to-source 选项指定要用哪个 IP 地址作为新的源地址。SNAT 假定发出数据包的主机有一个静态 IP 地址。尽管这种方法可用，但不是最好。一种更好、更贴近家用路由器的配置的解决方案是使用 MASQUERADE 命令：

```
iptables -t nat -A POSTROUTING -o eth1 -j MASQUERADE
```

MASQUERADE 命令不需要 IP 规范，使用防火墙接口的 IP 地址。你可能会疑惑，为什么不能在任何时候都使用 MASQUERADE 目标来代替 SNAT 目标。因为源 IP 地址是静态的，SNAT 目标会为每个给定的会话去执行一次 NAT 计算。属于该会话的后续的数据报会被用同样的办法处理。而在 MASQUERADE 目标的情形，每个数据包的源 IP 都会被检查，这就需要比 SNAT 更高的开销。正因为这样，如果有一个静态的源地址，则 SNAT 首选，只有当没有一个可以使用的静态的源 IP 地址时，才选择使用 MASQUERADE。

附加的命令

到此，应该基本掌握如何去配置一个 Linux 防火墙了。到目前为止，我们已介绍了所有的允许和拒绝通信量的核心命令。另一个对 Linux 防火墙有用的命令是用于对分组进行日志记录的。如果想要记录所有经过防火墙的分组，可以使用 **iptables -A FORWARD -j LOG** 命令。虽然简单，但这可能会产生过多的日志数据量。可能想要一些附加的对记录的产生进行控制的方法。有一些附加的选项提供这些功能。这里重点介绍--log-level和--log-prefix 选项。

--log-level 选项允许为 LOG 规则指定日志等级。这一记录等级的效果取决于如何配置核心记录（通过 syslog 或者 syslog-ng）。当把自定义的 iptables 记录等级和系统记录配置结合在一起的时候，可以基于防火墙记录使 syslog 按任何方式去执行，包括为特定的事件发送电子邮件。--log-prefix 选项允许在日志条目前面插入最长 29 个字母的字符串。这一特性在查找和修复错误时非常有用。产生日志项的表的名字就是可以放到日志前缀中的信息的例子，如 *iptables -A FORWARD -j LOG -log-prefix "from FORWARD chain."*（想要得到更多的关于事件记录的信息，请参看第 7 章，"网络报告和故障排除"）。

注 释

当一个数据包与一条 ACCEPT 或者 DROP 规则相匹配时，就会停止其他任何链的检查，但当数据包与日志规则相匹配时，情况并不是这样的。在发现与记录规则相匹配之后，数据包还要继续通过其他链的检查。记住这一点，以当需要时可以为数据包配置额外的规则和行为。

现在，可以为 netfilter 创建一个工作规则集并保存。这里介绍两个命令：一个是保存配置的，一个是载入已保存的配置的。可以用 iptables-save 命令来产生有关当前活跃的规则集的输出。默认情况下，它只会向标准输出进行输出，意味着会在控制台窗口显示。要保存这个输出，需要将它重定向到一个文件。例如，若要将当前的规则集重定向到一个名称为/etc/ruleset 的文件，需要输入 **iptables-save > /etc/ruleset**。如果想要保存当前数据包数和规则数，可以使用 iptables-save -c >/etc/ruleset 命令。通过输入-t 选项，

用 iptables-save -t mangle > /etc/ruleset 命令可以把单独的表格单独保存。

通过使用 iptables-restore 命令可以保存一个规则集。与 iptables-save 相似，保存功能只有两个选项参数供选择。-c 选项会让 iptables 载入已经保存的数据报和字节数，覆盖当前的计数值。当使用 iptables-restore 时默认的行为是，在载入已经保存的规则集之前先删除当前的规则集，所以之前所有的规则都会丢失。如果不想这样，可以用-n 选项，在这种情况下，新规则将会被加到已存在的规则集中，只有重复的规则会被覆盖。可以用 iptables-restore< /etc/ruleset 命令把保存的配置传送到 iptables-restore。

命令总结

为了便于查阅，下面给出最有用的 iptables 命令的简要总结及一些示例，使这些命令的用法变得更加清晰。记住，这不是全部命令的列表，只列出了最重要的配置防火墙的命令。想要完全的列表，请查阅 iptables 的手册。

- **-A** 给链中添加一条规则。iptables -A INPUT -p icmp -j ACCEPT 将在 FILTER 表中的 INPUT 链中的最底部增加一条允许 ICMP 的规则。
- **-D** 从链中删除一条规则。iptables -D INPUT -p icmp -j ACCEPT 将从 INPUT 链中删除相匹配的规则。iptables -D INPUT 3 删除 INPUT 链中从上往下数第 3 条规则。
- **-I** 往链中插入一条规则。iptables -I INPUT 5 -p icmp -j ACCEPT 将往 INPUT 链中插入本条规则作为第 5 条规则。
- **-R** 替换链中的一条规则。iptables -R INPUT 4 -p icmp -j ACCEPT 用这条新规则替换 INPUT 链中的第 4 条规则。
- **-L** 列出规则。iptables -L 列出所有的规则，iptables -L INPUT 只列出在 INPUT 链中的所有的规则。iptables -t nat -L 只列出 NAT 表中所有的规则。
- **-F** 清除（删除）规则。iptables -F 删除所有链中的所有规则。它不删除链，只是删除链中的规则。
- **-Z** 把数据包和字节计数器清零。iptables -Z 清除所有的计数器。iptables -Z FORWARD 只清除 FORWARD 链中的所有计数器。
- **-N** 创建新的链。iptables -N CUSTOMCHAIN1 创建一条叫做 CUSTOMCHAIN1 的新链。
- **-X** 删除链。iptables -X CUSTOMCHAIN1 删除名为 CUSTOMCHAIN1 的定制的链。
- **-P** 改变链的策略。iptables -P INPUT ACCEPT 把 INPUT 链的策略改变为 ACCEPT。

链的策略并不仅限于 ACCEPT 或 DROP，如果需要，可以为某个目标使用一个定制的链。

选项总结

- **-p** 指定匹配的协议（与！一起工作）。iptables -A FORWARD -p tcp 在 FORWARD 链中增加一条匹配任何 TCP 数据包的规则。iptables -A FORWARD -p ! tcp 匹配任何不是 TCP 的数据包。

- **-s** 指定匹配的源地址（与！一起工作）。iptables -A FORWARD -s 192.168.1.99 匹配任何源地址是 192.168.1.99 的数据包。iptables -A FORWARD -s ! 192.168.1.99 匹配任何源地址不是 192.168.1.99 的数据包。
- **-d** 指定匹配的目的地址（与！一起工作）。iptables -A FORWARD -d 192.168.1.99 匹配任何目的地址是 192.168.1.99 的数据包。
- **-i** 指定接收数据流的网络接口（与！一起工作）。iptables -A FORWARD -i eth0 匹配任何从 eth0 接口进入的数据包。
- **-j** 指定目标。iptables -A FORWARD -p tcp -j DROP 在 FORWARD 链的底部创建一条规则，DROP 任何 TCP 数据包。
- **-o** 指定数据流被从中发送出去的网络接口（与！一起工作）。iptables -A FORWARD -o eth1 匹配任何从 eth1 接口发送出去的数据包。
- **-t** 指定进行操作的表。iptables -t nat -A POSTROUTING -p tcp -j DROP 在 NAT 表的 POSTROUTING 链的底部增加一条规则，DROP 任何 TCP 数据包。

如果不指定-t 选项，iptables 会假设在对过滤表进行操作。

- **-v** 指定要列出详细信息。iptables -L -v 列出所有的规则并包括每个链和每个规则的数据包数。
- **--line-numbers** 指定规则列表应带有规则的编号。iptables -L --line-numbers 对于那些把规则编号当作参数的命令，这个选项使人很容易知道该使用哪个编号，如在 insert，delete，replace 等命令中。
- **-m** 基于若干协议规定的准则匹配数据包。因为匹配选项是协议指定的，-p（tcp/udp/icmp）必须与-m 一同使用。一些通用的例子包括：
  - *-m --sport* 允许基于 TCP 或用户数据报协议（UDP）的源端口来匹配数据包。
  - *-m --dport* 允许基于 TCP 或 UDP 的目的端口来匹配数据包。
  - *-m multiport* 允许在同一个规则中基于多个端口号来匹配数据包。iptables -A FORWARD -p tcp -m multiport --dport 22，25，53 -j DROP 将 DROP 任何目的端口是 22，25 或者 53 的 TCP 数据包。
  - *-m state --state* 允许基于连接的状态去匹配数据包。iptables -A FORWARD -p tcp -m state --state NEW -j LOG 记录任何被用于建立新连接的 TCP 数据包。

有 4 个公认的状态：NEW，ESTABLISHED，RELATED 和 INVALID。

Netfilter 和 iptables 免费提供了功能强大的包过滤和操纵能力。随着免费 Linux 发行版本的不断下载，防火墙已进入任何公司的范围内。正因为如此，在内部使用防火墙去保护高度敏感的系统或者数据正在变得越来越可行。如果想要获得一个 Linux 防火墙，但不想安装 Linux，尝试使用任何可用的 live CD。其中 Knoppix 或者 Slax 就是很好的选择。

图形用户界面（GUIs）

尽管用来操纵和配置 netfilter 的控制台命令不是吓人地复杂，但它们有时却可能会很长。随着命令行的增长，出现错误的概率也会增加。或者，可能不喜欢在命令行中工作，在这种情况下，有各种各样的 GUI 及菜单驱动的界面供对 netfilter 进行配置。在大部分情况下，这些菜单驱动的界面会使用用户输入的命令去创造适当的 iptable 命令，并且大大减少需要知道的将要用到的各种开关和选项的数量。有大量的可用来配置 netfilter 防火墙的 GUIs。这些 GUIs 在下面的章节中按使用的容易程度列出。我们这里介绍的是可以运行在大多数平台上的 GUIs，而不是虽然能完成相同的工作但却只能运行在某一个发布版本上的 GUIs。一般来说，简单也就意味着功能不全，所以一定要知道，如果要创建一个复杂的规则集，则有些 GUIs 是无能为力的。

安全级别配置

在基于 Red Hat 的 Linux 发行版本上，可以通过导航到 System | Administration | Security Level and Firewall 来启动 iptables 的 GUI。也可以在一个终端窗口上通过运行 system-config-securitylevel 直接调用该程序。尽管界面看起来不错，但其配置功能却是有限的。基本上，所有能利用这个 GUI 做的就是允许或拒绝某些端口。Fedora Core 5 把 INPUT 和 FORWARD 链配置成能够跳转到名为 RH-Firewall-1-INPUT 的自定义链上。它不能区分端口是被 INPUT 链允许的，还是被 FORWARD 链允许的，因为所有通过这个图形用户界面配置的规则都适用于这个自定义链。

有些服务是预先定义的。选中 SSH 旁边的复选框，单击 OK 按钮，然后再单击 YES 按钮确认所做的改变，这将在 RH-Firewall-1-INPUT 链中创建下列规则：

```
iptables -A RH-Firewall-1-INPUT -p tcp -m state --state NEW -m tcp --dport 22 -j ACCEPT
```

通过单击 FIREWALL OPTIONS 选项卡上的 OTHER PORTS 按钮，可以输入一个自定义的端口号（图 2.10）。

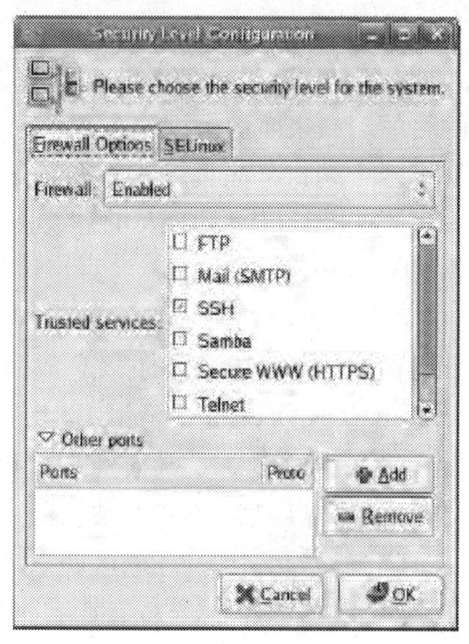

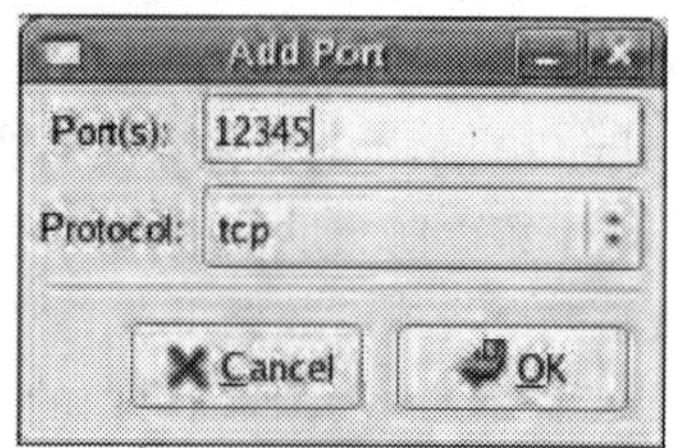

图 2.10　自定义端口号

图 2.11　自定义端口对话框

单击 Add 按钮，在对话框中输入想要的端口号。使用下拉式菜单选择 TCP 或 UDP 作为通信协议，单击 OK 按钮（图 2.11）。

这将创建一个与 SSH 规则相同的规则。没有其他配置选项。虽然这个界面对于不运行任何业务的家用 PC 来讲是足够了，但它可能不适合一个企业防火墙。如果需要配置基于正在使用中的接口的访问或需要配置任何 NAT 规则，就需要使用别的 GUI 了。虽然可能不需要用下面的 GUI 作为企业防火墙，但如果工作站运行的是 Linux 系统，则熟悉它仍然是非常有用的。

Lokkit

Lokkit 是一个用于配置 Netfilter 防火墙的基于 ncurses 的菜单。Lokkit 在大多数主要的 Linux 发行版本上都可以运行，并且在有些版本上是默认安装的（如 Fedora Core 5）。启动 Lokkit ，需在一个终端窗口中输入 lokkit，如图 2.12 所示。

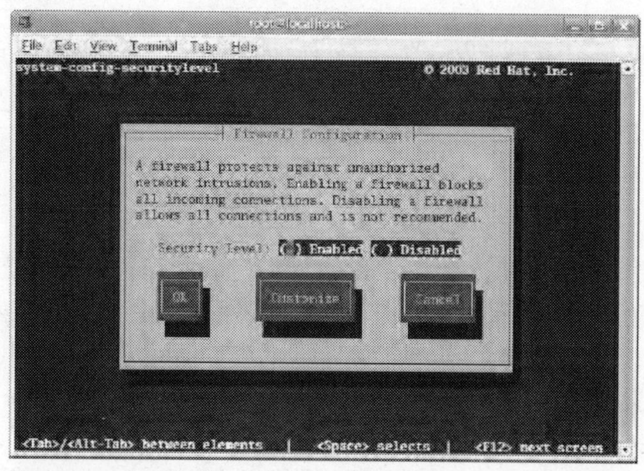

图 2.12 Lokkit 主屏幕

可以使用 Tab 键在菜单上移动光标，用 Space 键在相当于单选框的选项间切换，如在这里显示的 ENABLED 和 DISABLED。如果选中 ENABLED，默认的规则集就被启用了。若要编辑任何自定义的设置，按 Tab 键直到光标移到 CUSTOMIZE 按钮上，然后按 Enter 键 。定制屏幕如图 2.13 所示。

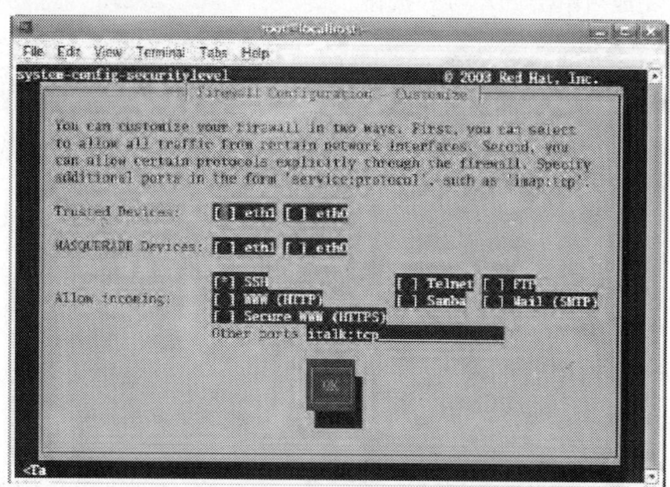

图 2.13 Lokkit 用户化窗口

Lokkit的确比前面讨论的安全级别配置GUI多提供了一点灵活性，但仍是有限的。在选择了信任设备的一个接口后，从该接口来的所有通信量都将被允许。这通常是用于选择内部接口并指定它是信赖的。确实也有启动MASQUERADE的选项。所选择的接口是一个对向外发出的通信量进行NAT的接口，因此一般应选择外部接口。它已提供了一些预设的服务，也可以在“其他端口”段中输入自己的服务信息。一旦选择完成，就单击OK按钮，然后按Enter键。这将返回到主屏幕，单击OK按钮，然后按Enter键使变化生效。

如果想给MASQUERADE配置一个接口，则必须把它标记为信任的，否则Lokkit将产生一个错误信息。记住，虽然MASQUERADE的功能有限，但它在配置一个类似典型的家庭防火墙/路由器设备的防火墙时是足够灵活的。这使得Lokkit成为快速配置简单防火墙时的一个非常好用的小应用程序。这个应用程序的价值也已增加了，因为众多Linux发布版本中都有它。

Firestarter

FireStarter是一个netfilter和iptables的GUI前端，设计目的就是使普通用户通过简单操作就可配置防火墙并保护自己。FireStarter可以在许多Linux发行版本上运行，并且许多自动化的包管理系统（如yum，apt-get和portage）都支持其安装。如果对防火墙进行简单配置就可满足需求，则FireStarter是一个很好的选择。若要手动安装，需先从www.fs-security.com / download.php下载。一旦安装完毕后，第一次启动GUI界面时，需要进行一些初始配置。下面是配置FireStarter的步骤：

（1）启动FireStarter GUI。在Fedora Core 5中，这是通过导航到Applications | System Tools | Firestarter来实现的，这将启动防火墙向导。在Welcome to Firestarter屏幕上单击Forward按钮。

（2）在图2.14所示的对话框从Detected device(s)：下拉框中选择连接因特网（即外部）的网络设备，选中IP address is assigned via DHCP复选框。这类似家用路由器/防火墙的配置。完成后单击Forward按钮。

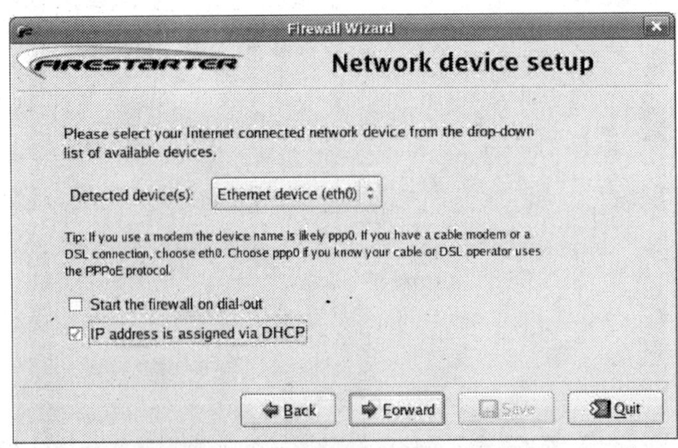

图2.14 FireStarter网络设备设置

(3) 弹出“Internet连接共享设置”对话框（图2.15），这一步基本上就是开启NAT。如果想要所有的向外发出的数据包共用同一个外部IP地址，则选中“启用Internet连接共享”复选框，然后选择局域网设备（即内部接口）。如果只有两个接口，则只需接受默认选中的即可。完成后单击Forward按钮。

图2.15 FireStarter因特网连接共享设置

(4) 在最后弹出的对话框选中“现在启动防火墙”复选框，单击Save按钮。这将安装一个服务，每当启动系统时，都自动启动FireStarter。FireStarter也将把链的默认行为改变为DENY；因此，必须明确配置任何要允许通过防火墙的端口。

FireStarter GUI的主界面如图2.16所示。它非常直观。STATUS选项卡提供高层的信息，如接口的发送和接收数据的计数器，以及一个活跃连接的列表。当单击STOP FIREWALL按钮时，所有iptables的链都被删除，默认行为会变为ACCEPT。当排查故障时，这项功能有助于判断问题是否与防火墙配置有关。

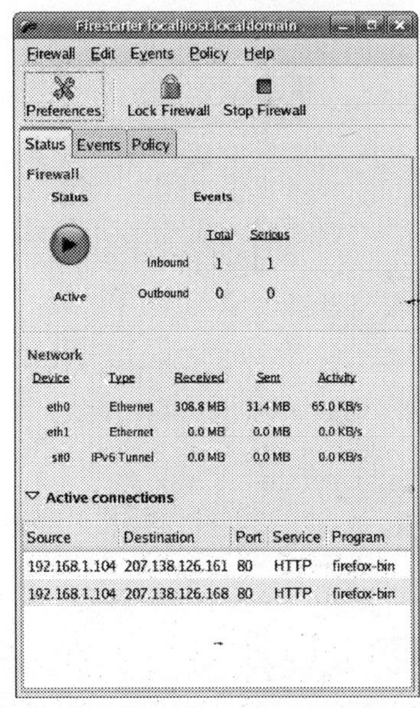

图2.16 FireStarter GUI

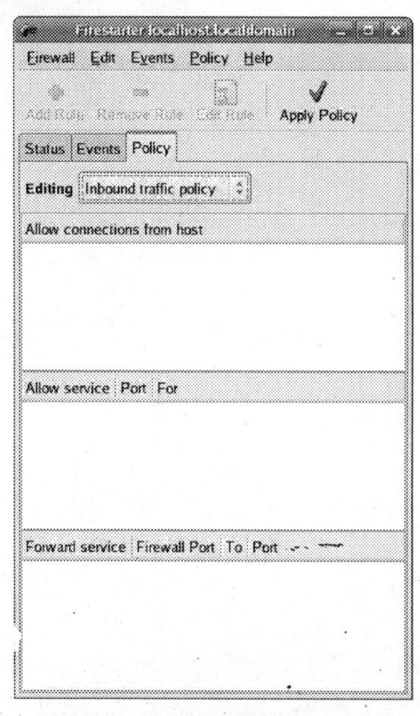

图2.17 FireStarter进入策略

Events 选项卡列出了最近被拒绝的连接尝试。Policy 选项卡用来设定允许想要的通信量的规则（图 2.17）。

例如，如果有一个 Web 服务器运行在 Linux 主机上，可以使用 Policy 选项卡允许进入的连接连接到 TCP 端口 80。Editing 下拉框可以选择对进入或发出规则进行编辑。在上述 Web 服务器的例子中选择了“进入通信量策略”。当单击 Add Rule 按钮时，所选中的策略组决定了该策略将在何处发挥作用。各个策略组的功能概述如下：

- **Allow Connections From Host** 用来配置某一特定的 IP 地址、主机或网络。输入 IP 信息并在这个策略组中创建一条规则时，所有从所配置的源来的通信量都被允许。
- **Allow Service** 允许服务策略组是用来允许个别服务的。可以把源配置成任何东西，如一个特定的 IP、一个网络或局域网（LAN）中的所有客户端。局域网客户端选项允许源地址与防火墙的内网适配器处于同一子网的服务通过防火墙。
- **Forward Service** 只有在使用地址转换时才使用此选项。这使防火墙能够对一个具体的端口或端口范围进行转发，这使一个运行于内网的已被配置了 NAT 的设备上的服务可以接收从外部网络进入的连接。

Outbound traffic policy 窗口显示了一组不同的策略组（图 2.18）。其中也有额外的单选按钮，如 Permissive by default，blacklist traffic 或 Restrictive by default，whitelist traffic。如果默认为允许选项，所有向外的连接都将被允许，而任何创建的规则都是 DENY 规则。这也是大部分家用防火墙的默认行为。如果选择了限制性的配置，表的默认目标是 DENY，任何创建的规则都将是 PERMIT 规则。

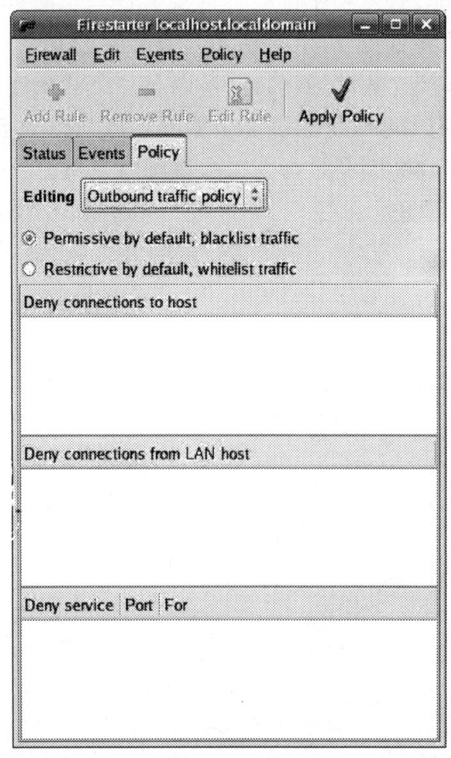

图 2.18 FireStarter 输出策略

不同策略组如何在 allow 和 deny 之间切换依赖选择的是限制性还是允许模式。策略组简介如下：

- **Allow/Deny Connections To Host** 这个策略组用于全局允许或者拒绝连接到一个外部给定的主机、IP 地址或者网络范围。这个策略使用目的地址对规则进行匹配。在许可的模式下，可以使用这个策略组去列出特定的不想让任何人访问的 Web 站点。
- **Allow/Deny Connection from LAN Host** 这个策略组用于允许或者拒绝来自某个特定的主机、IP 地址或者网络范围内的所有连接。这个策略使用源地址来对规则进行匹配。
- **Allow/Deny Service** 这个策略组依据通信量的目的端口和源端口允许或者拒绝该通信量。当使用允许模式的时候，这个策略组可被用来阻止一切对 BitTorrent 端口的访问。这个访问的来源可以是下述任意一个：防火墙本身、LAN 客户端、任意的 IP、主机名或者网络范围。

配置这些策略已可以满足大部分需要，而通过导航到 Edit | Preference 还可以得到一些额外增加的配置选项。选择 Interface | Events 可以配置一些有用的选项。“跳过多余的条目”复选框使得相同的事件只能成为事件项序贯表中的一项。这有助于防止事件窗口被重复的警告所淹没。还有一个选项，可以使你输入特定的主机或者端口，使这些主机或端口不触发事件日志。在完成了选择之后，单击 ACCEPT 按钮。

另外一个需要提及的参数设置在 Firewall | Network Settings 下。这会启用因特网连接共享（其效果如初始化向导一样）并使防火墙的主机成为动态主机配置协议（DHCP）服务器。这可使你把 Linux 主机配置得如家用防火墙一样，家用防火墙除了具有 NAT 和防火墙的功能外，还具有 DHCP 服务器的功能。ICMP 过滤窗口可以过滤 ICMP 数据包。默认情况下，通过 Firestarter 配置的允许和拒绝规则只适用于 TCP 和 UDP，不适用于 ICMP。这里可以允许想要的那种类型的 ICMP 通信量。总的来说，除非绝对必要，最好不要允许任何来自因特网的 ICMP 分组访问防火墙或者内部网。

最后一个需要配置的设置在 Firewall | Advanced Options 下。在“广播通信量”对话框中同时选中 Broadcast traffic 下的两个选项。一般来讲，不要允许广播分组经过防火墙，因为这样做会有安全风险。应该选中 Block traffic from reserved addresses on public interfaces 复选框，这是通用的过滤策略。因为在 RFC 1918 所规定的“私有”地址不应该被路由到因特网上，所以绝对没有理由接收外部接口上的源地址为上述“私有”地址的任何数据。这种数据几乎总是由一个想要绕过配置不好的防火墙的黑客发出的。

尽管缺少更先进的数据包处理功能，使用 Firestarter 作为配置工具还是能够完成绝大部分配置工作的。如果要进行更高级的配置，可以使用别的工具，或者先用 Firestarter 产生配置，再在这些生成的链的基础上增加自己的更高级的选项。

简单防火墙发生器

本质上讲，简单防火墙发生器不是 GUI，但是它确实有助于简化 netfilter 的配置及省去熟悉 iptables 的需要。访问 http://easyfwgen.morizot.net/gen/index.php，输入相应的信息，单击 Generate Firewall 按钮。当选择选项时，如果需要输入附加的信息，单击 Generate Firewall 按钮，这个页面就会刷新，然后提供一个附加的输入区域。当所有需要输入的信息都输入了以后，这个页面会改变成文本页面，这个文本页面能被复制和粘贴以便能够被 iptables 类似读入保存的配置一样读入。在 Fedora Core 5 中，iptables 的配置被保存在/etc/sysconfig/iptables。虽然这个方法需要替换所用的发布版本的默认 iptables 配置文件，但这只是举手投足之劳，并且还支持所有与 Firestarter 相同的基本功能。

防火墙建造者

防火墙建造者是用于管理 netfilter 防火墙的最完备的 GUI，其特征和性能可与一些商用防火墙产品相媲美。几乎总是如此，功能和性能的提高是有代价的：就 netfilter GUIs 而言，防火墙建造者是最难以配置和使用的。然而，如果确实需要其卓越的管理能力，则花些额外的努力还是值得的。（可从 www. fwbuilder. org/下载防火墙建造者）防火墙建造者管理 netfilter 防火墙及 ipfilter，OpenBSD PF 和（商业用的）Cisco PIX 防火墙。防火墙建造者运行在很多流行的操作系统上，包括 RED HAT，Mandrake，SUSE，FreeBSD，Mac OS X 及 Windows XP。

防火墙建造者的操作方式与到此为止所有已讨论过的 GUI 都不同。它使用一种基于对象的方法。本质上来说，必须定义一个对象去描述任何要用在防火墙规则中的实体。在很多情况下，这个实体意味着一个源地址、一个目的地址或最小可以是一个服务（端口）。防火墙建造者的配置和 GUI 两者在很大程度上与 Checkpoint Firewall GUI 的相似。一旦对象被定义了，就可以拖拽它们到规则里以允许和拒绝通信。在下面的例子中，我们使用 Windows XP 主机运行防火墙建造者，配置一个 Linux 网络过滤器防火墙。

（1）安装防火墙建造者。

（2）导航到 Start | Programs | Firewall Builder 2. 1 | FWBuilder，打开 GUI，即打开防火墙建造者的主窗口（图 2. 19）。它分成一个对象树（左边的面板）和一个对话区域（右边的面板）。

（3）最初，对话区域是空白的。为了在运行防火墙建造者的同一台主机上增加第一个防火墙（在本例中是一个网络过滤器防火墙），在对象树上选择 Firewalls。

（4）右击，然后在弹出的快捷菜单中选择 New Firewall 选项，打开一个新的防火墙对话框（图 2. 20）。

（5）给新的防火墙输入名字（在本例中是 LAB01）。

（6）为防火墙软件选择 iptables。

（7）选择 Linux 2. 4/2. 6 为操作系统，然后单击 Next 按钮。

（8）接下来的窗口允许配置防火墙的接口。可以手工配置，或者如果防火墙运行了 SNMP，可以通过 SNMP 发现它们。选择 Configure interfaces manually，然后单击 Next 按钮。

（9）手动配置接口的窗口如图 2. 21 所示。输入每个网络接口的相关信息。Name 框中填写的内容必须与实际接口的名称相符合（如在 Linux 主机上输入 ifconfig 一样），如 eth0。Label 框中输入的是易懂的易引用的名字，如 OUTSIDE。当把与某个给定的

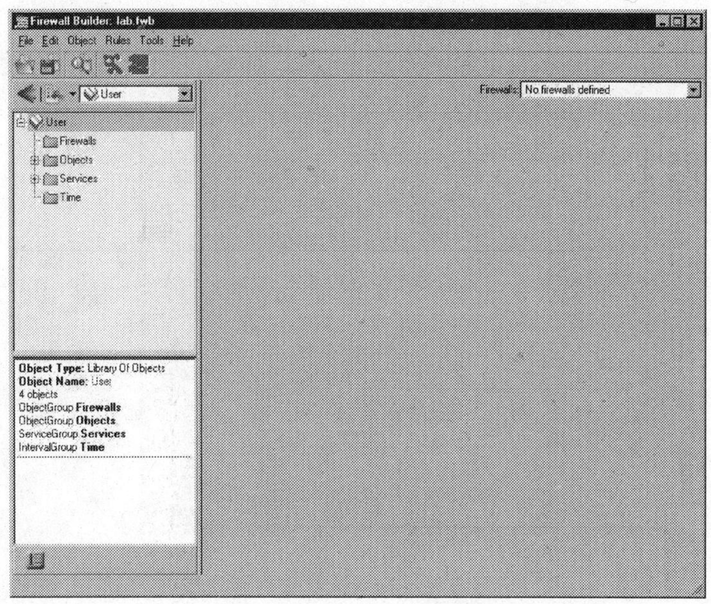

图 2.19 防火墙建造者

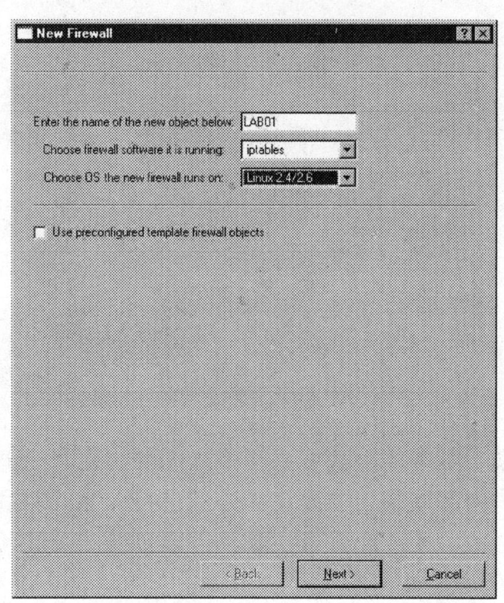

图 2.20 FWBuilder 新防火墙向导

接口有关的信息输入后，单击 Add 按钮。

(10) 把所有接口（典型的是一个 INSIDE 和一个 OUTSIDE）的信息都输入之后，单击 Finish 按钮。

(11) 必须指定防火墙上的某个接口为管理接口，通常是 INSIDE 接口。这个操作通过导航到对象树上的该防火墙来完成。选择对象树上的每个接口时，在对话区域中都会有一个“管理接口”复选框。在想使之成为管理接口的那个接口的对话区域选中此复

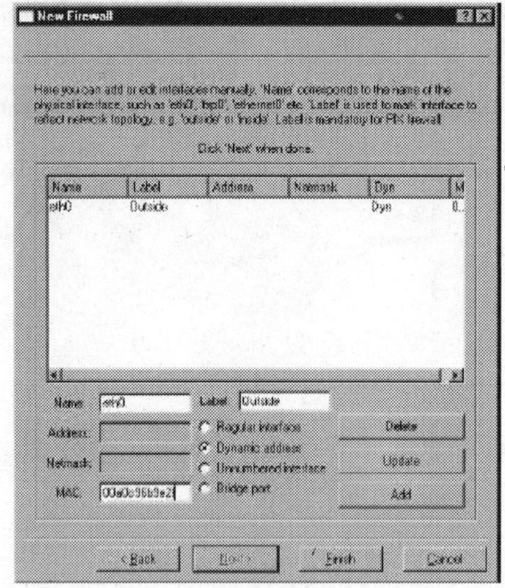

图 2.21　FWBuilder 人工接口配置窗口

选框，则这个接口就成为 FWBuilder 用于连接和上传防火墙规则的接口。这个接口特性示于图 2.22。

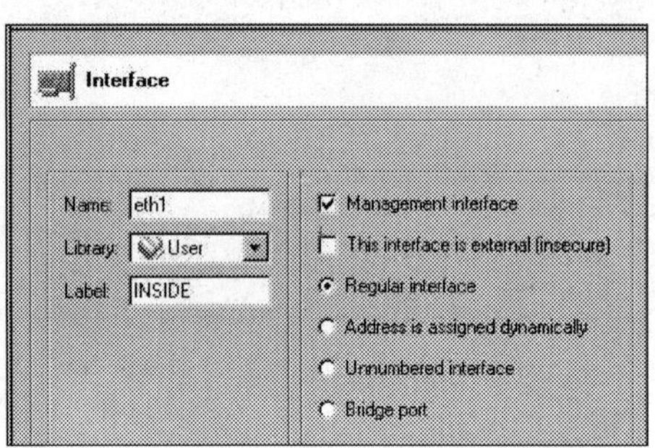

图 2.22　管理接口

（12）现在已经定义了基本的防火墙，接下来需要再定义一些别的特性。在本例中，假设 192.168.1.0/24 是内部网络，要允许去外部进行 Web 浏览并能接入到一个内部的 Web 服务器上（Web1）。作为起始的第一步，需要创建一个对象去描述内部网络。通过下面的步骤创建网络对象。

（13）在对象树中导航到 Objects | Networks。

（14）右击 Networks，在弹出的快捷菜单中选择 New Network 选项。

（15）输入 INTERNAL 作为网络的名称，然后以 192.168.1.0 作为地址区域。输入 255.255.255.0 作为子网掩码，然后单击 Apply 按钮。

（16）在 192.168.1.12 上创建一个内部 Web 服务器。在对象树上右击 Objects | Hosts，然后选择 New Host。

（17）输入 WEB1 作为对象的名称。选中 Use preconfigured template host objects 复选框，然后单击 Next 按钮。

（18）选择 PC with one interface，然后单击 Finish 按钮。

（19）从对象树导航的 User | Objects | Hosts | WEB1 | eth0 | WEB1。把 IP 地址写为 192.168.1.12，然后单击 Apply 按钮。

（20）接下来，定义允许 Web 浏览的服务。右击 Services | TCP ，然后选择 New Service 选项。

（21）输入 HTTP 作为名字。把源端口的范围记为 0，但是把目的端口的范围设为从开始到 80 结束，然后单击 Apply 按钮。

（22）重复步骤（20）到（21），把 HTTPS 设在端口 443 上，HTTPS 是传输安全 Web 页面的。

这些操作步骤可能会非常麻烦，然而，当真正配置规则时，面向对象方法的强大能力就表现出来了。在定义完成所有需要的对象之后，接下来定义允许进来的 HTTP 通信量的规则。

（23）右击对话区域的顶部面板，然后选择 Insert Rule 选项。

（24）允许进入的 HTTP 访问 WEB1。选中对象树上的 WEB1，然后拖拽到目的区域作为规则 0。

（25）现在把 HTTP 和 HTTPS 服务从对象面板拖拽到规则 0 的 Service 区域中。

（26）右击 action 列里的大红点，然后选择 Accept。这样进入的 Web 通信量就可以访问 WEB1 了。

（27）为了允许向外发出的通信量访问因特网，需要创建另一个规则。右击规则 0，然后选择 Add Rule 选项。

（28）把 HTTP 和 HTTPS 从对象树拖拽到规则 1 的 Service 列。

（29）把网络对象 INTERNAL 从对象树拖拽到新规则的 Source 列。

（30）右击规则 1 的 Action 列，然后将行为改变为 ACCEPT。这个策略看上去如图 2.23 所示。

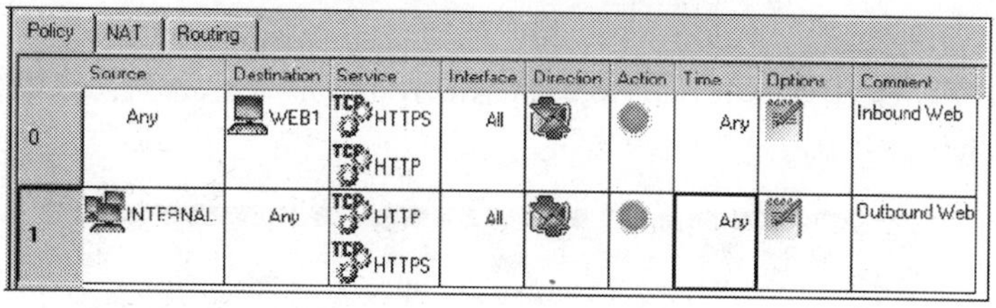

Policy | NAT | Routing

	Source	Destination	Service	Interface	Direction	Action	Time	Options	Comment
0	Any	WEB1	HTTPS HTTP	All			Any		Inbound Web
1	INTERNAL	Any	HTTP HTTPS	All			Any		Outbound Web

图 2.23　简单的 FWBuilder 策略

（31）尽管规则在这个时候看上去还很简单，但我们可以应用它们，看看它们是如何工作的。首先，导航到 File | Save 或者 File | Save As 保存所做的工作。

（32）右击 LAB01 Firewall，然后选择 Compile 选项。

（33）当“选择要编译的防火墙”窗口出现的时候，选中 LAB01。当时选择感到满意时，单击 Next 按钮。编译结束的时候，应该在 Pnagcess 列看到 Success。在检验这个编译确实成功之后，单击 Finish 按钮。

工具和陷阱

别阻碍自己

任何配置过防火墙的人都知道，在配置规则时要非常小心。一个公认的好做法是在开始其他所有工作之前，首先创建一个规则，允许管理通信量接入。这是因为，一旦默认的策略被配置成 DROP，SSH 连接将不会再被允许，除非把它增加到访问表里。如果忘记这样做，一旦策略启用之后，就会发现不能再远程访问防火墙了。如果的确这样，甚至不能远程连接到防火墙去更新策略和改变 ACLS。

接下来的步骤是告诉 FWBuilder 去哪里寻找 SSH 执行表，因为这就是 FWBuilder 如何把配置上传到防火墙。这需要防火墙和 FWBuilder 控制台上（假设它们在不同的系统上）都有 SSH 在工作（使用和配置 SSH 的详细步骤见本章）。

(34) 从菜单中选择 Edit | Preferences。

(35) 选择 SSH 用选项卡，然后单击 Browse 按钮。

(36) 导航到所要用的 SSH 应用程序的位置上（如 plink. exe)，然后单击 Open 按钮。记住如果 FWBuilder 主机的操作系统是 Windows，则不能选择 PuTTY. exe；必须使用命令行 PuTTY 程序，plink. exe。

(37) 选择 SSH 执行表之后，单击 OK 按钮。

(38) 右击对象树上的 LAB01 防火墙，然后选中 install 选项。

(39) 选择想要安装于其上的那个防火墙，单击 Next 按钮。

(40) 输入 SSH 连接所需的用户名和密码。

(41) 其他所有的区域都是可选的，但是推荐选择“在防火墙上保存 FWB 的一个备份”复选框。完成选择过程后，单击 OK 按钮。

上传完毕之后，会出现一个 Success 的状态提示（图 2. 24)。检查防火墙（iptables -L)，可以看到被列出的新规则。

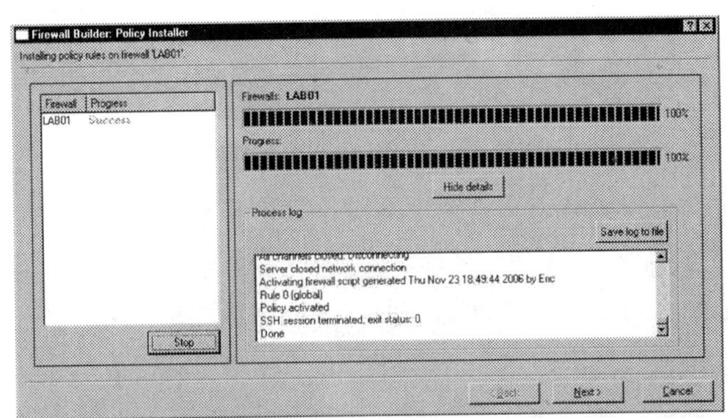

图 2. 24　策略安装成功

正如读者可能会看到的，一旦完成了定义对象的前期工作，增加或者修改规则就很简单了。另外，与其他免费的GUI解决方案不同，FWBuilder允许在一个地方集中地安全管理所有的防火墙。当使用上述策略时，图2.25显示了一个产生出来的iptables规则的样本。

注意，默认的链有与在FWBuilder中配置的规则相匹配的规则，这些默认的链带有RULE _ <RULE NUMBER>目标。这些增加的链在配置记录的时候被使用。在所有链的开头都有一个规则，使得与某个已建立的会话相关的通信量被ACCEPT。尽管这种状况基本上是大家都想要的，但它仍然是可以配置的。要想移掉这条自动产生的规则，选择对象树上的防火墙，单击对话区域中的Firewall Settings。有一个名为“在第一个规则之前ACCEPT ESTABLISHED和RELATED包”的复选框被默认选中。虽然已经配置好的FWBuilder策略能处理任何你可能需要的基础规则，但仍旧还有一些更基础的东西要涉及。如果想使Linux防火墙具有NAT的功能，通过FWBuilder去配置它是简单的。依照下面的步骤，可使防火墙把所有来自内部网络的地址转换到外部接口使用的DHCP地址上。这个配置通常也被称为*Sourcenat*，因为这里改变的是源地址。

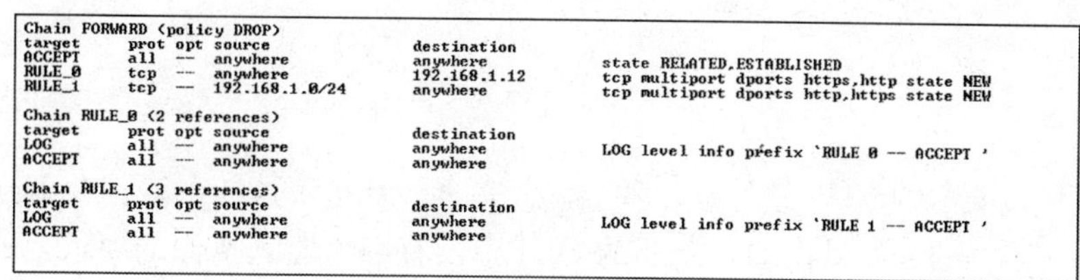

```
Chain FORWARD (policy DROP)
target     prot opt source               destination
ACCEPT     all  --  anywhere             anywhere            state RELATED,ESTABLISHED
RULE_0     tcp  --  anywhere             192.168.1.12        tcp multiport dports https,http state NEW
RULE_1     tcp  --  192.168.1.0/24       anywhere            tcp multiport dports http,https state NEW

Chain RULE_0 (2 references)
target     prot opt source               destination
LOG        all  --  anywhere             anywhere            LOG level info prefix `RULE 0 -- ACCEPT '
ACCEPT     all  --  anywhere             anywhere

Chain RULE_1 (3 references)
target     prot opt source               destination
LOG        all  --  anywhere             anywhere            LOG level info prefix `RULE 1 -- ACCEPT '
ACCEPT     all  --  anywhere             anywhere
```

图2.25 FWBuilder产生的链

（1）在对话区域中选择NAT选项卡。

（2）右击并选择Insert Rules选项。这将增加NAT规则0。

（3）把INTERNAL网络对象从对象树拖到新的NAT策略中的Original Src列上。

（4）把防火墙的外部接口从对象树拖到NAT策略中的Translated Source列上。

这就是所有要做的。保存编译和安装新的策略。现在源自内部网络的通信量将会被转换为外部网接口的IP。虽然这个源NAT配置允许所有的内部用户访问因特网，但如果允许因特网用户访问一个内部的服务器，则还需要使用目的NAT。因为内部的服务器使用的是一个私有的IP地址（它是不能在因特网上路由的），需要将这个目的地址转变为外部用户能访问的IP地址。要使用目的地NAT把目标地址为防火墙的单个公共IP地址的数据包的目的地配置成一个内部资源，需遵循以下步骤。

（1）在对话区中选择NAT选项卡。

（2）右击“已存在的NAT规则的口号规则”，然后选择Add Rule Below选项。

（3）把防火墙的OUTSIDE接口拖拽到新规则的Original Destination（原始目标）列。

（4）把需要的服务（例如，用于Web访问的HTTP）拖拽到新规则的Original Service（原始服务）列。

(5) 把内部服务拖拽到新规则的被转换的目的地列。

另一个比较好的特征是能够创建时间策略（例如，如果想要内部系统只能在中午到下午一点之间连接因特网，可以简单地实现这个调节)。

(1) 在对象树中右击 Time，选择 New Time Interval 选项。

(2) 在 Name 区域填入 LUNCH 作为规则名。

(3) 在所提供的两个时间区域里，输入一个时间作为规则 START 的时间，输入一个时间作为规则 STOP 的时间。在本例中输入 12：00 和 13：00，在日期区域中填入 0，星期的区域可以填入-1，这意味着每一天。全都设置好了后，单击 Apply 按钮。

(4) 把 LUNCH 时间间隔从对象树拖拽到规则＃1 的 Time 列。

现在，规则＃1（允许到因特网去 Web 冲浪）只有在中午到下午一点起作用。这种基于每天的时间配置决定规则在一天中的哪些时间处于激活状态的能力是一个非常有用的特点。如果组织严格遵循早上八点到下午五点的作息时间，可以配置防火墙在非上班时间阻止所有向外的访问。另外，若干非业务相关的协议（例如，即时消息、文件共享等）在日常工作结束后会被激活。尽管不是最易于使用的 GUI，但 FWBuilder 的确是特征最完全的，惟一能够提供商业产品中才会有的特征的 GUI。

其他 GUI

尽管网络过滤器的 GUI 实在是太多了，想完全涉及是不可能的，但我们还是要努力介绍其中一些最好的。如果我们所介绍的 GUI 中没有一个能满足你的要求，或者如果你只是喜欢试验一下，看还有没有其他的 GUI，则你可能就要调查一些额外的东西了。也许你正在使用 KDE 从 www. simonzone. com/software/guarddog/＃introduction 浏览 Guarddog，它针对的是初学者到中级用户，提供基于叫做网络“地带”的逻辑分组的定义安全策略的能力。Turtle 防火墙项目（www. turtlefirewall. com）允许通过一个 Web 界面管理防火墙主机。虽然最好是能够透彻地理解 iptables 的命令行配置，但有时也并不需要如此。对于一个配置不复杂的防火墙的情形，这里介绍的许多 GUI 都可以使你快速地建立防火墙并使之运行起来，而不需要去浏览 iptables 的手册。

SMOOTHWALL（平滑墙）

平滑墙（http：//smoothwall. org）纯粹就是一个防火墙。首先阐明一些基本术语。Smoothwall. org 是 SmoothWall Express 的站点，SmoothWall Express 是免费开源的防火墙解决方案。Smoothwall. net 是 SmoothWall 有限公司的主页，该公司提供一些商用的安全产品，包括 SmoothWall 防火墙的一个版本。SmoothWall 不同于这里所介绍的其他解决方案之处在于它是一个专门的防火墙设备。其他的解决方案都使用网络过滤器和可选择的 GUI 去配置防火墙，使之能在工作站上运行。此时仍然可以把防火墙系统作为一个普通的工作站使用，尽管这是不推荐的。如果想要强化防火墙（象你应该做的那样)，需要从系统中移除不需要的服务和软件并更新所有留下的软件。SmoothWall 采取不同的方式，上述所有的工作都已经替你做了。安装 SmoothWall 的时候，安装软件会清除文件系统，在硬盘上安装一个安全的 Linux 版本及 SmoothWall 软件。

SmoothWall 防火墙没有系统的 GUI，只能通过 Web 管理界面用命令行进行接入和管理。SmoothWall 仅仅是一个防火墙，没有更多的东西。

正因如此，这种方法有几个好处。首先，不用了解如何强化 Linux 发行版，以使之在使用时足够安全。此外，与先安装 Linux，然后学习 iptables 语法不同，SmoothWall 不需要了解 Linux。安装菜单会引导配置最少的设置项，以便随后能使用 Web 界面去配置防火墙的功能。不需要为建立 SmoothWall 并使之运行而了解任何关于 Linux 的东西（尽管了解一些也没什么坏处）。SmoothWall 防火墙已经被剥离出来，不需要的软件和服务已被移除，这一事实意味着可以仅用一台旧电脑就可以得到最高的性能，而且不必花费很多的时间去把完整的（正常的）Liunx 发行版本安装到这台旧电脑上。

安装 SmoothWall

最简单的安装 SmoothWall Express 的方式是在 http://smoothwall. org/get 网站下载 ISO 镜像文件。建议把 http://smoothwall. org/docs 网页上的手册读一遍。这个与 SmoothWall Express 一起提供的文件是免费产品中的特例，所有的安装截图在 PDF 格式的安装向导中都有。这个安装方法引导完成安装 SmoothWall Express 的过程。

(1) 把这个镜像刻录到光盘上之后，用该光盘启动准备用作防火墙的计算机。

(2) 启动屏幕与许多 Linux 发行版本的相似。它会警告安装 SmoothWall Express 会删除硬盘上所有的数据。想要继续安装，按 Enter 键。

(3) 随后，安装屏幕会变成 DOS 风格的用户界面。通过使用 Tab 键，箭头键和 Enter 键来移动光标及选定选项。提示插入安装盘，然后单击 OK 按钮，但这只会在系统无法从光盘启动而使用软驱开始安装的情况下才会出现。无论在哪一种情形，确保光盘在光驱里，将光标移到 OK 按钮，然后按 Enter 键。

(4) 在硬盘重新被分配和全部数据都丢失之前，需要单击 OK 按钮两次。

(5) 出现提示后，选择 Probe 使安装程序能够了解它能检测到什么类型的网卡。

SmoothWall 使用接口颜色来指示信任等级，在安装过程中，你将看到这种情况。例如，内部接口被假设为是可信的，因而被标为绿色。各种拨号上网、综合业务数字网（ISDN）或 DMZ 的接口被标为橙色。可以将颜色搭配起来用于指示接口的配置。如果使用一个额外的以太接口作为非信任（OUTSIDE）接口，则按照 SmoothWall 标色规定，它的接口颜色就是绿色＋红色。

文件安装成功后，可以使用软盘备份配置。如果重装或迁移到新的硬件上，这个备份是很有用的。在这种情况下，单击 OK 按钮。

(1) 选择键盘布局（本作者的布局是 US ），单击 OK 按钮。

(2) 为防火墙取一个主机名（如 smoothwall），单击 OK 按钮。

(3) 接下来是有关代理的。如果防火墙需要通过代理才能检索到 Web 更新，则此屏幕允许输入代理服务器的信息。如果使用代理，则输入相关的信息；如果不需要，单击 OK 按钮。

(4) 弹出的对话框用来输入 ISDN 或 ADSL 连接的配置信息。安装过程中总是假设 INSIDE（信任的）接口是以太接口，OUTSIDE（非信任）接口是以太网、是 ISDN 或者 ADSL。如果使用其中之一，则输入相关的信息。如果外部接口是普通的以太接口（例如，来自一个同轴电缆调制解调器），则在 ISDN 和异步数字用户环路（ADSL）配置界面上都要选择 disable。

（5）下一个界面是用来返回检查和编辑网络配置的。如果 INSIDE 和 OUTSIDE 接口都是以太网接口，则网络配置类型应选择为绿＋红。检查每个菜单的选项，确保每个接口都已被识别并安装了驱动及设置了 IP 地址。通常，红色接口颜色使用 DHCP，绿色使用静态 IP 地址，这样内部主机就可以将防火墙配置为默认网关。

（6）完成所有的设置后，单击 Done（完成）按钮。

（7）当把 SmoothWall 防火墙用作 DHCP 服务器时，会出现一个询问窗口。这个配置和大多数的家用防火墙一样，这些家用防火墙通常作为防火墙、网关和 DHCP 服务器。如果网络中确实没有 DHCP 服务器，那么就把 SmoothWall 防火墙用作 DHCP 服务器。在各种区域中填入合适的值。大多数设置都不是关键的，但是有一项设置必须注意，这就是租用期限。如果租用期限过长，则从下线之前没有机会及时释放 IP 地址的系统（如故障或断电）收回 IP 地址就会很慢。如果租用期过长，这种现象会耗尽 DHCP 的 IP 地址储量，不再能为其他用户分配可使用的 IP 地址。24h 的租用期并不少见，并且通常网络越大，租用期越短。如果对 DHCP 不太了解，则选择禁止。通过 Web 界面，DHCP 设置很容易配置。

（8）接下来的界面用来为防火墙的多个账户输入密码。下面是有关这些账户的简介：

- Administrator　本账户用于通过 Web 接口管理防火墙。它只能用于访问 Web 接口，不可以用于直接登录防火墙上的 Linux OS。
- root　它是一个本地 Linux 账户，用于以命令行方式访问防火墙本身。
- setup　它是一个本地 Linux 账户，用于运行安装程序，当以此账户登录时，该安装程序会自动开始。这个安装程序可用于在最初的安装完成后，又需要对某些网络设置进行更改的情形。

（9）最后一个密码配置完后弹出 CD-ROM，系统重新启动。当系统成功启动之后，你可以通过控制台使用根账户直接登录，或者一个更恰当的方法是登录到 Web 界面。默认的 Web 接口在 http://smoothwall:81可找到，安全的 HTTP 在 https://smoothwall:441可找到。根账户和安装账户都可以通过 SSH 登录，SSH 已经被默认地配置到端口 222。

配置 SmoothWall

第一次登录到 SmoothWall 的 Web 界面时，出现如图 2.26 所示的界面。

登录前，一些信息是可获取的，如用户数和平均负荷量。只要单击顶端的菜单项，就会提醒你以 Web 管理员用户进行认证，默认账户名是 admin。首先要做的事情之一是激活 SSH 访问，它的默认状态为禁止。这为当 Web 服务器或者防火墙过滤器出现问题时对防火墙进行管理提供了额外的方法。激活 SSH 的方法是单击 Services 选项卡，然后选择 Remote Access（远程访问）。接下来选中 SSH 旁边的复选框，并单击 Save（保存）按钮。通过单击 About your smoothie 选项卡可以查看正在运行的服务。在该选项卡下有 3 个界面。状态界面显示哪些服务正在运行。高级界面显示与存储使用、硬盘

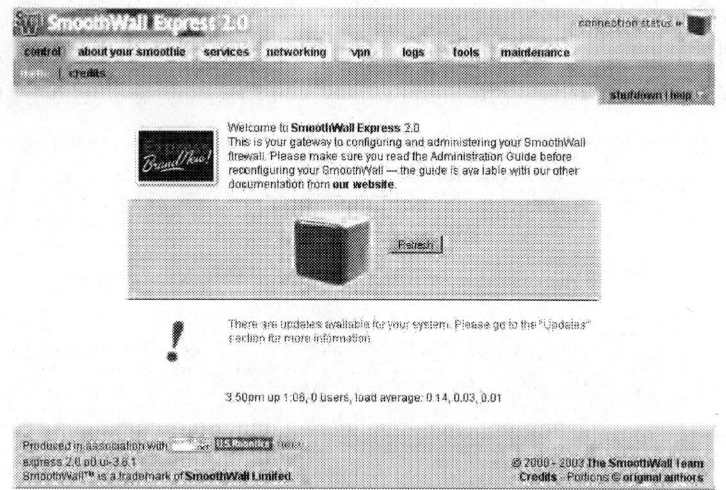

图 2.26　SmoothWall Web 接口

使用、网路接口设置和正常运行时间相关的更详细的信息。流量图表界面显示所有接口的流入和流出速率。

激活 SSH 后，就应该可以连接到端口 222 了。使用 openssh 的示例如下：

```
ssh <IP> -l root -p 222
```

既然已经有了进入防火墙的备用方法，下一步优先要做的就是更新防火墙。虽然不需要做太多的配置就能保证在使用补丁前做备份，但是这些配置仍是值得做的。单击 maintenance 选项卡，然后再选择 backup 界面，会出现几个选项。Create backup floppy disk 按钮用于直接将配置信息写入软盘。考虑到软盘相对不可靠，应该选择 Create backup floppy image file 选项。这会生成一个 .img 文件并下载到用于进行 Web 管理的系统。可以把这个文件存储在一个更可靠的媒介上，在以后用到时使用如 Rawwrite 之类的应用工具把镜像文件写入物理软盘。备份后就可以安全地进行防火墙更新了。

防火墙更新是另外一个 SmoothWall 的设计者设法使之尽量简单易用的领域。单击 maintenance 选项卡，将会在 updates 界面出现两个区域。上面的区域显示已经安装的更新，下面的区域显示可使用的更新。为更新防火墙，访问 http://smoothwall.org/get/。在 Latest Updates and Patches 区域里有一个叫做 updates archive 的小链接。单击该链接，将所有可使用的更新下载到本地计算机上。

注 释

所有的更新必须按顺序进行，SmoothWall 的更新并不具有累积特性。先更新 1，再更新 2，这样依次进行，直到所有可以得到的更新全部加载完成为止。到本书出版时，共有 7 个可使用的更新。

Maintenance | Updates 界面的底端有一个方框用于上载更新。单击 Browse 按钮并

选择第一个更新，单击“上载”按钮。上载时，防火墙就会自动安装该补丁。安装完成后，页面将刷新并在 Installed updates 区域中显示该更新。继续上述操作，直到所有可得的更新全部安装完成为止。在图 2.27 中显示了成功安装的更新的部分列表。

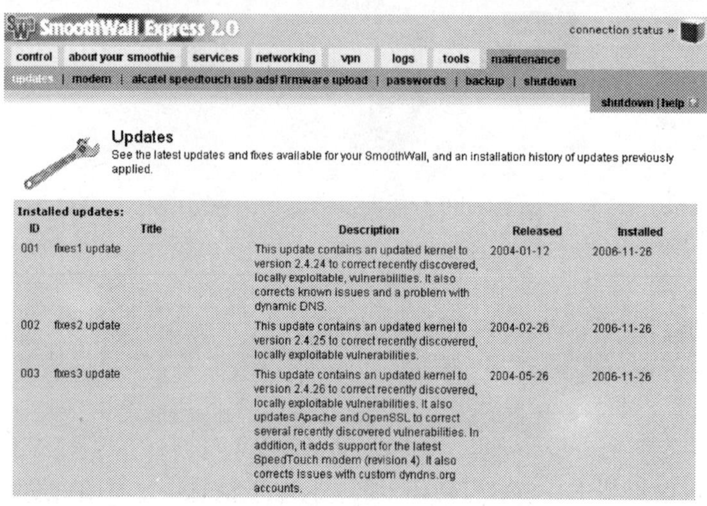

图 2.27　SmoothWall 已安装的更新

最后一个配置选项为防火墙提供一个同步时间的好方法，它也是安装所有防火墙所必须的。由于以下的原因，精准的时间是非常重要的，其中之一就是保证日志有精准的时间戳。没有精准时间标记，将使以后有侵入发生、需要重新建立事件时变得非常困难。可以在 Services 选项卡上 time 框中配置时间源。使用下拉框选择合适的时区。尽管 SmoothWall 确实没有提供配置网络时间协议（NTP）安全的选项，但也确实提供了使用随机公共服务器的选项。在这种情况下，即使 SmoothWall 从某个服务器得到的时间偏差太大（由于意外或恶意的原因），当下一次（被另一台服务器）检查时也会校正过来。要想使 SmoothWall 能从一台公共时间服务器上检索时间，则选中 Enabled：复选框，然后单击 Save 按钮。

完成所有的基本管理配置后，接下来就是实际的规则配置了。SmoothWall 在决定是否允许访问时非常倚重接口的安全等级。默认状况下，所有从红色接口进来通过绿色接口去往某个地址的流量都将被堵塞，除非被特别配置成允许的流量。同样，在默认状况下，从橙色接口进来去往绿色接口的流量也被堵塞。从一个更安全的接口来的流量去往相对不安全的接口时，是默认被允许的。这一行为是与其他的商业防火墙，包括思科公司的 PIX/ASA 相同的。这样配置的结果是，当用户访问因特网时，你不需要再做什么配置。

另外，如果想让因特网上的任一主机（红色接口）访问一台 IP 地址为 192.168.1.63 的内部 Web 服务器（绿色接口），则应该通过选择 Networking 选项卡和 Port Forwarding 框来进行配置（图 2.28）。

保留源 IP 为空（意味着对此项不做限制），在源端口域输入 80，目的地址域输入内部服务器的 IP 地址 192.168.1.63，目的端口域输入 80，用于 HTTP。完成后，单击 Add 按钮。如果允许 HTTPS，需要重复上述操作并将目的端口改为 443。通过使用

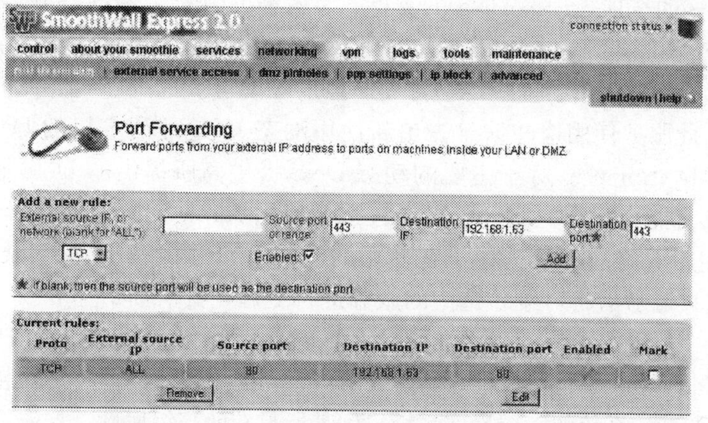

图 2.28 SmoothWall 端口转发

SSH 直接连接到防火墙（SmoothWall 用于 SSH 的端口为 222）后，可以使用 iptables-L 列出 netfilter 的规则，查看 HTTP 及 HTTP 规则加于何处。

```
Chain portfwf (1 references)
target prot opt source destination
ACCEPT tcp -- anywhere 192.168.1.63 state NEW tcp dpt:http
ACCEPT tcp -- anywhere 192.168.1.63 state NEW tcp dpt:https
```

如果在一个单边 DMZ 设计里有 3 个接口，DMZ 接口标记为橙色。如果需要允许从 DMZ 来的访问进入信任网路（绿色接口），操作过程会稍有不同。需要导航到 networking|DMZ pinhole 界面。这个界面类似前面的转发界面，只是这里没有指定源端口的区域。

有时，对一个内部系统的许可可能导致允许它与防火墙外的某个装置（在红色接口上）通信，但可能又想要完全阻止这样的通信，而如果这样做了，又会导致任何对被禁止站点的访问都将失效，甚至是对内部某个信任系统的请求的应答企图都会被阻止。可以在 Netwoking 选项卡中使用 ip block 屏幕对此进行配置。输入源 IP 地址或者要禁止的机器名，单击 Add 按钮保存规则。同时还有激活对被阻止的企图进行日志记录的选项。

配置基本的防火墙和维护规则后，在免费产品中还有一些额外的好东西值得一看。其中之一就是内置的入侵检测系统（IDS）。因为使用 Linux 系统作为基本操作系统，所以它约定俗成地包含 Snort IDS，只需激活它即可。要激活 Snort IDS，首先选择 Services 选项卡，然后选择 Intrusion Detection System 屏幕，再选中 Snort 旁的复选框并保存。Snort 的报警和其他日志可以在 logs 选项卡中看到。还有一些包括下拉框的子界面，用于选择想要看的日志的子集，如 SSH，SmoothWall（它将显示最近打的补丁）及更多。Web proxy 界面仅用于使用代理服务器的情形。firewall 页面显示所有被禁止的连接并允许按月、按日地过滤。最后，IDS 界面还显示被 Snort IDS 记录的事件。不幸的是，SmoothWall Express 本身并不支持远程日志记录，而商业防火墙却支持。然而它却支持把日志文件导出为文本文件。

另外一个好的选项是动态 DNS 的支持。有各种可用的动态 DNS 服务允许使用一个不变的 DNS 名称去引用一个其 IP 地址是通过 DHCP 动态得到的系统。为了做到这点，通常要在主机上安装一个小程序，它将周期地连接动态 DNS 服务器并通告现在使用的 IP 地址。随后此服务使用这些信息去更新使用动态 IP 地址的主机的 DNS 记录，以便人们可以通过 DNS 定位。对于主要的动态 DNS 提供商所提供的 DNS 服务，SmoothWall 防火墙都有能力完成更新。可以通过选择使用 services | dynamic dns 来配置动态 DNS 支持。使用下拉框菜单选择正在使用的动态 DNS 服务，填写剩余的信息，单击 Add 按钮。防火墙随后将对刚才选中的服务进行更新，并且所有主机到 IP 地址的映射都可以在同一个位置维护，而不用在所有需要动态 DNS 功能的系统里安装代理。

SmoothWall Express 是一个很好的防火墙包。它的说明文档很好，安装和管理非常简单易懂。不需要知道系统的底层操作系统。因其所具有的高级属性，如流量图、入侵检测和很好的日志等，值得被列于“最好的免费防火墙”榜首。如果想得到在 Linux 系统上运行防火墙的效果，而又不想学习如何安装安全的 Linux，那么试试 SmoothWall 吧。

配置 Windows 防火墙

尽管可运行于 Windows 上的商用防火墙很多，但免费产品却极少。另外，尽管有一些运行于 Windows 上的适合用做个人防火墙的产品，但没有任何适于保护网络边界的免费产品。Windows XP 和 2003 系统中内建的 Windows 防火墙的配置选项极其有限，并且就其设计初衷而言，只适用作个人防火墙。Windows Vista 中包含的防火墙被认为增强了灵活性，并且能对过滤规则进行控制，所以当它被发布时，应当认真留意。暂时到此为止，有关 Windows 防火墙的配置将在第 3 章中连同其他个人防火墙一起介绍。

提供安全的远程访问

你极有可能会遇到想要或者需要远程工作能力的情形，这只是个迟早的问题。提供远程访问服务时必须谨慎。因为，只要允许员工连接公司的网络，你就不得不在某种程度上把网络边缘扩展到他们的工作站。这就意味着你的网络安全程度现在只和远程使用者的系统或网络的安全程度相同。但在许多案例中，这个网络边缘并无安全性可言。这便是为什么远程访问必须在仔细地考虑和计划后才能提供。虽然不同类型的远程访问带来不同水平的安全风险，但是仍然存在一些计划和配置的步骤能够普遍适用于所有的远程访问。

首要的任务是决定哪种类型的远程访问是合适的。利用一个虚拟专用网络（VPN）可使远程工作站如同在公司网络上的一样。这种类型一般提供了最高水平的功能性，但同时也带来了最高的风险性。如果远程系统被攻陷了，一个攻击者就能有效地进入公司网络内部。虽然能够采取一些措施去减轻这些风险，但是可能需要大量的时间和努力。在所有的各种远程访问的解决方案中，对 VPN（虚拟专用网络）进行计划、配置和适当的保护是最复杂的。

另一种选择是提供远程桌面功能。这将允许远程使用者看到并使用一个工作中的系统的桌面。一个远程桌面的表现如同使用者在工作，而一个虚拟专用网的表现则如同使用者的计算机在工作。这种解决方式实现起来稍微容易些，因为通常能够隔离需要被允许通过防火墙到一个单独的 TCP 端口的通信量。然而许多相同的风险仍然存在，因为如果一个攻击者设法远程进入一个内部系统的桌面，则对他们来说，通常很容易将信息移出网络或者造成其他损害。另一个需要考虑的关键问题是这种类型的解决方案需要在家中有一台计算机，还要有一台处于工作状态的计算机。若选用虚拟专用网，则只需要使用一个系统，所以如果使用者有一个便携式电脑，即使是在很远的地方工作，VPN 也能够被使用。

最后一个也是功能最少的选择就是一个远程壳 。因为大多数普通用户都基本不（或者根本不）在控制台环境中（即只用文本）操作，这种类型的远程访问对于负责网络管理的员工通常是最可行的。一个会计师几乎不可能不用 GUI 去操作会计程序，而同时许多网络任务和绝大多数防火墙管理任务能够仅通过终端即可完成。因为广泛应用的 Telnet 协议发送所有数据时都不进行加密，任何敏感的任务都应该只用安全的协议来执行，如安全壳或者使用安全因特网协议（IPsec）隧道的 Telnet。

VPN 访问的提供

虚拟专用网（VPN）的意义如它的名称那样，用它建立的网络连接是虚拟的，因为利用它可以跨越一个公共网络。基本上，为 VPN 隧道设两个端点，并且使所有跨越这两个端点间的通信量都被加密，以使被传送的数据对于上述两个端点间的系统来讲是私有的和不可读的。不同的 VPN 解决方案使用不同的协议和加密算法来完成这个水平的私有性。VPN 配置不是基于每个端口的，就这个意义来说，VPN 倾向于与协议无关，至少在某种程度上说是如此。的确，一旦建立 VPN 隧道，所有相关的通信量都将会经过该通道，有效地扩展了内部网络的边界，把远程主机也包括了进来。

当计划实施一个 VPN 解决方案时，首先要考虑的问题之一就是网络设计。因为 VPN 隧道需要两个端点，一个是远程工作站，另外一个是为了这种用途而进行专门配置的设备。这个设备一般被叫做 VPN 集线器，因为它被用作多条 VPN 隧道的公共端点。远程系统会有效地把这个集线器用作进入内部网络的网关，所以集线器的位置是非常重要的。在一个安全要求极高的环境中，集线器被放置在一个 DMZ 中，这个 DMZ 处于两个防火墙之间——一个防火墙面对因特网，另一个面对内部网络（图 2.29）。虽然这种类型的布置是最安全的，但是它需要更多的硬件。

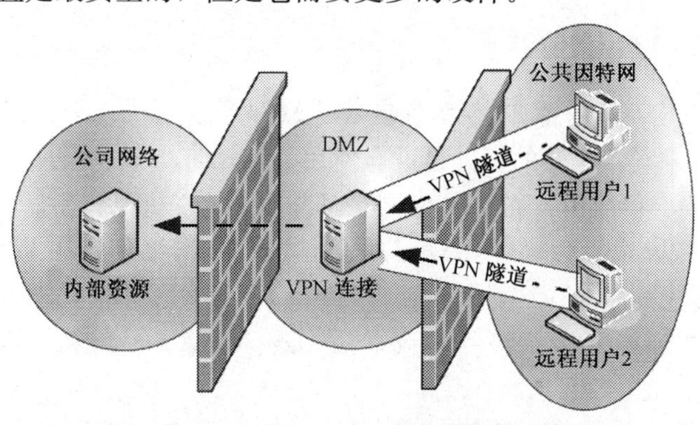

图 2.29 VPN 集线器设计

当 DMZ 是单边配置时，另一种把 VPN 集线器放置在 DMZ 内的方法是使用防火墙上的一个附加的接口。这使得不用附加防火墙，就可以提供一些集线器和内部网络的其余部分之间的隔离效果。如果一个攻击者攻破了一个通过 VPN 集线器连接的远程主机，或者是攻破了集线器自身，则在该远程主机或集线器与内部网络之间还有一个防火墙。最不合适的选择是将集线器放置在内部网络中。在这样的设计中，一旦攻击者攻破了集线器，就能充分访问内部网络，没有防火墙制止他们的活动。对于这些设计中的任何一个，都必须允许所需要的端口通过防火墙，并且将它们转发到 VPN 集线器。

另一个需考虑的问题是所使用的 VPN 协议的类型。由于下述原因，IPsec 仍然是被最广泛使用的 VPN 技术。一个原因是其互操作性。作为一个被广泛使用和测试的标准，IPsec 事实上能在任何现代防火墙和操作系统上工作。IPsec 的缺点是有时对它进行适当地配置是很困难的，并且在配置时很容易出错。两个端点必须使用相同的参量进行加密运算、哈希运算，否则隧道就无法建立。安全套接字层（SSL）协议对于 VPN 来说是一种越来越流行的选择，主要是因为它易于实施。

一旦选择了某个设计和 VPN 技术，接下来就需要考虑如何对提供远程访问进行管理。需要有一定的培训，这样至少大家能够使用 VPN 软件。也应该教给使用者一些好的安全习惯。同样也应该做出决定，是否允许远程使用者使用自己的电脑，或者使用公司提供的电脑来进行远程访问。当然，第一种选择带来了许多风险。当远程使用者将个人电脑连接到公司的网络中（经过 VPN）时，他们的系统里可能会带有间谍软件，一种病毒或者任意数量的潜在的破坏因素。因为不能对这些系统进行管理，你可能对这些个人系统的安全毫无办法。这就是为什么大多数公司要求只有合作伙伴的资源才被允许连接到公司的网络中。对于远程的使用者来讲，这通常意味着必须使用公司提供的便携式电脑，但是我仍然看到有旧的手提电脑从家里进行远程访问的例子。

最后一个考虑的因素是选择硬件。普通台式电脑的应用软件给处理器造成的压力非常小，即使对非常老式的处理器也是如此。但对于 VPN 连接，情况就大不相同了。单独一个 VPN 连接几乎没有开销，对远程使用者的系统的影响也非常低，除非它实在太落后了。但是对于 VPN 集线器则不同，它将对多个连接进行加密和解密，还要管理大量的通过它的网络数据。出于这个原因，如果期望同时支持多个 VPN 连接，那么就要测试和评估硬件需求是否合适了。

使用 Windows 作为 VPN 集线器

Windows 2000，XP 或者 2003 系统自带的软件可以用作一个只服务于少量用户的单一的 VPN 解决方案。这样的好处是没有使用任何第三方软件，所以安装和支持会显得容易，不仅配置变得简单，而且向高层管理者推荐也变得更容易，因为它不涉及安装和依赖任何非 Microsoft 的软件。Microsoft 的 VPN 连接使用了点对点的隧道协议（PPTP），它与其他类型的 VPN 并不兼容，如基于 IPsec 和基于 SSL 的 VPN。PPTP 是一个被广泛支持和相对轻量级的协议，Linux，MAC OS X 和 Palm 个人数字助手（PDA）都支持 PPTP。

把运行 Windows 2000 的主机配置成一个 VPN 端点的步骤如下：

（1）导航到 Start | Control Panel | Network Connections。

(2) 单击 Create New Connection。

(3) 在欢迎界面单击 Next 按钮。

(4) 在 New Connection Type 窗口，选择 Set up an advancedconnection，单击 Next 按钮。

(5) 在 Advanced Connections Options 窗口，保留默认的 Accept incoming connections，单击 Next 按钮。

(6) 在 Devices for incoming Connections 窗口，单击 Next 按钮。这样就列出了任何已安装的调制解调器，但是对于一个网络连接，可以不管它。

(7) 在弹出的对话框里选择 Allow virtual private connections，然后单击 Next 按钮。

(8) 在 User Permissions 窗口里，选中想要让它能够通过 VPN 进行连接的用户账号旁边的复选框，然后单击 Next 按钮。

(9) 在网络软件窗口，选择 Internet Protocol (TCP/IP)，单击 Properties (图 2.30) 按钮。

(10) TCP/IP 属性窗口是配置 VPN 连接的最重要设置的地方。复选框 Allow callers to access my local network 必须选中，否则 VPN 连接将不会工作。接下来如何赋予 TCP/IP 地址也需要进行计划。如果选择默认，远程系统就会在连接时通过 DHCP 服务来得到一个 IP 地址。

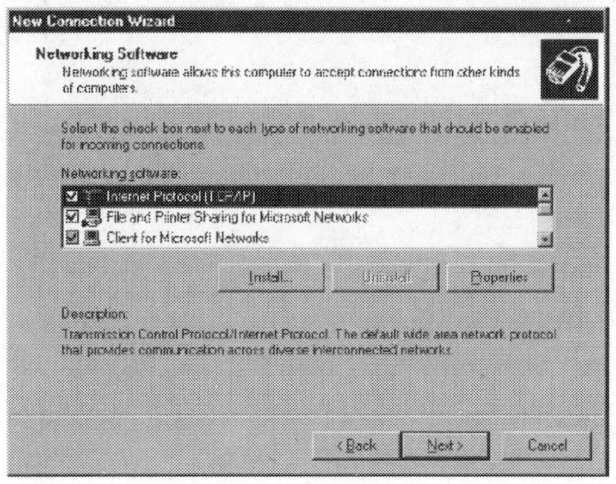

图 2.30 网络软件

(11) 完成 TCP/IP 属性的设置后，单击 OK 按钮。

(12) 在 Networking Software 窗口单击 Next 按钮。

(13) 单击 Finish 按钮。

完成这些步骤后，服务器应该已能够接收一个进入的 VPN 连接。下一步是客户端的配置。为了建立到 Windows XP 的 VPN 服务器上的 VPN 连接，我们将使用 Windows XP 系统来完成作为客户端的配置。

(1) 单击 Start | Control Panel | Network Connections。

(2) 单击 Create New Connection。

(3) 在欢迎界面里单击 Next 按钮。

(4) 选择 Connect to the network at my workplace 并单击 Next 按钮。

(5) 选择 Virtual Private Network Connection 并单击 Next 按钮。

(6) 在 Connection Name 窗口，为所建的连接输入一个说明性的名称，单击 Next 按钮。

(7) 下一个窗口是 VPN 服务器选择界面，输入一个 IP 地址或是主机名称，单击 Next 按钮。

(8) 在最后的窗口可以选择在桌面上为所建立的连接添加一个快捷方式。如果想要添加快捷方式，就选中复选框，最后单击 Finish 按钮。

单击快捷键就可以启动所建立的 VPN 连接。系统会提示输入登录信息以使用该 VPN 网络连接（图 2.31）。

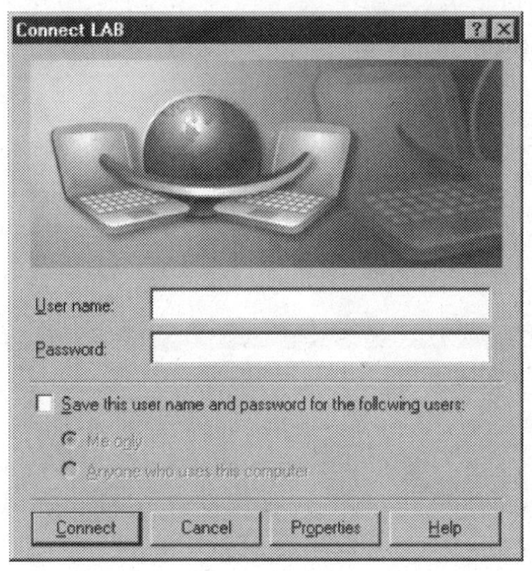

图 2.31 Windows XP 的 VPN 登录

输入用户名和密码后，单击 Connect 按钮。如果连接成功，将会看到在系统托盘里有一个弹出的窗口，显示已经连接上了。一旦连接成功，就可以使通信量通过 VPN 服务器了。

注 释

为了使连接成功，需要为使用 VPN 连接时所用的账号设置一个密码。如果账号没有密码，将无法连接成功。

最后，需要设置客户系统上的选路表。当使用一个 PPTP 连接时，客户端的现存默认路径会自动添加到客户端的选路表中。可以使用 route print 命令查看 Windows 里的选路表。默认路径的网络目的地址是 0.0.0.0。这意味着任何去往一个客户端不知该往何处发送的 IP 地址的分组，将继续被发往在 PPTP 连接成功前使用的那个接口。如果想把这一行为更改为所有非本地的通信量都要通过 VPN 隧道，可以通过使用一个简单的批处理文件更改选路表来实现。

iPig

iPig 是一种 VPN 解决方案，由 iOpus Software 在 www.iopus.com/ipig/提供。它的客户端是免费软件，服务器部分（VPN 集线器）作为一种无限制的商业产品，或者作为一种 5 个用户的 iPig Server Express Edition 免费软件来提供。这里 5 个用户的限制是针对同时连接到 VPN 服务器的用户数而言的。能够创建多于 5 个的用户账号，但是它们不能同时使用服务器。不管是商业的还是免费的版本都使用 AES-256 进行加密并在 Windows 2000，XP 和 2003 上运行。如果下载了 iPig 客户端且没有安装 iPig 服务器，你仍然能够使用客户端。在这个配置中，客户端将会连接到因特网中的一个 iOpus 控制的服务器。你会拥有 10MB 的免费带宽，再多就要额外付费了。相反，应该安装自己的服务器端组件，即 iPig Server Express Edition 产品。我们首先介绍设置 iPig 服务器组件的步骤，然后介绍设置客户端软件。

安装 iPig Server Express Edition

下载并安装 iPig 服务器软件。在安装过程中没有特殊的可选择项。在典型的样式中，首先是一个欢迎界面，然后要求接受许可证协议。接下来选择安装目录和开始菜单文件夹。当安装完成时，弹出一个窗口通知服务器成功开启。通过 Start | All Programs | iPig Server | iPig Server 来配置 iPig 服务器选项。主要的配置界面如图 2.32 所示。

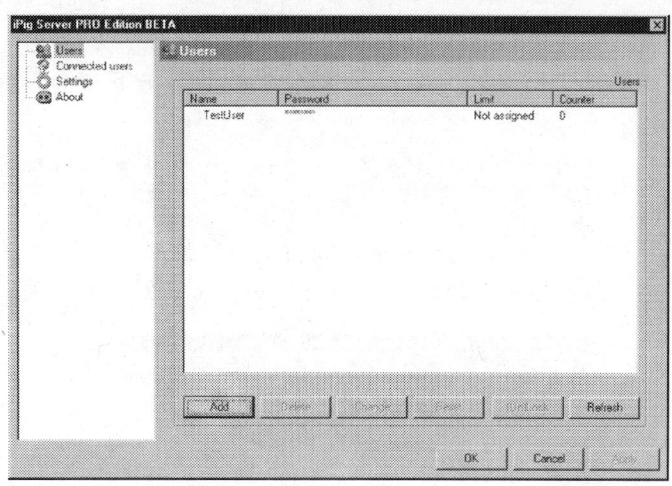

图 2.32 iPig 服务器配置

第一个步骤是定义 VPN 用户。

（1）在左侧面板选择 Users，然后单击右侧面板中的 Add 按钮。

（2）Edit user 窗口允许输入用户名、密码，如果需要，还可以输入通信量限制（图 2.33）控制 VPN 的用户，以使之不致消耗太多的因特网带宽和影响本地网络用户的因特网访问。

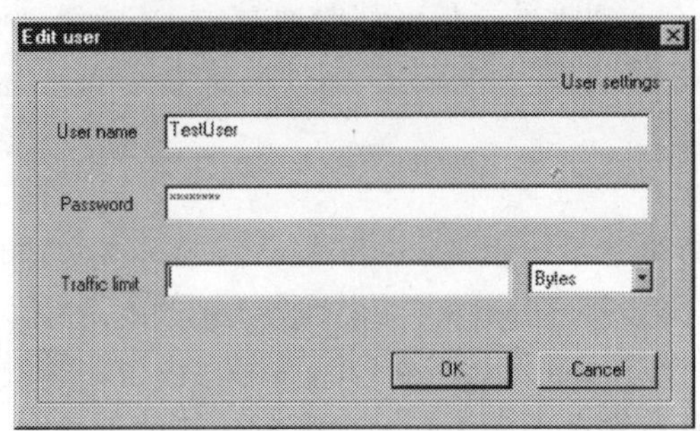

图 2.33　iPig 编辑用户

(3) 输入用户信息后，单击 OK 按钮。返回主配置窗口，还有一些附加的设置需要配置。左侧面板的 Settings 下有一个选项需要说明。如果选择 Settings，就能够编辑服务器端口，这个端口用来监听进入的连接。一般来说，使用一个非默认的端口几乎总会比使用默认端口要好。应该将日志类型由 None 改为 Small，甚至改为 Full，这依赖希望看到多少 VPN 通信量。服务器日志存储在 \ iPig \ server \ vpn _ log. csv 文件中。提供的日志即使是 Full 模式的日志，也是非常小的，但是有总比没有强。

安装 iPig VPN 客户端

(1) 下载客户端安装程序并运行客户端安装程序。

(2) 在欢迎界面，单击 Next 按钮，选择 accept the license agreement，然后单击 Next 按钮。

(3) 选择安装文件夹并单击 Next 按钮。

(4) 选择开始菜单文件夹并单击 Next 按钮，然后单击下一个界面上的 Install 按钮。安装完成时需要重启系统。

导航到 Start | All Programs | iPig WLAN Security | iPig Client，开始运行 iPig 客户端程序。

一旦客户端开始运行，必须对一系列的设置进行配置。

(1) 首先，在左侧面板中选择 Advanced Settings（图 2.34）选项。

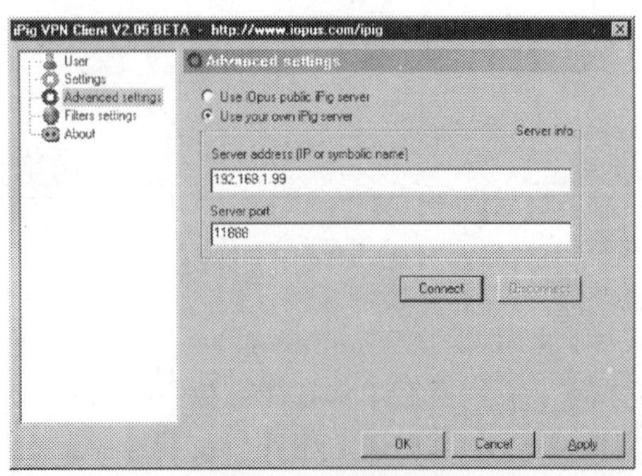

图 2.34　iPig 客户端高级设置

(2) 选中 Use your own iPig server 单选按钮，输入 IP 地址和服务器端口（11 888 是默认端口）并单击 Apply 按钮。单击 conmect 并在左侧面板选择 Ucen。

(3) 在 iPig 服务器中输入与预先设置的用户相匹配的用户名和密码（图 2.35）。

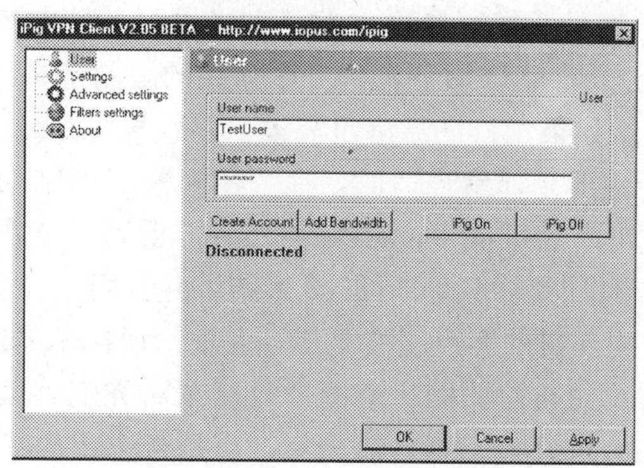

图 2.35 iPig 客户端用户设置

(4) 完成后单击 iPig On 按钮。

这就是建立 VPN 隧道并开始工作所需要做的全部准备。当然，还有一些附加的设置选项，建议最好进行配置。

在设置页面中，确信已选择了 Log all Internent Access（对所有因特网访问进行日志记录）。还有一个能对 UDP 通信进行加密的复选框。若不选中，则仅仅是 TCP 通信被加密。依赖于需求，可能重要或者不重要。所要考虑的一个问题是如果对 UDP 通信量加密，则这也将会包括 DNS 请求。因此，当客户端请求一个 IP 地址和主机名（例如，www.syngress.com）匹配时，这个请求就会被加密并传递给 iPig 服务器，而服务器将会对请求解密并发送给自己的 DNS 服务器。在多数案例中，这通常不是问题，但是有时 ISP 和其他人将会把他们的 DNS 服务器配置成仅仅回答从他们内部网络来的查询。

要说明的另一个选项是配置加密过滤器的能力。过滤器设置窗口如图 2.36 所示。

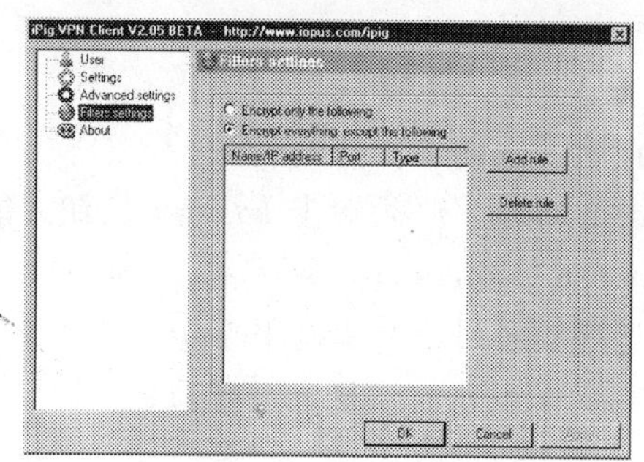

图 2.36 iPig 客户端过滤器的设置

上部的两个选项决定这个过滤器是作为一个包含列表还是作为排斥列表。如果选择 Encrypt only the following，仅仅是规则相匹配的通信量会被加密，而其他所有的通信量都会被无加密地发送，如没有 iPig VPN 一样。或者相反，也能够把它配置成除了与过滤器规则相匹配的通信量之外，所有的通信量都要被加密。后一个选项可能是更希望的，因为这会允许所有的数据通过 VPN 传递，除了在过滤器中指定的应用的数据外。这些过滤器允许制定要匹配的名字或者 IP 地址，以及端口号和协议（UDP，TCP 或者两者）。

iPig VPN 的解决方案是非常容易建立的，它提供了一种向远程用户快速容易地提供 VPN 网络连接的方法。对 iPig 服务器的 5 个连接的限制是非常合理且应该能够适应一个小型办公室的需要。如果觉得产品满足需求，并且想要升级到完全的、无限制用户的版本，则花＄99 进行注册是非常合适的。在“零配置”VPN 领域中的另一种产品是 LogMeIn Hamachi，这个产品可从 www. hamachi. cc/得到，免费版本的 LogMeIn Hamachi 的结构控制在 VPN 网络中只能有 16 个系统，并且根据其文档的介绍，这种产品的“仲裁”服务器可被用来帮助客户端彼此相互发现。现在还不是完全清楚最初的鉴别是否通过 Himachi 设备。如通常那样，由读者自己来研究吧。虽然 iPig 的限制看起来更宽松一些，但是 Hamachi 还是值得认真研究，看是否能满足需求。

OpenSSL VPN

有许多使用 SSL 来提供加密的商业 VPN 解决方案。SSL 就是安全 Web 网页（HTTPS://）所用的加密协议，因此是一个经过全面测试和广为理解的协议。虽然基于 SSL 的免费 VPN 产品并不多，但是 OpenVPN 是一个非常强固的、活跃的软件包。可以在 http://openvpn. net 阅读有关资料并下载。OpenVPN 能够被安装在 Linux，Windows（2000 或更新版本），某些版本的 BSD，MAX OS X 和 Solaris 等操作系统中。我们将会在 Windows 2000 上安装服务器端，在 Windows XP 上安装客户端，虽然 Windows 和 Linux 系统之间的差异非常小。

OpenVPN 使用一个单独的可执行文件作为客户端和服务器组件。从 http://openvpn. net/download. html 下载最新的可靠版本。可以下载一个 . ZIP 文件或者一个 Windows 安装程序（. EXE）。由于这个可执行文件是最容易使用的，因此我们将在本例使用这种安装方法。OpenVPN 本身是一个命令行程序；不过，有一个能够从 http://openvpn. se/下载的 GUI 可以利用。

以下是安装和设置 OpenVPN 的步骤：

（1）开始安装程序。在欢迎界面单击 Next 按钮。

（2）在 license agreement 界面，必须单击 I Agree 按钮才能继续安装。

（3）下一个界面是 Choose Components screen。选中所有的组件并单击 Next 按钮。

（4）在下一个界面，选择安装目录并单击 Install 按钮。安装期间会接到一个通知，告知 TAP 驱动器并没有得到 Windows 认证。单击 Yes（Windows 2000）或者 Continue Anyway 来继续安装。

（5）安装完成后单击 Next 按钮，然后单击 Finish 按钮。

配置 OpenVPN 服务器

安装完成后，下一步就是编辑客户端配置文件和服务器配置文件。首先要设置服务器端。在接下来的安装中，要特别注意分清正在使用的是服务器配置文件还是客户端配置文件。同时也要注意的是，操作系统必须能够找到所需要的任何文件，所以配置文件要么使用完全路径去引用所有所需的文件，要么把适当的目录添加到系统的搜索路径中。配置文件的样本能够在 \ OpenVPN \ sample-config \ 目录中找到。

(1) 复制 server. ovpn 文件到 \ OpenVPN \ config 目录并重命名为有意义的名字。例如，使用 \ config \ LAB _ SERVER. ovpn。

(2) 打开服务器设置文件，使用用于信息互换的美国标准编码（ASCII）来编辑，如 Notepad。

(3) 有一个直接命名的端口，服务器用它来监听进入的连接。这个端口的默认端口号是 1194。如果想改变端口号，使用一个非标准的号码，就在这里编辑端口号。

(4) 向下滚动到包含;dev-node 的行。移除这个分号，并且输入虚拟适配器的名字，OpenVPN 把这个适配器安装在默认的位置 MyTap，进入命令提示并输入 ipconfig /all 就能够找到它。所列出的适配器中的一个会带有 TAP-Win32 Adapter V8 作为它的说明。那个适配器的名字常被称为 Local Area Connection 2,，或者其他相似的名字。

对配置文件中的行进行编辑，编辑为如 dev-node Local Area Connection 2 等。

(5) 保存更改，然后关闭配置文件。

提 示

作为一般规律，我总是重命名系统中的网络接口以易于管理。这样，当检查一个连接或者一个程序时，这样的命名方式比局域连接 1、局域连接 2 等命名方式要容易理解得多。要重命名，进入网络连接，右击任何一个连接，并且选择 Rename 选项。可以使用 ipcinfig 来看说明，它通常告诉你哪一个对应哪一个。在先前的例子中，我将 OpenVPN 的虚拟适配器重命名为 OpenVPN，所以配置文件的名称就是 dev-node OpenVPN。

到了这一步，需要选择想要的验证的类型。OpenVPN 能够支持许多种类的方法，包括公共密钥基础设施（PKI）、用户名/密码，甚至是带有适当的插件的两段式验证。为了简单化，我们利用简单的用户名和密码。需要创建一个服务器证书和（CA）证书认证证书。这是 SSL 加密的一部分，所以必须做，并且要明确使用的是 PKI 还是用户名/密码验证。

(6) 在服务器中打开命令提示符，进入 \ OpenVPN \ easy-rsa \ directory。

(7) 输入 init-config 命令并按 Enter 键。这就创建了 vars. bat 文件和 openssl. cnf 文件。

(8) 利用文本编辑器，如 notepad. exe 或者 write. exe，编辑 vars. bat 文件。

(9) 如果把 OpenVPN 安装在非默认目录下，那么编辑 HOME 变量与其目录结构匹配。

(10) 用适当的值编辑 KEY _ COUNTRY，KEY _ PROVINCE，KEY _ CITY，KEY _ ORG 和 KEY _ EMAIL 变量。这些用来产生关键文件。

(11) 在命令提示符下输入下面的命令：

```
vars
clean-all
build-ca
```

运行 build-ca 时，提示输入一些局部化的信息。这些信息的默认值应该就是在 vars. bat 文件中相关字段中输入的内容。没有出现在 vars. bat 中的附加字段是可选择的。按 Enter 键将接受每一个默认值和所有需要填写的信息。惟一例外的是服务器的“命令名称”，这是必须输入的。这个过程完成时，将不会有关于安装成功与否的特殊指示。通过检查 \ OpenVPN \ easy-rsa \ keys \ 目录下最近创建的 ca. crt 文件来核实这个 CA 证书的创建情况。

(12) 通过运行 \ OpenVPN \ easy-rsa \ build-dh 生成所需要的 Diffie-Hellman 参数。

(13) 通过运行 \ OpenVPN \ easy-rsa \ buildkey-server server 生成服务器证书。伴随 build-ca，将会有一系列的问题需要回答。这些必须回答的问题将会从 vars. bat 文件中得到信息并利用这些信息作为默认值。与前面相同，需要在一系列的提示符输入公共名。

(14) 把下面的指示添加到服务器配置文件中（\ OpenVPN \ config \ LAB _ SERVER. ovpn)。

- **client-cert-not-required** 告诉服务器不要期望客户端来呈现他们的证书。
- **Username-as-common-name** 告诉服务器使用客户端提供的用户名作为该客户端的惟一标识，而不要使用在该客户端的证书中发现的公共名称。
- **Auth-user-pass-verify <script> <via-file | via-env>** 告诉 OpenVPN 怎样验证用户。当没有使用证书时，这个指示就是必须的。脚本是一个验证用户的文件或者程序。Via-file 或者 via-env 告诉 OpenVPN 把用户名和密码作为一个环境变量或者一个两行文件传递给脚本。

对于 OpenVPN，默认的假设是将使用 PKI（公开密匙基础设施）来验证所有的各方。如果想使用一个用户名/密码验证机制，则需要配置 OpenVPN 以使它能向第三方进程发送凭证进行验证。这种模块性的特性使得 OpenVPN 可以支持许多不同类型的验证。如果在 Linux 系统上运行，则能够使用一个 PAM 模块。如果在 Windows 系统上运行，没有内建方式来查核验证。可以使用想用的任何脚本。如果这些脚本产生了一个为 0 的错误代码，验证成功；一个为 1 的错误代码，则验证失败。这意味着会有许多方式来查核用户，只怕你想不到。

进一步来说，让我们看一个简单的例子。假设通过以下工作来实现验证：查看提交给 VPN 服务器的目录名是否和用户名相同（这是不安全的，这只是一个说明验证过程的例子)。可以创建一个名为 C：\ check. bat 的“验证”脚本。在服务器配置文件中的行应该是 auth-user-pass-verify C：\\ check. bat via-env。每当有用户登录时，OpenVPN 服务器都会调用这个批处理文件。这个批处理文件会有 username 和 password 作为环境变量。这个验证脚本可能只需要如下一行就可检验用户的目录是否适当：

```
IF EXIST C:\ %username% EXIT
```

如果目录存在，一个零等级错误会被返回到 OpenVPN 服务器且用户也会被认证。为了更加实用一些，我们使用一个 psexec 实用工具，这个工具是 pstools 包的一部分。这些是免费工具，可以从 Microsoft 公司的 www. microsoft. com/technet/sysinternals/Security/PsTools. mspx 得到。这个工具可以在 Windows 主机上远程执行命令。这个关键组件是用来执行验证的，所以如果利用 VPN 客户端提供的凭证尝试并运行这个命令，它将会基于用户的本地 Windows 账户告知一个用户是否是合法的。check. bat 文件假设所有的相关文件和实用工具都在系统路径中。Check. bat 包含下列行：

```
IF "%1"= ="test" exit
psexec -l -u %username% -p %password% C:\check.bat test
```

第一行以 test 为参数检查命令行。OpenVPN 服务器第一次调用 check. bat 时，因为这个参数没被提供，所以将会执行下一行。下一行将会使用 psexec 来再次运行 check. bat。如果提供的凭证不正确，运行将会失败。如果正确，check. bat（# 2）将会被打开，此时“测试”就会成为第一个参数。当 check. bat（# 2）看到“测试”作为第一个参数时，check. bat（# 2）就会关闭。此时，check. bat（# 1）就完成了指定给它的任务并退出，返回一个错误码 0，从而验证 VPN 客户端。psexec 工具允许使用 \\<computername>格式指定将在其上运行命令的系统。当省略计算机名时，psexec 将会假定账户是本地的。在本例中，VPN 服务器需要一个本地账户来验证。

（1）找到 Sever 10.8.0.0 255.255.255.0 行。这一行告诉了 VPN 服务器从这个网络范围中选取地址来分发给客户端。需要对此进行编辑，以便所提供的 IP 地址范围既适合你的网络拓扑，又没有被用或者与自己的内部 DHCP 服务器相冲突。如果你的 DHCP 可安排的地址为 192.168.1.100～192.168.1.200，则可以使用 192.168.1.64 和 255.255.255.224，即可供客户端使用的地址范围为 192.68.1.66～192.168.1.94，其中的一个 IP 地址供 VPN 服务器自身使用。

（2）如果有 VPN 客户端需要访问的非本地子网，则必须相应更新客户端的路由表。完成这个工作有两种方法，并且都是利用 push 指令。一种是用格式 push route 192.168.111.0 255.255.255.0 向客户端发送一条专用的路由。这将修改客户端的路由表并增加一条去往 192.168.111.0 的路由，此时 VPN 服务器必须是去往该网络的下一跳。另一种方式是利用 push redirectgateway 指令。这将在客户端创建一条新的默认路由，这样所有没有被更明确地定义路由的通信量都将会通过 VPN 服务器。后者通常是更好的，因为是更加安全的。之所以能够提高安全性，是因为有效地禁止了远程客户端经由自己的因特网链路访问普通因特网，从而增加公司网络和因特网剩余部分间的隔离度。缺点是，当这样做时，其他与工作无关的通信量也会经过公司网络，从而潜在地消耗带宽。

（3）完成改变后，保存并关闭配置文件。

配置 OpenVPN 客户端

下一步是配置客户端配置文件。

（1）把 client. ovpn 从 \ OpenVPN \ sample-config \ 目录中复制到 \ OpenVPN \

config\目录并重命名。在本例中它被重命名为 LAB_CLIENT. ovpn。

(2) 在记事本中打开新的配置文件进行编辑。

(3) 用适当的适配器名来再次编辑 dev-node 指令。

(4) 编辑指令 remote my-server-1 1194，用 VPN 服务器的主机名或者 IP 地址替换 my-server-1。1194 是默认端口，如果使用不同的端口号，可以对这个端口进行编辑，但必须与在服务器 port 指令中所配置的端口号相匹配。

(5) 在客户端配置文件中，可以将 cert client. crt 和 key client. key 行注释掉。

(6) 把 auth-user-pass 行加到客户端配置文件中。它们指示客户端提示用户名和密码。

(7) 需要把 ca. crt 从服务器复制到每一个客户，并且编辑指令使之包含适当的路径。服务器和所有的客户端必须都要有这个文件的副本。

(8) 完成改变后保存它们，关闭配置文件。

一旦所有都配置好了，就能够用下面的命令来启动 VPN 服务器：openvpn --config C:\openvpn\config\lab_server. ovpn。很明显，需要确保路径和配置文件的名称和环境相匹配。如果在路径上没有文件目录，需要使用一个双重的反斜线把一个通向该目录的详细路径放置到配置文件中。例如，可以使用 C:\\openvpn\\easy-rsa\\keys\\ca. crt 放置一条 CA 认证路径。利用 openvpn --config C:\openvpn\config\lab_client. ovpn 或者自己的目录路径和文件名打开客户端。

使用 PKI（公开密钥基础设施）证书进行验证

因为下面这些事情已很完备了，所以使用 CA 代替用户名/密码是很简单的。下面的步骤将验证机制从用户名/密码变到 CA。

(1) 在服务器配置文件中，注释掉如下行：

```
client-cert-not-required
username-as-common-name
auth-user-pass-verify C:\\check.bat via-env.
```

(2) 在服务器端为每一个需要连接到 VPN 的客户端生成一个密钥对。在\OpenPVN\easy-rsa 目录中运行 build-key client1，client1 是为第一个客户起的名称。这通常和用户注册 ID 相同。提示时，每一个用户输入的公用名都应该是惟一的；与以前相同，用注册 ID 作为公用名可能是一个好的选择。提示时，建议为客户证书创建密码。如果没有创建，获得证书文件的每一个人都能访问 VPN。

(3) 把 client1. key 和 client1. crt 移动或复制到适当的客户端主机。服务器不需要这些文件的副本，但是一般来说，应该保留一个副本在服务器端作为一个备份。

(4) 在客户端配置文件中注释掉 auth-user-pass 行。

(5) 编辑以前为密码验证而注释掉的 . cert 和 . key 指令。用通向从服务器端复制过来的 . cert 和 . key 文件的适当的路径配置这些行。记住配置路径时要用两个反斜杠。

VPN 连接建立后，在终端窗口中有几个非常有用的快捷键。

- **F1 Conditional Restart** 和 VPN 隧道的热启动是相似的。它会重置通道，但是不会重置虚拟网络接口卡（NIC）（TAP 适配器）。
- **F2 Show Connection Statistics** 显示一些基本的输入和输出统计数据。下面是一个输出的示例，为了节省空间，把每一行的时间和日期都删除了。

```
OpenVPN STATISTICS
Updated, Sun Nov 26 10:20:20 2006
TUN/TAP read bytes, 240
TUN/TAP write bytes, 240
TCP/UDP read bytes, 4366
TCP/UDP write bytes, 4109
Auth read bytes, 272
pre-compress bytes, 0
post-compress bytes, 0
pre-decompress bytes, 0
post-decompress bytes, 0
TAP-WIN32 driver status, "State = AT?c Err = [(null)/0] #0 = 5 Tx = [4,0,0]
Rx = [4,0,0] IrpQ = [1,1,16] PktQ = [0,1,64]"
```

- **F3 Hard Restart** 这个重置将会重置虚拟适配器。
- **F4 Exit** 完全关闭通道。

配置 OpenVPN GUI

一旦主要部分完成了（例如，配置了客户端和服务器端的 OpenVPN 配置文件并生成了所有需要的密钥），开启 OpenVPN 隧道就非常简单了。可以把命令行放置到一个批处理文件中或者是用户桌面的快捷键中。仍有一个 GUI 接口可用，虽然与以前一样，一旦把所有东西都运行起来，可能就不再需要这个 GUI 了。这个 GUI 界面能从 http://openvpn. se/index. html 下载。安装程序非常简单，提示输入所有普通参数。除了 GUI 组件外，装置程序还会安装基础 OpenVPN 包；因此，不需要两者都安装。通常提示确认安装，因为虚拟 NIC 驱动不是 Microsoft 认证的。应该在把 GUI 版本安装到与以前的 OpenVPN 程序相同的目录，在安装前先移除以前的 OpenVPN 程序（通过新增/移除程序）。卸载不会移除证书、密钥或者配置文件，并且安装过程也不会重写。

安装 GUI 版本后，虚拟网络适配器名会被换成一个标准名字（例如，Local Network Adapter 2（局域网适配器 2））。如果配置文件中使用的是一个更有意义的名字，则需要把这个适配器的标准名称再改回原来的那个名称。在系统界面中应该有一个新的图标，右击并选择 Connect 选项。如果有多个配置文件，则每一个配置文件都有一个菜单文件夹及可用于连接其中的每一个配置文件或者对其进行单独编辑的选项。应该看到一个进程窗口，其内容和在控制台窗口中看到的一样。如果滚动太快而想要看清时，在系统界面中右击图标并选择 Show Status（图 2. 37）选项。配置完成后弹出一个窗口提示连接成功。

尽管 OpenVPN 不是一个“零配置”VPN，这一点与 iPig 不同，但它功能非常强大且灵活，其支持众多种类的认证方法的能力是到现在为止其他任何免费 VPN 软件所没有的。真正使 OpenVPN 与众不同的是它的公司级选项和管理特性。例如，添加一行内容 management localhost 7505。这个指令将同时在服务器和客户端的配置上工作，并

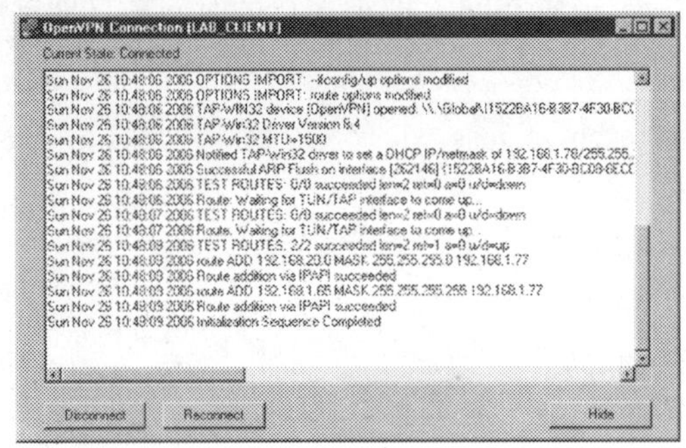

图 2.37　OpenVPN GUI 状态窗口

且指示 OpenVPN 在指定的端口（本例中为 7505）监听是否有管理连接进来。这就允许远程查询 OpenVPN 实例并执行一些限制性的命令。

一个附加的特征是在 OpenVPN 客户端的 remote（remote <IP> <PORT>）和 remote-random 指令，此两项特征已属公司级的功能。在客户端的用户使用远程指令指定要与之连接的 OpenVPN 服务器的同时，能够在配置文件中定义多个服务器，而客户端会依次尝试与每一个进行连接。这将允许配置一个冗余 VPN 服务器作为备用。Remote-random指令指示客户端从定义的 VPN 服务器中随机选择一个。这样，可以在一个活动-活动配置中把访问均衡地分派到两个或更多的 OpenVPN 服务器上。

OpenVPN 还有更多的特性。如果大量的配置不会使你泄气，应该有勇气找到一种更强大的免费 VPN 产品。位于 http：//openvpn. net/howto. html＃quick 的 OpenVPN 网站提供一个快速使用向导。

远程桌面的提供

一些为放置远程桌面而需要考虑的问题与 VPN 的相似。主要的问题（即桌面主机的物理位置）是没有什么灵活性。因为远程使用者确实会访问桌面，所以桌面需要能够访问通常所能访问的所有东西。除非有一些系统专用于这些任务并放置在 DMZ 中，否则，这样做可能意味着用户将通过防火墙进入内部网，并访问他们在内部网中的桌面。为此，要尽可能地保护连接的安全。若不采取措施，这个桌面会有一个登录提示显示在因特网上。一个个人防火墙（在第 3 章会有更详细的讲解）以及有关因特网连接的防火墙规范有助于使这个问题变得容易。多数家庭用户使用动态 IP 地址，所以可能不能限制到用户的确切 IP 地址的连接。尽管如此，你却能够限制连接到本地 ISP 的动态 IP 地址范围的 IP 地址块。最好是只允许局部地理区域中的用户能发起一个到该远程桌面的连接，而不是到整个世界的连接。

总有人在因特网上搜寻，寻找正在监听通常用于远程访问的端口的系统。正因为如此，你可能考虑要为远程桌面解决方案使用一个非标准端口。在终端服务的情况下，这个端口是在注册表中配置的，Microsoft 并不建议修改它，但它确实能够被修改。对于第三方产品，如虚拟网络计算机（VNC）来讲，改变其监听端口通常是简单的，也是合理的。使用一个非标准端口并不保证系统不会被发现且不被攻击。事实上，系统还是能够被发现并可能被攻击的，只是可能性小于使用标准端口罢了。出于这个原因，必须要求和坚持一个策略，就是要求有远程访问特权的账户必须有非常强的密码。对外部开放内部网络时，应该尽可能使用一个 IDS（见第 4 章）。

Windows 终端服务

Windows 终端服务是一个方便的方式，让人们能够通过一个单独的 TCP 接口，利用远程访问协议（RDP）来访问远程桌面。终端服务只使用一个单独的接口（TCP 3389，虽然能把它配置为任何端口）的事实使防火墙规则非常易于配置。在 Windows XP 或者 Server 2003 上，终端服务的客户端和服务器端是默认安装的。对于 Windows 2000，终端服务组件能通过控件面板中的“加入/删除”选项来安装。使用 Windows 终端服务的另一个优势是客户端能被安装到一个较老的系统上，允许它们使用较新的主机和软件。远程桌面客户端能安装到 Windows95，98，ME 和 NT 及所有更新版本的 Windows 操作系统上。

启用 Windows XP 专业版或者 Windows 2003 系统的远程桌面功能，通过以下步骤完成：

（1）右击 My Computer 图标并选择 Properties 选项；

（2）选择 Remote 选项卡；

（3）选中 Allow users to connect remotely to this computer 复选框；

（4）单击 Select Remote Users 按钮（图 2.38）。

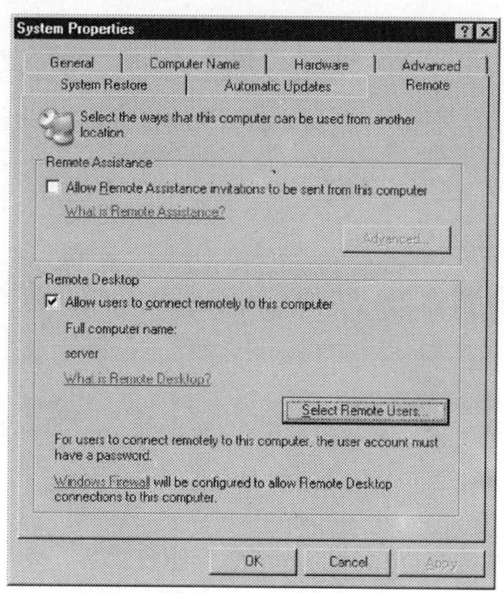

图 2.38 激活 Windows 终端服务

（5）在 Remote Desktop Users 界面单击 Add 按钮。

（6）在 Select Users 窗口输入任何能远程连接的用户账户的名字，单击 OK 按钮。

（7）单击 OK 按钮，关闭 Remote Desktop Users 窗口。

（8）单击 OK 按钮，关闭 System Properties 窗口。

如果正在使用已经安装了远程桌面客户端的客户端主机，选择 Start | Accessories | Communications|Remote Desktop Connection。Remote Desktop Connection 窗口如图 2.39 所示。

为了连接到远程桌面，在图中的 Computer 区域输入计算机名或者 IP 地址，单击 Connect 按钮。如果单击了 Options 按钮，会出现许多种类的可配置参数，可以试着用一下。多数设置是用来增加连接性能的。

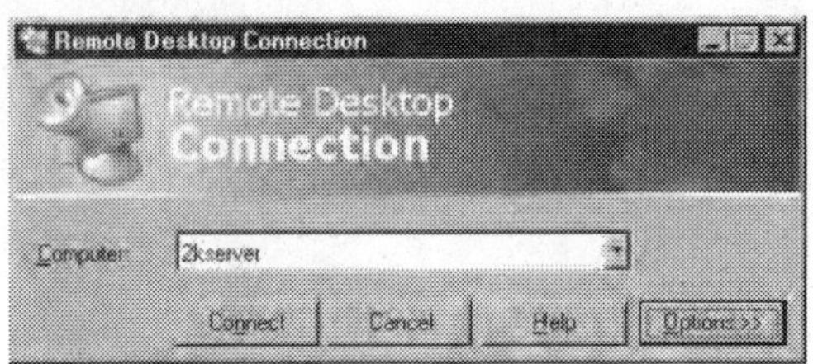

图 2.39　远程桌面连接

如果想在 Windows 2000 计算机上使用终端服务，需要按以下步骤安装：

（1）进入 Start|Settings|Control Panel。

（2）选择 Add/Remove Programs。

（3）单击 Add/Remove Windows Components 按钮。

（4）选择 Terminal Services 并单击 Details 按钮。

（5）在 Terminal Services 窗口选中 Enable Terminal Services 复选框，单击 OK 按钮（图 2.40）。

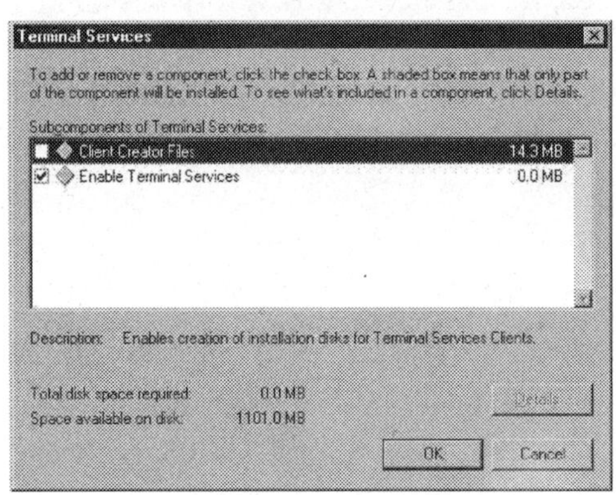

图 2.40　安装终端服务

（6）在 Windows Components Wizard（窗口组件向导）中单击 Next 按钮。

（7）在 Terminal Services Setup（终端服务安装）窗口从 Remote Administration Mode 或 Application Server Mode 二选一。远程管理模式主要是提供一个远程桌面，而应用服务器模式则允许分享一个单独的应用程序。选择一个模式后单击 Next 按钮。

（8）向导结束后单击 Finish 按钮。

为远程用户的访问提供一个完整的桌面，其简单性是吸引人的，而在决定使用那种解决方案时，不用任何第三方软件的能力则是一个重要的决定因素。但这种灵活性并没有到此结束。如果你有一个 Windows 服务器，但是需要从一个 Linux 系统远程访问，可以安装 rdesktop，它是一个能实现 RDP 的开源客户端软件。安装 rdesktop 后（利用任何可选择的方法；工作于 fedora core 5 上的 yum install rdesktop），连接到 192.168.1.90 的终端服务器所要做的全部工作就是在控制台提示中输入 rdesktop 192.168.1.90：3389 命令。若想更加容易，可以安装终端服务客户端（tsclient），它提供了一个单独的 GUI，可用来建立客户端到几种通用类型的终端服务器的连接。仍必须安装如 rdesktop 这样的客户端程序，因为 tsclient 只是一个前端，不包括客户端软件本身。tsclient 惟一的作用是使你不需要知道用于建立连接的命令行选项。tsclient 界面如图 2.41 所示。

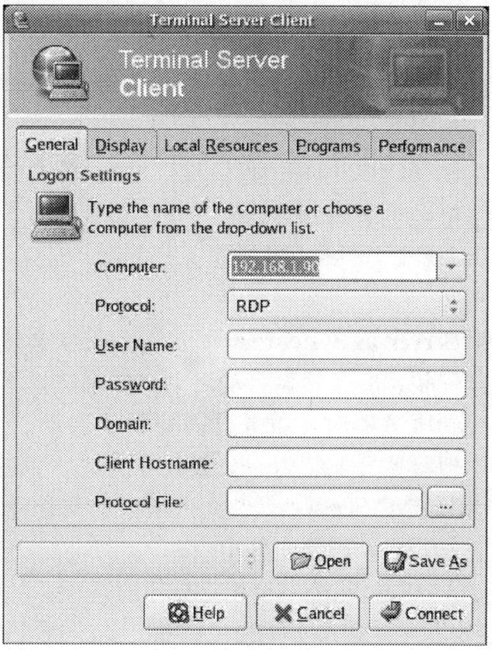

图 2.41　tsclient

既然有了各种 RDP 客户端，就应该能从大部分通用系统（OS）连接到一个 Windows 终端服务器上了。并且，由于有了一个 GUI 界面来提供建立连接的方便性，使得它确是一个容易的方案。不应该公开任何 RDP 服务到一般因特网，因为那样惟一的保护就是连接的密码，而自动强力密码破译器将能够最终获得访问权。如果确实需要允许某种类型的远程桌面功能对因特网开放，应该把通信量过滤到各自相应的端口，以使只有可信的 IP 地址被允许连接。

VNC（虚拟网络计算）

VNC 运算已经出现了很长一段时间，经历了许多改变，并且现在有很多名字，每一个都有自身的聚焦点。大量的版本使人们有时很难知道哪一个是最好的选择，这类似 Linux 的发布版。突出的有 RealVNC，TightVNC 和 UltraVNC。TightVNC（www.tightvnc.com/）在初始登录时对密码交换进行加密，但是会话的其余部分是非加密的。尽管可以使用一个加密隧道来封装 VNC 会话（见第 5 章有关在 SSH 和 SSL 上对任意会话进行加密的说明），而其他产品自身就支持加密。RealVPC 个人版

（www. realvnc. com/）包括对 AES-128 加密的支持，但是只支持 Windows 平台。故我当前最好的选择只能是从 http://ultravnc. sourceforge. net/下载 UltraVNC。除了提供加密插件外，UltraVNC 服务器能运行在任何 Windows 系统（从 Windows 95 到 2003）上，并允许利用一个兼容浏览器从任何系统连接到它。安装 UltraVNC 的步骤如下：

（1）下载 UltraVNC 的安装文件。安装程序包括客户端（监视器）和服务器端组件。

（2）运行安装程序。

（3）选择语言并单击 OK 按钮。

（4）在欢迎界面，单击 Next 按钮。

（5）接受许可证协议并单击 Next 按钮。

（6）在信息界面（读过所有的文本后）单击 Next 按钮。

（7）选择安装目录并单击 Next 按钮。

（8）选择要安装的组件（DSM 加密插件应被选中），单击 Next 按钮。

（9）选择一个开始菜单，单击 Next 按钮。

（10）接下来是 Additional Tasks（附加任务）界面，它有一些附加的选项，其中值得注意的包括

- **Register UltraVNC Server as System Server** 此选项会使服务器组件被安装为一个服务。如果这样安装，服务器会自动启动。如果选择不把服务器安装为一个服务，当有人要连接到服务器时，服务器需要手动启动。要求手动启动是更安全的，但是在环境中把服务器安装为一个服务可能是一种正当的需要。
- **Start or Restart UltraVNC Services** 此选项指示安装程序在安装过程中启动服务，或者如果该服务开启，则停止并重启。
- **Configure MS-Logon II** 此选项是相对较新的选项，允许对一个访问控制列表（ACL）进行配置，基于 Microsoft 账户信息，指定哪个用户能建立到服务器的连接。如果选择了这个选项但没有配置 ACL，仅管理员组能够访问。如果只计划将 VPN 连接用于支持的目的，这可能是较好的配置方式。若为了增加安全性和简化管理，建议选用本选项。
- **Configure Admin Properties** 此选项提示一个包含 UltraVNC 服务器管理设置的文件注册文件（. reg）的位置。这些设置控制如对非连接会话该怎么做和在非连接条件下该怎么做。此选项可以输出 HKEY _ LOCAL _ MACHINE \SOFTWARE \ORL 键并将此键用于后续的主机安装，这可使配置更加自动化。
- **Clean Old VNC Registry Keys** 此选项激活清理功能来清除注册表中的旧设置。

（11）选择完成后单击 Next 按钮。

（12）在接下来的几个有关所需要的配置文件的界面中，全部接受默认（如 MS-Logon ACL 文件，如果那些选项被默认地选中）选项，然后单击 Install 按钮。

（13）在信息界面单击 Next 按钮，然后在下一个界面中单击 Finish 按钮。

现在服务器组件已安装，但是它仍需要配置。进入 Start | Programs | UltraVNC | UltraVNC Server | Show Default Settings，启动 UltraVNC 服务器。打开的属性页面内容如图 2. 42 所示。

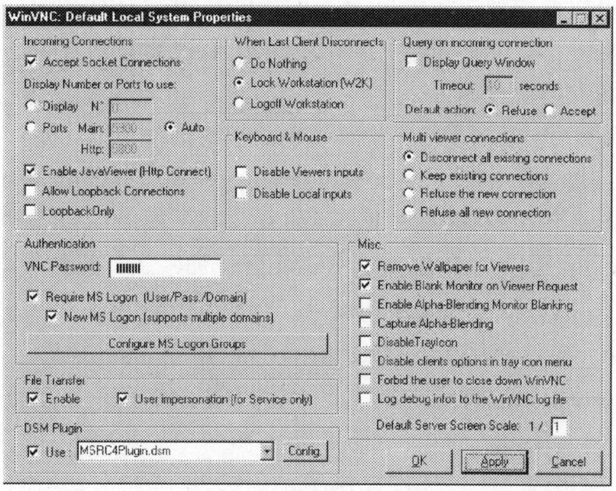

图 2.42 UltraVNC 服务器

其中大多数设置只需保留其默认状态即可，但是有几个从安全角度看是非常重要的。标题为 When Last Client Disconnects 的区域决定了在监视器断开连接后会发生什么。哪一个设置最优取决于使用 UltraVNC 的目的。如果使用它主要是为了技术支持，则当断开连接时，在服务器端可能有一个已验证的用户，在这种情况下可能会选择 Do Nothing。另一方面，如果计划服务器用作远程产品工具，在这种情况下在服务器终端就不会有人了，此时可能会选择 Lock Workstation，甚至是 Logoff Workstation。在 Authentication 区域的 VNC Psaaword 是一个默认密码，在没有提供其他密码时使用。这必须配置，否则 VNC 将不会接受任何进入的连接。

为了利用 Microsoft 用户和组，选中 Require MS Logon 复选框，最好再选中 New MS Logon 复选框。完成后单击 Configure MS Logon Groups 按钮并配置不同组在访问 VNC 服务器时的不同权限。Security Editor 窗口提供了高等级的粒度，编辑器如图 2.43 所示。

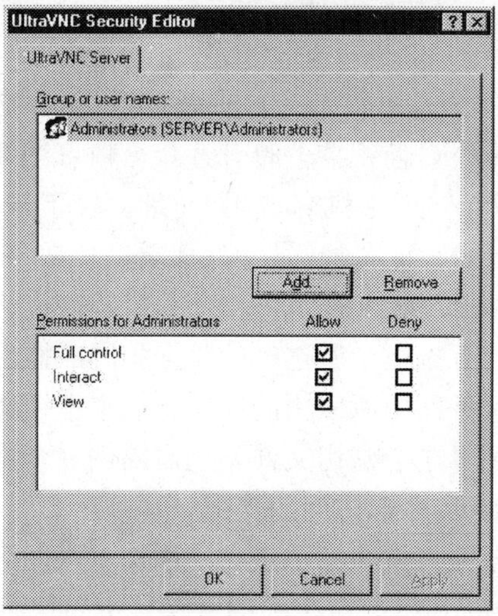

图 2.43 UltraVNC 安全编辑器

能够为每一个组或者用户配置不同水平的访问，包括只有视图，这对于展示或其他应用场合来说可能是一个好的选择，例如，只想让监视器看到发生了什么却不想让它有与服务器桌面交互能力的场合。

也许最重要的配置是 DSM Plug-in 窗口中的加密插件。

（1）选中 User：复选框并从下拉框中选择合适的插件。从 http://msrc4plugin. home. comcast. netndex. html 下载更多的插件。目前有 3 种不同的加密插件：

- **MSRC4Plug-in** 这种插件提供了 RC4-128 位加密。有两种版本随同 UltraVNC 安装一起提供了：MSRC4Plugin. dsm 和 MSRC4Plugin _ NoReg. dsm。应该使用 MSRC4Plug-in _ NoReg. dsm 插件。
- ＃ **ARC4Plug-in** 这种插件提供了 RC4-128 位加密，在口令处理上与前一种稍有不同。
- ＃ **AESV2Plug-in** 这种插件提供了 AES-128 位加密。当它存于\UltraVNC\plugin 目录时，下拉框中的选项是没有它的。必须把 MSRC4Plugin _ NoReg. dsm 插件复制到主要的\UltraVNC\目录才行。

注 释

伴随安装程序一起提供的插件比在网络上得到的插件的版本要老。伴随安装程序一起提供的版本不为我所用。使用最新版本的插件解决了这个问题。也要注意服务器端和监视器端必须使用相同的密钥，这是文档中没有指出的一个事实。在哪种系统上生成它是没有关系的，虽然服务器端可能更加敏感。

（2）在下拉框中选择 MSRC4Plugin _ NoReg. dsm 并单击 Config 按钮。

（3）单击 Gen Key 来创建一个服务器密钥。完成后单击 OK 按钮关闭插件配置窗口。

（4）单击 Apply 按钮，然后单击 OK 按钮关闭默认属性窗口。

VNC 服务器现在应该已被开启并在安全运行了。下一步是开启 UltraVNC 监视器（客户端），这一步更加容易。

（1）单击桌面图标快捷方式（如果有）或者进入 Start | Programs | UltraVNC | UltraVNC Viewer 开启 UltraVNC 监视器。打开连接窗口（图 2. 44）。

（2）在 VNC Server 区域输入主机名或 IP 地址。接下来输入两个冒号（::）和端口号，或者输入一个冒号（:）和所显示号。默认端口号是 5901。

（3）选中 Use DMSPlug-in 复选框。

（4）选择与在服务器的下拉框中所选择的完全相同的插件。插件文件的版本也需要相同。密钥文件也必须与服务器中所使用的相同。这个密钥文件的秘密程度可能不是想象的那样高。即使有人得到了这个密钥文件，仍需提供一个用户名和密码，并且要受到在服务器端所配置的 Windows 账户访问的支配。

一旦建立了连接，状态窗口就会指示正在使用加密（图 2. 45）。单击监视器窗口顶端的 Show Status Window 按钮（有一个大的感叹号指向这个按钮）可以打开一个已建立连接的状态窗口。

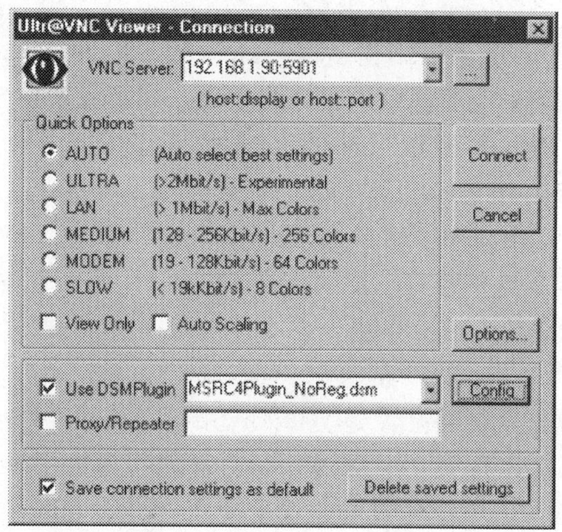

图 2.44 UltraVNC 监视器

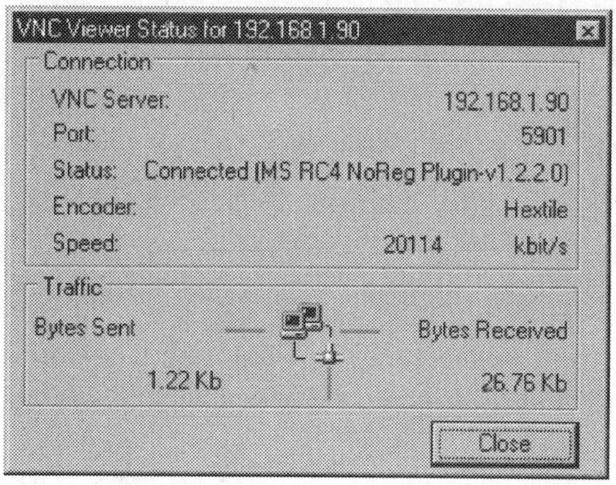

图 2.45 UltraVNC 监视器状态

状态行显示正在使用的插件（如果有），由本例可见，正在使用 MS RC4 插件，这顺便也是一个验证对会话成功地使用加密的简单方式。

在使用 Windows 自带的 Windows 终端服务和 UltraVNC 之间，还有各种各样的可供进行远程桌面访问的选择。虽然 Windows 终端服务（也被引用为 Windows 客户端/协议名，Remote Desktop）是可用的，并且不需要附加的软件，但一个 VNC 方案却有可能提供更多的灵活性，并且支持更多服务器平台。VNC 客户端和服务器端得到几乎所有 Linux 发布版的支持。事实上，许多 Linux 发布版的默认安装就包括一个或者两个组件。Fedora Core 5 默认安装了 VNC 服务器，而客户端是一个可选的安装包。可以从大量的渠道得到，并且受到广泛的支持，这可能是 VNC（包括其所有版本）成为一个广泛使用方案的原因之一。

X Window 系统的使用

X Window 是大多数 UNIX 和 Linux 系统的 GUI 的基础管理系统。它采取了一个与 Microsoft Windows 系统完全不同的体系结构方法，与 VNC 相似，X Window 系统从开始就被设计为客户端-服务器结构。当阅读 X Window 文档时，X Window 系统在使用术语服务器和客户端时与平时的直觉正好相反，即服务器是产生显示的地方，而不是所要连接的远程机器。大多数目前的产品都是基于 X.Org foundation（http://x.org）工作的，这个工作是 X11 协议的开源产品。一个与之密切相关的项目是 XFree86 Project（www.xfree86.org），它是 X Window 系统（使用 X11 协议）的开源版本。X11 是用来在服务器和客户端之间传送关于 GUI 的信息的协议。这些设计决策的最终结果是通过一个 GUI 虚拟桌面，两个 Linux 系统能远程彼此访问，这一点与 Windows 的内置终端服务器支持非常相似。

不用任何第三方软件就能够配置 X Window 系统，从而允许从远程系统连接。当 X Window 系统的这项功能出现时，桌面 Window 管理器和通用软件包还不具备这项功能。一种完成相同任务的更加强健的方式就是使用 NoMachine 开发的 NX 技术，它是一个高度优化的进程和可远程使用 X 会话的协议。可从 www.nomachine.com/download.php 免费下载 NX。商业版也是可得到的。读者可以看到不同版本间的差异，例如在 www.nomachine.com/features.php 中可看到免费版的局限性是什么。最大的局限性是 NX 免费版只允许两个并发的连接。在大多数情况下，这个限制不会有很大影响，除非试图使用它作为一个成熟的终端服务器方案，而不只是一个远程访问机制。一个开源版的 NX 服务器被称作 FreeNX，并且能从 http://freenx.berlios.de/下载。FreeNX 并不支持向客户端传递声音（而 NoMachine 服务器却能这样）。这是本书推荐的服务器，在下面的例子中会使用。

建立 FreeNX 服务器，使用任何适于 Linux 版本的方式下载和安装 FreeNX。对于 Fedora Core 5，我使用 yum install freenx。Yum（Fedora Core 5 的安装包）会自动检查并安装任何相关的组件。上述命令也安装了 NX 的核心包，以及所期望的相关组件。但对于 Fedora Core 5，不需要任何进一步的安装。根据你正在使用的发布版的不同，安装过程可能会非常复杂。大多数主要的发布版都应该有使安装相对简单一些的软件包。需要 SSHD 监听端口 22，从而使 NX 正常工作。

提 示

如果检查正在运行的服务，试图验证 FreeNX 服务器已被成功安装（通过 chkconfig 或者类似的工具），你不会看到什么结果。这是因为 FreeNX 服务器的程序并没有如多数服务一样守候在一个端口并监听是否有一个进入的连接。相反，通过 SSH 登录（这就是为什么需要 SSHD 在端口 22 上运行）时，它把你当作一个特殊用户（NX）并允许进入。用户模板被配置成执行一个过程来开启服务器并监听是否有进入的连接。

服务器配置完后，下一步就是下载和配置客户端来进行连接。尽管能得到很多的可作为替代品的客户端，包括一些命令行客户端，但仍使用原始的 NoMachine 客户端，在本例中它被安装在 Windows XP 上。下载客户端并按以下步骤连接到 Linux FreeNX 服务器：

（1）运行安装程序。安装过程非常普通，所有的要求都有标准提示，如一个许可证协议、选择一个安装目录、创建一个桌面图标等。

（2）初次通过 Windows 快捷方式运行 NX 客户端时，会被引导到 NX 连接向导，因为没有定义任何会话。这个向导会引导建立一个连接。在向导的第一个界面上单击 Next 按钮。

（3）下一个界面用来配置一个会话的名称。所有有关该连接的设置都会被保存在这个名称下以便将来使用。这个窗口也要求输入主机名和端口号。除非改变了它，否则保留默认的端口号 22，在主机区域配置适当的主机名或者 IP 地址，如图 2.46 所示。

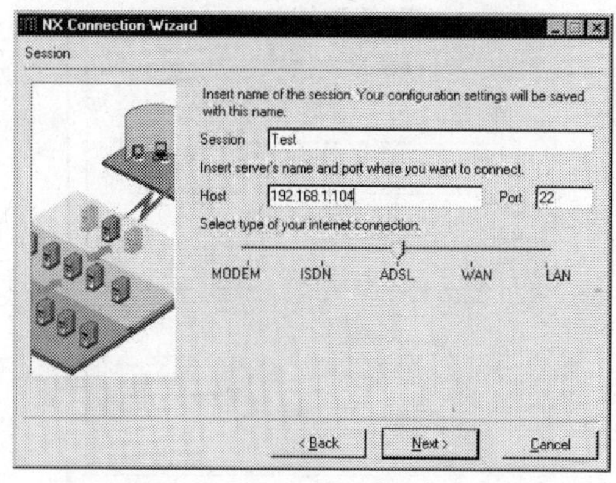

图 2.46 NX 客户端向导会话

（4）输入上述信息后单击 Next 按钮。

（5）接下来出现桌面配置窗口。选择将要与之连接的 OS 及窗口管理器。在本例中它是 UNIX 和 GNOME。这个窗口还提供一个选项，能够使 SSL 对所有的通信量进行加密。除非有理由不用附加的安全性，否则应该启用这个选项。如果不启用加密，所有的 X11 数据将会被不加密地发送，这意味着带有嗅探器的人可以捕获和还原所有在客户端和服务器之间发送的东西。界面如图 2.47 所示。

（6）若对设置满意，单击 Next 按钮。

（7）向导的下一个界面也是最后一个界面。其中的选项是 create shortcut on desk-

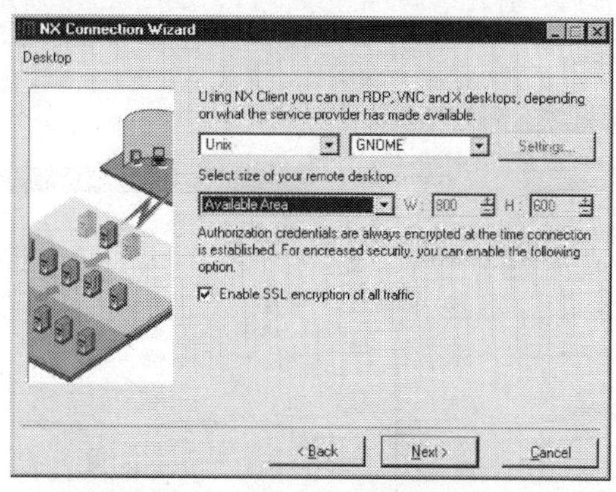

图 2.47 NX 客户端向导桌面

top 和/或 show the advanced configuration dialog。为了启用 SSL 对连接进行加密，需要选择 show the advanced configuration dialog，然后单击 Finish 按钮。

（8）高级配置会话如图 2.48 所示。

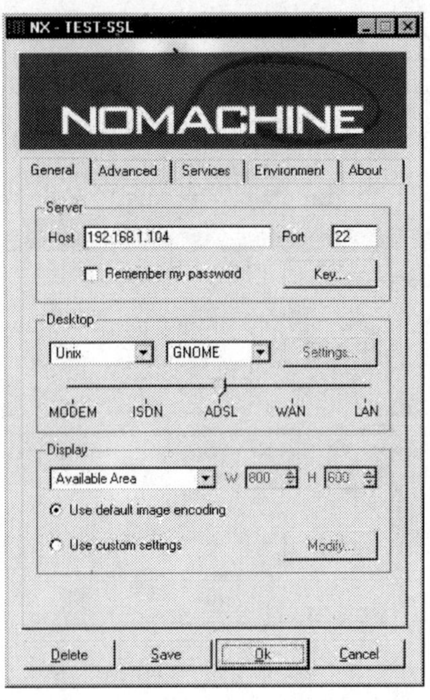

图 2.48　NX 客户端高级会话

（9）在 General 选项卡的 Server 区域单击 Key 按钮。用户必须有一个 client. id _ dsa. key 文件的复本，它能够在服务器端的/etc/nxserver/或者/var/lib/nxserver/home/. ssh/中找到。

（10）在 Key 管理界面，单击 Import 按钮，选择 client. id _ dsa. key 文件，然后单击 OK 按钮，再单击 Save 按钮。

（11）单击 OK 按钮提交对会话的设置。

（12）完成高级配置后，弹出客户端登录窗口，如图 2.49 所示。输入适当的登录名和密码，单击 Login 按钮。

图 2.49　NC 客户端登录

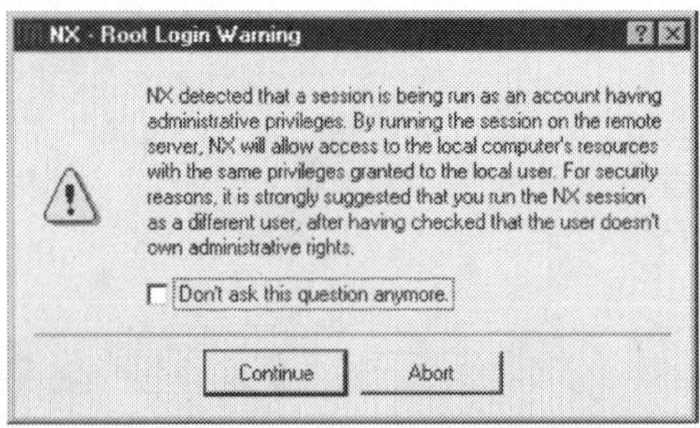

图 2.50　NC 客户端登录管理警告

如果以一个有管理员权限的用户登录，则会看到一个警告（图 2.50），提示这不是最好的作法，以非管理员账户登录可能会更加安全。如果看到这样的警告，单击 Continue 按钮进行该连接的后续操作。

接下来提示核实所连接的主机的密钥指纹，这只需通过单击 Yes 按钮即可完成。在完成加密和验证对话阶段后，应该看到远程桌面。这个桌面是一个“新的”只针对本次登录的桌面，而不是一个当前已登入的用户的桌面。这种默认的行为与终端服务器和 VNC 都是不同的。在后两者的情况下，如果存在一个既有会话，它们都将把连接连到该会话上。

虽然 NX 原本不是这样连接的，但还是有一些手段可用来尝试并修改这种行为的。将来的发行版有望简化该选项并使配置更加容易，因为目前的手段很不好用。

如果因处于满屏模式而不能看到真实的本地桌面，则有快捷键可完成通常需要做的工作。简介如下：

- **CTR＋ALT＋F** 切换到全屏模式。
- **CTRL＋ALT＋T** 显示中止/暂停对话框。如果选择中止，会话会被关闭；如果选择暂停，则下次还会打开该会话。
- **CTRL＋ALT＋M** 最大化或者最小化 NX 客户端窗口。
- **CTRL＋ALT＋鼠标** 拖动桌面视图区域，这样可以查看桌面的不同部分。如果远程桌面的分辨率比本地分辨率高，则此功能是很有用的。
- **CTRL＋ALT＋箭头** CTRL＋ALT＋Keypad 通过增加像素点的数量来移动监视区。
- **CTRL＋ALT＋S** 它将激活“屏幕-擦去”模式，这样所有由客户端发起的 GetImage 都将会被转发到真实的显示器。这允许对远程桌面进行桌面快照并放到本地剪贴板中。如果再次按下此快捷键，nxagent 就会恢复到通常的“快速”模式。
- **CTRL＋ALT＋E** 激活用于提高速度的懒惰图像编码。

远程壳的提供

有时需要远程访问一个系统，但是仅需要以命令行方式访问。可能有更多方式可用，如用 GUI 方式访问，但是如果仅需要快速连接和检查一些东西，则通过命令行建立连接可能会更快。最适于使用命令行建立连接的情形是正在修改脚本的时候。例如，如果需要连接到 36 个系统并要在每个系统的一个配置文件中改变一个值，通过 GUI 手工完成这些工作将会花费大量时间，而一个批处理文件无论怎样都不可能处理 GUI 接口。在这些实例中，仅用安全的命令行方式进行远程访问是最理想的。我特别提到安全是因为一个简单的 Telnet 连接，虽然是快速并高效的，但并不加密，所有会话（包括登录用户名和密码）中的数据都会被通过网络以明文发送。出于这个原因，我们需要一种包括诸如 Secure Shell 这样的加密的访问形式。

Secure Shell 的使用

SSH（Secure Shell）需要 SSH 客户端和 SSH 服务器组件。SSH 是远程命令行访问的工业标准，大多数系统都把它作为默认安装的一部分，Windows 系统则是极少数不这样做中的一个。有一系列产品可给 Windows 加上 SSH 功能，既有商业的，也有免费的。SecureCRT（www. vandyke. com）是著名的商业 SSH 客户端之一。大部分免费版都是在 OpenSSH 程序包（www. openssh. com）的基础上开发出来的。也有一个用于 OpenSSH 的 GUI 前端，名为 PuTTY。Cygwin 是一个许多 UNIX 工具都有的针对 Windows 的端口，其中就包括了一个 SSH 服务器。还可列出更多的产品，SSHWindows 是一个免费包，它只装了 Cygwin 的最少的组件以便能使用 SSH，即 SCP 和 SFTP。我们将一步步设置 SSHWindows（在一个 Windows XP 系统上）。这个程序包含 SSH 客户端文件和 SSH 服务器端文件。

(1) 从 http://sshwindows. sourceforge. net/下载 SSHWindows 的客户端和服务器。

(2) 释放文件并运行安装工具。根据标准提示输入相关内容并单击 Finish 按钮。

到这一步，不需要任何附加的配置，SSH 客户端就可以使用了。然而若要使用服务器，还必须创建和编辑\OpenSSH \etc \passwd 和\group 文件。

(1) 如果需要，可在系统中创建一个独立组来包含任何希望他们连接到 SSH 服务器的用户，并且把本地用户账户加入到所建立的组中。

(2) 在控制台上，从安装 SSH 的目录导航的\OpenSSH \bin \。

(3) 在服务器端输入下面的命令来指定哪些群组能通过 SSH 建立连接：mkgroup -l >>..\etc \group 连接。这让所有的本地（-l）组都可以通过 SSH 建立连接。打开组文件并去除任何不想让其连接的组所相对应的行。

(4) 在服务器端输入 mkpasswd -l -u <accountname> >>..\etc \passwd 命令来赋给一个单一的账户通过 SSH 进行连接的权限。为了使 SSH 能够工作，必须执行步骤（3）和（4）。如果没有指定-u <accountname>，则所有的本地用户都会被添加到 passwd 文件中。

(5) 编辑位于\etc \的 Banner. txt 文件，以与通过 IP 安全策略所决定的标题相匹配。

一旦完成了这一步，就能够通过 MMC 的 Service applet 或者在命令提示符下输入 net start openssh server 来启动 SSH 服务器。下面是一个从成功的 SSH 连接中输出的例子：

```
I:\OpenSSH\bin>ssh sshuser@192.168.1.101
************* WARNING BANNER HERE *************
sshuser@192.168.1.101's password:
Last login: Sat Jun 24 20:05:22 2006 from 192.168.1.99
Microsoft Windows 2000 [Version 5.00.2195]
(C) Copyright 1985-2000 Microsoft Corp.
C:\OpenSSH>ipconfig
Windows 2000 IP Configuration
Ethernet adapter Local Area Connection:
    Connection-specific DNS Suffix. : rr.com
    IP Address............ : 192.168.1.101
    Subnet Mask........... : 255.255.255.0
    Default Gateway......... : 192.168.1.1
This is the sample output from sending a file to the bastion host
```

```
(192.168.1.101) via SCP.
I:\Internet\OpenSSH\bin>scp sample.txt sshuser@192.168.1.101:/
* * * * * * * * * * * * * * WARNING BANNER HERE * * * * * * * * * * * * *
sshuser@192.168.1.101's password:
Could not chdir to home directory /home/SSHuser: No such file or directory
sample.txt 100% 1735 1.7KB/s 00:00
```

提 示

SSHWindows 中的 SSH 不使用标准的 CMD.exe 语法，而 SCP 命令和 SFTP 命令都使用 UNIX 样式路径。注意，除非进行不同的配置，否则 SSH 连接将会假设安装 OpenSSH 的目录是客户端连接开始的根。

如果得到一个这样的错误提示："segid: Invalid Argument (无效自变量)"，这通常意味着在 passwd 文件中的许可是不对的。Windows 系统中的登录账户应该用 544 而不是 514。最近的安装程序似乎没有这种问题，但这并不普遍。

Secure Shell GUI 客户端的使用

对于提供许多选项和配置参数的命令行实用工具来讲，在绝大多数情况下，总会有人提供并创建一个 GUI 前端来使之变得简单易用。对于 SSH 来说也是如此。到目前为止，用得最多的前端是 PuTTY，它能够从 www.chiark.greenend.org.uk/~sgtatham/putty/下载。安装它是非常快速简单的，因为所有需要做的就是下载一个单独的 PuTTY.exe 文件并已经"被安装了"。运行.exe 时，配置窗口如图 2.51 所示。

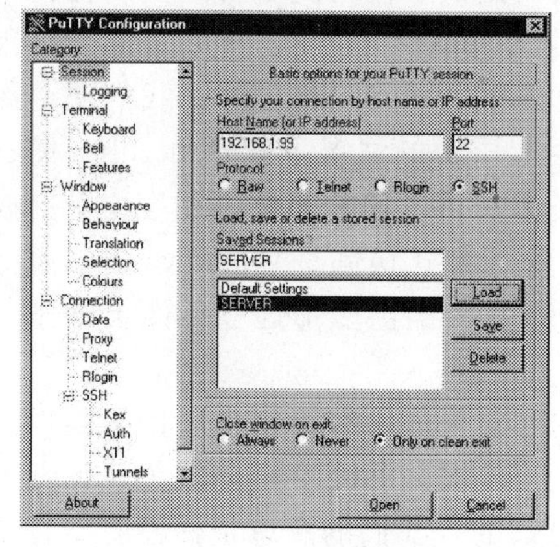

图 2.51 PuTTY 配置

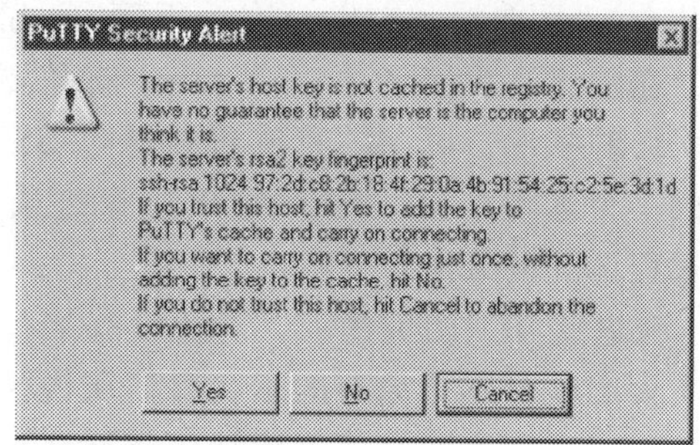

图 2.52 PuTTY 服务器密钥核实

虽然有许多选择，但是配置一个基本的 SSH 会话还是容易的。确保选择 SSH 作为协议，在适当的区域输入要连接到的主机的主机名或 IP 地址。如果希望保存设置便于将来用，可以输入会话名并单击 Save 按钮。若对设置满意，则单击 Open 按钮以启动会话。如果是第一次连接到某个特定的主机，则被提示核实服务器密钥，单击 Yes 按钮即可，如图 2.52 所示。

一个控制台窗口会被打开且已被配置的注册标题也会显示出来。此时应该进入远端系统的提示符下。若要还原会话设置，只需高亮该会话的名称并单击 load 按钮，接着再单击 Open 按钮进入连接。

有大量提供免费安全的远程访问的产品可供选择，其数量可能比人们想象的更多。每一种产品都有优点和弱点，事实上，内部网络中已有的东西可能决定使用哪种服务器。希望本章对远程访问客户端和服务器的介绍将会使你能从众多的资源中选取最好的。表 2.1 总结了各种远程访问方法的性能。

表 2.1 远程访问方法功能的总结

	终端服务 Client	终端服务 Server	X Window Client*	X Window Server*	VNC Client/Server	OpenSSH
命令行支持	√	√	√	√	√	√
GUI 接口支持	√	√	√	√	√	—
运行在 Linux 平台	√	—	√	√	√	√
运行在 Windows 9x/ME 平台	√	—	√	—	√	√
运行在 Windows 2000 平台	√	√	√	—	√	√
运行在 Windows XP/2003 平台	√	√	√	—	√	√

*

小结

本章探讨了众多的保护网络边界安全的方法，提供了作为网络管理员所需的网络管理访问。我们详细介绍了 Linux 内置防火墙 netfilter。作为一个免费的全功能的防火墙，它具有强大的功能和灵活性及可用性。除了 iptables 之外，我们还介绍了几个 GUI 前端，它们允许在不懂 iptables 命令行语法的情况下管理 netfilter 防火墙。在网络边界安全了后，下一步就是要建立一条通道，使你能够坐在家中就能查看网络的状况。可用的方法包括通过 SSH 以命令行方式访问、Windows 终端服务提供一个远程桌面，而 FreeNX 则通过从同一个服务器提供多个远程桌面会话来完善远程访问的方法。

在这些知识的辅助下，若还没有某些类型的可对任何所有不安全连接提供保护的防火墙就是不可原谅的了。我们所说的不安全，不是专指互联网，因为任何业务伙伴、家庭用户网络或者因特网都被认为是不可信的，我们的意思是你没有掌控要与你连接的网络安全性的管理手段或不完备，最终不能保证或者加强对一个不可信网络进行适当的安全控制。不幸的事实是，如果连接了因特网，却在计算机和因特网之间没有任何类型的防火墙，则被侵害的概率是非常高的。对于其他类型的不可信连接来说，被侵害的概率会小些，但是如果不采取一些步骤来保护你的网络和系统，则你仍然是在冒险。

快速解决方案

防火墙的类型

- √ 从构建网络的角度看，一个防火墙基本就是指限制网络通信流量的任何组件（软件或者硬件）。
- √ 一些防火墙的性能很有限，而其他防火墙则非常容易使用。
- √ 若要基于哪个网络设备是发送机，哪个网络设备是接收机及哪个端口被使用来决定是允许数据通过还是拒绝其通过，可以使用一个包过滤防火墙。

防火墙的体系结构

- √ 如果下层网络设计得不适当，配置最安全的防火墙也不会提供很多安全。
- √ 一个屏蔽子网络是最简单的、最普通的防火墙。大多数小型商务机构和家庭都使用这种类型的防火墙。
- √ 单边非军事区（DMZ）仍然有成本上的优势，因为所构建的 DMZ 只利用了一个单独的防火墙。
- √ 真正的 DMZ 一般被认为是最安全的防火墙体系结构，在这种设计中，有一个外部防火墙和一个内部防火墙。任何因特网可访问设备都放在这两个防火墙之间。

实施防火墙

- √ Netfilter 是执行防火墙逻辑的内置组件。iptables 是用于配置 netfilter 的 ACL 的命令行界面。
- √ 有许多 GUI，其功能和复杂性的程度各不相同。建议选择最简单的一种，只要它能做你想要做的事情即可。与许多事物相似，“正确”也会随着时间而改变。
- √ SmoothWall 自成一类，它把一台 PC 变成一个完全可配置的专用防火墙设备而不用登录到底层的 Linux 操作系统。

提供安全的远程访问

- √ 选用哪种远程访问产品很大程度上取决于用于运行远程访问服务器的平台。多数情况下，用来做远程访问的客户端会运行在几乎任何操作系统上。
- √ 考虑各种可用的资源的同时，需要评估真正需要什么样的远程访问。命令行足够好吗？需要一个远程 GUI 吗？只需单击进入一个已存在的会话即可得到一个技术支持类型的功能吗？
- √ 对于任何远程访问方案，如果计划让会话经过一个不可信的网络，如因特网，则记住一定要确保使用了加密。

常见问题

以下常被提及的问题，本书的作者都一一做出了解答。设计这些问题用来测试对本章出现的概念的理解，并帮助读者在实际生活中应用这些概念。如果还有其他问题，浏览 www. syngress. com/solutions 并单击 Ask the Author 一栏。

问：我怎样将 NX 客户端连接到一个已经存在的会话呢？

答：近来，最常使用的方案是使本地用户使用一个 NX 会话（到本地主机）。那样，他们所有的活动通常总是在一个 NX 会话中，使得管理（中止、暂停、继续）更加容易。与其他情况类似，这样做虽然不够完美，但却是足够的。

问：我特别喜欢 VNC 的特点（或者其他任何远程访问方法），但是它不支持加密。我应该怎么保护它的安全？

答：最普遍的解决方法之一是使用 SSH 端口转发功能。许多 VNC 的版本就是解决加密问题的。本章中讨论过通讨 SSH 获得管理访问，第 5 章（管理事件日志）将详细讨论使用 SSH 端口转发特性的指令。

第 3 章 保护网络资源

本章主要内容：

- 执行基本强化
- 强化 Windows 系统
- 强化 Linux 系统
- 强化基础设备
- 修补系统
- 个人防火墙
- 提供反病毒和反间谍软件保护
- 加密敏感数据

√ 小结
√ 快速解决方案
√ 常见问题

引言

第 2 章主要介绍网络边界的保护，通常指到因特网的连接，但也可以包括任何到外部世界的连接，包括到商业伙伴和附属公司的连接。本章集中介绍如何保护网络连接所连接的资源的安全，如服务器和工作站。很多时候，一个组织只注重保护其网络边界的安全，而其内部网络却是高度开放且不受保护的。这种外硬内软的方法当然比没有安全性要好，但这不是最好的方法。最好的方法是执行深度防卫，也就是把安全措施应用到网络的所有层。一种完整的深度防卫方法包括外围的防卫——典型的，如防火墙和入侵检测系统；还包括网络内部的防卫，如内部防火墙、网络分段和端口级的访问控制。最后，安全的核心是实际的网络资源。可以多种方式保护这些资源，包括通过个人防火墙、反病毒软件、反间谍软件、数据加密和自动执行安全策略。本章介绍如何完成所有这些目标，并且只使用免费工具保护网络资源。

执行基本强化

所有用途的操作系统本身都有比想要的更弱的安全配置。这一特性不可避免，很大程度是因为设备是用途的。为使系统满足多种使用需求，在保护系统安全方面就必须做出一些牺牲。但就特殊用途的系统而言，这不一定正确，因为这些操作系统通常有安全性较高的专门制定的配置，以便系统仅为预期目的而使用。另一方面，如果确切地知道要系统做什么，也所以通过定制一般用途系统的安装使它在环境中更加安全。保护系统安全也叫强化系统，也就是对于一个攻击者来说，破坏系统更难了。

不管系统的服务目的是什么，有一些共同的强化步骤应该应用到所有系统。有一些高级任务在不同系统中的具体实施细节是不一样的。这里已经概述了这些高级强化任务。任何用来强化任何网络资源的计划都应该以一定的方式解决所有问题。

定义策略

如果没有一个确定的有关构成强化或安全元素的准则集，则也许就不能强化一个系统，至少从审计的角度来看是不能强化的。因为这一点，伴随着定义策略和标准，任何强化过程实际上都早已在开始配置设备之前就开始了。在第 8 章我们会接触一些与策略相关的要素。你的 IT 安全团队会清楚地描述试图达到的目标。相关标准会提供在追求该目标过程中所要满足的可测量的里程碑。你的安全标准是成功的筹码并为所取得的成果提供客观的度量。尽管“保护服务器的安全”暗含某些目标，但没有明确定义可测量的任务，因此，要证明你已经“保护了服务器的安全”会很困难。就其本身而言，有一些定义完善的安全标准会给每个人带来好处。

组织采用的 IT 策略和标准应该准确反映它的具体需求。很多组织会卖给你一个 IT 策略供使用，或者一个填充了自己的细节的壳供使用。采用这种使用“罐装”策略的方法会面临许多挑战。对于一个组织合适的策略或者标准可能不会充分满足另一个组织的需要。商业模型、商业类型和很多其他因素都是制定一个适合组织的好策略时需要考虑的。安全策略和安全标准一般总需要说明一些元素，如下所示。注意下述每一项都需要同时在策略和标准中加以描述：

- **数据分类** 必须有关于数据分类（公开的、机密的、秘密的等）的指导方针以定义保护数据安全的步骤。这些分类会催生后续的标准，如在不可信网络中机密数据必须得到安全保护。这些策略也需要定义何时数据需要分类，并且要解释数据分类的不同水平。
- **信息机密性** 这种策略和标准应该定义如何保持数据的私密性，包括加密方面的需求和方法。也需要定义有关授权认证的需求。任何密码需求都归于本范畴。这也包括授权访问数据和撤销访问数据权限的过程，以及谁有这样做的权利。
- **信息可用性** 包含何时、何地需要冗余机制。它应该清楚地说明在什么情况下需要什么水平的冗余度，如多余的硬件、多余的因特网电路、RAID阵列、服务器集群、容错转移热站 、备用硬件和UPS需求。
- **物理安全** 这将涉及与授权访问、撤销访问、监视和其他类型访问等相关的需求。可能包括何时、何地需要标记阅读器；密钥应该和不应该使用的时间；办公室上锁、通过服务人员访问等。

一般来说，组织越大，IT安全文件就会越大。在某些情况下，你可能会得到详细的类似“IT数据中心的物理安全”和“零售店的物理安全”这样两个分开的文件。在非常小的组织中，整个IT安全策略可能是一个文件，而整套IT安全标准是另一个文件。IT策略是“大小不是问题”这一说法的具体实例，也就是说一个100页的策略不一定比一个言简意赅的更好。关键是该策略适合组织、满足需要。

除突发情况（存在缺陷的设备需要立即强化）之外，定义适当的策略和标准应该是保护网络安全的第一步。不首先了解业务，就不能创建一个适当的IT安全策略。这些策略不能凭空创建。有些策略或标准是在没有来自适当群组的资料支持下写成的，我看过不只一个这样的策略或标准。虽然能够说：“是的，我们已经定义了一个策略”，但策略总是需要不断修订的，并且有数不清的例外。记住，从审计的角度看，因执行非常详细的策略而产生大量的例外比因执行较为宽泛的策略而产生极少量的例外更不讨人喜欢。

访问控制

访问设备是要考虑的首要问题之一，不管什么类型的设备都一样，包括强化逻辑访问和物理访问。就逻辑访问而言，要介绍的最简单的控制措施就是防火墙的使用，无论独立的防火墙还是在主机中内置的“个人”防火墙。一些系统除了能简单地过滤网络包之外，还有自己的实现逻辑访问控制的机制。在可能的地方使用这些附加的方法有助于提供深度防卫并增加安全性。也应该解决物理访问。普遍的事实是如果能够物理访问一个系统，则就能完全地访问该系统。这是因为如果有针对一个系统的物理控制措施，则通常这个系统就有允许彻底访问它的机制。

例如，如果物理访问了一个服务器，就能够在Linux系统下启动它，编辑硬盘中的原始数据并重设管理员的密码。可以使用加密机制加密整个硬盘，这会使得特殊的攻击无效。在这个场景中，加密作为一种访问控制是深层防御策略的一部分。这些需求的类型正是需要在策略里清楚说明的，然后实施它们来保护系统和数据的安全。强化步骤应该包括所有这些考虑因素。

认证

认证就是证明身份。最普遍的形式是使用密码认证。有几种不同的方法来验证用户，包括他们有什么、是什么、知道什么或者这 3 种情况的任意结合。在密码的事例中，就是使用一些用户知道的东西（密码）来证明他是所说的那个人。双重认证指的是使用上述 3 种机制中的两种来证明某个人的身份。双重认证常采用随机生成一个密钥的令牌形式。这个密钥（你有的东西）组合一个密码或者 PIN（你知道的东西）提供了高强度的认证。强化的关键目标之一是尽可能地加强认证过程。强化的步骤需要提供尽可能多的认证。

授权

授权就是定义要访问什么。显然，没有事先进行认证，授权无疑就不可能安全地发生。只有确信此人事实上就是 Jill，你才能知道 Jill 应该能访问什么。通常通过更充分的文件级安全配置来控制、强化授权。这也包括对系统的访问——例如，一个受限的用户不能在自己的工作站中安装软件驱动或者应用程序。当然授权的目标是在允许某人执行分配给他的任务的条件下，授予他尽可能少的权限。这一概念被称为最少权限原则，有助于决定用户完成分配给他的职责所需要的最少访问。

审计

审计也是强化过程的一部分。没有审计线索的系统当然不如有审计线索的系统安全。大多数对各种网络资源执行的安全强化都是预防性的控制，而审计线索则是探测性控制。不应该只激活和配置适当的审计等级，也需要采取措施来保护作为结果的审计日志。记住要保护记录日志的过程（通过使用一个安全的账户运行它）和记录日志的配置（通常使用文件级访问控件）。需要通过执行确保日志完整性和可用性的机制来保护审计日志。如果不能保证日志文件的完整性，就排除一个技术问题而言，它仍可能是有用的。然而，如果需要用它重建一个黑客的行为或者在司法过程中使用，则该日志文件事实上就没用了。

强化 Windows 系统

Windows 系统有一个出了机箱就不安全的声誉。这一声誉当然绝不比过去公正。Microsoft 已经向一个非常艰巨的目标迈出了很大的一步，就是使得固有的操作系统在不减少用户经验的情况下更加安全。毕竟，一个不可使用的安全系统不会很有价值。与口令最小化要求非常相似，这里也有一个点，超过它，增加安全性的努力就会适得其反且会减少整体的安全等级。因为这些，应该一直努力来平衡增加安全的措施与保持系统整体的可用性和功能。再说一次，要做好这些就必须对组织的需求和过程有深刻的理解。

强化系统首先要做的就是评估所涉及设备的当前的安全形势。只有知道这个系统是怎样配置的，你才能决定接下来要做什么。第6章提供了一些很好的关于怎样评估网络当前的安全形势的指导，而本章将关注用来配置安全设置的工具，以强化网络资源。

一般的强化步骤

所有用来保护 Windows 主机安全的可能步骤能够占满（或者已经占满）整个容量。本章内容将使读者从基本强化步骤开始启步，并且希望能指出一些以前不知道的工具。注意在某些情况下，某些策略和标准可能间接改变或影响其他领域。例如，如果在所有的工作中使用生物特征扫描器登录，则“安全密码”策略就会变得毫无意义。在那种情况下，密码策略仅用于服务于特殊目的且不能利用生物特征扫描器的设备。当然，要求使用多重认证则是例外的，如生物特征和密码。以这种方式，所有的强化步骤是相互关联、相互依赖的。一个领域的策略决策能影响另一个领域的策略，使用标准的时候也有类似的关系。

现代 Microsoft 系统中的大多数配置都是通过 Microsoft 管理控制台（MMC）来完成的。MMC 从 Windows 2000 开始就成为 Windows 系统的标准。由于在接下来的部分中非常依赖它，所以在此先熟悉 MMC 的使用。下面从打开一个新的 MMC 控制台开始。导航到 Start|Run|mmc. exe。

图 3.1 显示了一个空的控制台。

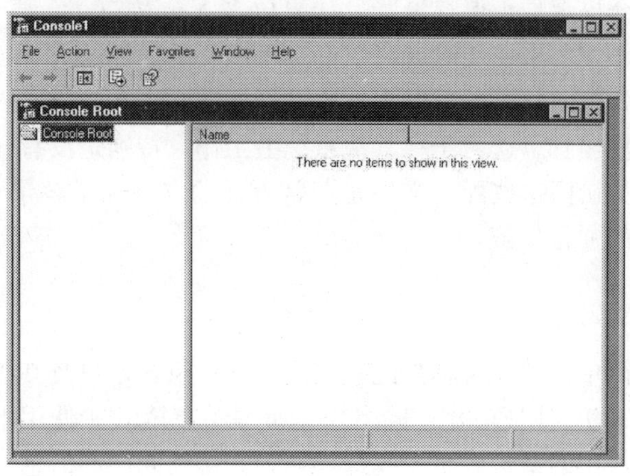

图 3.1　空的 MMC 控制台

如果没有一些附加配置，MMC 就不令人兴奋了。各种各样的界面被称作插件。以这种方式第一次打开 MMC 时，还没有载入插件。要载入“服务”插件，首先打开控制台，单击 File|Add/Remove Snap-in。接着在 Add/Remove Snap-in 窗口，单击 Add 按钮。在 Add Standalone Snap-in 窗口（图 3.2）选择需要的插件——本例中是 Services，单击 Add 按钮。保留“本地计算机”的默认选项并单击 Finish 按钮。然后通过单击 Close 按钮关闭 Add Standalone Snap-in 窗口。在 Add/Remove Snap-in 窗口单击 OK 按钮。如果仔细阅读服务插件中的各字段，会发现和通过 Start|Run|Services. msc 或者

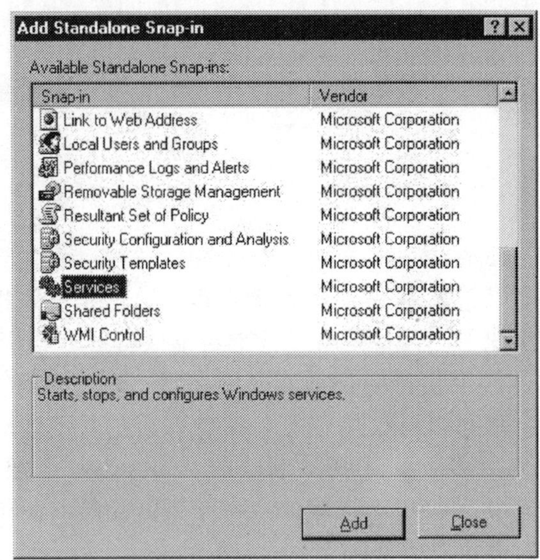

图 3.2 新增独立 Snap-in 界面

Start|Programs|Administrative Tools|Services 导航到单机服务插件时看到的一样。对于一次性的配置工作，单个插件可能更容易访问，但是若需要在同一地方包含所有需要的插件，则 MMC 控制台是非常有效率的。

关闭 MMC 时会提示是否保存设置。如果单击 Yes 按钮，需要为.msc 文件选择一个名字和位置。这样，将来使用时就可以有一个想要的插件的 MMC 供访问。这些保存的配置文件也是可移植的，所以可以把这些文件放在一个 pen 驱动或者网络共享中，并且在另一个系统中使用它。这对于在其他系统上工作，特别是没有开始菜单快捷键的系统上工作的支持人员访问这些配置文件是非常方便的。现在了解了 MMC 的基本操作，下面实施一些实际的强化步骤。

用户和用户组

定义访问的最简单方法之一就是配置用户和用户组的账户及其权限。通常通过用户账户下的控制面板来访问用户和用户组配置。也能在 MMC 中使用本地用户和用户组插件（以一种更容易使用的格式，至少我这样认为）访问同样的信息。如果尝试在域控制器上使用本地用户和用户组插件，就会接收到一个错误。应该使用活动目录用户和计算机插件来管理域用户和用户组账户。通过一般的强化步骤，不需要费劲就能执行它们。从安全的角度来看，它们是非常有效的。

大多数用户和用户组管理会涉及管理员账户。在 Windows 中，管理员账户是一个特殊的账户。虽然管理员账户在管理员群组中，但此账户的惟一性远不止这些。把另外一个用户放入群组中不会给它管理员账户享有的访问级别及权限范围。因为这个账户所提供的权限（和 Linux 系统的根账户类似），使得在 Microsoft 操作系统中管理员账户成为首要袭击的目标。这个账户的名字在每一个 Microsoft Windows 系统中都是相同的，因此每个人都知道要攻击哪个账户。但是在这里还是可以做些工作的。不能删除管理员账户，但是可以把它重命名为一个更习惯性的、不为人知的用户名。

一个聪明的安全技巧是重命名管理员账户。然后可以创建一个新的用户账户（用户名为 administrator），访问越少越好。这个新的管理员账户会有非常完整有关该账户所执行的任何行为的日志和审计能力。使用这种方法，所有的本地技术支持人员都会知道重命名后的管理员账户，不会尝试使用它。因此，惟一尝试使用这个管理员账户的人可能没有任何好目的，或者至少这样行为是非常可疑的。重命名管理员账户和右击该账户并选择“重命名”一样简单。也可以删除对新命名的管理员账户的描述。在一些情况下，账户被重命名为非常不起眼的名字，如 Printing 或者 Lockout。在另外一些情况下，我还见到看起来很随机的账户名，如 XHOU923744。自己决定要采用什么策略。只要确保需要知道的人能配置出适当的账户来使用即可。

创建一个新的、假的“管理员”账户是简单的。只需在树形视图（MMC 的左侧面板）中右击用户并选择“新用户”选项。在账户名中输入 Administrator，在描述领域甚至可以输入为管理计算机/域而内置的账户。可以把口令改为随机的字符，因为无论如何没有人真正使用此新的管理员账户登录。如果真的想要为难一个袭击者，可以为假管理员账户配置一个登录脚本，以执行某些类型的通告程序。如果有人真的设法作为新的管理员登录，通告程序就可以发一个电子邮件到安全组。我也看到了一些组织，他们的合法管理员账户（被重命名的那个账户）就是这样做的。他们这样做是因为技术辅助人员决不会使用本地管理员账户。相反，他们应该使用自己的个人账户或者一个单独的账户，这些账户拥有访问本地工作站的管理员权限。

如果愿意，也可以把这一概念更进一步。可以要求任何管理账户只是被用作管理活动，而不是用作日常的登录，即使对管理员也一样。在这个案例中，一个管理员要有他的一般账户，有和其他用户账户相同的访问权限，也有一个在做管理员工作时使用的惟一账户。这个惟一的账户有所需要的高级权限。虽然这种方法可能被认为很极端，但确实增加了隔离性和一个有关高权限的账户做了什么事情的高质量的审计线索。任何时候，只要可能，共享账户都不应被使用（包括本地管理员的账户），因为如果任何支持人员都可以获得管理员密码，当有事情发生时，即使审计线索告诉你有人使用了管理员账户也真的没什么意义了。

能够通过双击账户名和选择“属性”选项来为假的管理员账户添加一个专门的脚本。在“模板”选项卡上单击，并且把到一个适当文件的路径输入到“登录脚本”框中。我看到过真正的管理员账户也是“陷阱”的例子。当任何人以“假的”或者一个真实的管理员账户登录时，就会运行一个批处理文件来收集各种系统信息，然后全部被用电子邮件寄到安全组。net send 也被用来发送一个警告信息到整个安全组。“捕捉”到账户时想要得到多么详细的信息就取决于自己了。

另一种简单的步骤是禁用来宾账户。在有一个域控制器的情况下，如果无论什么情况都要求所有的用户都要使用他们的域账户来登录。这种做法提供了更多有意义的审计。来宾账户被使用的惟一常见的情况是，当环境完全是点对点的且没有域控制器的时候。即使这样，最好还是让每个人用惟一的账户登录，这样做要求在所有用户需要访问的工作站上都创建相应的账户。可以使用 net user 通过编程添加一个用户账户。在命令提示符下输入 net user newuser newpass /add，可以添加一个名为 newuser 的账户，其口令为 newpass。如果在上述命令行的末尾添加/domain，则在域控制器上执行该命令，会将该账户添加到域，而不是将它看做一个本地账户。如果使用同样的命令，但不加/add 或/domain，就可以更改账户的口令。

说到账户管理，还有一个教育的问题。尽可能少地使用真实的管理员账户是可取的，以标准用户的身份而不是以一个有管理权限的用户的身份执行日复一日的操作也是可取的。这样做可以减少病毒或其他恶意软件破坏系统的可能性。当可疑软件试图更改注册表或执行其他的操作来把自己嵌入系统时就会没有充分的权利。因为间谍软件、恶意软件和病毒几乎总是需要几类高级的权限来传播，所以这种操作模式更安全。事实上，很多人都知道这是推荐的操作方式，但因为它所引起的不便，很少有人这样做。很多程序编的不好，要求只有管理员有权访问，其他人也要有管理权限才能够访问。人们很快就会厌烦于不能运行想运行的软件，因此很快就会返回到以管理员的身份登录并执行其日常的活动。

结合一定的培训，一些工具可以有助于使员工遵守最佳实践并使限制管理员账户的使用变得容易一些。Windows NT 4 的“资源工具包”包括一个叫做 su. exe 的工具，这个程序可以让用户作为超级用户执行一条命令，即使是作为其他用户登录也无妨。更现代的 Windows 操作系统使用 runas. exe 工具来完成这个相同功能。这是 runas. exe 的请求帮助输出：

```
RUNAS USAGE:
RUNAS [/profile] [/env] [/netonly] /user:<UserName> program
    /profile    if the user's profile needs to be loaded
    /env        to use current environment instead of user's.
    /netonly    use if the credentials specified are for remote access only.
    /user      <UserName> should be in form USER@DOMAIN or DOMAIN\USER program
               command line for EXE.
```

以下是示例：

```
> runas /profile /user:mymachine\administrator cmd
>runas/profile/env/user:mydomain\admin "mmc %windir%\system32\dsa.msc"
> runas /env /user:user@domain.microsoft.com "notepad \"my file.txt\""
```

通过使用 runas，一个一般的（非特权的）用户可以安全操作，而且还可以快速方便地提高权限，以便执行一个特定的任务。以下命令是一个叫做 test 的用户在实验机器上打开的一个命令提示符：

```
runas /user:lab\test cmd
```

执行命令后被要求提供指定的账户的口令。这不会阻止管理人员知道一个高级账户的口令，但至少可以在需要的时候使用这条命令。能以这种方式启动很多程序。runas 命令不能很好工作的常见的情况是，为了使某个单个的应用程序能正常工作而必须启动多个更小的可执行文件。甚至可以使用 runas 以管理员的身份来打开 MMC，执行详细的管理步骤。

我在许多案例中都看到过具有管理权限的普通用户。理由是用户使用了一些要求有管理权限的程序。如果你曾努力地想理解某程序真正需要什么样的访问权限，以便固定下来，这会是一个非常讨厌的工作。Microsoft 提供了一个诊断工具来隔离需要的特定访问，叫做“Microsoft 标准用户分析器”。不幸的是，这个工具只能在 Windows XP 或更新系统的机器上运行。该程序也需要“Microsoft 应用程序校对机”（www. microsoft. com/technet/prodtechnol/windows/appcompatibility/appverifier. mspx)，它需要另外下载。它是一款非常强大的工具，可用来锁定碰巧使用一个有管理权才能使用的软件包的标准用户。运行分析器，指定要运行的应用程序及该应用程序需要的任何参数，然后单击 Launch 按钮。图 3. 3 显示了主要输出界面。

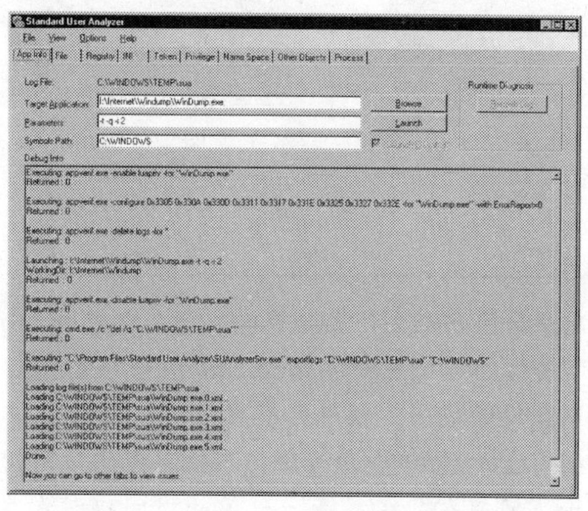

图 3. 3 Microsoft 标准用户分析器

当程序运行时，可以激活尽可能多的功能。如果不使用特定的性能或者菜单功能，此程序可能不会完全执行所有需要的访问权。测试该程序时，手动停止它，这会导致分析器完成分析并显示结果。每一个选项卡都包含程序使用的提升的访问权。在图 3. 3 显示的实例中，我当时正在测试 WinDump，它是 Windows 的命令行嗅探器。如果导航到 View|Detailed Information，窗口会分割成很多窗格来显示更多的细节内容，解释要求什么类型的访问。有了这个工具的帮助，就能够将用户访问权限制为一个标准用户，只在需要时授予其高级权限，而不是把用户账户变成管理员账户。

文件级访问控制

所有的账户和用户组都被组织好并安全了，下一步就是更具体的文件级访问控制了。如果已经使用了 Microsoft 标准用户分析器，并且现在需要在文件系统内更改一些访问，则文件级访问控制就是下一个逻辑步骤。访问一个给定的目录或文件的文件级许可权的标准方式是右击“资源管理器”中相应的文件或文件夹并选择“属性”选项。选择“安全”选项卡，显示各用户和用户组的当前的访问权限（图 3. 4)。

选择上部窗格中的每一个用户或组时，所分配的权限会就会显示在下部的窗格中。单击“高级”按钮，可以访问一些有强大功能的选项卡。其中之一就是“权限”选项卡，如图 3. 5 所示。

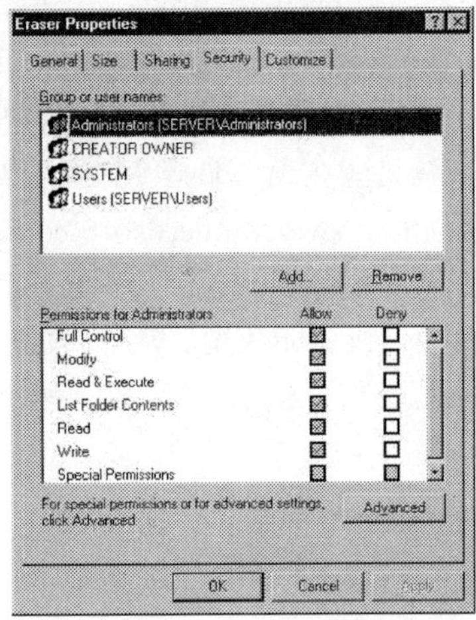

图 3.4 “安全”选项卡

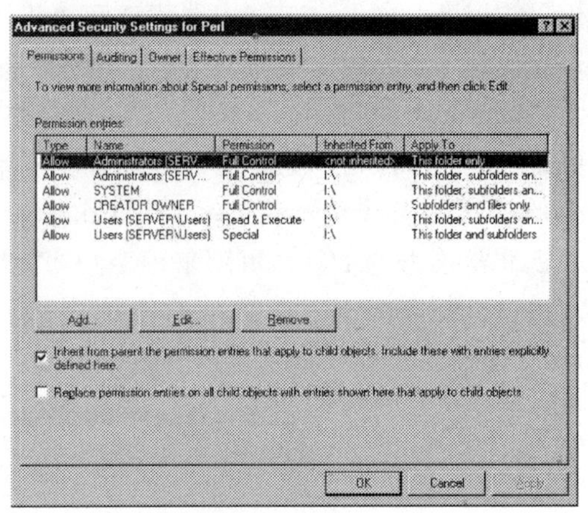

图 3.5 Windows 高级安全设置

警告

不想让某个用户访问一个文件或目录时，避免犯单击 Deny 按钮这样常见的错误。相反，为了取消访问权，应该不选 Allow 列中的复选框。如果用户的访问授权不是通过 Allow 列授予的——权限是直接或者从上级文件夹继承的——用户就不会有任何访问权。选择 Deny 会覆盖任何可能存在的访问授权。这个特定的错误常在管理员想移除“任何人”组对某一目录的访问权时发生。一旦单击 Deny 按钮，则没有人能够访问该目录，包括授权用户。

“Permissions”选项卡允许对继承进行控制。有了继承机制，如果授权访问一个文件夹，则继承机制就会假设你对该文件夹下所有新建的文件和文件夹拥有相同等级的访问权限。新建的文件夹有效地继承了相同的访问控制列表。“替换所有子对象上的权限入口”复选框允许对已有的文件夹和文件做很多完全相同的事情。Auditing 选项卡允许配置对文件或文件夹的审计，第 5 章也介绍了激活对文件和文件夹的审计，所以在此不做讨论。Owner 选项卡对管理员非常有用。在管理员被拒绝访问一个文件或文件夹的情况下（直接或是通过 Everyone 组中的成员被取消了权限），恢复对该文件或文件夹控制的简单方法是进入一个更高的管理员的确拥有的权限并收回访问权。可以通过导航到 Owner 选项卡完成此任务。登录所用的管理用户应该输入到 Name 字段中。选中 Replace owner on subcontainers and objects 复选框，然后单击 OK 按钮。作为新的主人，你总是可以访问该文件或文件夹。接着编辑所需要的许可，以便还原正确的操作权限。

Effective Permissions 选项卡允许指定一个特定的用户组或账户并产生一个用户拥有访问权限的列表。这要考虑继承机制、组成员及任何可能存在的明确定义的许可。要查看某用户的有效许可，单击 Select 按钮。在下一个界面可以输入账户名，或者如果不确定账户名，可以单击 Advanced 按钮，出现第三个界面，可以查询账户名。如单击

Object types 按钮则限制只能查询用户、组或内置的安全原则。Locations 按钮允许选择在哪个系统上查询。选择查询标准后，单击 Find Now 按钮。若没有定义查询标准，你会看到一个列表，列出了本地机器上所有的账户、组和内置的安全原则。选中其中之一，然后单击 OK 按钮，所选的名字就出现在 Select User or Group 窗口。然后单击 OK 按钮就可显示有效许可。图 3.6 显示了 Effective Permissions 窗口。这是一个可以用来知道所有不同等级的过滤器和访问控制的结果的有效办法。这也是当一个程序或用户行为产生了一个访问权被错误地取消的错误时首先要检查的位置之一。

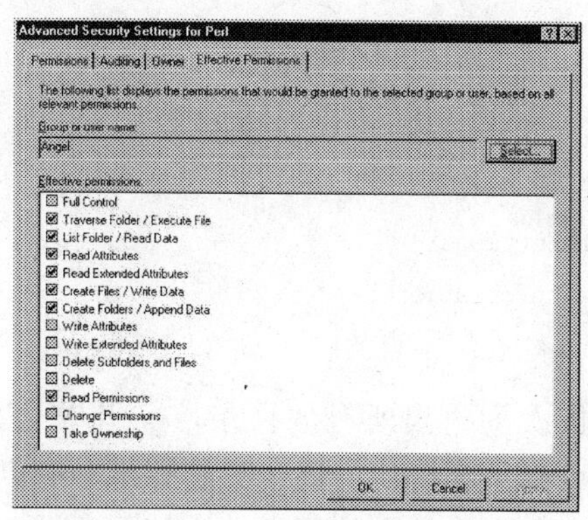

图 3.6　Windows 有效许可窗口

有时可能想要查找一个安全问题，并且想看到所有目录，而不是某些特定目录或者文件夹。内置的安全界面不会允许那样做。然而其他工具却可以。

AccessEnum (www.microsoft.com/technet/sysinternals/Security/AccessEnum.mspx)是一个 GUI 工具，可以用来快速识别从规范中得出的许可。AccessEnum 能在 Windows NT，2000，XP 和 2003 上运行。它扫描指定的文件夹和所有子文件夹及文件，并且只列出从其父辈中导出的许可。这样，你能很快看到哪些文件夹和所有其子文件夹及文件的许可已经以某种方式改变了。AccessEnum 也能扫描注册表的某个部分，查找如上所述的许可偏差。这是一个非常大的优点，因为所提供的和注册表许可一起工作的界面非常麻烦。不幸的是，AccessEnum 将访问类型缩减到只有读、写和拒绝，所以可能不是审计者的最好朋友，但能帮助你认出看起来不合理的东西。

另一个方便的工具是 AccessChk(www.microsoft.com/technet/sysinternals/Security/AccessChk.mspx)。它是一个能运行在 Windows 2000，XP 和 2003 上的命令行程序。AccessChk 也将各种权限压缩成简单的读、写和拒绝，但是这个程序对于一个安全管理员来说仍然是一个非常强大的工具。以下命令会列举在 C：驱动器根目录中对所有文件和文件夹的访问权限：

```
I:\Internet\Firefox>accesschk eric c:\

AccessChk v2.0 - Check account access of files, registry keys or services
Copyright (C) 2006 Mark Russinovich
Sysinternals - www.sysinternals.com

RW c:\i386\
```

```
RW c:\My Documents\
RW c:\MSDOS.SYS
RW c:\WINDOWS\
RW c:\IO.SYS
RW c:\Program Files\
RW c:\Windows Update Setup Files\
RW c:\boot.ini
RW c:\CONFIG.SYS
RW c:\AUTOEXEC.BAT
RW c:\ntldr
RW c:\ntdetect.com
RW c:\BOOTSECT.DOS
RW c:\Documents and Settings\
RW c:\System Volume Information\
RW c:\Recycled\
```

如果添加-s 开关，会依次列举出所有的目录，-v 开关会列举所有现存的权限，而不是只有读、写和拒绝。可以很容易地将这个工具和某个有创意的程序结合，创建一个可以生成一些非常有用的安全报告的批处理文件，如下所示：

```
I:\Internet\Firefox>accesschk someuser I:\testfile.txt -v

AccessChk v2.0 - Check account access of files, registry keys or services Copyright (C)
2006 Mark Russinovich

Sysinternals - www.sysinternals.com
R I:\TestFile.txt
FILE_EXECUTE
FILE_LIST_DIRECTORY
FILE_READ_ATTRIBUTES
FILE_READ_DATA
FILE_READ_EA
FILE_TRAVERSE
SYNCHRONIZE
READ_CONTROL
```

AccessChk 也会扫描注册表，可以为了报告而指定一种服务来代替用户名。本章末提到的一些其他开关增加了 AccessChk 的功能性和灵活性。运行没有任何参数的 AccessChk 会使程序输出有关它的用法。

附加步骤

当然，除了巩固用户和用户组及文件级许可外，还有其他附加的步骤可以用来强化 Windows 系统。正如所预料的，Microsoft 有保护 Windows 系统安全的内部轨道。可以在 Microsoft 网站中阅读到大量的强化指导。这里有一个表，列举了一些更值得注意的可利用的安全文档：

- Windows Server 2003 安全指南　www. microsoft. com/technet/security/prodtech/windowsserver2003/w2003hg/sgch00. mspx。
- Windows XP 安全指南　www. microsoft. com/technet/security/prodtech/windowsxp/secwinxp/default. mspx。
- Microsoft Windows 2000 安全强化指南　www. microsoft. com/technet/security/prodtech/windows2000/win2khg/default. mspx。
- Microsoft Windows NT 4.0 和 Windows 98 威胁缓和指南　www. microsoft. com/technet/security/guidance/networksecurity/threatmi. mspx。

虽然各个指南会非常详细介绍如何强化感兴趣的操作系统，然而在网络和书上当然还会有更多有关本主题的文章。本质上说，可以通过一个稍微高级些的任务来总结所有强化步骤，这些步骤在任何操作系统上都是一样的，而且很多都不需要除操作系统中自带软件外的其他软件。这些步骤如下：

(1) 删除不必要的软件。

(2) 禁用不需要的服务/守护进程。

(3) 给操作系统和任何现存软件打补丁。

(4) 配置用户和用户组账户，只提供能满足需求的最小的访问权限。

(5) 巩固操作系统参数（登录需求、延时等）。

(6) 设置网络权限，只允许最少的必需的连接请求（IP/端口）。

使用 Microsoft 的组策略对象

如果要锁定一个特定的安全设置，如取消用户访问某个目录的权限，可以连接到每一个系统并分别编辑其安全属性。虽然这样也会奏效，但它不是一种非常有效的方法。当然也可以使用 MMC 来逐个编辑和控制这些配置，但还有办法能配置这些设置，然后让它们自动应用到计算机中。这个安全设置集称为组策略目标（GPO）。可以将 GPO 应用到一个域级、一个单独的组织单元（OU）或者个人计算机。第 5 章详细介绍了如何将一个 GPO 应用到个人计算机，所以在这里不介绍这些内容。除非有特别的安全需求，如对于一个高风险的主机，否则会把大多数安全策略配置为能应用到域内的所有设备。如果情况是这样，定义 GPO 的逻辑位置应该在域级。然后可能通过应用一个更加严格的本地策略（这个策略不应该包括与域策略相冲突的设置，否则它们会被覆盖）解决高安全要求的主机的高安全要求，或者把高安全要求的主机放置在一个特定的 OU 中并使用一个 OU 的 GPO。下面是描述它怎样工作的例子。

(1) 应用本地政策。这些可以修改也可以保留其默认状态；即使使用域 GPO 更改它们也没什么。

(2) 域 GPO 应用于网络中的每一个设备（工作站和服务器）。这会用想要提供给每一个设备的配置来覆盖本地策略。实际中这是作为安全基线的。

(3) 服务器 OU 的 GPO 被应用于服务器（或者其他高安全性的主机）。这些设备仍会从域 GPO 获得最小的安全性配置，但是若要定义一个更严格的安全性配置，OU GPO 会允许这么做。

GPO 的本质是为了覆盖其他设置而配置设置。GPO 按以下顺序应用：本地 GPO，站点 GPO，域 GPO，并且每一个 OU 级的 GPO 都是逐级向下生效的。通常配置域级设置来有目的地覆盖本地计算机的安全设置。每一个 GPO 的后继应用都会覆盖前面那一个，这样也会有副作用，即本地策略优先级最低。可以打开 MMC 控制台查看默认的域策略，“添加活动目录用户和计算机”插件。右击相关的域并选择“属性”选项。单击“组策略”选项卡。开始时窗口只包含默认域策略。它表示最高级的域，而且能在此配置多种策略。再次强调，在域 GPO 中配置的所有设置都会覆盖任何本地设置。

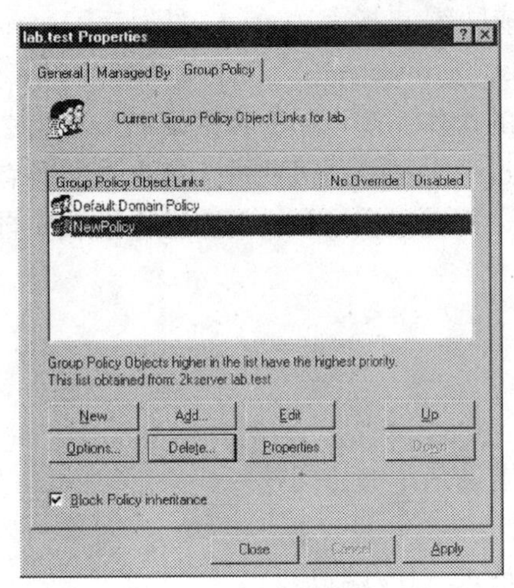

图 3.7　域 GPO

如果默认的域策略根本没有配置特定的设置，那么之前的策略设置仍然有效。因为默认的域策略包括所有的默认设置，所以不应直接编辑它。相反应该做的是，单击“新建”按钮，给新策略命名，然后单击“编辑”按钮。这将新创建的策略置于域策略之下。可以使用 Up 和 Down 按钮来移动高亮显示的策略的位置。正如在图 3.7 中看到的，列表中最高的策略会得到优先权（记住，列表中所有的 GPO 都是域 GPO）。因为任何新创建的策略都想覆盖默认的域策略，所以可以单击 Up 按钮，以使你的策略优先于默认策略。图 3.7 是“组策略”选项卡，显示了默认的域策略。

可以按照同样的步骤添加一个 GPO 到 OU 中（右击“属性|组策略”），这样可以给所有的资源分配非常细粒度的策略。如果单击“编辑”按钮，你会看到与在本地计算机策略插件中一样的 MMC 控制台结构。如果要编辑本地计算机策略设置，就要配置一个本地 GPO，但要知道，当此配置与域 GPO 或 OU 级 GPO 冲突时这些配置将会被覆盖。

你可能已经注意到在“本地计算机策略”插件中没有输出和输入设置的机制。这就意味着必须在活动目录中配置任何需要的策略，而不是在本地配置。事实上，如果计划把设置应用到所有主机中，那在活动目录中配置也许是更好的方法，但实际上有一种方法可以配置想要的设置且能随后将其输出，用在其他机器的本地 GPO 中。可以通过 GUI 或者命令行来做。当然 GUI 就是 MMC。需要在控制台中添加“安全配置和分析”，并且有选择地添加“安全模板”插件。

为了从其他系统中输入设置，必须已在某个时刻配置了所需要的设置。可以使用安全模板插件来配置。模板就是一个预先配置好的设置集。当然，可以根据自己的爱好编辑模板或是自己创建模板。以下是对 Windows XP 包含的模板的简单概述：

- **compatws**　放宽用户组的默认文件和注册表的权限。
- **hisecdc**　进一步提供对 LanManager 的身份验证的限制，提出关于安全频道和 SMB 数据的加密和签名的超过在 securedc 模板中所配置的内容的进一步要求。
- **hisecws**　进一步提供对 LanManager 的身份验证的限制，提出关于安全频道和 SMB 数据的加密和签名的超过在 securews 模板中所配置的内容的进一步要求。
- **rootsec**　重置驱动器根目录上的默认许可并将其扩展到子对象中。要谨慎使用。

- **securedc** 是一个“安全域控制器”模板，用于配置对域账户策略的更严格的限制和对匿名用户的附加限制。
- **securews** 是一个“安全工作站”模板，用于配置对本地账户策略的更严格的限制和对匿名用户的附加限制。
- **setup security** 保持默认配置，如果不确定要使用哪一个模板，通常从此模板开始是一个好的选择。

图3.8显示了安全模板插件。如果想自己创建模板，或者想更改某个默认的模板，应该复制原来的模板并在该模板上进行操作，以便在需要的时候还有初始模板。可以通过右击并选择Save As选项来复制Setup Security模板。可以使用“安全模板”插件通过逐级向下展开来编辑模板中的设置。更改后一定要保存模板。因为这些模板是简单的ASCII文件，可以在不同的计算机上打开模板来使用配置。如果编辑安全设置并使用安全模板插件输入输出这些设置，你可能想知道为什么还需要“安全配置和分析”插件。需要它是因为使用安全模板插件不能应用模板。

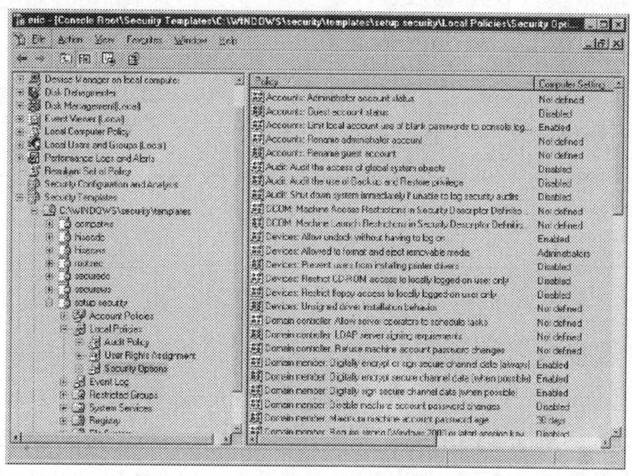

图3.8 嵌入式安全性模板MMC

要在安全模板中应用设置，右击Security Configuration and Analysis snap-in（安全配置与分析插件）并选择Open Database（打开数据库）选项。因为这是第一次配置设置，创建一个新的数据库。输入一个有意义的以.sdb结尾的名字并单击Open按钮。提示输入一个模板，可以输入之前配置好的自定义模板。输入以后，可以通过再次右击“安全配置与分析插件”来应用模板，选择“输入模板”选项。在本插件内各种配置都很常见。这提供另一个编辑安全设置的机会，然而，这些设置仍然不能用。提交设置的最后一步是再次右击并选择“现在配置计算机”选项。所有在模板内配置的设置都会被应用。基于非默认设置的数量，该步骤会花几分钟来完成。

即使有需求，也能基于本地系统的当前策略设置创建一个模板。可以使用“安全配置和分析插件”来创建。右击插件并选择“现在配置计算机”选项，为日志文件选择一个文件名和路径，或者接受默认设置，单击“确定”按钮。出现一些可扩展项目，它们都在“安全配置和分析插件”之下。这些设置呈现目前都配置了些什么。要把这些设置保存为一个模板，右击并选择“输出模板”选项。从当前的策略模板出发开始工作并更改它的最常见的原因是要以可控的方式进行增值的更改。如果系统自初始安装以来经历了重要的策略调整，这样做将冒比应用任何预先生成的模板更小的破坏某些事务的风险。

Microsoft 也提供了一个称为 secedit. exe 的命令行工具，利用它为输入、输出策略设置。要使用 secedit 输出一个策略模板，必须从利用某个模板分析当前的设置开始。使用 secedit /analyze /db C:\export. sdb /cfg C:\test. inf 将指令 secedit 利用 test. inf 模板来分析当前的本地策略。结果保存在名为 C:\export. sdb 的数据库文件中。要将设置输出到一个可以用于输入的 . inf 文件中，则要使用 secedit /analyze /db C:\export. sdb /cfg C:\test. inf 命令。

注 释

如果想输出设置，但文件是空的，就会看到 secedit 的一个有名的 bug。这个 bug 是因为 Windows XP 保存安全信息的位置不同于 secedit 查询的位置所引起的 (secedit 最初是为 Windows2000 开发的)。可以用一个补丁程序来解决这个问题，而它基本上只是 seced. exe 的一个新版本。查看在 http://support. microsoft. com/kb/897327上的知识库文章（ID 897 327）可以获取更多关于 secedit 的 bug 信息。

账户封锁策略

既然已经熟悉了 GPO 和怎样应用它们，再讨论一些可能想要考虑实现的策略设置，这些设置属于域级或者本地级 GPO。账户封锁策略（\Computer Configuration \Windows Settings \Security Settings \Account Policy \Account Lockout Policy）可以用来配置一个账户在封锁之前允许用户输入错误密码的次数、账户会被封锁多长时间及封锁计数器多长时间重置。下面推荐的设置为常见环境提供了大部分的安全性：

- **账户封锁持续时间** 表示账户会封锁多久。设置为 0 意味着账户会一直封锁直到管理员手动解开封锁为止。这是最安全的选择。然而，即使只是允许账户在很少的 10min 后重设也会让一个试图强力破解密码的黑客慢下来。
- **账户封锁阈值** 表示在封锁账户之前一个用户能尝试输入无效密码的次数。3 次无效登录的设置通常就足够了。如果这个数字太低，一个简单的打字错误就可能导致一个账户封锁。如果设置为 0（不安全的），账户就永远不会被封锁。
- **重置账户封锁计数器** 限定需要多长时间之后才重置无效尝试计数器。默认的设置是 30min，这通常就足够了。时间更久则会更加安全。

图 3. 9 显示了 MMC 控制台及账户封锁策略设置

审计策略

第 5 章将介绍有关对审计设置的各个方面进行控制的具体设置。记住，配置的审计跟踪能帮助抓住黑客，并且有时候可以查找问题。例如，在对大量失败的访问试图进行广泛的审计后，有时可以找出使软件不能正确运行的问题。配置审计策略参见第 5 章。

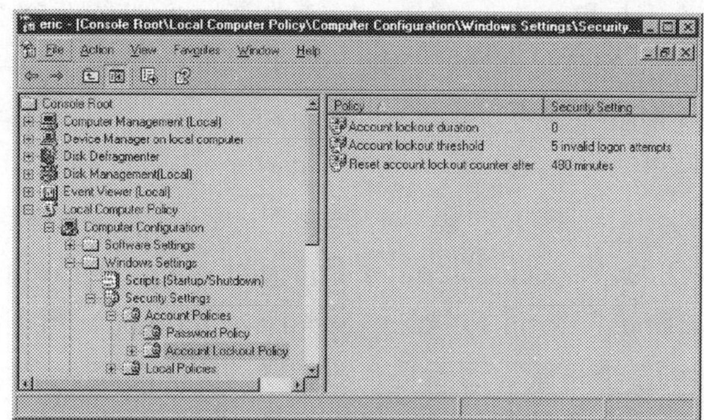

图 3.9 账户封锁策略

用户权限分配

有关用户权限分配方面的可配置事件列表非常广泛。这些设置（Local Computer Policy \ Computer Configuration \ Windows Settings \ Security Settings \ Local Policies \ User Rights Assignments）允许配置用户（包括当作用户运行的账户进程）能做什么。这些设置的大部分只在不寻常环境中用于允许特定软件运行。这里不详细说明这个目录中指明的所有设置，仅探究其中最重要的可配置事件和建议对大多数环境而言的最安全的设置：

- **从网络访问计算机** 可以将这个安全地设置为“已验证用户”并取消所有其他访问。应该确保 ANONYMOUS LOGON 没有在允许访问列表中。一些情况下，取消普通用户的本地登录能力会更安全。例如，一个非管理员账户没有理由登录到你的域控制器。
- **作为操作系统的一部分运行** 没有哪个账户需要这个权限。它允许一个用户不经验证就冒充任何系统中的用户。这会造成很大的安全风险，并且可能导致你的其他审计事件变得无意义。如果一个应用程序需要这种类型的访问以能够运行正常，则应该使用 LocalSystem 账户，该账户默认包括这种访问。
- **跳过遍历检查** 这个设置允许用户通过目录树浏览，即使该用户没有权利访问某个目录。这个设置不允许用户列出没有适当权利的目录的内容。
- **修改系统时间** 设置时间看起来并不重要，然而错误的时间设置会导致一个巨大的安全漏洞。如果没有正确地设置时间，某种加密系统，如 IPsec 就会失败。更进一步，使得将日志事件与关键事务准确相关联变得不可能，导致拒绝对合法通信进行服务。可以将该设置设为 Administrators Only。
- **创建令牌对象** 这个设置允许一个账户来创建一个能被用来获得访问任何系统资源权利的令牌。不需要在任何账户上手动设置这个权限。如果需要这个权利，可以将它分配给 LocalSystem 账户。
- **调试程序** 这个权限允许用户将一个调试器附加到一个程序，进而会给用户访问许多敏感的内部资源的权限。应该非常谨慎地分配该权限。在一个生产主机上通常不需要这个权限。
- **从网络上拒绝访问计算机** 这包括本地管理员账户。本地账户通过网络访问系统，没有这样的合法需要。

- **拒绝作为 Batch Job 和 service 登录** 应该给本地管理员设置上这两者。这样做，可以保证如果本地管理员账户被盗用，则黑客不会立即安装一个服务或者 batch job 来进一步危害系统安全。

安全选项

这组设置也是广泛的（Local Computer Policy \Computer Configuration \Windows Settings \Security Settings \Local Policies \Security Options），并且提供了重要的安全设置，这些设置将影响整个系统，而不是个别账户。这些设置中的大多数的目的和功能很明显，但我们还是给出一个简要的描述希望明确任何存在的疑虑。下面阐述确保系统安全的最重要设置：

- **不在登录界面显示最近的用户名** 应该设置该选项为有效。如果显示最近登录的用户名，就给了任何能够登录到界面的攻击者攻击一个可用的账户的第一线索。这可能不能阻止已经做了一些探索的攻击者的尝试，但是这不会提供给偶然的攻击者 50%的信任 。
- **企图登录的用户的消息文本** 当有人试图直接登录到控制台时（按 Ctrl ＋ Alt ＋ Delete 组合键后），你会看到这个消息。这个设置也称为 *logon banner*，提供了一些合法的保护以防止未经授权的访问。消息的内容是说明仅授权用户能访问系统。你的组织的 IT 安全专员和法律部门应该共同拟定一个适宜的消息。这个消息的目的主要是消除攻击者声称他们不知道正在做不合法事情的可能。
- **试图登录的用户的消息标题** 这是前面一个消息的标题。一些适当的提示，如 Warning 或者 Authorized Users Only 应已足够。为了安全需要咨询法律部门。
- **先前登录到缓存的数目（在域控制器不可用的情况下）** 如果这是一个单独的服务器，则应该没有访问缓存的凭证，所以可以将它设置为零（即禁止缓存）。即使在堡垒主机上使用域认证，最安全的设置仍是 0。
- **重命名管理员账户** 正如前面提到的，本地管理员账户是最常被攻击的用户账户。把这个账户名变为其他名称而非默认的，能帮助防止一些自动攻击的成功，例如，一个对本地管理员账户的自动密码破解攻击。应该避免选择任何明显的替代名，如 Admin 或者 root。
- **重命名来宾账户** 由于与管理员账户相同的原因，同样应该选择这个选项。虽然来宾账户几乎没有权限，但是它仍能提供一个本地登录账户并可成为提升一个攻击者的权限的第一步。例如，Code Red（一种蠕虫病毒）将来宾账户添加到本地管理员群组。由于这个账户名在 Code Red 的有效负载中被特别提到，仅重命名这个账户就会成功防止一个对群组成员身份的修改。

提 示

尽管一些策略设置会立即有效，但一些则只会在系统重启后才会有效。由于这个原因，应该在修改任何策略后立即重启系统，以确保修改产生作用。

强化 Linux 系统

当安装特定版本的 Windows 操作系统时，总是会得到该版本相同的基本设置，包括默认的安全设置。基本上，所有 Windows XP 的版本都是一样的，除非是自定义安装。Linux 却不是这样。所安装的一些版本在默认配置下就很安全，而另一些则很不安全。在很大程度上，Linux 的强化步骤与 Window 并无两样，但有一些要做或多或少的更改。下面列出为了强化需要执行的高层次任务：

- 删除不必要的软件。
- 禁用不需要的服务/守护进程。
- 给操作系统和任何现有的软件打补丁。
- 设置用户和用户组账户以提供最小的访问权限。
- 优化操作系统参数（登录要求、超时阈值等）。
- 设置网络权限，只允许最少的必要的连接请求（IP/端口）。

以上这些步骤与 Windows 操作系统的强化步骤一样。对于特殊用途的 Linux 版本，如 Smoothwall 防火墙，除了没有安装最新的补丁作为基本配置的一部分外，执行了以上大部分步骤。另外一些版本则强调用户友好性，如 Ubuntu 或者 Red Hat。如果安装这类版本时使用默认安装，则还有很多强化工作要做。正因为如此，对于高安全要求的环境，以上步骤或许不是最好的选择。

一般强化步骤

实现逻辑访问控制的一些最基本方法是使用用户和用户组（建立身份认证），然后应用基于身份识别的文件级访问控制。在 Linux 中，基本步骤和 Windows 一样，当然所使用的命令是不同的。我们将简要介绍如何创建用户和用户组、分配用户到用户组，并且在文件系统中授予用户和用户组访问权限。

用户和用户组

大部分包含图形用户界面的 Linux 版本，除了正常的命令行工具外，都有一个用于管理用户和用户组的 GUI 界面。如果获得一个 GUI 工具，那可能是配置用户和用户组的最简单的方法。只有当需要一次改变大量的用户时，命令行方式才显示出优势，若使用 Fedora Core 5，则可以导航到 System|Administration| Users and Groups 来打开用户管理器的 GUI 界面，如图 3.10 所示。

该界面看起来可能比 Windows 的要复杂，但是管理用户并不太难。先看这个界面的信息。首先，可以看到系统有几个已经创建的用户，包括 user，sguil 和 snort。在这个表中没有根用户。事实上有大约 40 个左右的其他账户，但是想在列表中看到这些账户，必须选择 Preferences 并去掉选中 Filter system users and groups 复选框。这些账户的用户 ID 是自动生成的，从 500 起向上增加。用户 ID 类似用户名，因为它是用户惟一的标识。系统使用用户 ID 跟踪对文件和目录的权限。

如果单击 Add User 按钮，打开一个窗口，窗口提供了全部的标准字段，包括用户

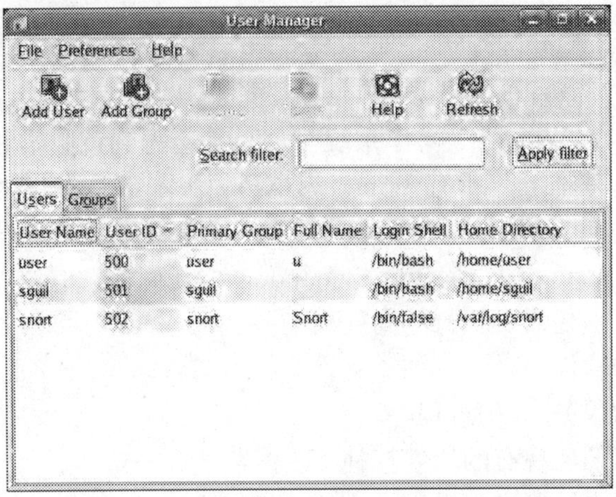

图 3.10 Linux GUI 用户管理器

名、全名、口令等。这一过程非常简单，不用过多说明。创建用户后，选中该用户并选择 Properties。选项卡窗口如图 3.11 所示，允许设置各种选项，包括账户有效期，这在有临时员工或其他只需一定时间的账户时会非常有用。

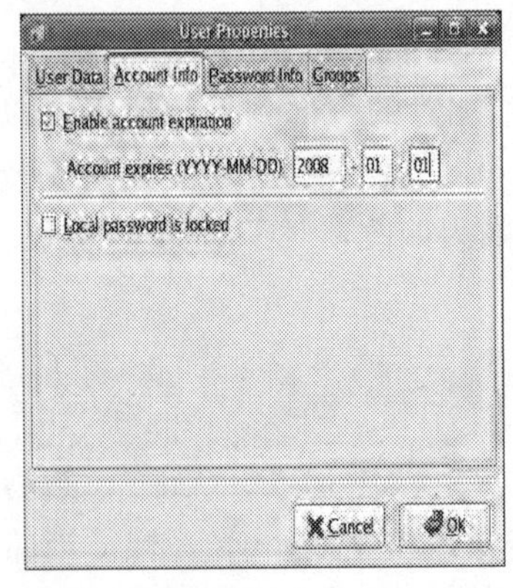

图 3.11 Linux GUI 用户属性

其他选项卡允许修改口令（User Data）、配置口令时效策略（Password Info）、分配用户到用户组（Groups）。所有这些可能看起来过于简单，这是因为使用了 GUI 而自动完成了很多事情。不可能总是有可用的 GUI，通过命令行快速添加用户是一种可贵的能力。可以通过 *adduser* 命令以命令行方式添加一个用户。一个简单的例子就是 adduser test2。这会创建一个名为 test2 的新用户，该用户的所有其他必需的设置都将采用默认设置。大多数时候，也会在/home/test2 创建用户目录，虽然可以通过-M 开关来覆盖这一行为。可以用命令 passwd test2 来为新账户设置密码，然后提示输入新密码并确认新密码。

所创建的每一个用户账户必须至少属于一个组。默认情况下，会创建一个和新创建的用户账户同名的用户组。与 Windows 系统一样，也没有 everyone 组，所以如果需要一个分配更多访问权限的全局账户，有两个选择。可以创建一个组并分配给该组所需要的访问权限，或者当只有一个访问被授权，而其他访问都未被授权时，依靠该有授权的访问。根据我的经验，使用 Linux 最困难的事情之一就是，如果不熟悉要使用的各种命令，要找到它们是很难的。由于这个原因，我总结了以下处理用户和用户组管理的各种用户和用户组管理命令列表，非常有用且可能会被不同的 Linux 版本支持。

- **dduser/useradd**　命令 *adduser test* 给系统添加一个名为 test 的用户。
- **chage**　用于改变用户口令的有效时间及各种其他与口令时效相关的参数。
- **chown**　把文件的拥有者改变为其他用户。使用命令 *chown test file.txt* 将文件

file. txt 的拥有者修改为用户 test。

- **gpasswd**　允许从用户组添加或删除用户。使用命令 *gpasswd -a test test2* 添加用户 test 到 test2 组中。用-d 可以从组中删除用户。
- **groupadd**　创建一个新组。
- **groupdel**　删除一个组。
- **groups**　打印某个用户所在的所有组。
- **id**　打印真实有效的用户 id 和组 id。
- **passwd**　设置一个用户口令。命令 *passwd newuser* 设置用户 newuser 的口令。
- **su**　用于改变当前用户的有效用户和用户组。输入命令 *su testuser* 将 testuser 设置为当前用户。如果当前用户是根用户，则不需要密码。选项-m 保存用户的初始环境变量，而不是重置它们。
- **userdel**　删除一个用户账户。
- **usermod**　用于为给定用户账户配置各种设置。

文件级访问控制

Linux 文件许可是不熟悉 Linux 系统的人感到受挫的根源。虽然 Linux 别致简单，但并不直观。为了使之更清晰，我们仍将从 GUI 界面开始。打开 Linux 版本的 GUI 文件管理器，在一个文件上右击并选择 Properties 选项，弹出如图 3. 12 所示的窗口。

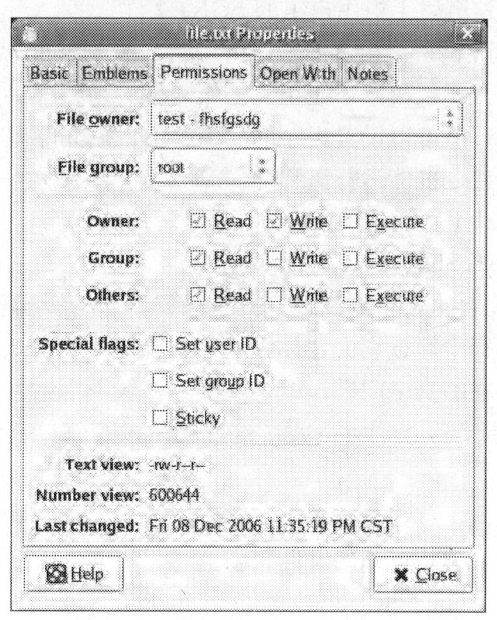

图 3. 12　Linux GUI 文件许可

可以清楚地看到该文件的拥有者和该文件所属的组。下面部分列出了文件拥有者、文件组和其他用户拥有的文件权限（读、写、执行）。Special flags 部分列出是否设置 set user ID（设置用户 ID）、set group ID（设置组 ID）或 sticky bit（粘着位）。这些位（bit）很重要，所以会详细讨论。最后一部分的文本视图和数字视图显示了上面列出的文件权限各自的视图。这些也会详细介绍，但这里只要注意到它们就可以了。

Set user ID 和 set group ID 位也被称作 SUID 和 SGID 位。简单的说，SUID 位使得某个给定的文件/应用程序作为该文件的拥有者，而不是该文件的执行者来运行。通常它允许一个普通的、没有特权的用户运行一个要求有根访问权限的脚本或进程。很多人首先想的是，这会是一个很大的安全风险。当然，如其他很多事物一样，它可能有很大风险，但也能增加安全性。一个很大的安全风险的明显例子就是应用程序或脚本是人机交互的，或者允许操纵其他系统参数。显然，允许非特权用户作为根用户运行文件管理器是一个很大的风险。很多安全扫描器报告同时也属于根用户的 SUID 文件的数量正是因为这个原因。以下命令从根目录起搜索整个文件系统，寻找根用户拥有的且 SUID 位被置位的文件：

```
find / -type f -perm /4000 -uid 0 -ls.
```

find 是进行搜索的工具（在 Linux 的命令提示符中输入 man find 获取更多信息）。type -f 选项表示查找普通文件（而不是被命名的管道或者其他更不一般的选项）。-perm选项表示查找 SUID 位被置位的文件。-uid 选项指明用户 ID 为 0 的文件拥有者，通常总是根用户。最后，-ls 选项使 find 格式化输出，以避免出现特殊字符。这是用于自我保护的，以防有文件名使用任何非打印字符而导致终端出问题。可以通过使用了-perm/2000 的同样命令列出属于根用户组的 SGID 文件。

SUID 也可以增加系统安全性。假定让用户运行一个程序或者脚本来自动完成一些管理任务。如果该程序需要根权限才能正常工作，就必须将根口令给该用户，或者亲自运行该程序。相反，管理员可以设置程序的 SUID 位，把文件拥有者变成根用户，允许用户不需要知道根用户口令也能运行该程序。基本上，SUID 是好是坏主要取决于所依附的程序。SGID 位和 SUID 位的作用相同，只是程序是以自己组的身份运行的。所有相同的安全因素都适用于 SUID 和 SGID。

Sticky hit 的作用比它的名字更没趣。一旦设置，即告诉操作系统在用户关闭某可执行文件之后不要从内存中卸载它。这样程序（粘着位只应用于可执行文件）将会启动更快。这将存在一些潜在的安全问题，但是事实上一般不用粘着位。以前，当人们想将 Linux 作为一个多用户操作系统时才开发了这一功能，目前它是作为这一功能的遗留物而存在的。

暂且不说这些特殊位，首先看基本文件系统的权限。使用命令 ls -o 可以用长列表格式在目录下列出文件，包括详细的文件权限：

```
ls -o
total 116
drwxr-xr-x   5   root   4096    Dec   9 00:10   Desktop
-rw-r--r--   1   test   164     Dec   8 23:32   file (copy). txt
-rwSr--r--   1   test   164     Dec   8 23:32   file. txt
-rw-r--r--   1   root   26225   Sep   9 14:37   install. log
-rw-r--r--   1   root   3973    Sep   9 14:36   install. log. syslog
```

注意到之前的file.txt文件不同于所有剩余的部分。最左列是文件的权限，其中破折号和字母相应于GUI权限选项卡中的复选框。权限详细说明如下：

```
1222333444
```

(1) 第一个字符指明对象类型。通常对象是一个目录 (d)，但其他选项也是可能的。例如，一个套接字 (s) 或者命名的管道 (p)，若是目录则会在最左边的位置包含一个d。

(2) 后面3个字符指出授予对象拥有者的权限 (r = 读、w =写、x = 执行)。设置SUID位后，x会用S替换。

(3) 这些字符表示授予对象所在组的权限，并且使用相同的rwx符号。设置SGID位后x用s替换。

(4) 剩下的字符指明授予用户（既不是对象拥有者也不在对象所在组中的用户）的权限。也使用相同的rwx符号。设置粘着位后x用t替换。

如果看图3.12的文件权限，会发现number view被列出来了。事实上这是另一种表示文件权限的方式。当选择或取消选择各种权限时，数字视图会更新并且显示新的数字视图。如果觉得数字模式比较难理解，那么那么下面我们说明它是如何工作的。最右边的数字指出other用户的权限。它的左边一个数字表示用户组的权限，更左边一个表示对象拥有者的权限。读取访问对应4，写对应2，执行对应1。这些加在一起表示存取权限。因此，文件拥有者、用户组和其他用户的读权限用最右边的444表示。若三者都具有读、写权限，则用666表示；若三者都具有rwx的权限，则用777表示。可以使用chmod工具通过命令行改变文件权限，如下所示：

```
# ls file.txt -o
-r--r--r--        test 164 Dec 8 23:32 file.txt
# chmod 777 file.txt
# ls file.txt -o
-rwxrwxrwx        test 164 Dec 8 23:32 file.txt
```

管理Linux文件权限并不比管理Windows文件权限更难，但是当使用命令行进行管理时会涉及很多工具。理解权限对正确锁定用户和访问限制在用户所需的最小范围内来讲是非常必要的。想得到更多的高级配置建议，则需要了解与磁盘使用配额相关的命令：quota，quotaoff，quotaon，quotacheck，repquota和edquota。也可以用命令accton对进程进行计数。

使用Bastille强化脚本

强化Linux版本时需要配置很多设置，而且只要有一项设置没有配置，黑客就会破坏系统。为了防止破坏，很多人开发了半自动化的脚本来强化Linux系统。这些脚本基本上只是基于配置选择自动修改了一些配置，否则需要手动修改。最早的也是最成熟且发展得比较好的脚本之一是Bastille Linux。它已从一个初级的基本脚本发展为一个高度优化的带有GUI界面的强化系统。Bastille当前支持的版本有Red Hat Enterprise Linux，Fedora Core，SuSE，Debian，Gentoo，Mandrake和HP-UX，正在开发支持

Mac OS X 的版本。可以从 www.bastille-linux.org 阅读并下载 Bastille。

可以通过 3 个选项来使用 Bastille，每一项都指示它以一种不同的模式运行。如果使用*bastille-report*，将产生一个基于 Web 的有关当前强化情况的报告。-c 选项以文本模式运行实际强化脚本。-x 选项以图形模式运行它，如图 3.13 所示。

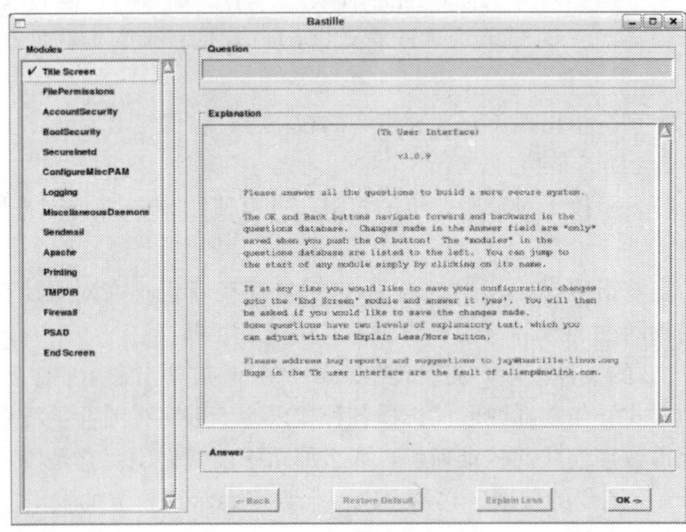

图 3.13　Bastille 图形界面配置

要使用 Bastille，只要启动它，然后呈现一系列的 yes/no 的问题，这些问题必须回答。基于回答，Bastille 会自动配置各种安全设置。这些设置包括移除一些程序的 SUID 位、禁用不安全服务（例如像 rshell）、修改用户账户有效时间等。该脚本在以下方面做得很好，提供合理的默认值及最安全的选项，并且这些选项不会过分影响系统的正常使用。结束回答问题时，提示是否选择保存最终的 Bastille 配置。注意保存配置和应用配置不同，下面一个问题是是否要应用这些配置。

Bastille 是一个有助于强化默认安装的强大工具。基于选择，可以轻易地使一个系统过于安全，以至不适合作为一个完成日常工作的工作站。做一些实验，再结合阅读 Bastille 提供的完美说明，应该能有助于以最小的努力创建一个非常安全的系统。

使用 SELinux

SELinux 表示安全加强的 Linux，而且是与国家安全机构（NSA）合作开发的。SELinux 通过对 Linux 内核加强强制访问控制（mandatory access controls，MAC），提供更高级别的安全。强制访问控制和标准的自主访问控制有很大不同。大多数系统使用自主访问控制，因为有人（文件拥有者或者根用户、管理员用户账户）有控制什么人访问什么内容的自主权。强制访问控制基于这样的原则：特定角色的访问权限已经被预先决定，并且这些权限是不能变的。基本上，改变访问权限的惟一方法是为用户分配一个新的角色（在 SELinux 术语中称作背景（context））。因为是通过内核强制的，它可以限制任何进程的行为，甚至是根用户运行的进程。至于 SELinux 的基础成分，它没有根用户的概念，只有安全策略和安全背景。SELinux 可用于很多 Linux 版本（访问 http://selinux.sourceforge.net/distros/redhat.php3进行查看）。SELinux 默认安装在 Fedora Core 5 上（但安装后是禁用的）。可以在位于 www.nsa.gov/selinux/info/faq.cfmd 的 NSA 上阅读 SELinux 的 FAQ，获取更多信息。

SELinux 还在发展中。目前，SELinux 的建立和配置很复杂。在 Fedora Core 上可以通过以下步骤来启用 SELinux：导航到 System | Administration | Security Level and Firewall，在 SELinux 选项卡中将 SELinux Setting 从禁用修改为 Enforcing 或者 Permissive，然后单击 OK 按钮。如图 3.14 所示。

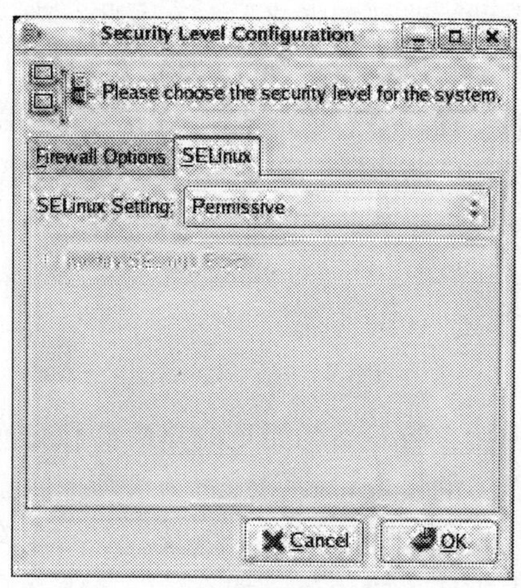

图 3.14 启用 SELinux

SELinux 使用文件系统中的 xattr 标签来产生描述文件或目录安全背景的标签，这些标签即使系统重启后也仍然有效。这些标签通常是不用的，所以当启用 SELinux 时，出现如图 3.15 所示的警告对话框。为了启用 SELinux，必须单击 Yes 按钮。然后单击 Security Level Configuration 窗口上的 OK 按钮，重新启动系统。

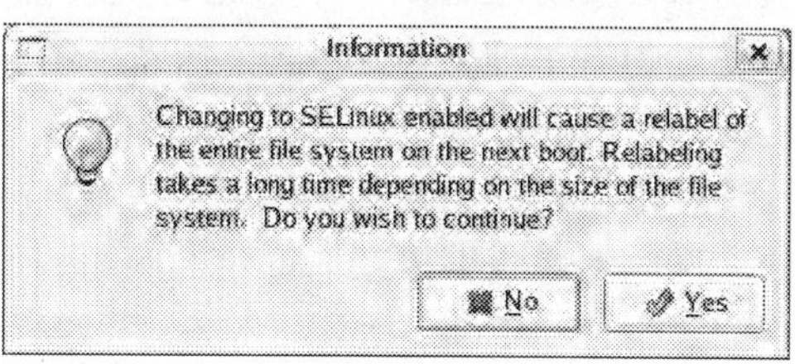

图 3.15 警告对话框

建议最初使用时选择 Permissive，在这种情况下系统将产生基于所配置的 SELinux 策略的日志，但事实上并不限制任何活动。这将在不影响效率的情况下可以看到策略的效果。然后可以用日志文件的结果调整策略，直到它可用。一旦对 SELinux 的规则感到满意，就可以启用增强模式，这会真正应用所配置的策略。可以将自己的策略定义为 *targeted* 或者 *strict*。*strict* 策略应用于系统的全部进程和文件，而 *targeted* 策略只应用于特定文件。*Strict* 模式很难合理配置。*Targeted* 模式更容易配置，并且是第一次启用 *targeted* 时的默认策略类型。可以通过输入命令 sestatus 来查看 SELinux 状态。

如果返回 Security Level Configuration 窗口，单击展开 SELinux 选项卡上的 Modify SELinux Policy，你将看到一个选项列表，这些选项用于固定 SELinux 的各种设置。这些选项仅仅列出了一组有限的预先配置好的选择，用来固定 SELinux 策略文件中的设置。对于任何比较重要的配置，必须手动编辑这些文件。也可以从 SELinux Policy Editor Project（SELinux 策略编辑器项目）（http://seedit.sourceforge.net/index.html）下载一个第三方的 SELinux 策略编辑器。这个软件包包含一组简化的工具，其功能比普通版的包略少一些。然而可以在两者间切换使用。

如果审查日志，你会看到策略被加强之后，有哪些行为被拒绝了。可以在 SELinux 的/var/ log/messages 或者/var/log/audit/audit.log 里找到日志消息。启用 SELinux 不是一个可以轻轻松松开始的工程。要想以既有用又实用的方式执行 SELinux，可能需要大量的调查和研究。如果所选的版本支持 SELinux，建议阅读相关网站的文档，同时阅读 SELinux 官方网站（www.nsa.gov/selinux）的文档。

强化基础设备

不要忽视基础设备的强化。虽然不是所有的路由器和交换机都有管理能力，但大部分还是有的。对于有管理能力的设备，我们称之为可管理的设备，这些设备通常允许控制很多方面，包括重定向流量到选择的端口，以及基本的允许或禁止全部流量流过该设备。假定这些设备在网络中担任主要角色，那么控制其中之一常常意味着控制了整个公司。基于这个原因，在保护基础设备的安全时，应该如对关键服务器一样给予同等的关心和严格保护。对基于主机的系统进行强化的高层次保护措施同样适用于可管理的基础设备。

大多数可管理的设备也和中心认证服务器一样，有使用本地账户进行认证的方法，如 TACACS 或 RADIUS。要确保该账户是安全的且使用了高质量的口令。有时甚至路由器和交换机也默认安装了不必要的服务。一个常见的例子就是启用一个 HTTP 接口来管理设备。虽然这很方便，但开放 Web 接口常会招致所有类型的潜在的安全风险，而不开放 Web 接口则不会有这些风险。禁用任何不必要的服务可以达到最高级别的安全。保守的会话终止时延和登录警告提示是可取的安全措施。

也需要更新设备上的软件。考虑到因更新而产生的问题的危险程度和对设备影响的潜在范围，这些设备很少配置为自动更新。大部分情况下，这是一个与修补管理和变更管理过程相结合的手动过程。应额外注意连接到因特网中的任何设备，因为它们会遭到定期的攻击。在将它们连接到因特网之前，必须确保安全，否则很可能很快就失去对它们的控制。

修补系统

修补系统是没人喜欢的老掉牙的繁琐工作。除了投入的时间和体力外，有时更新事实上是弊大于利的，破坏一些功能，最坏的情况是致使系统不能用，需要彻底重装才行。虽然随着修补方法的成熟，修补系统投入的时间和修补系统的副作用的数量已经减少，但是修补系统仍然不是一件有趣的工作。这里将介绍一些通过最小努力修补系统的方法。

修补 Windows 系统

大家都知道 Windows 系统会因为更新而被破坏。在一定程度上，补丁也是这样，但是服务包（就是把一些补丁融合在一块）对破坏物而言几乎就是个传奇。Microsoft 已经通过 Automatic Updates 使保持系统为最新的任务几乎是很容易就能实现的了。Automatic Updates 允许系统在新的补丁发布时自动下载并安装这些补丁。现在，既然任何补丁都有引起不期望的负面影响的风险，可能就会质疑使用自动更新的安全性了。这是合理的警惕。切记，数以百万计的用户每天都在使用 Automatic Updates 而平安无事（安装了 SP 2 后，在 Windows XP 上就会自动启用 Automatic Updates）。Automatic Updates 拥有的配置选项能自动减少应用更新的风险。

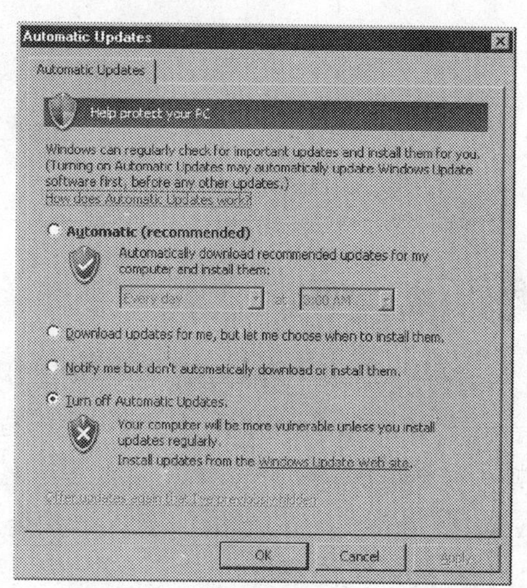

图 3.16 Windows Automatic Updates

在控制面板中应该有一个 Automatic Updates 的图标。单击该图标打开 Automatic Updates 配置窗口，如图 3.16 所示。

4 个选项中的每一个都提供了一种代表 Automatic Updates 服务的不同级别的入侵。在底部可以完全禁用自动更新。这样提供了对更新过程的大部分的控制。因为需要手动应用任何更新，这就确保在现场且更新不会使你手足无措。其他选项的功能是很明显的。虽然这些选项确实提供了一定的安全性，但在很多情况下，它并不能为一些单位提供足够的控制。

Windows Server Update Services（WSUS）提供了对更新过程的不断增强的控制及一些其他的优势。可以在 www.microsoft.com/windowsserversystem/ updateservices/default.mspx 阅读关于 WSUS 的信息。基本上，WSUS 充当使用 Automatic Updates 和位于 Microsoft 的 Windows 更新服务器的媒介。配置内部主机以使之能够使用 WSUS 服务器获取更新，而且 WSUS 服务器还能对什么时候安装哪个更新提供更强的控制。当前的 WSUS 是试用版软件，必须注册才能下载服务器组件。图 3.17 描述了 WSUS 的更新过程。

这个解决方案比仅使用 Automatic Updates 控制安装更新有更多的好处。可以看到，使用 WSUS 可以节省相当数量的带宽。如果 20 台机器下载一个 25MB 的更新，则必须下载 500MB。如果仅用 T1 通信线路作为网络连接，这将使链路持续 45min 处于饱和状态。如果你因为业务原因使用因特网，这会很不方便。使用 WSUS 时，WSUS 服务器下载一次 25MB 的更新，其他系统就可以从 WSUS 服务器下载该更新而不必使用带宽。同样具有诱惑力的是，服务器组件只在 Windows Server 2003 或更新版本上运行，运行客户端的计算机则可以是 Windows 2000（SP 4）或者更新版本的。

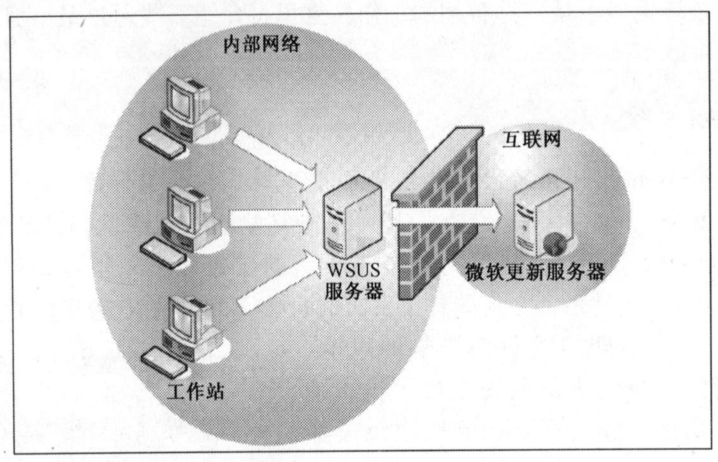

图 3.17 WSUS 过程

修补 Linux 系统

修补 Linux 系统的方法会因发布版的不同而有很大的不同。以 Fedora Core 5 为例，若输入 yum update 时不带任何规定的程序名，就会更新系统上的所有程序，包括系统内核。当然也可以使用 yum 并规定程序名来更新单个程序。例如，yum update tcpdump。用 yum check-update 命令可以使 yum 检查知识库并产生一个所有新版本的程序的列表。基于 Debian 的系统使用 apt-get 工具提供了相似的功能。在命令 apt-get update 之后再使用 apt-get upgrade 命令将会更新所有已安装的软件。升级选项告诉 apt-get 去更新它的应用程序列表数据库。使用 apt-get install tcpdump 可以安装更新单个包。如果正使用一个 GUI 桌面环境，该桌面环境很可能提供一个 GUI 界面。对于 Fedora Core 5，在 Applications | System Tools | Software Updater 里有一个 GUI 包管理器（图 3.18）。也可以为 yum 安装一个叫做 yumex（代表 yum extender）的 GUI 前端程序。

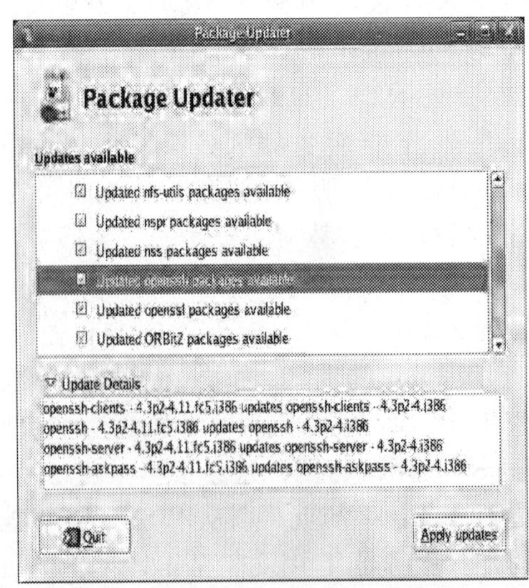

图 3.18 Fedora 软件更新器

个人防火墙

个人防火墙是指只保护它所驻留的那一台主机的防火墙。虽然许多优秀的个人防火墙是商业软件的免费版本，但是应该仔细阅读防火墙的许可协议。大多数情况下，免费使用只限于家庭用户，特别声明不能在商业环境中使用。ZoneAlarm 就是一个例子，出自于 Zone Labs（www. zonelabs. com），既有免费版也有商业版。免费版本提供强大的程序控制，但仅为非商业使用。Kerio 个人防火墙（www. sunbeltsunbeltsoftware. com/Kerio-Download. cfm）遵从一个类似的商业模式，免费版本也只用于“个人使用”。对于任何免费软件产品，以及一些优秀的产品，一定要仔细阅读许可协议，确保可以在单位里合法地应用。如果不确定，那么咨询单位的法律顾问来决定某个产品许可是否合适。

Windows 防火墙

虽然它的诞生比 netfilter 防火墙（基于 Linux 操作系统）晚，然而 Windows 防火墙也有与之类似的优点，即 Windows 防火墙包括在所有现代的 Windows 操作系统里（Windows XP 及 Windows 2003）。因为 Windows 防火墙是默认启用的，许多用户甚至不知道他们的机器也拥有一些适当的防火墙保护。Windows 防火墙相当普遍，并且配置和性能很简单。它不能执行任何高级的包操作，只是用来保护运行它的主机。可以导航到 Start|Settings|Control Panel|Windows Firewall 来访问防火墙。其中 General 选项卡只有 3 个设置：On 设置、Off 设置和 Don't allow exceptions 设置。如果选择 Don't allow exceptions，则在 Exceptions 选项卡上的任何选择都会被忽略。

Exceptions 选项卡是所有乐趣之所在。默认情况下，Windows 防火墙运行和大多数个人防火墙一样，它允许本地系统无障碍地与外界交流。惟一允许进入到接口的通信量是对先建立的向外的会话的答复。这样，网上冲浪和其他网络访问不受阻碍，但其他都不能向受保护的系统发起一个会话。通常这就足够了，但是，如果恰巧在本地机器上运行了任何类型的服务器，那么没有人可以发起一个到该服务器所监听的端口的连接。换句话说，如果有一个 Web 服务器运行在受保护的系统上，Windows 防火墙将阻断试图对端口 80 的连接。Exceptions 选项卡允许配置上述正常行为的一个例外，允许从特定端口进入。图 3.19 显示了 Exceptions 选项卡。

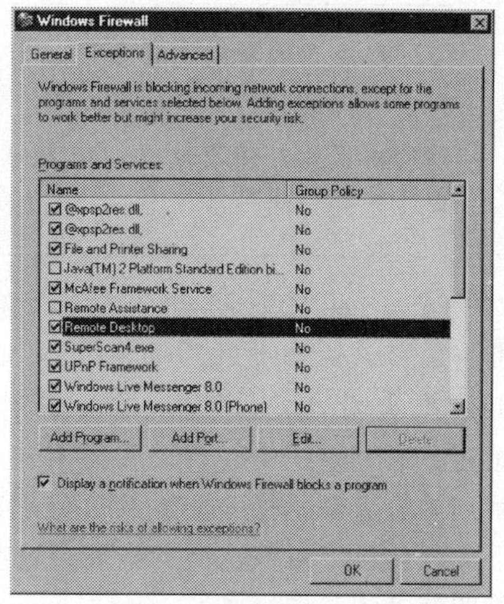

图 3.19 Exceptions 选项卡

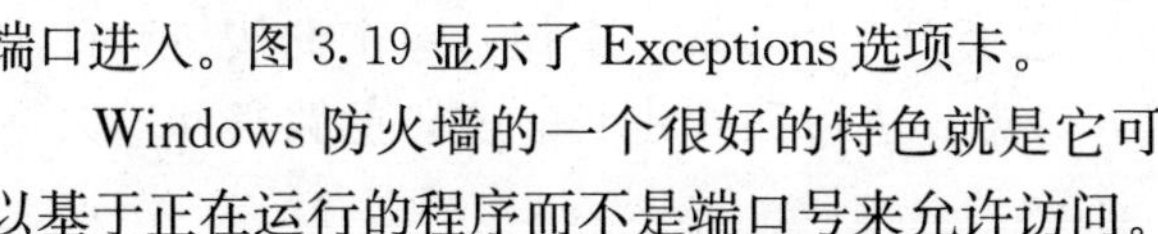

Windows 防火墙的一个很好的特色就是它可以基于正在运行的程序而不是端口号来允许访问。对于标准服务，你可能会知道需要哪个端口，但是有时一个单独的应用程序就可能需要很多端口，或者可能使用定制的端

口，而并不确定需要是哪个端口。这些情况下，可以允许应用程序打开一个监听端口，这样防火墙就会允许对内连接。要做到这点，只需简单地单击 Add Program 按钮，找到要访问程序，然后单击 OK 按钮。如果知道要打开的端口，这也很简单，单击 Add Port，为本条规则输入参考名，如 Web Server，然后输入端口号，如 80。最后一步，使用单选按钮选择打开 TCP 连接还是 UDP 连接的端口。图 3.20 显示了 Adda Port（添加一个端口）窗口。

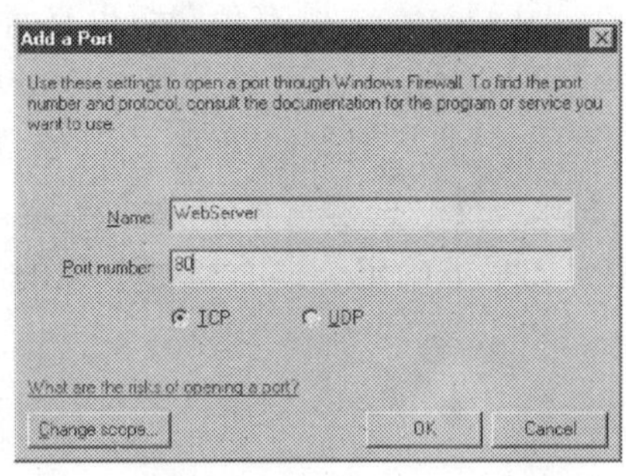

图 3.20 Windows 防火墙的 Adda Port 窗口

单击 Change Scope 按钮，可以改变端口对其开放的系统。这允许加强对谁能连接到这些端口的控制。可用的选项有 Any Computer、My Network（即该主机所在的子网）或者一个定制的 IP 地址列表。文件共享访问是一个很好的有关何时应该改变默认范围（Any）的例子。只要整个网络在同一子网上，就没有理由让范围为 Any。通过将其设置为 My Network，可以确保只有本地 IP 地址才可以连接。

警告

取决于因特网连接如何配置，如果网络路由器对进入的流量进行 NAT，来自于因特网或者外部网络的流量会转换成一个内部地址。如果情况是这样，从 IP 子网的角度看外部地址就表现为内部地址，而范围为 My Network 的 Windows 防火墙将允许访问。

Advanced 选项卡（图 3.21）本身有几个有趣的设置。从窗口底部开始向上看，拥有最简单的选项的设置是 Restore Defaults 按钮。当然，这个按钮会恢复 Windows 防火墙的默认设置，在配置实在太过混乱，而最容易的办法就是一切重新开始时，这个按钮是很有用的。下一个栏是 ICMP。单击 Settings 按钮，可以配置一系列的复选框，每一个复选框分别对应一类 ICMP 包。如果选择一个特定的选项，下面就会显示对该选项的描述。这些描述相当有用，大多数情况下不必编辑它们，除非有具体需求。在 Security Logging 栏也有一个 Settings 按钮。单击此按钮允许配置是否把被丢弃的包和成功的连接记入日志。也可以规定日志文件的路径并输入一个最大的日志大小。

最上面的“Network Connection Setting”栏允许选择哪个接口来开启 Windows 防

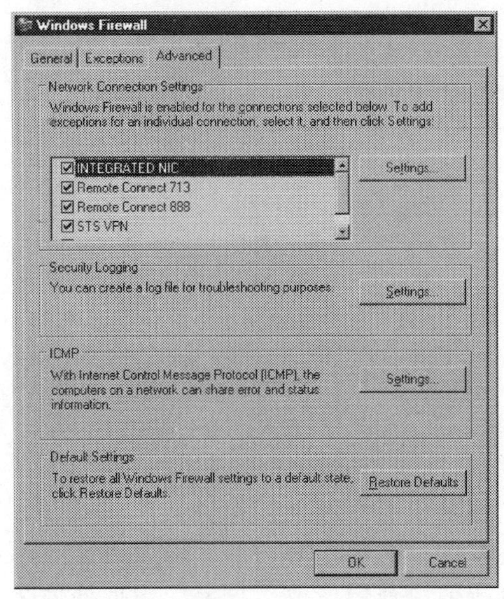

图 3.21　Windows 防火墙的 Advanced 选项卡

火墙。这样，就不会出现要么全选、要么全不选的困境。可以指定一个网卡有 Windows 防火墙，而另一个没有。这部分也有一个自己的 Settings 按钮。这个按钮只应用于选中的接口。这允许在单个接口的基础上配置附加的例外端口。单击 Settings 按钮打开 Advanced Settings 窗口。从 Advanced Settings 窗口可以许可服务，与 Exceptions 选项卡类似，但是这些服务只应用于单击 Settings 时所选中的接口。也可以使用 ICMP 选项卡在单独接口的基础上配置 ICMP 许可。

当提到基于 Windows 的系统时，几乎没有什么管理是通过命令行来完成的。大多数时候使用 GUI 工具。如果需要为实现某个目的而编写脚本，则通常是编写用于注册的脚本，此时命令行工具会非常有用。Microsoft 在 Service Pack 2 中添加了对 Netsh 防火墙的支持，允许通过命令行操纵 Windows 防火墙。为了访问 Netsh 防火墙的环境，在命令提示符后输入 netsh，接着输入 firewall，即可使用 Netsh 交互模式。此时命令提示符将变为 netsh firewall>。可以通过输入 show state 或者 show config 看有用的诊断信息。通过在命令提示符中输入 netsh firewall show state 可以不用进入交互模式就可显示相同的信息，如下所示：

```
C:\>netsh firewall show state
Firewall status:
-------------------------------------------------------------------
Profile = Standard
Operational mode = Disable
Exception mode = Enable
Multicast/broadcast response mode = Enable
Notification mode = Enable
Group policy version = None
```

```
Remote admin mode = Disable
Ports currently open on all network interfaces:
Port Protocol Version Program
-------------------------------------------------------
137     UDP     IPv4     (null)
139     TCP     IPv4     (null)
138     UDP     IPv4     (null)
3389    TCP     IPv4     (null)
445     TCP     IPv4     (null)
```

用于编写脚本目的的其他有用的命令可能是 netsh firewall show allowedprogram，netsh firewall show logging 和 netsh firewall show portopening。所有这些命令都能提供有价值的数据，可通过编程利用这些数据扫描系统的特定设置。

有了命令行工具，可以很容易地使用批处理文件或注册脚本一次对 Windows 防火墙的多个配置进行修改。这是很有利的，因为通过 GUI 做很多修改是非常耗时的，而通过命令行就能很快地做修改，只要使用批处理文件即可。如果向 Windows 防火墙中添加一个允许的程序，可以使用下面的命令语法添加，然后验证添加是否成功：

```
C:\>netsh firewall add allowedprogram C:\program.exe appname ENABLE Ok.
C:\>netsh firewall show allowedprogram
Allowed programs configuration for Domain profile:
Mode       Name / Program
-------------------------------------------------------
Enable     Remote Assistance / C:\WINDOWS\system32\sessmgr.exe
Enable     AOL Instant Messenger / I:\Internet\AIM95\aim.exe
Allowed    programs configuration for Standard profile:
Mode       Name / Program
-------------------------------------------------------
Enable     Remote Assistance / C:\WINDOWS\system32\sessmgr.exe
Enable     AOL Instant Messenger / I:\Internet\AIM95\aim.exe
Enable     appname / C:\program.exe
```

也可以使用下面任何一个语法例子启动一个特定的端口：

```
netsh firewall add portopening TCP 80 Webserver
netsh firewall add portopening UDP 80 Webserver
netsh firewall add portopening ALL 80 Webserver
```

另外一种配置和控制 Windows 防火墙的方法是 GPO。可以在 MMC 的 Growp Policy Editor 组件中找到 Windows 防火墙的设置。导航到 Computer Configuration | Administrative Templates | Network | Network Connections | Windows Firewall 可找到适当的设置。

Windows 防火墙通常可以充分地保护本地系统。“Windows 防火墙”配置允许在

General 和 Exceptions 选项卡上配置全局设置，并且允许使用 Advanced 选项卡设置更细粒度的设置。Advanced 选项卡允许配置很多与全局设置相同的设置，但能在单个接口的基础上配置它们。也可以使用 Netsh 工具通过命令行配置相同的设置。虽然不推荐使用 Windows 防火墙作为边界防火墙网关，但可以作为基于 Windows 网络资源的一个极好的个人防火墙。

工具和陷阱

名字中有什么？

通过 Windows 防火墙基于程序名规定访问的能力很便利。这样做，不用指明需要哪个端口，或者决定程序是否需要监听很多端口或管理一个大的允许通过防火墙的端口列表。但是，这种做法并非没有缺陷。访问是基于程序名而不是其他，这意味着如果 Windows 防火墙配置成允许向内连接到 helphesk. exe，并且一个用户将 badapp. exe 改名为 helpdesk. exe，则到 badapp 的连接都将被允许通过防火墙。这就是为什么重命名一个用户选择的可执行文件是绕过 Windows 防火墙限制的一种普遍方法的原因。

Netfilter 防火墙

Netfilter 是包括在 Linux 内核中的防火墙组件。除非防火墙支持被明确地删除，否则 Netfilter 应该出现在所有 Linux 的发行版本里。与 Windows 防火墙不同，Windows 防火墙只适合用作个人防火墙，而 netfilter 既能够作为因特网边界连接的专用防火墙，也能作为个人防火墙。详细的使用指导及几个推荐的配置 netfilter 的 GUI 界面在第 2 章中已详细介绍。前面所讨论的有关把 netfilter 用作边界防火墙的配置建议，在把它用作个人防火墙时也都适用。

配置 TCP 封装

Windows 防火墙能够允许基于程序名的访问，可以在 Linux 工具中找到相似的功能，这就是 TCP 封装（Wrappers）。TCP 封装与防火墙的网络层过滤协同工作。然而防火墙是基于数据包的 IP 包头里所包含的数据来允许或拒绝流量的，而 TCP 封装则是通过名字来过滤对主机上的服务的访问的。只有不按照 libwrap. a 库进行编译的服务才可以使用 TCP 封装。TCP 封装启用后，试图访问特定服务的访问将要与/etc/hosts. allow 文件比较，然后再与/etc/hosts. deny 文件比较。规则被连续核查，当找到匹配规则时即停止规则文件的处理。如果在两个文件中都没有找到匹配项，访问将会被允许。例如，如只想允许来自 syngress. com 到你的堡垒主机上的 SSH 的连接，而拒绝其他的连接尝试，则在 hosts. allow 和 hosts. deny 文件中应该有以下命令行：

```
/etc/hosts.allow
sshd:syngress.com
```

```
/etc/hosts.deny
sshd:ALL
```

虽然并不想依赖TCP封装作为惟一的保护手段，但上面的事例中它确实有优势，允许访问sshd而不管它在哪个端口上监听。上面两个过滤文件认可一些通配符，如ALL，LOCAL，KNOWN，UNKNOWN和PARANOID。也可以在规则文件中启用日志记录，配置日志条目的简易性和严重性。既然TCP封装的功能和语法都很有限，则可能想知道为什么要使用TCP封装而不是简单地使用netfilter。这是因为iptables工作在数据包层，如果想拒绝访问特定的进程，如HTTP，就必须基于端口号来拒绝。因此如果使用netfilter来明确地阻止试图对端口80的连接，而用户启动Web服务器并让它监听端口8080，那么该连接就会被允许。用TCP封装可以允许或拒绝对某个进程的访问。这样就可以保证一个特定进程只在想让它工作的端口上工作。如果有一个使用很多端口的服务，或者有一些类型的服务，它们随需要而产生且端口号不定，或者是数据包被放进另一协议的隧道中，这些情况都使通过端口号来识别服务成为不可能，此时，TCP封装就是无可估量的了。

提供反病毒和反间谍软件保护

反病毒和反间谍软件是当今世界所必须的。如果没有对病毒和间谍软件的防范，几乎可以确定你最终会成为受害者。几乎每个人都对病毒所造成的风险有深刻的感受，从只是一个麻烦到致使系统不能运行。而不论怎么宣传，间谍软件总是得不到应有的注意。我曾经见过很多系统因间谍软件消耗资源而变得非常阻塞，以至于慢得像爬，甚至不能再用。更糟糕的是，一些间谍软件很难被移除，以至花更多时间和努力仅仅是为了清理电脑。最后，毫无疑问一开始就不让任何间谍软件或病毒感染系统是最好的，而不是在感染后再处理。

反病毒软件

所有系统都需要反病毒软件。目前大多数计算机一开始就安装了反病毒软件，通常病毒库更新都有期限（通常是30天，好一点的会是1年）。不幸的是，许多系统从不更新，一直运行过期的病毒特征库。虽然过期的反病毒程序仍比没有反病毒程序好很多，但它不会提供对最新病毒威胁的更多保护。不管用哪种反病毒方法（自动更新、在线Web扫描、手动更新），都要保证病毒特征文件是最新的。一些最好的免费反病毒程序都有只限用于家庭或个人计算机的许可协议，明确说明不能用于商业中。然而仍有别的一些优秀的免费软件可供选择。

Clam AntiVirus

Clam AntiVirus（www.clamav.net）是一个开源、免费的反病毒程序，并且有很多商业级的特征。Clam本来是为用在UNIX/Linux上而开发的，但是Windows端口也能用。Clam提供了一个命令行扫描器，可用于现场扫描和编写脚本进行扫描。这是使用Clam的主要方式。还有一个（实验中的）on-access扫描器，类似大多数商业产品中见到的，它甚至还包括一个能自动更新病毒特征文件的工具，可以在www.clamav.net/doc/latest/html看最近的在线文档。因为Clam AntiVirus是为数不多的几个可用的没有限制必须用于“个人”使用的反病毒产品之一，我会论述它在Linux和Windows系统上的使用。

在Linux上安装Clam AntiVirus

应该能从标准知识库下载需要的文件来安装Clam AntiVirus。如果得不到这些文件，可以从www.clamav.net下载基础软件包，然后手动安装这些包。安装后需要进行一些配置。按照下面步骤运行Clam AntiVirus：

(1) 安装ClamAV包和所有相关的软件。

(2) 创建一个ClamAV用户和组。输入命令useradd -s /bin/false clamav创建ClamAV用户，将用户的命令行解释器的位置设置到/bin/false。在Fedora Core 5上会自动创建/home/clamav，但是可能需要验证你的系统版本上是否是这样。如果没有自动创建，则需要手动创建该目录。

现在应该能使用clamscan <target>语法运行命令行扫描器了。例如，clamscan -r /home可以扫描所有主目录和子目录（-r规定递归扫描）。Clamscan包括很多命令行选项。下面介绍一些最重要的选项（可以输入clamscan--help得到很多命令行选项的更详细的说明）：

- --infected　使clamscan在其输出中只列出被感染的文件。
- --bell　该选项会在发现一个病毒时响起铃声。
- --recursive / -r　使clamscan递归扫描，也就是说，扫描指定路径的所有子目录。
- --move=<directory>　用这个选项可以规定将被感染文件移到一个指定的位置。通常目标目录是一般用户不能获得的，以便有效地将被感染文件放在隔离区。

这些就是Clam AntiVirus在实际中需要用到的所有东西了。开始运行任何例子中的命令或者任何所需的扫描时，clamscan立即就会通知病毒定义过时了。可以在下面的例子中看到这个错误：

```
[root@localhost ~]# clamscan /input.txt
LibClamAV Warning: ***********************************************
LibClamAV Warning: ***The virus database is older than 7 days. ***
LibClamAV Warning: ***Please update it IMMEDIATELY! ***
LibClamAV Warning: ***********************************************
/input.txt: OK

---------- SCAN SUMMARY -----------
Known viruses: 75410
Engine version: 0.88.6
Scanned directories: 0
Scanned files: 1
Infected files: 0
```

```
Data scanned: 0.00 MB
Time: 3.023 sec (0 m 3 s)
[root@localhost ~]#
```

下面的步骤是对病毒定义文件的更新。可以使用 freshclam 更新器进行更新（Fedora 知识库中的 clamav-update 包）。按照下面的步骤安装 freshclam 并运行。

（1）安装 clamav-updater 包。

（2）编辑/etc/freshclam.conf 文件。可能想配置很多设置。下面这些是使用 freshclam 所必须配置的最少设置：

定位并编辑以下行：

Example

删除行或者在行前面加＃使它成为注释。这会防止 freshclam 运行，因为它会认为还没有编辑 example 配置文件。

定位并编辑以下行：

＃DatabaseMirror db.XY.clamav.net

删除＃，使其不再是注释行。将 XY 改为两位的国家代码。

（3）验证对于拥有者来说，/var/log/freshclam.log 文件是可写的，而且被 clamav 用户所拥有。

（4）验证对于拥有者来说，/var/lib/clamav/目录是可写的，而且被 clamav 用户所拥有。这是病毒特征库文件所保存的目录。

提 示

除非使用--user=选项指定一个不同的用户作为 clamav 用户来运行，否则它会以 clamav 用户运行。即使以 root 用户运行这个进程也是这样。Clamav 进程一启动，立即就会从当前运行用户变为 clamav 用户。这就是为什么以 root 用户运行仍然会有权限错误的原因。就我的情况而言，对于 Fedora Core 5，clamscan 或 freshclam 许可设置得不正确，必须编辑。

可以不加任何选项地运行 freshclam，这样 freshclam 会用因特网更新数据库定义。有几种使数据库更新过程自动化的方法。可以运行同一命令作为命令行，并且用定时程序对其进行规划，以需要的频率运行。也可以通过加上-*d* 开关让 freshclam 以数据库模式运行。如果要用数据库模式，则默认情况下是每隔 2h 连接并检查更新一次。这个时间是可以编辑的，在文件 freshclam.conf 中找到＃Checks 24 一行，去掉其注释，就会使 freshclam 每小时进行一次更新检查（也就是说，一天更新 24 次）。

这包括根据需要随时运行的扫描。照这样定期进行扫描可以得到有效地保护。可能想评价运行有访问即扫描的扫描器的利弊，这种扫描器每当有文件被访问时都对之进行扫描。当文件被访问即对之进行扫描，这样就可以避免已感染文件中的病毒被触发。若使用夜间扫描，则整个系统可能会在夜间扫描运行时被感染。这样可以把 clamav 配置成按这种方式运行，但是这个额外保护的代价是很高的。当有文件被访问时都对之进行扫描，会使每个文件都有一个小的延迟。对于一个访问很多文件的系统，这个延迟会使系统慢到停止。Clamuko 的功能（稍后讨论）也没有基础包稳定，因此即使所期望的文件访问量比较小，也应该评价意外被锁是否能接受。最好是在测试系统上运行有访问即扫描特征，然后评估稳定性。

如果确想启用有访问即扫描功能，可以通过安装 Clamuko 来实现，Clamuko 是 clamd 守护进程里的一个线程。不幸的是，Clamuko 要求使用用于文件访问跟踪的 Dazuko。Dazuko 不是预编译二进制的，为了安装 Dazuko，必须重新编译内核，将 Dazuko 作为一个内核模块合并进内核中。应该检查特定的发行版本，因为一些版本已经将对 Dazuko 的支持整合到它们的内核中了。如果还没有启动对 Dazuok 的支持，则需要下载内核源代码和 Dazuko 源代码并编译它们，而这已经超出了本书的范围。

在 Windows 上安装 Clam AntiVirus

可以从几个不同的位置（查看 www. clamav. net/binary. html）下载 Clam AntiVirus 的 Windows 端口。在 www. clamwin. com 上有一个 Clam AntiVirus 的版本，它是最完美的版本之一，该版本有一个可用于执行各种扫描任务的 GUI 前端，以及与 Windows Explorer 整合的右击功能。该版本可以运行在 Windows 98，ME，2000，XP 和 2003 上。另外，作为一个回馈，来自 http：//portableapps. com 的 clamwin 是一个便携式的应用程序（也就是不需要执行任何安装，因此可以通过 USB 驱动器来运行）。下载并运行安装工具以便安装 clamwin。按照提示，接受许可协议并选择安装文件夹。可以完全接受默认完成整个安装。在安装过程的最后，安装程序会自动更新病毒特征库（假设保留了该选项的选中状态）。完成后，可以在系统托盘（System Tray）中看到一个像靶子一样的 clamwin 图标。

如果双击系统托盘里的图标或者定位到 Start|Programs|ClamWin Antivirus|Virus Scanner，就会打开如图 3.22 所示的主窗口。

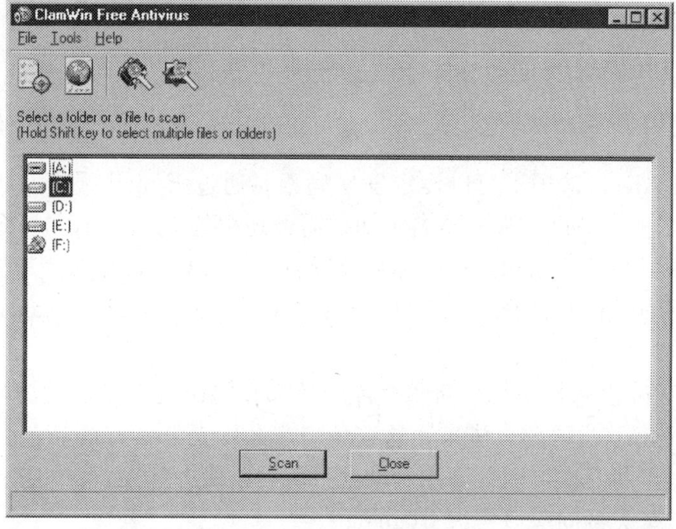

图 3.22 ClamWin

切记，Windows 版本的 Clam AntiVirus 不支持有访问即扫描功能。尽管仍然可以通过命令行运行 Clam AntiVirus，因而能为之编写脚本并对其行为进行规划，但所有扫描必须全部通过手动实现。对文件进行扫描非常容易。只要使用主窗口选择要扫描的文件或文件夹，然后单击 Scan 按钮即可。上面的 4 个图标从左到右依次表示访问参数、基于 Web 的病毒特征库更新、扫描内存和扫描文件或文件夹（和 Scan 按钮功能一样）。

单击 Preferences 按钮打开另外一个窗口，可以配置许多 ClamWin 选项（图 3.23）。

读者可能对 Internet Updates，Scheduled Scans，Email Alerts 选项卡最感兴趣。Internet Updates 用于规定 ClamWin 更新的时间和频率。每日午夜更新通常就足够了。单击 Scheduled Scans 选项卡可以向 scheduler 添加一个扫描进程。单击 Add 按钮打开 Scheduled Scan 窗口，如图 3.24 所示。设置 Scanning Frequency 和 Time，确保选中 Activate This schedule 复选框。选择一个 Scan Folder 和 Description（可选），单击 OK 按钮。建议在一个机器运行但是不使用的时间进行扫描，这样可以避免扫描时系统受响应变慢。如果系统例行在夜间运行，扫描时间就不是问题了。

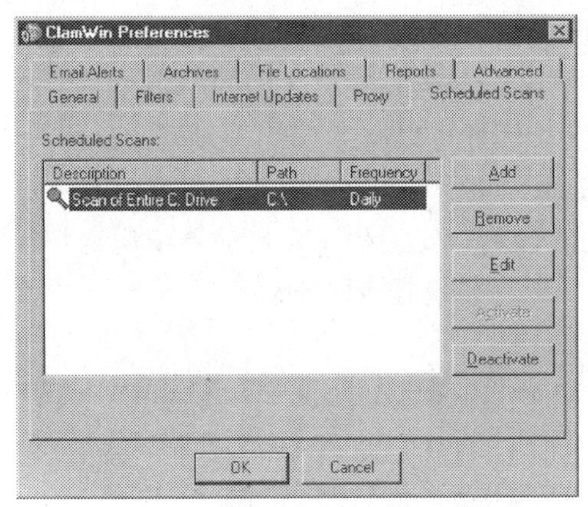

图 3.23　ClamWin Preferences 窗口

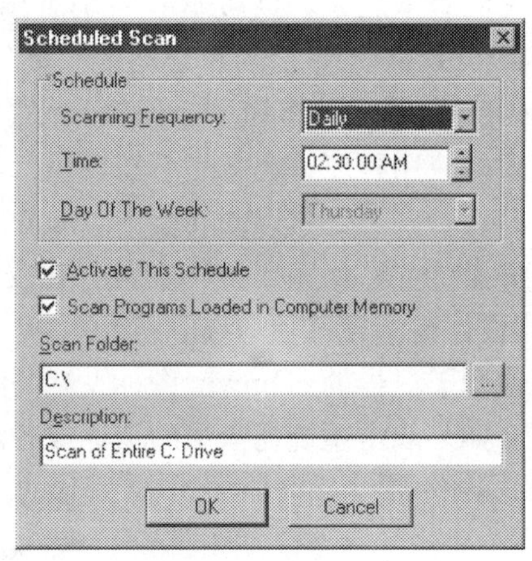

图 3.24　ClamWin Scheduled Scans 选项卡

使用 Email Alerts 选项卡可以设定发现病毒时通过 E-mail 报警及报警的内容。这个配置很容易。输入 SMTP 服务器名，如果需要还要输入用户名和口令。可以通过底部的按钮发送一封测试 E-mail。完成参数设置后，单击 OK 按钮接受设置。通过导航到 Tools|Display Reports 并选择 Virus Database Update Repor 或者 Scan Report，可以看到 ClamWin 生成的报告。

虽然 ClamWin 没有几乎每个商业杀毒产品都有的访问即扫描的功能，但将计划安排功能和自动 E-mail 报警整合进来，这在免费产品中是非常好的特色。ClamWin 病毒特征数据库一天更新几次，因此不用手动配置就可以保持其常新。如果想保持网络安全而不花很多钱，毫无疑问应该考虑 ClamWin。

使用在线病毒扫描器

另外一个选择就是使用任何几个免费的在线病毒扫描器。在线扫描器不象安装一个产品那样不用干涉，因为使用者需要访问网站并启动在线扫描。这个过程需要安装不同浏览器插件才能运行。尽管许多网站提供免费在线扫描，但事实上很多都要求下载软件，那并不是真正的在线扫描。Trend Micro 使用 HouseCall 提供一个真正的在线扫描，它来自 http：//housecall. trendmicro. com。运行扫描时，HouseCall 允许要么使用基于 Java 的应用程序执行扫描，要么通过 ActiveX 浏览器插件来执行扫描。装载 HouseCall 需要花费一些时间。一旦 HouseCall 初始化完毕，就可以选择扫描整个计算机还是特定的文件和文件夹。如果选择整个计算机，就不需要配置其他选项，扫描就可开始。如果选择指定的文件和文件夹，则会看到一个树形视图用来选择要扫描的文件夹。选定后，单击 Next 按钮。提醒一句，使用声誉好的杀毒产品销售商的网站进行在线扫描，否则将成为伪装在线杀毒扫描器的黑客的受害者。

反间谍软件

间谍软件导致的问题比人们能想到的更多。即使一个企业的防火墙可以避免软件透漏任何机密信息，但是正在运行的进程却可以掠走有用的资源。第二个危害是，这些程序将会消耗处理器周期，如果间谍软件够多或者程序编得不好，这种影响将很大。运行中的间谍软件也会消耗一定数量的内存。除了这些资源，间谍软件还会消耗一定数量的磁盘空间，尽管这往往是你最不担心的。即使该间谍软件工作的相当好，这些问题仍然是存在的。事实上这是很少见的。大部分情况下，安装间谍软件的人并不在意你的系统是否死机，而且这些间谍程序很少被充分地检查。很多不能解释的问题的根源常常是间谍软件。幸运的是，有许多免费反间谍软件可用。注意适用于反病毒软件的许可说明（实际上，适合于所有的免费软件）同样适用于反间谍软件。很多情况下，默认的商业模式是免费提供一个功能受限的版本，试图说服你购买其商业版本。在很多这样的情况下，许可协议特别指出不允许在商业环境中安装。一定要仔细查看许可协议，确保合法使用该软件。若有疑问，咨询法律团队。

Microsoft Windows Defender

Microsoft Windows Defender 是 Microsoft 提供的一个比较新的反间谍软件，会阻止和避免用户受到间谍软件和其他一些恶意软件的危害。可以从 www. microsoft. com/athome/security/spyware/software/default. mspx 了解和下载 Windows Defender。不幸的是，Windows Defender 只能在 Windows XP SP 2 或者 Windows 2003 SP 1 运行。Windows Defender 包含实时保护，这是其他个人反间谍软件产品很少会有的。可以从 Microsoft 网站上直接下载并运行安装。安装期间，询问是否想加入 Microsoft SpyNet 在线社区，如图 3. 25 所示。

下面对每个选项做简要描述。SpyNet 是这样一个系统，它凭用户的所有行为的整体情形形成某个特定程序的模式，用于帮助确定该程序是否是恶意软件。参加这个社区意味着会有非用户指定的数据发送回 Microsoft。如果不想发送任何数据，可以选择一

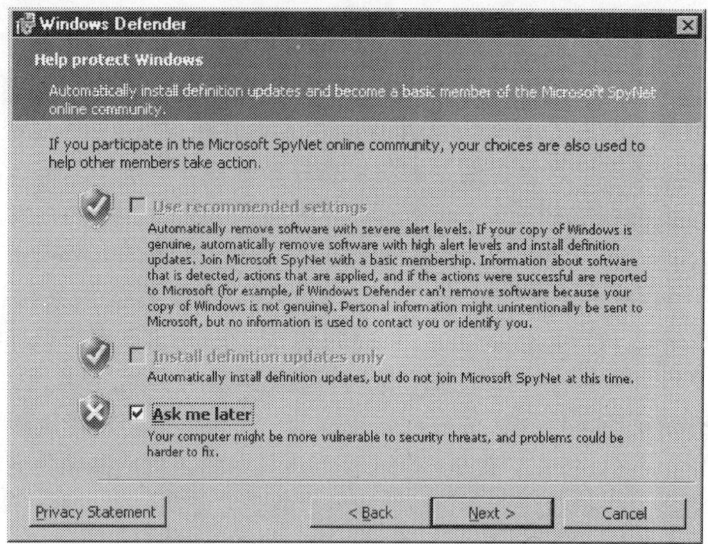

图 3.25 Microsoft SpyNet 社区

个比较保守的选项：Ask me later。如果想加入 SpyNet 社区，选中最上面的复选框。中间的复选框允许不加入 SpyNet 也可以更新间谍软件特征库。选定后单击 Next 按钮。选择完全安装或自定义安装。如果你像我，可能总是选中 Custom 复选框，只是因为想看那些选项是什么。实际上没什么，除了选择安装目录。单击 Next 按钮，然后单击 Install 按钮开始安装。安装完成后，单击 Finish 按钮。应该保持复选框 Check for updated definitions and run a quick scan now 的选中状态。

Windows Defender 的主窗口如图 3.26 所示。

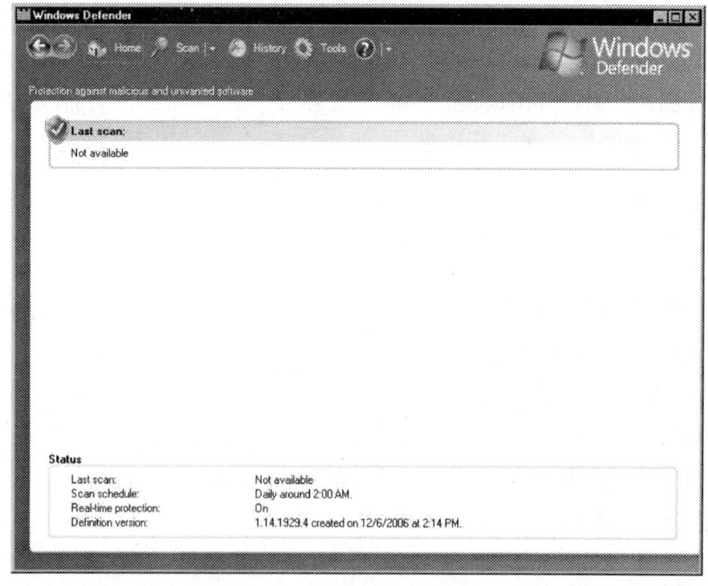

图 3.26 Windows Defender

Windows Defender 有一些很好的特性。如果选择顶部的 Tools，窗口会显示几个不同功能的图标。选项 Options 允许配置 Windows Defender 的设置。这些选项不复杂但是功能很强。可以选择启用自动扫描（默认每天凌晨两点启动），也可以选择将自动扫描设置为快速扫描或完全扫描。大部分默认选项可能已能够适合大多数的用户。Default Actions 是一个关键的配置区域。这决定希望 Windows Defender 发挥效用的程度。可以为被检测的具有高、中或低风险的项目选择有用的行为。每个等级都提供了相同的选项：Default action（Microsoft 特征数据库定义的），Ignore，Remove 和 Quarantine，如图 3.27 所示。

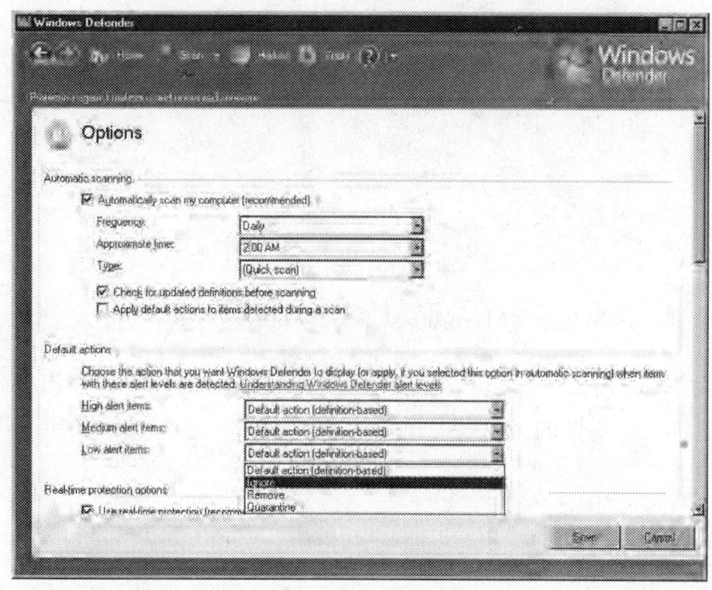

图 3.27　Windows Defender Options

使用 Microsoft 的默认选项，说明相信它知道什么是最好的。如果确认没有什么关键的东西会被意外删除，可以将所有动作都设置为 Ignore。

另外一个有趣的窗口在 Tools | Software Explorer 下。它非常有用，提供所有运行进程的信息，如启动进程（默认视图），使用网络的程序或者 Winsock 服务提供者。这些是非常有用的表，可以看到当前的系统上发生的事情。

Microsoft 恶意软件移除工具

Microsoft 恶意软件移除工具是一个专门工具，用以帮助移除一个最具破坏性的病毒和蠕虫的特定子集。因为这些软件包中的一些不但对系统有很大的破坏性，而且非常难以移除，这个工具可以帮助你。这个工具的目标是移除恶意软件，同时把对现存文件的持久损害降到最低。该工具不提供任何类型的持续保护，只用于帮助在感染已经发生后清理和恢复。可以在 www.microsoft.com/security/malwareremove/default.mspx 下载该工具并阅读相关信息。查看该工具检查的恶意软件列表，参考 http://support.microsoft.com/?kbid=890830的基础知识文章。

运行这个工具很容易，只需要下载并运行下载的可执行文件，同时提示选择要运行的扫描类型，如图 3.28 所示。

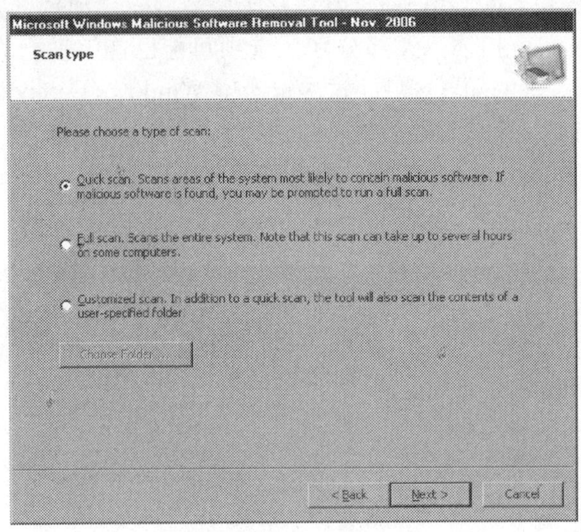

图 3.28　Microsoft Malicious Software 清除工具

选定后单击 Next 按钮，然后扫描开始。快速扫描确实很快，弹出的下一个窗口是 Scan Results 窗口。需要做的就这些，除非检测到异常，这时提示决定采取什么行动。

加密敏感数据

保护敏感数据的另外一种方法就是加密。理论上讲，即使逻辑控件被破坏并被绕过，加密机制仍然能使数据逃脱黑客之手。无论是个人使用还是组织内使用，采用任何形式的数据加密时都有些需要特别警惕的地方。若在紧急情况下没有办法解密，就决不能对数据加密。通常可以通过第三方口令代管机制加密，代管机构拥有包含解密数据所需要的所有口令的中心库。

目的是要确保加密不会成为不利条件。这种情况发生方式的种类数量可能会多得惊人。掌握重要加密数据口令的雇员可能离职或者联系不到。恶意员工会故意加密重要数据，或者罪犯甚至使用你的加密机制加密重要数据，然后用口令勒索赎金。如果加密协议和方法真的很安全，你也会如其他攻击者一样不能恢复数据。不管采用操作系统本身携带的加密机制进行加密，还是用第三方软件进行加密，都需要密码恢复机制。上述警告非常重要，很多安全专家建议如果没有实现一种（有几种）恢复加密数据的方法（下一部分介绍更多信息），那么就禁用本地 Windows 加密机制（加密文件系统，EFS）。

也应该考虑所需要的加密类型。在需要时即刻就可对单个文件加密是保证特定文件安全的一种便利方法。另一种方法是创建一个普通文件，可以访问它，如同它是整个磁盘空间。该空间整合到操作系统中并显示为另外一个驱动器盘符。放在这个虚拟磁盘上的任何文件都会自动加密。这种加密类型对于大量的经常修改的文件非常有用。Windows 自带的加密是一种混合解决方案，使用 Windows 证书自动加密、解密数据文件。

也许不需要使用所有这些加密方法，或者想使用一种组合的方法。总之，最常见的决定因素之一是容易使用。一种容易使用的加密方法远比一个难使用的方法要用得久。为了帮助做一个明智的决定，下面将回顾一些这样的加密方法。

EFS（加密文件系统）

就易用性而言，Microsoft 的 EFS（文件加密系统）确实很突出。一旦配置它，就不用再记住附加的密码（除了 Winodws 登录证书）了，而且不需要手动加密或解密任何文件。EFS 是伴随 Windows 2000 一同被引入的，并且只能在 Windows 2000 或者更高版本上使用。在 Windows 2000 中，执行 EFS 必须要有恢复策略。这就允许除了对数据进行加密的最初用户可对数据解密外，还有另一种可选的方法可以恢复被加密的数据。若没有定义恢复策略，EFS 就不起作用。在 Windows XP 和 2003 中没有这个要求，也就是说，如果 EFS 被启用而没有恢复策略，则用户可以加密数据，而单位却不能恢复这些数据。大多数情况下，IT 策略应该是，用户可能存储的任何数据都属于单位，因此单位有权确保数据是可恢复的。因为默认的数据恢复代理是域管理员，所以数据不可恢复的风险在单机工作站中特别高。

因为 EFS 是默认启动的，所以加密一个单独文件或者文件夹非常容易。选择要加密的文件，右击它，选择 Properties 选项。单击 Advanced 按钮，选中 Encrypt contents to secure data 复选框，如图 3.29 所示。

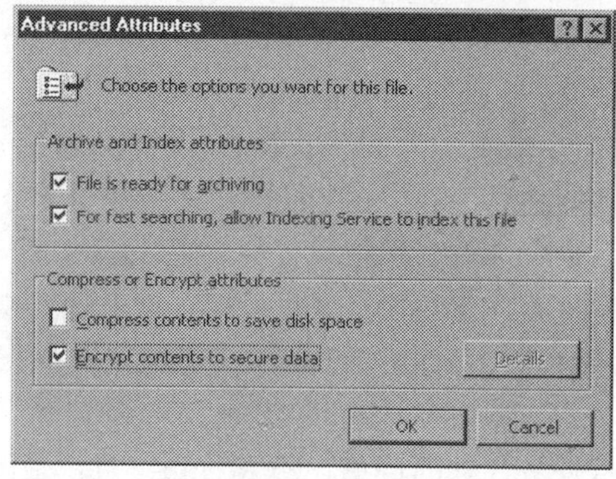

图 3.29　Windows EFS 加密

单击 OK 按钮，再单击 OK 按钮。弹出一个加密警告，警告欲加密的文件所在的文件夹不是一个加密文件夹。需要单击 OK 按钮关闭该警告。在这种情况下，可以编辑文件并关闭该文件，该文件就加密了；但是如果使用 Save As 并重命名该文件，它就不是加密的。这就有了以下的可能性，用户在修改文件后忘记加密，或者由于版本或其他原因导致文件名变更，而每次变更都要进行加密，由此所产生的不便使得用户干脆忽略加密。这就是为什么建议将整个文件夹加密而不是只对单个文件进行加密的原因。除了将选一个单独的文件换成选一个文件夹，其他过程都一样。做完这些，放进文件夹的所有文件就都加密了，包括从别的文件夹移来或者复制的文件。这使加密容易使用。

使用 EFS 的一个很大的缺点是它不支持基于群组成员的对加密内容的访问。也就是说，一旦用户加密了数据，就只有该用户可以加密该数据，或者单个用户手动地一个个访问文件（只在 Windows XP 或者更新版本上）。这使 EFS 很不适合于在一组用户之间共享的文件，至少是很令人讨厌的。要配置能使其他用户访问指定的加密文件，打开该文件的 Advanced Properties，单击 Details。然后单击 Add 按钮添加一个用户使其能够访问该加密文件。

提 示

一些应用软件会删除与文件相关的证书信息。该证书信息用于允许多用户访问该文件。结果是被单独授权的可访问该加密文件的所有其他用户都被删除了。

在 Windows 2000 中，如果管理员改变了一个用户的账户口令，该用户仍然可以访问所有加密的内容。在 Windows XP 中就不是这样了，该用户将丢失对之前加密的所有文件的访问权限。获取加密数据的惟一方法就是使用数据恢复代理。没有定义恢复策略（因此也没有定义数据恢复代理）的单机 XP 工作站使得永久丢失访问加密数据的权限是非常容易的。如果选择完全禁用 EFS，可以通过个人电脑上的本地 GPO（组策略对象）来完成。虽然如果工作站是域的一部分，可以定义数据恢复代理以首先降低丢失数据的风险，但也可以通过域 GPO 来禁用 EFS。甚至可以基于用于 OU（组织单元）的 GPO 为系统的具体子集启用 EFS。要这样做，在合适的策略插件（本地或域）内导航到|Computer Configuration|Windows Settings|Security Settings|Public Key Policies|Encrypting File System。右击 Encrypting File System，选择 Properties 选项。弹出 General 选项卡，其中有一个单独的复选框。取消选中 Allow users to encrypt file using Encrypting File System 复选框。

如果选择使用 EFS，必须要有数据恢复代理。Windows XP 默认是不创建数据恢复代理的。恢复策略用于定义要使用的数据恢复代理。对于属于域成员的机器，其恢复策略继承自该域。对于单机机器，必须手动创建恢复策略和数据恢复代理。要在 XP 机器上手动创建恢复策略并指定数据恢复代理，遵循以下步骤：

(1) 使用期望的数据恢复代理的证书，输入 cipher /r：<filename>生成密钥。在这个例子中，我作为用户 Eric 登录后生成的密钥。你会被要求提供一个口令并验证该口令，然后结束该过程。这个过程生成两个文件，即 filename.cer 和 filename.pfx。

(2) 在本地计算机策略插件内导航到|Computer Configuration|Windows Settings|Security Settings|Public Key Policies|Encrypting File System。右击 Encrypting File System，选择 Add Data Recovery Agent 选项。

(3) 单击欢迎界面的 Next 按钮。在 Select Recovery Agents 界面上单击 Browse Folders 按钮，选择先前创建的.CER 文件，单击 Open 按钮。

(4) 单击 Next 按钮，然后单击 Finish 按钮。

现在可以用这个证书解密本地机器上的数据了，不管该数据是哪个用户账户加密的。再次查看 Encryption Details，可以看到数据恢复代理的密钥被加入到加密文件中，如图 3.30 所示。

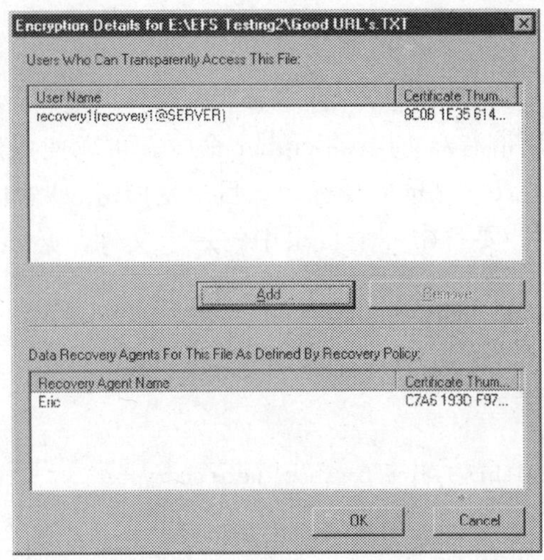

图 3.30　数据恢复代理的 Encryption Details

可以看到，先前在数据恢复策略里创建和配置的证书被作为数据恢复代理列出来。要使用该证书恢复数据，遵循以下步骤：

(1) 右击要解密的文件（在我的例子中，该文件是名为 recovery1 的用户创建的），选择 Properties 选项。

(2) 单击 Advanced 按钮，然后取消 Encrypt contents to secure data 复选框的选中标记。

(3) 单击 OK 按钮，再单击 OK 按钮关闭 Properties 窗口。

该文件不再被加密。指定的恢复代理也可以仅仅打开被考虑的文件；但是，数据恢复代理关闭这些文件后，它们仍然是被加密的。恢复代理只能访问该策略配置后被加密的文件的解密文件。如果文件在定义数据恢复代理前就被加密，可以使用 cipher /u 命令更新所有文件的加密。注意，这个命令只能更新有权访问的文件。如果有 3 个用户有数据恢复代理定义之前加密的文件，则这 3 个用户都需要运行该命令用数据恢复代理信息更新密钥。

Cipher. exe 还有其他几个用途。可以通过命令行加密一个文件或者文件夹，或者显示一个目录和其内容的加密状态列表。不带任何选择的 Cipher 命令会列出当前目录中的文件和文件夹，并且显示哪些是加密的。U 表示文件或文件夹是未加密的，E 表示文件或文件夹是加密的：

```
E:\>cipher

  Listing E:\
  New files added to this directory will not be encrypted.

U Burned to CD
U Docs
U backup Files
```

```
E EFS_ERIC
E EFS_RECOVERY1
E EFS_RECOVERY2
```

要加密文件，就使用带有/a 选项的 cipher 命令。可以使用选项/a（该选项不会标识该目录是加密的）或者/e（该选项会标识该目录是加密的）加密一个目录。要解密一个目录，则使用/d 选项。要解密一个目录中的一个文件，必须用/d /a <filename>，它解密指定的文件：

```
E:\>cipher /D EFS_RECOVERY1
  Decrypting directories in E:\
EFS_RECOVERY1 [OK]
1 directorie(s) within 1 directorie(s) were decrypted.
```

这里给出了一些对一个文件先加密后解密的例子，还给出了一个来自 cipher 的清晰地表明文件状态的列表，其目的是阐明各命令开关的用法。这里删除了空白行以节省空间：

```
E:\EFS_RECOVERY1>cipher
  Listing E:\EFS_RECOVERY1\
  New files added to this directory will not be encrypted.
U test.TXT

E:\EFS_RECOVERY1>cipher /e /a test.txt
  Encrypting files in E:\EFS_RECOVERY1\
test.TXT [OK]
1 file(s) [or directorie(s)] within 1 directorie(s) were encrypted.

Converting files from plaintext to ciphertext may leave sections of old
plaintext on the disk volume(s). It is recommended to use command
CIPHER /W:directory to clean up the disk after all converting is done.

E:\EFS_RECOVERY1>cipher
  Listing E:\EFS_RECOVERY1\
  New files added to this directory will not be encrypted.
E test.TXT

E:\EFS_RECOVERY1>cipher /d /a test.txt
  Decrypting files in E:\EFS_RECOVERY1\
test.TXT [OK]
1 file(s) [or directorie(s)] within 1 directorie(s) were decrypted.

E:\EFS_RECOVERY1>cipher
  Listing E:\EFS_RECOVERY1\
  New files added to this directory will not be encrypted.
U test.TXT
```

从 cipher 得到的最后一个，也是非常有用的功能是选项/w。可以用/w 选项从硬盘的空闲区删除残余数据。当删除一个文件时，真正被删除的只是文件分配表中指向该文件的指针。文件的真正数据还在硬盘中原来所在的位置，直到其他数据被随机写入，并且确实需要硬盘的该部分区域。为“取消删除”文件而设计的各种程序的工作过程基本都是通过扫描磁盘、查找原始数据，然后为该数据重建文件分配表入口。cipher 的选项/w 会有意覆盖所有未分配的磁盘空间，以确保文件彻底删除。可以在 www.microsoft.com/technet/security/guidance/cryptographyetc/efs.mspx 找到关于 EFS 的更多信息。

小结

有许多可用于保护网络资源的安全解决方案。应该在所有网络资源上执行基本的强化，从工作站到服务器，再到路由器和交换机。基本的强化之后，需要定期打补丁和更新，以确保正在运行的软件尽可能是最安全的。个人防火墙可以作为第一道防线，提供基于网络数据包内容的逻辑访问控制。网络安全之后，防护转向内部，以保护资产不受病毒和间谍软件等攻击。最后，我们看最后一道防线——文件加密，即使系统或者加密文件会落入坏人之手，也能保护敏感数据。

快速解决方案

实现基本强化

- √ 要有恰当的 IT 安全策略作为一套具体的用来衡量的标准。强化系统时，脑海中有具体的目标会提高达到目标的可能性。
- √ 要求高质量的口令需要在下述两者之间进行平衡，即口令要好和此要求很难以至于用户不得不把口令记在纸上。

强化 Windows 系统

- √ 重命名管理员账户，禁用普通用户账户是简单而有效的安全措施。
- √ 使用 GPO 是为所有被保护的主机提供集中管理的安全配置的一种方法。

强化 Linux 系统

- √ 理解文件系统许可是如何工作的，以将访问仅锁定在所需的最小范围内。
- √ 利用 TCP 封装来基于应用程序（守护进程）限制网络访问，而不是基于网络端口或者 IP 地址。

强化基础设施装置

- √ 必须为基础设施执行和任何其他工作站或服务器同样高级别的强化任务。
- √ 记得禁用不需要的服务，很多被管理的基础设施都默认允许这些服务。

修补系统

- √ 记住，一个可控的补丁管理方法并不意味着所有补丁在其刚一发布时就能得到应用。应该在对系统软件做任何修改前进行合理的研究和测试。

- √ 大部分现代操作系统（Linux 和 Windows）都有自动在线检查软件更新的工具，在需要的时候可以启用它们。

个人防火墙

- √ 特别注意许可协议，以保证没有非法使用一个高级“个人”防火墙。
- √ Windows 防火墙提供了足够的控件以控制允许哪种类型的访问，但只适用于个人防火墙，而不适用于网络边界防火墙。

提供反病毒和反间谍软件保护

- √ 免费的反病毒和反间谍软件常常禁止用于商业环境中。一定要证实许可协议允许在你的环境中应用该软件。
- √ 反病毒和反间谍软件都需要定期地用当前的特征库文件进行修补，以保持其有效性。

加密敏感数据

- √ 只有配置了数据恢复代理并通过组策略进行加强，才能使用 EFS。如果加密文件的原始用户变成坏人或者联系不到，那么使用没有数据恢复代理的 EFS 会带来永久丢失访问加密数据的权限的风险。
- √ 仔细考虑选用的加密方法的易用性。一个高质量的但使用困难的加密程序可能不会有人用。

常见问题

以下常被提及的问题，本书的作者都一一做出了解答。设计这些问题用来测试对本章出现的概念的理解，并帮助读者在实际生活中应用这些概念。如果还有其他问题，浏览 www.syngress.com/solutions 并单击 Ask the Author 一栏。

问：有没有可以使基于网络的病毒实时扫描自动化的方法?

答：虽然你能做到，但是这是一个非常耗时的工程。可以从一组叫做 libwww 的可从 www.w3.org/Library/Distribution.html 得到的工具开始。它包括命令行 HTTP 工具，诸如用于检索网址的工具，甚至还有能返回输入的工具。可以拼凑一个可以执行扫描的脚本，但再次声明，我不建议这样做，除非你真的非常需要那个功能。

问：我以前没有病毒和任何间谍软件。我确实要考虑安装软件来保护自己吗?

答：首先，我鼓励你运行一些扫描器，许多系统感染了病毒或者间谍软件，但是还没有出现导致足够引起注意的问题。其次，即使是最有见识的用户有时也会犯错，而如果没有任何保护，只要一个错误就可能把整个网络带到巨大的麻烦中。如果想看系统是如何轻而易举地成为受害者的，可以试试。刻录一个 CD-ROM，然后配置 autorun 文件来执行一个程序，该程序的功能是只要它一运行，就会给你发一封电子邮件。再对该

CD-ROM上的一个可执行文件做同样的配置，给该文件取一个听起来令人感兴趣的名字，如名言、收入、商人或折扣。完成之后，将没有贴标志的CD-ROM丢在单位办公楼附近的某个地方。静静等着，看多长时间你会收到E-mail。这个时间就是有人感到好奇把磁盘放入驱动器的时间。

问：对于已经配置好的Windows防火墙，如何禁止对其配置的修改，以使我的用户不能关闭它？

答：可以在www.microsoft.com/technet/security/smallbusiness/prodtech/windowsxp/fwgrppol.mspx阅读到更详细的使用CPO配置Windows防火墙的过程。需要用的设置位于ComputerConfiguration \ AdministrativeTemplates \ Network \ NetworkConnections \ Windows Firewall下的策略中。当配置修改完毕后，可以通过运行gpupdate应用该策略，重启机器或者等待默认的更新策略发生。

问：如果我使用EFS且复制加密文件到USB驱动器会怎么样？文件仍是加密的还是在复制之前Windows先解密该文件？

答：这取决于很多因素。如果目标文件系统不是NTFS格式的，文件将被解密并复制。如果使用Windows 2000的EFS，该解密会自然发生，因此不会意识到文件被解密。对于更新版本的Windows，你将收到一个警告提示文件将被解密。简单来说，EFS表现不同依赖于（1）你正在做移动还是复制操作；（2）目标文件系统格式化的方式；（3）目标操作系统有什么样的OS和目录访问权限。

问：我是一个家庭用户，如果我把主机直接连到调制解调器上，Windows防火墙会保护它吗？

答：根本不使用防火墙而将你的系统直接置于因特网中，一定会使系统遭受破坏并被用于你可能并不允许的目的，甚至可能是你根本不知道的目的。启用Windows防火墙比没有防火墙前进了一大步，它会提供一些保护。一个真正的防火墙（甚至是一个不贵的家用型防火墙）会提供额外的安全，而这些是Windows防火墙没有的。这包括一个源NAT，这会隐藏真正的IP地址，使得针对它的直接攻击变得更困难。因此Windows防火墙会保护你吗？当然，一定程度上会，但是记住深度防御才是目标。

问：对于受保护的主机，应该多长时间打一次补丁？

答：这要看所处的环境，环境中的资源不同可能有不同的需求。用于开发的服务器可能有一个和运行一个产生公司大部分收入的关键Web应用的服务器不同的修补周期。另一个重要的决定因素是补丁所要解决的问题的严重性。如果补丁是关闭一个可远程利用的安全漏洞，那么使用它就比使用处理只有登录到本地机器上才会被利用的脆弱性的补丁要急迫。

Chapter 4

第 4 章 配置入侵监测系统

本章主要内容：

- 入侵监测系统
- 配置入侵监测系统
- 在 Windows 系统上配置 Snort
- 在 Linux 系统上配置 Snort
- 其他 Snort 插件
- 效果演示

√ 小结

√ 快速解决方案

√ 常见问题

引言

无论网络如何安全，迟早总是会有意料之外的事发生。如果不采取措施识别安全事件，则只有当设备工作中断时或者其他不希望的破坏发生时，才会注意到有事情发生了。那时你就处在应对状态而不是预防状态。最好是知道安全事件发生的时刻，这样就可以提前开始纠正问题并减少损失。随时报告网络安全事件的最常见的两种方式是通过入侵监测系统（IDS）和监视事件日志。本章说明如何在 Linux 和 Windows 上安装和配置一个一流的 IDS，并且讨论管理事件日志的各种工具，包括系统日志和 Windows 事件日志的格式。

入侵监测系统

顾名思义，入侵监测系统发现不希望的活动，并且通常会向某人发出警告以采取行动。不希望的活动不一定来自一次实际的入侵，它可能是任何不希望发生的活动，如在企业内网上使用文件共享程序。实现 IDS 的最常见的方式是使用系统监视器检查（嗅探）通过特定链路的所有流量。然后系统把流量和一个存储已知不希望活动的特征数据库相比较。这是基于特征的 IDS 的一个例子。有些 IDS 系统是基于异常的，即 IDS 尝试建立来自实际网络数据的正常流量的一个列表，然后 IDS 标识出任何与已经建立的正常流量列表不匹配的情况。识别正常流量的过程非常耗时，而且需要很多人的介入和判断。一些 IDS 系统结合了两种方法。

“基于异常的”和“基于特征的”都是用于描述如何识别不期望流量的术语。除此之外，还有用于描述 IDS 监视位置的术语。基于主机的 IDS（HIDS）检查特定系统上的活动。用这种方法可以监视关键服务器，如 Web 服务器，并且发现强力破解口令的企图。基于网络的 IDS（NIDS）监测通过网络的实际数据包。这两个术语在方法论的意义上的差别是很大的。有时主机层的恶意流量和网络层的合法流量是不能区别的。

最后有必要介绍入侵防御系统（IPS）。IDS 服务只监测恶意活动，然后通知某人，这样就可以使用人的判断并采取必要的步骤对恶意活动作出回应。IPS 作用更强，因为除了监测恶意活动外，还有采取行动避免恶意活动成功的能力。例如，IDS 可以监测到在企业内部网络上使用 ICQ 的用户。如果对 IDS 做了这样的配置，那么 IDS 会发 E-mail 或者通知管理员，管理员可以采取必要的行动。IDS 也可以仅仅将发生的事记录下来，并且写入每个月末提交的报告中。IPS 的最高境界是在监测到那个连接后，能发送 TCP RESET 包给 ICQ 服务器，命令它结束该连接，而该用户则仅能看到该应用程序不能正常运行。

不用人介入而直接采取行动的权利听起来很吸引人，但是使用这种能力必须特别小心。请求连接的包可能会使用一个错误的源 IP，使人们看起来如同是另一个机器在试图使用 ICQ 进行连接，而重置包（reset packet）就会被发送到不正确的机器上。一个有创造力的恶意用户会使 IPS 反过来对抗你，并且给网络制造问题。IPS 真正的缺点是无论它被实现得多么好，但总是缺乏人的判断。基于这个原因，当实施 IPS 时，通常总是逐步的，并且采用很保守的设置。有一些 Snort 模块提供了 IPS 功能，但是在本书中不涉及这些。

配置入侵监测系统

说到 IDS，确实没有多少免费的解决方案。这也不是说就没有出色的免费 IDS，只是说只有一个，Snort（http://snort.org/）。Snort 是一个出色的、免费的、基于特征的 NIDS。可以利用订阅服务，这样可以下载新发行的最新特征库，但这不是必须的。也可以创建自己的规则来匹配 IP 包的不同部分，这也相对简单。配置安装在 Linux 和 Windows 上的 Snort 时会有一些差别。如果想继续深入阅读有关 Snort 的资料，可见 *Snort Intrusion Detection and Prevention Toolkit*（Syngress，2006）。

硬件要求

本书的主题是提高安全性且不需直接购买任何东西。大多数情况下，周围总会有一台旧的可用的 PC 机。对于 IDS，该设备需要查看网络关键阻塞点的流量，很可能把 IDS 主机或者主机的一个接口放置在被保护的边界外。由于这个原因，IDS 主机通常是专用系统。如果打算让 IDS 主机除了实现 IDS 功能外，还当作普通工作站来用，那么需要慎重考虑。

对于 IDS，需要确保有足够的硬件资源来完成其工作，这一点很可能比本书中的其他系统更突出。这里提到的大部分工具仅仅是指非常简单的程序，可以运行在几乎任何系统上，而且通常只需要非常少的资源。IDS 很可能要记录大量的日志，并且处理许多网络流量。这些功能需要内存和硬盘空间。但这并不是说不能用旧的 PC 机作为 IDS，只是说要给你的 IDS（和防火墙）可利用的最好的旧硬件。实现 IDS 后，仔细监测系统资源，直到所需要的资源确实足够为止。

放置 NIDS

说到实现 NIDS，影响其有效性的惟一最大的因素是它在网络中的位置。NIDS 的价值在于识别恶意流量，因而如果 NIDS 看不到流量显然是做不到这点的。这意味着应该将 NIDS 放在能看到最多数据的地方。在只有一个交换机或者集线器的非常小的办公室里，这非常容易决定。基于目标，可能将 NIDS 放置在因特网连接的入口处，以仅检查去往和来自因特网的流量。在较大的网络环境中安装时，可能需要在 NIDS 中安置多块网卡，以检查来自网络中不同阻塞点的流量。也可以看第 7 章获得更多关于监测器位置的信息。

背景注释

更多考虑

记住，IDS如其他系统一样也是黑客的攻击对象，甚至更甚。因此，IDS主机系统应该硬件化并尽可能地锁定它。除了由于IDS可以向管理员警告黑客的活动而成为被攻击目标外，黑客还可能因为IDS系统本身的日志中常常包含有关各种不同系统的有用信息而攻击IDS系统本身。IDS还有获取和其规则库匹配的数据包的能力，而这些包中也可能包含重要的数据。不要忽略保护IDS，否则它就可能是一个安全负担而不是想要的安全资产。

要认识到，如果选择安装多个网卡监视多个不同的网段，则有可能同时也建立了另外的数据路径，可使流量绕过防火墙。作为强化IDS主机的一部分，必须确保没有启用路由功能，即不能使IDS将流量从它监视的一个网段转发到另一个网段。有多种不同的方法可避免这种问题的发生。最简单的是用网络分流器而不是仅仅插入一个标准网卡。分流器是一个专门设计用来监听而不传播流量的硬件。因为是硬件，所以没有攻击其配置或者是配置出错和意外允许路由的可能性。不幸的是，网络分流器不是免费的。禁用路由功能，保证主机没有静态路由并禁用任何路由协议，是确保不会产生一条绕过防火墙的路径的免费方法。图4.1说明了用IDS如何绕过防火墙。

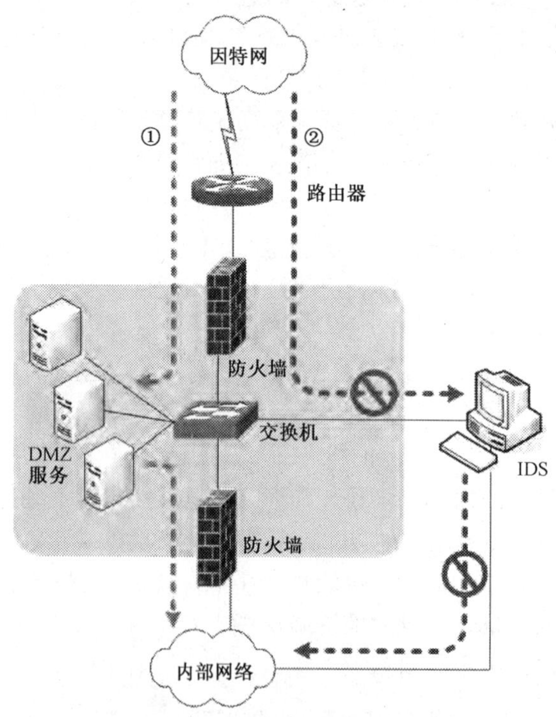

图4.1 IDS绕过防火墙的情形

第一条虚线（第一个数据流）表示期望的（安全的）数据流。来自外部的通信量只能在DMZ中的服务器上终止，而进入内部网络的通信量只能来自DMZ中的服务器。对于这种配置，来自因特网的通信量绝不会有任何路径可直接进入网络内部主机。第二条数据流，即#2，表示一个未正确配置的IDS如何被利用把来自外部（不被信任）网络的通信量路由到内部网络。

说到IDS的放置，需要知道交换机和集线器之间的不同。集线器把从任何端口接收到的通信量转发给所有其他的端口。因此，使用集线器时，IDS会看到通过集线器的所有通信量，这常是IDS需要的。交换机比集线器更高级，而且大部分新设备都是交换机。交换机监听并学习什么样的机器连接到哪个端口。然后交换机用这些信息建立一个转发表。知道某个给定的主机连在哪个端口后，交换机只将到该主机的通信量发送到该特定端口。这就是说，在没有额外配置的情况下，将IDS接入交换机的某个端口时，IDS将不会看到很多的通信量。

幸运的是，有一些产品可以避免这个特征。大部分企业级交换机（也就是说，比较贵的交换机）都有一个端口映射选项。用来描述此功能的术语随制造商的不同而不同，Cisco称为*Switched Port Analyzer*（SPAN）。这个选项允许配置一个特定的端口，这个端口会看到来自其他指定端口（或者所有其他端口）的通信量，即使是这些通信量以不同的端口为目的端口也是如此。通常，把一个端口配置成可以映射其他所有端口，把IDS接到该端口上。对于有24个端口的Cisco 3750交换机，可以通过输入下面的命令配置映射：

```
switch(config)# monitor session 1 source interface gig1/0/1 - gig1/0/23
switch(config)# monitor session 1 destination interface gig1/0/24
switch(config)# end
```

这个设置是很容易理解的。第一行指明被转发的通信量来自哪个端口，第二行指明通信量被映射到哪个端口。对于特定的交换机硬件，需要查阅其用户指南来看它是否支持端口映射，如果支持，如何配置它。

在Windows系统上配置Snort

一开始，Snort的开发者就想让Snort在很多不同的平台上可用。Snort的当前版本可以运行在Linux，UNIX，Windows和Macintosh OS X上。这非常有用，因为你可以把IDS运行在恰巧在手头的任何系统上。在Windows上运行Snort时，有一些说明要知道。第一，Snort的文档以*nix为主。很多时候，说到“默认”行为不是Windows Snort的默认行为。第二，更显著的不同是Snort在Windows上安装和运行比在Linux上安装和运行Snort要困难得多。虽然如此，如果在Windows环境下更方便（对于大多数来说都是），那么Windows仍然是最好的选择。在我的例子中，我在Windows Server 2003上安装Snort，并且应用了所有最新的更新。

安装Snort

打开http://snort.org/，单击网页左边的Get Snort链接。单击Binaries，然后单

击 Win32，下载最新安装文件。做完这些后，找到下载的文件，双击以启动安装进程。

（1）要继续安装，必须在 License Agreement 窗口单击 I Agree 单选按钮。

（2）下一个界面允许配置支持 Oracle 或者 SQL server 记日志（图 4.2）。MySQL 和 ODBC 是默认支持的。对于小型的安装，通常默认（第一个）选项就足够了。选定后，单击 Next 按钮。

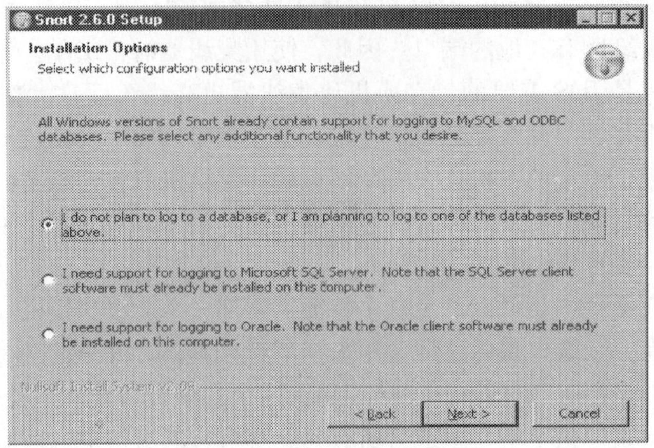

图 4.2　Snort 安装日志选项

（3）如图 4.3 所示是 Choose Components 界面，从中可以选择默认，这会安装所有组件。虽然只有打算将日志记入数据库时才需要 schemas，不过完全安装仅仅需要大约 7MB 的空间，所以裁剪掉某些安装项并不会省下很多空间。选定后，单击 Next 按钮。

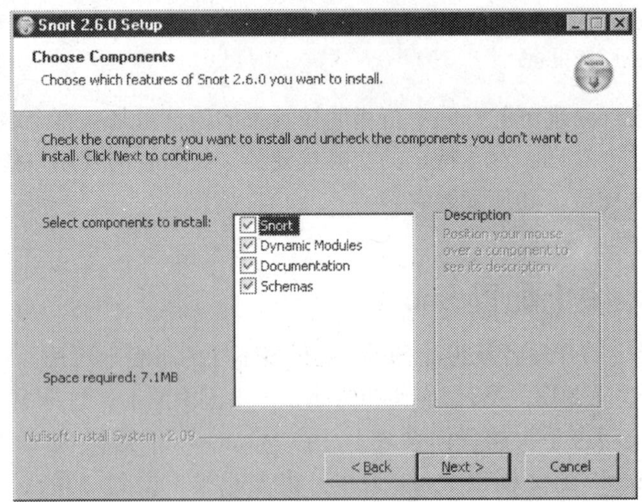

图 4.3　为 Snort 选择组件

（4）下一个界面用于选择安装位置。默认是 C：\ snort。记住，本服务器是攻击者的首要目标，应该最大限度地强化。作为一条一般规则，非默认路径通常至少是稍微比默认路径要安全些。选定安装路径后，单击 Next 按钮。

（5）安装完成后，单击 Close 按钮。

（6）然后弹出如图 4.4 所示的窗口，提示 Snort 需要 WinPcap 才能运行。WinPcap

可以从 www. winpcap. org 下载。

（7）WinPcap 基本上就是 UNIX libpcap API 的 Windows 版。这使应用程序绕过 Windows 协议栈直接和网络数据包相互作用。WinPcap 需要运行 Windows 的许多网络互联工具。需要单击网页左边的 Get WinPcap，下载 WinPcap。

（8）保存安装文件到选择的位置，然后双击安装文件开始安装。

（9）第一个界面包括新闻和更新信息。单击 Next 按钮。

（10）下一个窗口是 License Agreement；必须单击选中 I Agree 单选按钮，继续安装。

（11）安装完成。单击 Finish 按钮关闭安装向导。

导航到 Start | Control Panel | Network Connections | Local Area Connection，右击并选择 Properties 选项。在属性列表中出现一个新的网络驱动器，如图 4.5 所示。

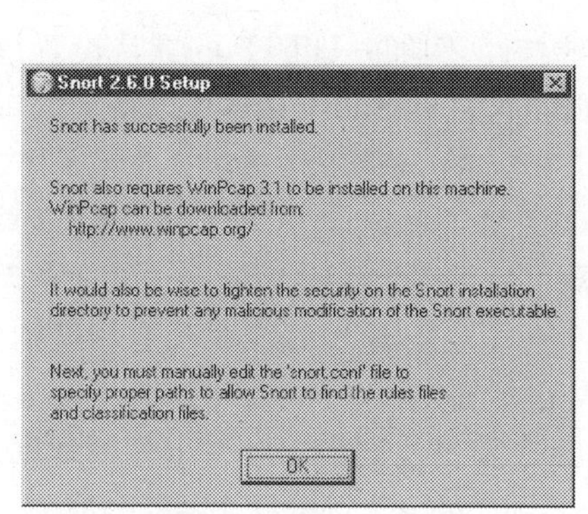

图 4.4　WinPcap 提示

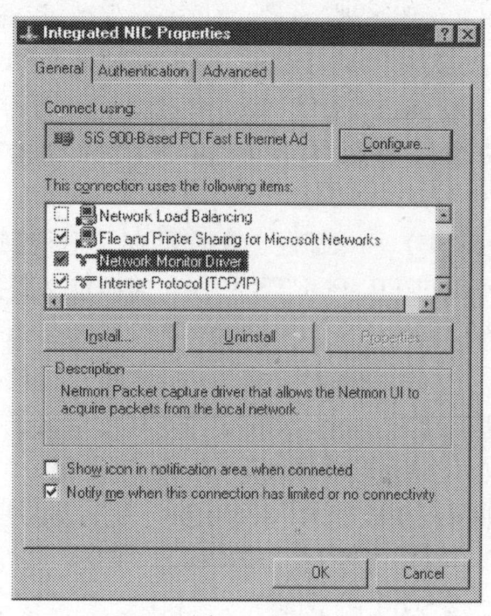

图 4.5　本地连接属性

在配置 Snort 前测试 WinPcap 的安装和数据包获取功能是一个很好的理念，这样，如果稍后需要排除 Snort 故障时，至少知道 WinPcap 是在工作的。测试 WinPcap 的最简单方法是启动 WinDump，它是 Windows 上一个使用 WinPcap 的命令行数据包嗅探工具。Windump 也可以从 www. winpcap. org 下载。参见第 7 章以获得使用 WinDump 的更详细指导。

配置 Snort 选项

证实 WinPcap 在工作后，使用 Snort 的配置文件配置各种各样决定 Snort 如何工作的选项。配置文件的文档形式非常好且很容易使用。配置文件在注释中被注解分割为 6 步。为了使 Snort 以希望的方式工作，按照下面的简单步骤进行：

（1）打开主 Snort 配置文件。该文件默认地放在 C：\ Snort \ etc \ snort. conf。如果用 Notepad 打开，它可能不会正确显示，因此 Wordpad 可能是一个比较好的选择。

（2）如果需要，可以配置 HOME_ NET 变量，移除需要的那一行前的 #（# 是

Snort 配置文件中的注释指示符)。HOME_NET 变量界定哪个网络是"被信任"的内部网络。它和签名一起用于确定什么时候内部网络被攻击。默认情况下,通过 Snort.conf 中的 var HOME_NET any 行,HOME_NET 值被设置为任何网络。这样设置会正确反映内部网络地址空间,从而减少收到误报警的数目。一个常见的例子是 var HOME_NET 192.168.1.0/24。

(3) 如果需要,配置变量 EXTERNAL_NET。这是猜想的发出攻击的网络。推荐设置是将其设置为除了自己的 HOME_NET 之外的任何网络,使用下面的命令:var EXTERNAL_NET ! $HOME_NET(默认是 varEXTERNAL_NET any)。

(4) 接着定义什么服务器运行特定服务。例如,设置 HTTP_SERVERS 为指定的服务器,Snort 将只查看目标是这些服务器的 HTTP 攻击。如果想看到以没运行受关注服务的服务器为目标的攻击,保留默认选项,这会查看目标直指任何内部服务器的攻击(默认为 var DNS_ SERVERS $HOME_ NET)。如果有一个 Web 服务器在 192.168.1.11 和 192.168.1.12 上运行,应该通过设置下列变量告诉 Snort 只寻找以这两个服务器为目标的 HTTP 攻击:var HTTP_ SERVERS [192.168.1.11/32, 192.168.1.12/32]。

(5) 如果需要,配置可在其上得到服务的特定端口。例如,HTTP 的默认设置是 var HTTP_PORTS 80。与前面定义服务器部分类似,这告诉 Snort 只寻找以特定端口为目标的攻击。保持默认选项,Snort 将忽略对端口 8080 的 HTTP 攻击。

(6) 如果对于搞清 AOL 即时通信(AOL Instant Messenger, AIM)的用法感兴趣,可看 snort.conf 文件,其中定义了 AIM 服务器的各种不同的 IP 地址。这么做是因为 IP 地址经常改变,那么通过使用一个变量就不必在每次 IP 地址修改时都更新规则。如果不想改变 AIM 的用法,那么不要担心修改这些 IP 地址。

(7) 配置 RULE_PATH 变量,该变量告诉 Snort 在哪里找到用于触发事件的规则。这是 Snort 在 Windows 上和在其他操作系统上的一个不同之处。大部分操作系统会使用一个相对路径,是默认配置的(var RULE_PATH ../rules),但是在 Windows 上必须用一个绝对路径。默认情况下,该路径是 var RULE_PATH C: \ snort \ rules。

(8) 下面一部分有些注释掉的行,这些行是用于禁止对某些不常见类型的通信量的侦查。除非对这些警告有些问题,或者 IDS 有非常少的资源,否则还是保留默认配置(启用)较好。

(9) step 1 部分的最后几行允许为资源有限的系统配置侦查引擎。除非有其他考虑,否则保留这些选项。

(10) 之后,配置文件的 step 2 和 step 3 部分允许启用或者禁用指定的功能并查看特定类型的攻击,如碎片攻击、状态检查和数据流重组选项。深入研究这些选项的每一个细节超出了本章的范围,并且多数情况下接受默认设置即可。

(11) 标识 step 4 的部分包含 Snort 的输出选项。这部分有几个非常重要的选项。去掉 output alert_syslog: host=hostname, LOG_AUTH LOG_ALERT 这一行前的注释,输入 syslog 服务器的主机名。LOG_AUTH 是要用的设备,而 LOG_ALERT 是告警的优先级。在我的例子中,用命令 output alert_ syslog: host = 192.168.1.99, log_local7 log_notice,这将把日志记入 local7 设备作为一个通告。注意,并不是所有

的设备和严重程度（severity）的组合 Snort 都会支持。还需要在命令行中包含-s 开关。在第 5 章将详细讨论 syslog。如果没有系统日志服务器去载入日志，那么就做一个安装标记，安装系统日志服务器时再恢复它。

（12）编辑在#2 部分中的动态加载的库的路径。把相应的行编辑为 dynamicpreprocessor directory C：\ snort \ lib \ snort_ dynamicpreprocessor 和 dynamicengine C：\ snort \ lib \ snort_ dynamicengine \ sf_ engine. dll。注意，对于预处理器目录，你正在为其编辑一条绝对路径（没有 trailing slash）。对于 dynamicengine，你正在将路径从默认的 libsf_ engine. so 改为在 Windows 中用的 sf_ engine. dll。

（13）将 include classification. config 改为绝对路径，例如，include C：\ snort \ etc \ classification. config。对 include reference. config 也一样做。

（14）include 部分允许指明要检查哪个规则集。一些规则在默认状态下是不激活的，如 chat. rules，这些规则通过各种不同的即时通信客户机的使用而触发。为了启用和禁用一个给定的规则集，只要简单地添加或者移除包含该规则集的行前的#即可。这一项可以保留为相对的（也就是说，包含 $RULE_ PATH/local. rules），因为 RULE_ PATH 变量会被扩展而使其成为绝对路径。

（15）对自己的修改满意后，保存并关闭配置文件。

（16）基本的安装不包含任何规则。访问网站 www. snort. org，单击网页左边的 RULES。在下一窗口单击网页最右边的 DOWNLOAD RULES。向下滚动到 Sourcefire VRT Certified Rules- The Official Snort Rulesset（unregistered user release）并单击 Download 按钮下载最新的规则集。规则集是压缩文件，需要解压缩它；IZArc 和 FileZip 是比较好的选择。在网页的最底部有一个 community-provided rules 选项。如果想查找不常用的选项，可能会在这里找到，而不需要自己创建该规则。

（17）把解压缩后所得到的特征库文件夹里的所有文件到 C：\ snort \ doc \ signatures \，并且把解压缩后所得到的规则文件夹的所有文件到 C：\ snort \ rules \ 。这会花费些时间，因为有近 3700 个规则。

现在已准备好启动 Snort，可以查看 Snort 的行为是什么样的。进入命令提示符窗口，将工作目录改变为 \ snort \ bin 目录，Snort. exe 就放在那里。输入 snort -W 命令，列出可用的接口。在我的例子中，输出显示在图 4. 6 中。

```
C:\Snort\bin>snort -W

    "_-*> Snort! <*-
    o" )~  Version 2.6.0-ODBC-MySQL-FlexRESP-WIN32 (Build 57)
    ""  By Martin Roesch & The Snort Team: http://www.snort.org/team.html
    (C) Copyright 1998-2006 Sourcefire Inc., et al.
    Interface    Device    Description
    ------------------------------------
    1 \Device\NPF_GenericDialupAdapter (Generic dialup adapter)
    2 \Device\NPF_{F95B71A4-C943-40BA-9F65-CD73D4B20769} (Intel(R) PRO/100B PCI Adapter (TX))
    3 \Device\NPF_{A7F703C5-7567-49BC-B6C1-1A1F14614CAF} (SiS NIC SISNIC
```

注：因为页宽的原因，有关接口 2 的那一行的后部被另起一行，以便适应本页。

图 4. 6　Snort 接口列表

启动 Snort 时，可以用-i 开关指定要监听的接口。如果不指定，Snort 用第一个端口，在我的例子中该端口什么也看不到，因为这是一个未被使用的拨号端口。用-c 选项告诉 Snort 用哪个配置文件。这对于配置了多个配置文件的情况是很有用的，这样就可以很快地切换到与特定环境相关的配置文件。可以为特定问题、部分和更深入的日志准备不同的配置文件。另外一个重要的选项是-A，告诉 Snort 产生什么类型的报警，其值包括 fast，full，console 和 none。

下面使用命令的例子将启动 Snort 监听接口 3，告警只在控制台显示，该命令使用了存于 C：\ snort \ etc \ snort. conf 的配置文件。-K 开关告诉 Snort 产生什么类型的日志。ASCII 码日志比较易读，但生成日志需要花一些时间。如果不考虑速度，ASCII 码日志对于读和人工分析是最容易的：

```
snort -A console -i 3 -c C:\snort\etc\snort.conf -l C:\snort\log -K ascii
```

这是任何被触发的规则都会在控制台上产生的一条信息。如果在该行命令的最后加了-s 开关，这会告诉 snort 将日志存入在 snort. conf 文件中配置的 syslog 服务器；但是，这样一来就不会显示在 snort 的控制台上了。如果想创建一条用于测试目的的规则，看结果是什么样的，那么创建一个测试规则文件，如 TESTING. rules，并且将该文件放进规则文件夹（默认是 C：\ snort \ rules \ ）。在这个文件中，可以加入下面一行，它只要在 ping 另外的系统时就会被触发：

```
Alert icmp any any -> any any (msg:"TESTING rule"; sid:1000001;)
```

为了将新规则加进来，对 snort. conf 进行编辑，加入：include $RULE_PATH/TESTING. rules 行。最后一步，编辑 snort \ stc \ sid-msg. map 文件。该文件提供 snort 警告信息和警告 ID 或者号码之间的映射。自定义告警通常使用大于 100 万的 ID 号。在文件末尾加入下面的行：

```
1000001
```

加入 ID 号是 Snort 不输出一个错误的最小要求。当然可以在现存的信息地图（message maps）的指引下填满其他所有的字段。做完这些，需要停止并重启 Snort。下面是单独的 ping 和其回复的控制台输出：

```
08/10-18:22:19.823970 [**] [1:0:0] TESTING rule [**] [Priority: 0] {ICMP}
192.168.1.99-> 192.168.1.1
08/10-18:22:20.284438 [**] [1:0:0] TESTING rule [**] [Priority: 0] {ICMP}
192.168.1.1-> 192.168.1.99
```

也可以向 local. rules 文件中添加自己的自定义规则。打开该文件后，发现它基本是空的，仅用来放置自定义的规则。local. rule 默认地包含在 snort. conf 中，因此不必再添加。但是，仍需要为 local. rules 中的任何规则编辑 sid-msg. map 文件。前面提到的命令的例子只能在控制台显示。对于日常操作，可能想在日志文件中用快速告警，这条命令的形式看起来如采用 console 选项的发送到控制台的命令一样：

```
snort -A fast -I 3 -c C:\snort\etc\snort.conf -l C:\snort\log -K ascii -s
```

祝贺你！现在有一个正在工作的 IDS 了。数据包会默认地被记入 C：\ snort \ log \ 。Snort 会为每个触发报警的源 IP 创建一个子目录。在该子目录中将放置一个以被触发的规则名命名的日志文件。相同报警的后续产生的实例会被添加到相同的文件中。图 4.7 显示了一个日志文件的例子，C：\ snort \ log \ 192.168.1.99 \ ICMP_ECHO.ids：

```
[**] TESTING rule [**]
08/10-20:25:51.282620 192.168.1.99-> 192.168.1.107
ICMP TTL:128 TOS:0x0 ID:13266 IpLen:20 DgmLen:60
Type:8 Code:0 ID:512 Seq:28928 ECHO
61 62 63 64 65 66 67 68 69 6A 6B 6C 6D 6E 6F 70 abcdefghijklmnop
71 72 73 74 75 76 77 61 62 63  64  65  66  67  68  69 qrstuvwabcdefghi
=+=+=+=+=+=+=+=+=+=+=+=+=+=+=+=+=+=+=+=+=+=+=+=+=+=+=+=+=+=+=+=+=+=+=+=+=+=+=
[**] TESTING rule [**]
08/10-20:25:52.282888 192.168.1.99-> 192.168.1.107
ICMP TTL:128 TOS:0x0 ID:13274 IpLen:20 DgmLen:60
Type:8 Code:0 ID:512 Seq:29184 ECHO
61 62 63 64 65 66 67 68 69 6A 6B 6C 6D 6E 6F 70 abcdefghijklmnop
71 72 73 74 75 76 77 61 62 63  64  65  66  67  68  69 qrstuvwabcdefghi
=+=+=+=+=+=+=+=+=+=+=+=+=+=+=+=+=+=+=+=+=+=+=+=+=+=+=+=+=+=+=+=+=+=+=+=+=+=+=
```

图 4.7　ICMP 例子日志

注意，在控制台（对于快速告警也一样）显示的输出与记录在 \ log \ 中的不同。记入日志的数据包还包含 ICMP ping 的数据部分（从 a 到 z 的重复）。前面的配置将记入 snort.conf 文件中指定的 syslog 服务器。在我的例子中，syslog 服务器是 Kiwi syslog。ICMP 测试规则得到的告警如图 4.8 所示。

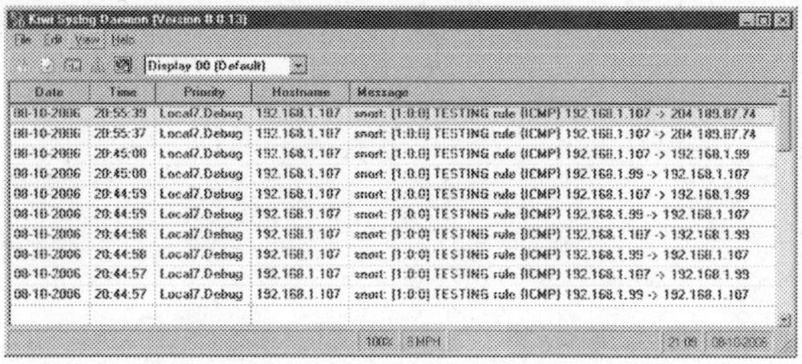

图 4.8　Snort 发送给 Kiwi Syslog 的 Syslog Alerts

使用 Snort GUI 前端

很多时候，对于有很多功能的程序来说，命令行形式看起来神秘、难懂，甚至吃不消。这时候一个 GUI 前端会使事情容易得多。比起了解每个命令行和语法，使用复选框常常要容易得多。甚至一个有经验的管理员也会觉得这些前端要比命令行容易使用。虽然除了能使用 GUI 之外，了解命令行操作常常会更好，但是若非必要，就不需要记忆许多语法。尽管 IDS 策略管理器（IDSPM）能够管理 Snort 执行，但是主要用于管理和定制 Snort 规则。

配置 IDS Policy Manager

IDS Policy Manager（IDS 策略管理器）可以从 www.activeworx.org/programs/idspm/index.htm 下载。这个程序运行在 Windows 2000 和 Windows XP 上，并且为 Snort 规则管理和通过 Snort 配置文件配置 Snort 自身提供了图形用户界面。IDSPM 不需要在传感器上安装。事实上，IDSPM 的优点之一就是可以远程管理多个传感器。IDSPM 的最主要优点是其管理 Snort 规则的能力，这给想要定制自己的规则并用其进行工作的人们带来了极大的方便。使用 Oinkmaster，IDSPM 还支持自动下载最新的 Snort 规则。通过下面步骤可以完成 IDSPM 的安装：

(1) 下载并运行安装程序。

(2) 如果现在还没有安装 Microsoft.NET 2.0 framework，则提示是否安装。提示窗口表明它是可选组件。在我的例子中，直到安装 .NET V 2 时才安装了 Microsoft.NET 2.0 framework。我不确定选择了安装后会是什么样。这不会产生什么问题，除非运行一些其他的软件，而这些软件依赖于老版本的 .NET 的特性而不与新版本兼容。

(3) 按照安装提示，接受许可协议并选择安装目录。

(4) 如果第一次安装该软件，则会弹出一个窗口，提示 oinkcode 没有安装；单击 OK 按钮跳过该消息。

(5) 打开 IDSPM 的快捷方式。打开的屏幕如图 4.9 所示

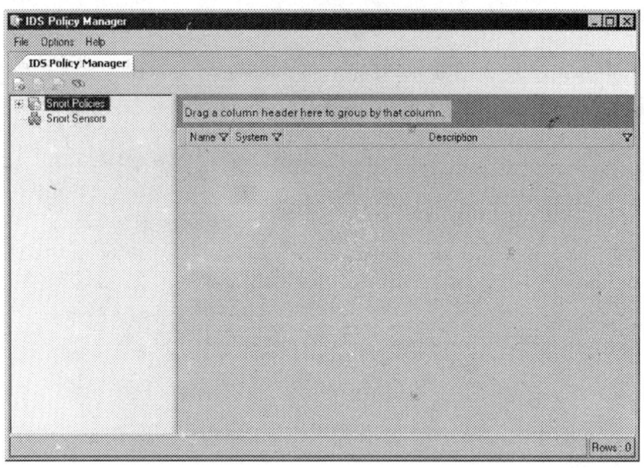

图 4.9 IDS Policy Manager

需首先操作的步骤之一是通过配置添加一个传感器，然后配置 Oinkmaster。右击 Snort Sensors 并选择 Add Sensor 选项以添加传感器。在传感器属性窗口有几个要填写的信息选项卡，如图 4.10 所示。

(6) 至少要为传感器填写 Name 和 Description。

(7) 同时在 Sensor Settings 选项卡上输入 IP address 或者主机名。

(8) 在 Authentication 选项卡输入用于连接传感器的 username 和 password（IDSPM 将用 SSH 和传感器通信）。也可以使用 PKI 进行认证。如果在 Authentication Mode 下拉框选择 PKI，口令字段会变成指明公钥和私钥文件的位置的字段。

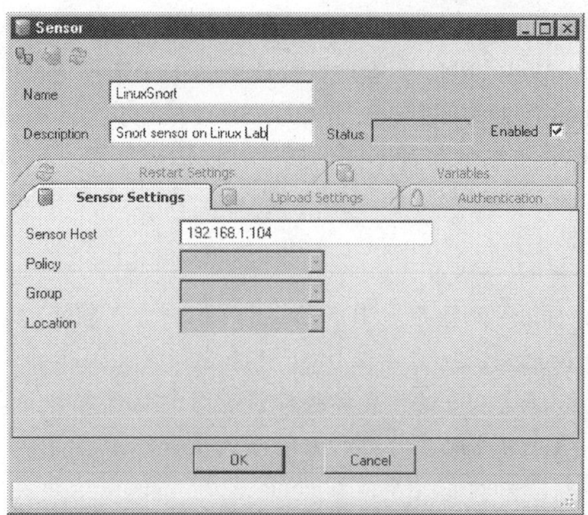

图 4.10 为 IDSPM 添加传感器

(9) 在 Upload Settings 选项卡确保配置了 Upload Directory。默认情况下是上传到 /etc/snort/rules。

(10) 填写完这些信息之后，单击窗口左上角的小监视器。这会测试 SSH 到服务器的连接。第一次连接，你会看到接受或者不接受 RSA 密钥的标准选项。单击 Yes 按钮，然后显示一个测试连通性的日志。这些通常都会是 OK。单击 OK 按钮继续。

(11) 单击 OK 按钮，关闭 Sensor properties 窗口。

为配置 IDSPM 的 Oinkmaster 部分，需要到 www.snort.org 注册以便能够下载规则文件。注册后登录 Snort 网站，单击名为 User Preferences 的链接。在该页的底部有一个 Oink Code 选项；单击 Get Code 按钮。复制这些代码用于 Oinkmaster 配置文件。

(12) 导航到 Options | Settings。

(13) 在左部的 Settings 窗格中选择 Miscellaneous。

(14) 粘贴之前复制的 Oink Code，以使 Oinkmaster 可以下载最新的 Snort 规则。

(15) 在下拉框中选择查看更新和备份规则数据库的频率。完成之后单击 OK 按钮。

(16) 下一步创建一个策略。在当前的上下文中，一个策略是有关对给定的传感器应用哪些规则的一个定义。右击 Snort Policies 并选择 Add Policy 选项。

(17) 为该策略提供一个 name 和 description。在下拉框中选择 Snort 的版本。选中 Initialize policy 复选框，立即应用新设置。

(18) 选择 Update Locations 选项卡，如图 4.11 所示。单击十号添加一个位置。

(19) 单击 Update Location Name 下的单元格，选择合适的位置。可以在 Update Locations 下的 Options | Setting 定义其他位置。选择更新位置后，单击 OK 按钮。

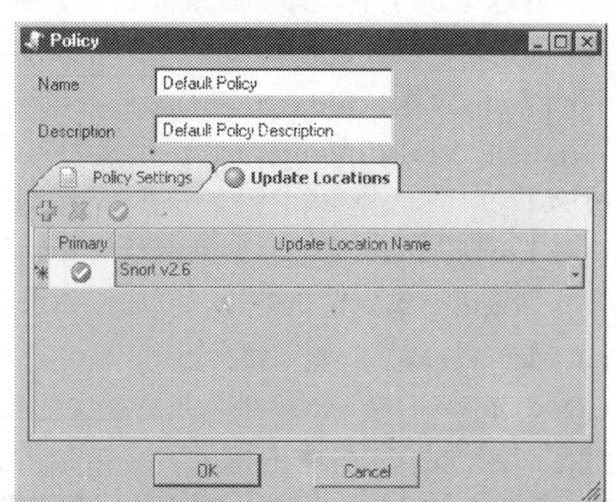

图 4.11 IDSPM 新策略位置

(20) 出现 Initialize Policy 窗口。该窗口允许从一个预定义的位置（在这个例子中叫 Snort 2.6，是一个 Web URL）、本地文件或者另一个未预定义的 HTTP 地址获取规则。选择适当的位置（或者按照默认）并单击 Start 按钮。

(21) 下一步是编辑策略的各种不同的属性，以适应环境。

注 释

没有将当前 Snort 配置导入 IDSPM 中的机制。也就是说，即使已经有一个正在工作的 Snort 的配置，也需要在 IDSPM 中重新定义。在已开始使用 IDSPM 管理 Snort 传感器之后，就不应该再直接编辑传感器的配置文件了，事实上，这样做会导致在下次应用 IDSPM 配置时把所做的修改覆盖。

单击 Snort Policies 旁边的十号，展开并显示新近创建的策略。展开新近创建的策略之后，出现许多属性组，如图 4.12 所示。要配置的最主要的一个属性组是 Variables 组。这是设置在配置文件中使用的各种不同变量的地方，以使 Snort 知道该注意哪些警报。

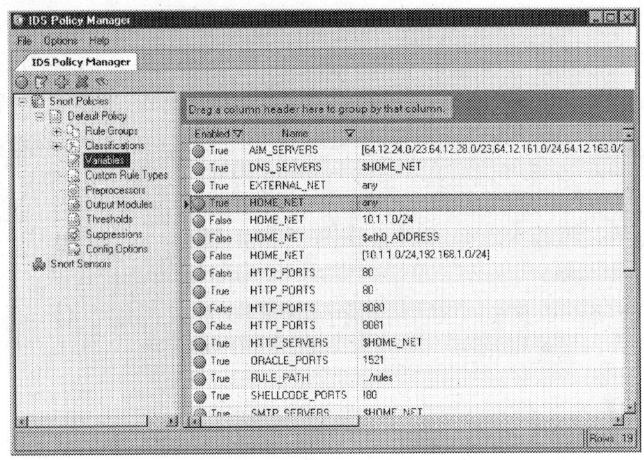

图 4.12　IDSPM 变量

在这个例子中，许多变量被定义了多个值。这样做使通过右击并选择 Disable Item 或者 Enable Item 选项在变量之间非常容易地切换。例如，如果不希望 HOME_NET 的值是 any（默认是），可以右击高亮的变量并选择 Disable Item 选项。然后双击（或者右击并选择 Edit Item 选项）已定义为 10.1.1.0/24 的 HOME_NET 并编辑。将其值修改为 192.168.1.0/24 之后，单击 Save 按钮。最后，右击新近定义的 HOME_NET 并选择 Enable Item 选项。参见本章的开始部分可以查看需要设置变量的更详细的描述。

如果需要编辑输出模块，例如，如果想用 Snort 将日志记入 MySQL，应该选择 Output Modules 部分。如果确实想用 Snort 将日志记入 MySQL 数据库，在下面两个名为 database 和值一栏是 mysql 的输出模块中任选一个。应该有两个可用，而且除了其中一个为数据库用户指定本地主机外，这两个的其他部分都相同。编辑用户名、数据库名和 MySQL 口令后，单击 Save 按钮。保存规则值后，右击该规则并选择 Enable Item 选项。

想要选择应用哪个规则组，选择左边窗格的 Rule Groups。每种都能被激活或者停用。这些设置会相应在 snort. conf 文件把相关的语句注释掉或取消注释。例如，为了激活所有的后门监测（多于 500 个），右击名称列值为 backdoor 的行并选择 Enable Item 选项。通过展开在左边栏中的下拉框并选择 backdoor，可以选择是使右边栏中的各个单独规则被激活，还是被停用。IDSPM 一个方便的特性是 Find Rule 功能。在左边窗格选中规则组，一个小双筒望远镜出现在窗口的左上方；单击打开 Find Rule 对话框。输入 Rule ID 或者 Rule Name 并单击 Search 按钮。不必知道全名，可以输入名字的一部分，显示一列规则。

IDSPM 最引人注目的特性可能是其创建自定义规则的 GUI 界面。按照下面步骤创建自定义规则：

(1) 在右边窗格中向下逐级展开 Rule Groups，直到展开单个的规则为止（在哪个组没关系）。

(2) 在所出现的界面的右边窗格中右击任意地方，选择 Add Item 选项。Rule 窗口如图 4. 13 所示。

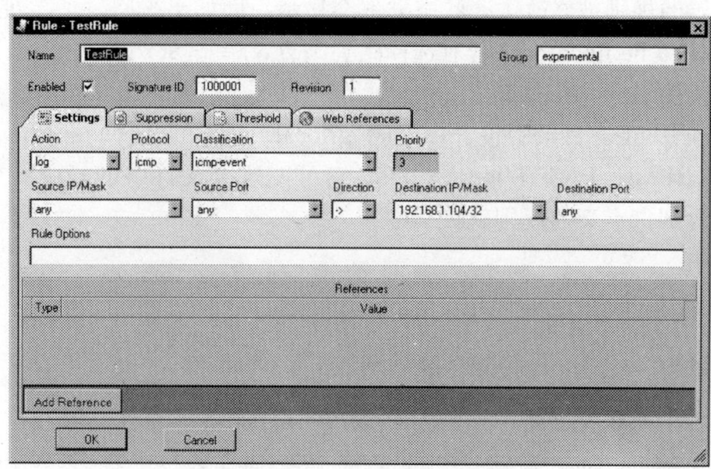

图 4. 13　IDSPM Rule 编辑器

(3) 在 Name 区域为该规则输入一个名字。

(4) 在 Group 区域为该规则选择一个所在的组。这个区域的下拉选框就是为什么单击 Add Item 时正在哪个组并不重要的原因。Local 组是专门创建用来放置自定义规则的。

(5) Settings 选项卡用于指定该规则由什么来触发。例如，如果创建一个规则，该规则在每当 ICMP 被发送到 Snort sensor（192. 168. 1. 104）时就被触发，可以简单地这样做：在 Action 区域，使用下拉框选择需要的行为。Log 会将数据包记入日志，而 Alert会在 Snort 控制台显示警报。本练习中选择 Alert。

(6) 在 Protocol 区域使用下拉列表选择 icmp。

(7) 在 Classification 区域使用下拉列表选择 icmp-event。

(8) 在 Destination IP/Mask 字段输入 192. 168. 1. 104/32。

(9) 输入一个惟一 Signature ID 号码。任何自定义规则都应该有一个大于 1 000 000 的 ID 号码（前 100 万个被保留了）。

(10) 注意 Rule Options 字段，但是现在保留其为空白状态。

(11) 选中顶部的 Enabled 复选框，单击 OK 按钮。

Rule Options 字段应该进一步关注。这是指明大多数 Snort 规则逻辑的地方，也是放置真正有趣信息的地方。当前有 4 种类型的规则选项：meta-data，payload，non-payload 和 post-detection。机会是好的，因为大部分可能要搜寻的规则应该都是被用 payload 选项生成的，这个选项允许能够基于数据包中所具有的（或所缺乏的）定义好的字符串触发规则。尽管规则选项没有 Snort 自定义的规则能力强，不要忘记还有一个可用的用户社区规则库（在 www. snort. org）。除非试图匹配一个基于不寻常特性的规则，否则很可能该规则已经存在了。

(12) 完成所有的定制之后，将新策略分配给传感器并应用该策略。选择左窗格中的 Snort Sensors 并右击，选择 Edit item 选项，或者在右边窗格中双击该传感器行。

(13) 在 Policy 的下拉框中选择新策略，单击 OK 按钮。

(14) 右击传感器，选择 Upload policies to Sensors 选项。

(15) 在下一窗口中选中想要更新的每一个传感器旁边的复选框。如果任何应用到所选中的传感器的规则被修改了，状态列就会显示。即如果被修改了，状态就应该显示为 Sensor needs to be updated。若对选择感到满意，单击 Start 按钮。

(16) 完成后单击 Close 按钮。

在/etc/snort/rules/目录中包含一个叫做 local. rules 的文件。snort. conf 文件中有一项 include $RULE_PATH/local. rules，它可使这个文件中的规则有效。如果打开这个文件，会看到自定义的规则就在其中：

```
alert icmp any any  -> 192.168.1.104/32 any (msg:"TestRule"; classtype:icmpevent;
sod:1000001; rev:1)
```

由此产生的警告在 Snort 控制台的显示如下：

```
12/01-12:16:41.236240 [**] [1:1000001:1] TestRule [**] [Classification:
Generic ICMP event] [Priority: 3] {ICMP} 192.168.1.99 -> 192.168.1.104
```

在 Linux 系统上配置 Snort

在 Linux 系统上配置 Snort 的过程与在 Windows 系统上配置的过程很相似，最主要的差别是，在 Linux 系统中 snort. conf 文件中的默认（相对）路径不需要修改就能工作。需要下载适合系统的最新版本的 Snort，如果用 Fedora Core 5，就可以简单地用 yum 安装 Snort，或者可以从 snort. org 下载和安装 . rpm。

配置 Snort 选项

下一步就是使用 Snort 配置文件配置决定 Snort 怎样运行的各个选项。配置文件有极好的文档形式且很容易使用。若想使 Snort 按照自己的意愿来工作，则按照下面的简单步骤配置：

(1) 打开主 Sonrt 配置文件。默认情况下，它位于/etc/snort/snort. conf。

(2) 如果需要，可以配置 HOME_NET 变量，在所需要的行中删除＃。＃是 Sonrt 配置文件中的一个注释指示符。HOME_NET 变量界定哪个网络是“被信任”的内部网络。它和签名一起用于确定什么时候内部网络被攻击。默认情况下，通过 Snort. conf 中的 var HOME_NET any 行，HOME_NET 的值被设置为任何网络。这样设置会正确地反映内部网络地址空间，从而会减少收到误报警的数目。一个常见的例子是 var HOME_NET 192.168.1.0/24 或者是 var HOME_NET [192.168.1.0/24, 192.168.2.0/24]。

(3) 如果需要，配置变量 EXTERNAL_NET。这是你预想的发出攻击的网络。推荐的设置是将其设置为除了 HOME_NET 之外的任何网络，使用命令 var EXTERNAL_NET ! $HOME_NET（默认是 var EXTERNAL_NET any）。

(4) 下面定义什么服务器运行特定服务。例如，设置 HTTP_SERVERS 给指定的服务器，Snort 将只查看目标是这些服务器的 HTTP 攻击。如果想看到以没运行受关注的服务的服务器为目标的攻击，则保留默认选项，这会查看目标直指任何内部服务器的攻击（默认为 var DNS_SERVERS $HOME_NET）。如果有一个 Web 服务器在 192.168.1.11 和 192.168.1.12 上运行，应该通过设置下列变量告诉 Snort 只寻找以那个服务器为目标的 HTTP 攻击：var HTTP_SERVERS [192.168.1.11/32, 192.168.1.12/32]。

(5) 如果需要，配置可在其上得到服务的特定端口。例如，HTTP 的默认设置是 var HTTP_PORTS 80。与前面定义服务器部分类似，这会告诉 Snort 只寻找以特定端口为目标的攻击。保持默认选项，Snort 将忽略对端口 8080 的 HTTP 攻击。再次强调，这样的设置将会有助于确定 Snort 在何处寻找将发生的不同类型的攻击。

(6) 如果对搞清 AOL 即时通信（AOL Instant Messenger，AIM）的用法感兴趣，可阅读 snort. conf 文件，其中定义了 AIM 服务器的各种不同 IP 地址。这么做是因为 IP 地址经常改变，那么通过使用一个变量，就不必在每次 IP 地址修改时都更新规则。如果不想改变 AIM 的用法，那么不要担心修改这些 IP 地址。

(7) 从 http://snort. org/rules 下载 Snort 规则。单击页面右手边的 Download Rules（下载规则）。在 Download Rules 页面中标记为 Sourcefire VRT Certified Rules 的部分下载最新的规则。

(8) 把规则（和/doc 文件）解压缩到选择的位置上，典型的位置是/etc/snort/rules 和 /etc/snort/docs。

(9) 配置 RULE_PATH 变量，该变量告诉 Snort 在哪里找到用于触发事件的规则。可以用一个相对路径，例如，var RULE_PATH ../rules；或者是一个绝对路径，例如，/etc/sonrt/rules。

(10) 下面一部分有些注释掉的行，这些行用于禁止对某些不常见类型的通信量的侦查。除非认为这些警告有些问题，或者 IDS 有非常少的资源，否则还是保留默认配置（启用）较好。

(11) step 1 部分的最后几行允许为资源有限的系统配置侦查引擎。除非有其他考虑，否则保留这些选项。

(12) 之后配置文件的 step 2 和 step 3 部分允许启用或者禁用指定的功能并查看特定类型的攻击，如碎片攻击、状态检查和数据流重组选项。深入研究这些选项的每一个细节超出了本章的范围，并且多数情况下，接受默认设置即可。

(13) 标识着 step 4 的部分包含 Snort 的输出选项。去掉 output alert_syslog: LOG_AUTH LOG_ALERT 这一行的注释符（默认是被注释掉的）。不管在这里进行了什么设备和严重性的配置，snort 告警都会被生成为 auth.info。需要在命令行中包含 -s 开关以开通系统日志。第 5 章中将会详细讨论 syslog。如果还没有系统日志服务器去载入日志，那就做一个安装标记，安装系统日志服务器时再恢复它。

仍用前面有关 LOG_AUTH 和 LOG_ALERT 的例子，此时需要在系统日志配置文件中使用下面的命令将日志载入在 192.168.1.99 上的系统日志服务器：

```
Auth,info  @managmentserverIP
```

如果使用系统日志工具（syslog-ng），则需要定义一个日志目的文件，一个用来指定什么事件将被捕获的过滤器，以及在 syslog-ng 文件中的日志状态。下面是这种配置的一个例子：

```
destination d_lab { udp ("192.168.1.99" port(514)); };
filter f_most { level(info..emerg); };
log { source(s_sys); filter(f_most); destination(d_lab); };
```

(14) 编辑 #2 部分中的动态加载的库的路径，以便指到合适的路径上。依据 Linux 系统的发布版和安装方法的不同，这些路径可能不是默认的。例如，在 Fedora Core 5 上用 yum 安装 Snort，安装可能用到下面的路径：dynamicpreprocessor directory /usr/lib/snort/dynamicpreprocessor 和 dynamicengine /usr/lib/snort/libsf_engine.so。如果运行 Snort 时遇到一个下面的错误：*Unknown rule type: dynamicpreprocessor directory*，或者 *Unknown rule type: dynamicengine*，

这是因为安装 Snort 的时候，没有把它配置成可以使用动态装载处理器的。在这种情况下，只需简单地在每行的前面加上 #，注释掉就可以了。

(15) 最后一部分（#6 部分），包括各种各样的声明用来指定被选中的规则集。一些规则在默认的情况下是不被激活的，如 chat.rules，它只有在各种各样的即时消息客户端程序被使用时才被触发。激活或停用一个给定的规则，只需简单地在相关行的开头添加或删除一个 # 就可以。这一项可被留作一条相对路径（例如，包括 $RULE_PATH/local.rules)，因为 RULE_PATH 变量会扩展使它成为一个绝对路径。

(16) 如果需要任何标准的 Snort 版本所不包括的自定义的规则，可以从 Snort 的 Web 站点的 Rules 页上下载 Snort 委员会所提供的所需要的规则。如果要寻找一些特殊的规则，可能会在那里找到，而不需要自己创造规则。

现在已准备好启动 Snort 且可以看它的行为了。启动 Snort 时，可以用-i 开关指定一个将要进行监听的接口，如-i eth0。如果没有指定，它将指定第一个接口。用-c 选项告诉 Snort 哪个配置文件将会被用到。如果配置了多个配置文件，这就会非常有用了，这样会很快地根据特定的环境切换到相应的配置文件。可以为某些问题、片断或更深入的日志准备不同的配置文件。另一个重要的选项是-*A*，告诉 Snort 将会产生什么样的告警，其值包括 fast，full，console 和 none。

下面的例子使用的命令将会启动 Snort 监听第一个接口（不用-i），其报警只发送到控制台，所使用的配置文件在/etc/sonrt/sonrt.conf 中。-*I* 开关告诉 Snort 日志目录的

位置在哪里。-*K* 开关告诉 Snort 将产生什么类型的日志。ASCII 码日志对于人来说比较易读，但生成日志需要花一些时间。如果不考虑速度，ASCII 码日志对于读和人工分析是最容易的：

```
snort  -A console  -c /etc/snort/snort.conf  -l /etc/snort/log  -K ascii
```

可看到任何被触发的规则都会在控制台上产生一条信息且记录到 syslog 服务器中。如果在行的末端添加-s 开关，它将告诉 snort 将日志记录到在 snort. cohf 文件中所配置的 syslog 服务器中，但不会在 Sonrt 控制台上展现出来。如果想创建一条用于测试目的的规则，看看结果是什么样的，那么创建一个测试规则文件，如 TESTING. rules，将该文件放进规则文件夹（如/etc/snort/rules）。在这个文件中，可以加入下面一行，它只要在 ping 另外的系统时就会被触发：

```
Alert icmp any any -> any any (msg:"TEST rule";sid: 1000001;)
```

对 snort. conf 进行编辑，通过在文件最后插入下面的声明来读取新规则：include $RULE_PATH/TESTING. Rules. 。作为最后一步，编辑 snort \ stc \ sid-msg. map 文件。该文件提供 snort 告警信息和告警 ID 或者号码之间的映射。自定义报警应该用多于 100 万的 ID 号。在文件的最后添加下面的行：

```
1000001
```

加入 ID 号是 Snort 不输出一个错误的最小要求。可以在现存的信息地图（message maps）的指引下填满其他所有的字段。做完这些，需要停止并重启 Snort。下面是一个单独的 ping 和其回复的控制台输出的一部分：

```
10/12-21:29:35.911089 [**] [1:0:0] TEST rule [**] [Priority: 0] {ICMP}
192.168.1.99-> 192.168.1.103
08/10-18:22:20.284438 [**] [1:0:0] TEST rule [**] [Priority: 0] {ICMP}
192.168.1.103-> 192.168.1.99
```

也可以往 local. rules 文件中添加自己的自定义规则。打开该文件后，会发现它基本是空的，仅用来放置自定义规则。local. rule 默认地包含在 snort. conf 中，因此不必再添加它。但是，仍需要为 local. rules 中的任何规则编辑 sid-msg. map 文件。

-*A* 选项会转变在控制台上的报警显示，-*K* 选项控制报警是怎样记录到日志目录中的。应该试验不同的显示形式，以找出一种只需 Snort 主机的最小负担即可提供充足信息的形式。对于日常操作，可能想在日志文件中用快速告警，这条命令的形式看起来像采用 console 选项的发送到控制台的命令一样。可用的报警模型和日志形式在下面列出，以供随时参考：

■ -A console 日志在控制台以如下格式显示：

```
10/12-21:29:35.911089 [**] [1:0:0] TEST rule [**] [Priority: 0] {ICMP}
192.168.1.99-> 192.168.1.103
```

■ -A fast 日志用和控制台同样的格式，但是只把报警写入/snort/alert 文件而不输出到控制台。

■-A full 日志以如下格式写入 /snort/alert 文件：

```
[**] [1:0:0] TEST rule [**]
[Priority: 0]
10/12-21:38:53.741606 192.168.1.103-> 192.168.1.99
ICMP TTL:64 TOS:0x0 ID:6350 IpLen:20 DgmLen:60
Type:0 Code:0 ID:512 Seq:7936 ECHO REPLY
```

■-K pcap 这是默认模式，如果没有在命令行指定一个替代模式的话，这种模式就会起作用。这个文件将包含报警数据包的全部。可以用网络嗅探器如 Wireshark 来打开此文件。

■-K ascii 在 /log 下为每个 IP 地址创建一个文件夹。在这些文件夹中将为每个规则创建一个日志文件。日志的格式将会像 full 模式的报警格式一样。

■-K none 不创建任何日志文件。

恭喜你！现在已有了一个正在工作的 IDS。图 4.14 显示了在 Kiwi Syslog Daemon 控制台上显示的来自 TESTING. rule 的 syslog 报警。

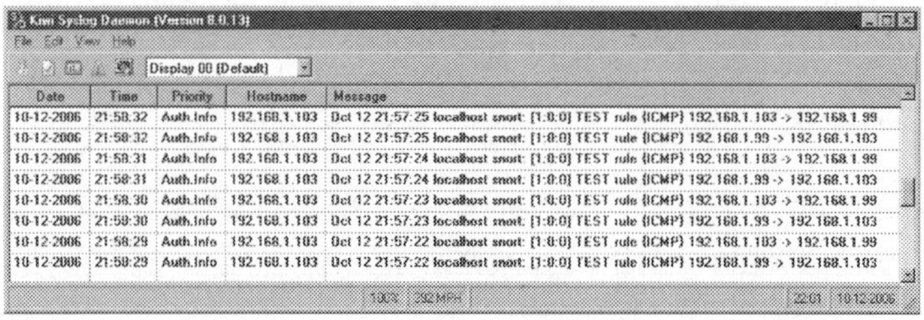

图 4.14 在 Kiwi Syslog Daemon 控制台上的 Snort 报警

Snort 的 GUI 前端应用

与 Windows 版的 Snort 一样，一些人感觉 Snort 的管理能够通过使用更强健的 GUI 界面而改善。有一些可用于对 Snort 进行配置和对 Snort 报警进行解释的 Snort GUI 产品可供选择。其中一些只是提供了可对 Snort 命令行中的选项进行配置的按钮和很少的附加功能，而另一些则能提供非常强大的附加功能。我们将在下节讨论一些较好的产品的操作。

Basic Analysis and Security Engine（基本的分析和安全引擎）

Basic Analysis and Security Engine（BASE）可以在 http://base.secureideas.net/about.php 下载。BASE 的目的是提供一种可分析 Snort 所产生的报警的基于 Web 的前端。它是由 ACID（入侵数据库分析控制台）工程衍生而来的。然而，ACID 更主要的是查看和寻找事件的通用的前端，BASE 则是专门针对 Snort 的一个应用工具。对 BASE 进行配置的前提是假设已经安装并配置了 Snort。安装 Snort 时必须用-with-mysql 开关，因为在默认情况下 Snort 不提供 MYSQL 输出的支持。在 Snort 的 Web 站点上有可用于某些操作系统的支持 MYSQL 的 RPM 包。如下是为运行 BASE 所必须的一些东西的列表：httpd，Snort（支持 MYSQL 的），MYSQL，php-gd，pcre，php-mysql，php-pdo，php-pear-Image-GraphViz，graphviz 和 php-adodb。按照下面的步骤安装并运行 BASE：

（1）下载并安装 MYSQL 和 BASE。

（2）编辑 /snort/snort. conf 文本，取消注释并编辑下面的行：

```
output database：log，mysql，user = snort password = snortpass dbname = snort
    host = localhost
```

（3）下面的几步是关于 MySQL 数据库的安装与配置的。安装 MySQL 后，在命令行输入 mysql 进入 MySQL 命令。这样进入一个交互式的命令模式里。所有命令的最后都要有分号。在默认的情况下，MySQL 的安装并没有设置口令。应该用下面的命令添加一个默认的口令：

```
mysql
mysql> SET PASSWORD FOR root@localhost = PASSWORD ('somepassword')；
```

为根账户指派一个口令后，简单进入 mysql 将不能使你进入交互式的命令模式。指派了一个口令后，输入 mysql　-u <username>　-p 命令，会出现要求输入所指派的用户口令（典型的是根用户）的提示。

（4）创建 Snort 数据库：

```
mysql> create database snort；
```

（5）现在需要授予 Snort 用户向 Snort 数据库中添加必要的表格的许可，用如下命令：

```
mysql> grant INSERT，SELECT on root. * to snort@localhost；
```

（6）现在应给 Snort 用户设置与你在 Snort 配置文件中用的相同的口令：

```
mysql> SET PASSWORD FOR snort@localhost = PASSWORD('snortpass')；
```

（7）用下面的命令为 Snort 数据库增加一些附加的许可：

```
mysql> grant ALL on snort. * to snort@localhost；
mysql> grant ALL to snort；
mysql> exit
```

（8）现在 Snort 数据库已经被创建，必须为它创建 Snort 应用表格。用下面的命令创建表格：

```
mysql  -u root  -p < /etc/snort/schemas/create_mysql snort
```

命令完成后，不会给出任何有关成功的指示，所以有必要手动检验表格是否已被创建。

提示

如果安装的包不包括 /snort/schemas/ 目录，可以下载源包且从中提取该目录。对于 Fedora Core 5，因为一些原因，安装支持 MySQL 的 Snort 时并不包括 schemas 目录。

（9）输入下面的命令检验 MySQL 是否在 Snort 数据库中被创建，应该看到与下例相似的输出：

```
mysql  -u root-p
show databases;
+----------- +
| Database |
+----------- +
| mysql |
| snort |
| test |
+----------- +
use snort;
show tables;
+------------------- +
| Tables_in_snort |
+------------------- +
| data              |
| detail            |
| encoding          |
| event             |
| icmphdr           |
| iphdr             |
| opt               |
| reference         |
| reference_system  |
| schema            |
| sensor            |
| sig_class         |
| sig_reference     |
| signature         |
| tcphdr            |
| udphdr            |
+------------------- +
Exit
```

数据库的列表不重要，当然，只要 Snort 数据库存在即可。展示表格的列表必须是正确的，如果有任何丢失，运行 Snort 时就会产生错误。

（10）安装 php-gd，用来在 BASE 中产生图表。在 Fedora Cora 5 中可以用 yum install php-gd 安装。

（11）安装 ADODB，用于 PHP 的数据库抽象库。在 Fedora Cora 5 中可以用 yum install php-adodb 安装。

（12）现在配置 BASE。编辑 /usr/share/base-php4/base_conf. php 文件，合适地配

置下面行中的路径和设置：

```
$BASE_urlpath='/base';
$DBlib_path='/usr/share/ododb';
$DBtype='mysql';
$alert_dbname='snort';
$alert_host='localhost';
$alert_port='';
$alert_user='snort';
$alert_password='snortpass';
```

你应该不能访问网址 http://localhost/base/的 BASE 网页。

工具和陷阱

发现和处理故障的提示

- 可以通过对/usr/share/base-php4/base-php4. conf 文件进行如下编辑来激活 BASE 中的调试功能：

```
$debug_mode=2;
```

- 利用 chkconfig 确定 MySQL，Snort 和 Httpd 都在运行：

```
Chkconfig  --list | grep snort
Snortd 0:off 1:off 2:on 3:on 4:on 5:on 6:on
```

如果所有的项都是“关闭”，那就是该服务被配置成没有开始，尝试使用 service snort start 命令。

- Httpd 可能需要重新启动才会使一些被改变的配置生效；当不确定时，就重新启动它，这样会更保险些：

```
service httpd restart
```

- Httpd 的访问记录和错误记录可以在 /etc/httpd/logs 中找到。
- 可以通过对/etc/httpd/conf/httpd. conf 进行如下编辑来控制 httpd 的日志级别：

```
LogLevel debug
```

- 如果出现 URL 不能被发现的问题，则/etc/httpd/conf. d/base-php4. conf 文件将告诉 Web 服务器把目录/base/改名为/usr/share/base-php4/。

第一次启动 BASE 时，没有创建任何数据库表，出现的是如图 4.15 所示的页面。

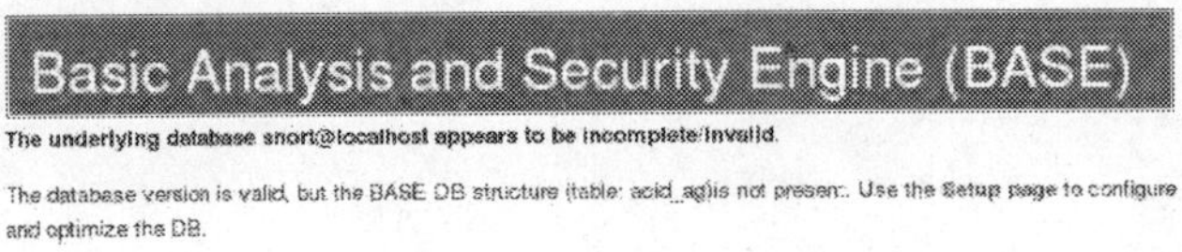

Basic Analysis and Security Engine (BASE)

The underlying database snort@localhost appears to be incomplete/invalid.

The database version is valid, but the BASE DB structure (table: acid_ag)is not present. Use the Setup page to configure and optimize the DB.

图 4.15 BASE 安装

(13) 单击 Setup page 链接。

(14) 单击页面右边的 Create BASE AG 按钮，出现如图 4.16 所示的一些成功信息。

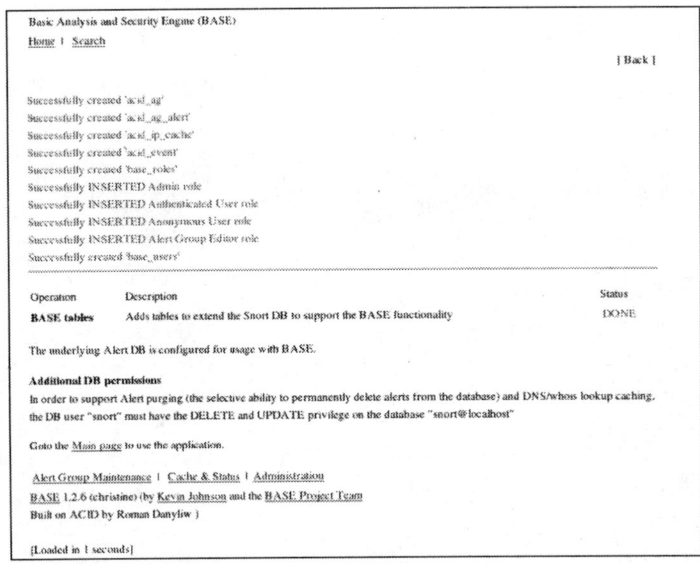

图 4.16 BASE 成功

(15) 单击 Main Page 链接，返回到最初的 BASE 界面，如图 4.17 所示。

尽管这个窗口可能不太奢华，但是在这里可以发现大量的信息。实际上，大多数的域都是链接。例如，单击 Today's alerts 的右侧，得到惟一报警的分类列表、一个所有报警的清单或者一个按源 IP 地址或目的 IP 地址分类的列表。其他沿着左边标题也提供相似的功能。值得详细介绍的是 Most Frequent 15 addresses 项右侧源地址的链接。这里显示大多数的报警是由哪个系统引起的，如果打开那个窗口（图 4.18），会发现里面有一些额外域也是超链接的。

注意底部标着 ACTION 的区域，在这里可以配置报警组。报警组就是不用逐级进入各种各样的菜单就能够快速查看报警子集的快捷方式。例如，假如要知道任何时候 192.168.1.1 所产生的报警，可以选中 192.168.1.1 复选框，然后在 {action} 的下拉框选择 Create AG（根据名字）。在 action 栏里输入 1_ALERTS 作为报警组名字。最后单击 Selected 按钮。

在下一个窗口能够为新创建的报警组输入其描述。为该组输入一条有意义的文本描述并单击 Save Changes 按钮。下一个窗口显示来自 192.168.1.1 的所有报警的列表。这个窗口就是报警组。将来如果想快速查看这些报警组，可以单击每一页底部的 Alert

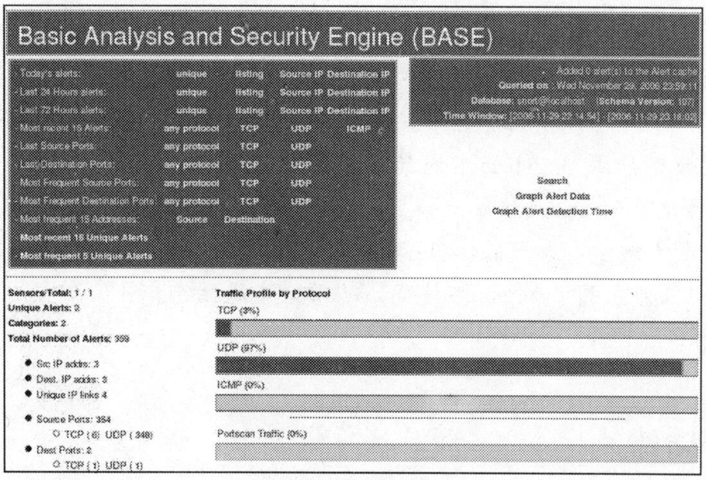

图 4.17　BASE 主页面

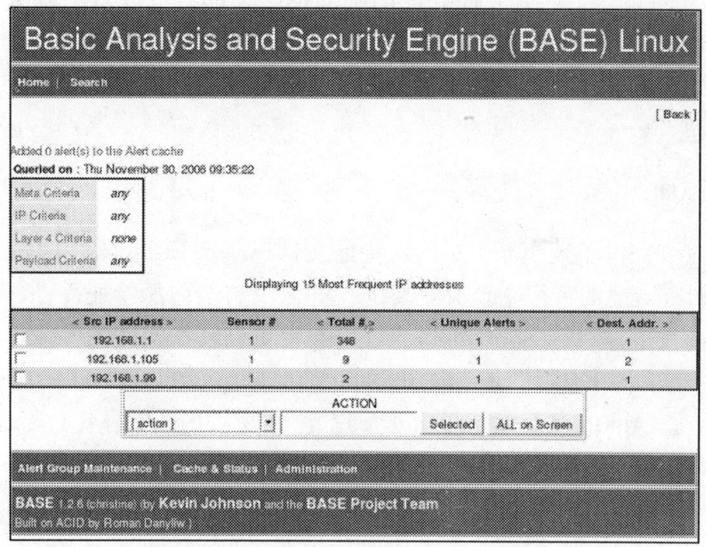

图 4.18　由系统引起的 BASE Frequent

Group Maintenance 按钮，然后选择要查看的报警组。这样，查看任何一个报警子集只需单击两次，类似直接通向一个特殊的过滤标准子集的快捷方式。

需要说明的另一个特征是在每一页底部的管理链接。这可以跳转到为 BASE 配置用户的界面。在管理界面有 4 个选项：列出用户、创建一个角色、列出角色、创建一个角色。这些界面可以创建用户且指派给它们各种各样的角色。如果单击 List Roles，可以看到 4 个预先定义的角色。如果想在管理角色里指派一个用户，可以简单地单击 Create a User（创建一个用户）。输入登录名，一个全名或者一个描述性的名字，还有一个密码。在下拉框中选择一个角色，然后单击 Submit Query（提交查询）。在编辑 base_conf.php 文件并改变 $ Use_Auth_System＝1；的值之前，这里的每一个设置都不起作用。0 值（默认）意味着鉴定不起作用且每个人都有全部访问 BASE 的权限。只有管理员角色才能访问管理员界面。

提 示

记住命令行中 Snort 的不同的日志选项。以前，我们用-A console，它会把 Snort 事件记录到 Snort 终端。如果用一个不同的前端查看 Snort 报警，则把日志添加到控制台就没有太大的价值了。当启动 Snort 时，可以用-A none，这将会使 snort 不把任何东西记入 Snort 终端，从而提高了性能。

其他 Snort 插件

Snort 的应用工具和附加产品的数量是惊人的。其中一些着重于解决诸如保持 snort 规则库最新等的关键问题，而其他的则提供附加的性能改进的方法，如快速产生日志。如果正在寻找一个特殊的功能或选项，则应该在因特网上查找，并且可能会发现所需要的功能竟然已经存在。如果确实找到了一个感兴趣的附加产品，记住在运用到生产环境之前先测试它。

应用 Oinkmaster

你可能已对没完没了地更新 Snort 的特征文件感到厌烦了。因为 Snort 是一个基于特征的 IDS，拥有当前的特征是至关重要的。如果没有当前的特征文件，你将不会意识到攻击就在面前发生。尽管 Snort 不包含任何自动更新特征文件的手段，但有其他一个帮助工具，它的名字是 Oinkmaster（http://oinkmaster. sourceforge. net/features. shtml)。Oinkmaster 是一个 Perl 脚本，可以从 Snort 站点上自动更新 Snort 规则。因为它使用的是 Perl 语言，Oinkmaster 将运行在 Linux 或 Windows 的 Snort 主机上。Oinkmaster 脚本可被预设成多么频繁地运行和监测更新都可以。为了下载 Snort 规则而不要需要等到 Snort 的下一个版本发行，需要在 Snort 站点上注册，可以免费在 https://snort. org/pub-bin/register. cgi 注册，一个密码将会发送到注册时所留下的邮箱里。Oinkmaster 的配置方法如下：

(1) 登录注册到 Snort 站点后，单击链接 User Preferences。

(2) 在页面的底部有一个名为 Oink Code 的部分，单击 Get Code 按钮。

(3) 复制这段代码，以供 Oinkmaster 的配置文件使用。

(4) 在 Oinkmaster 站点下载最新的压缩包 tar. gz。

(5) 把文件解压到 /etc/oinkmaster 文件夹下。

(6) 编辑 Oinkmaster. Conf 文件。找出指定当前规则集所在的 URL 的行（可以搜索 CURRENT)。删除#，取消对该行的注释，然后把在步骤（3）中复制的 oink 代码粘贴到行中的<oinkcode>位置：

url = http://www. snort. org/pub-bin/oinkmaster. cgi/< oinkcode >/snortruless-napshot-CURRENT. tar. gz

(7) 用下面的命令启动 Oinkmaster：

```
oinkmaster.pl  -C /etc/oinkmaster/oinkmaster.conf  -o /etc/snort/rules
```

这些都完成后，Oinkmaster 将会说明什么规则被改动/更新了。也可以在命令行方式下，通过用-u　<URL>选项指定 URL 的方式来检索规则。为了配置 Oinkmaster 脚本的日常运行，通过下面的命令使用 crontab：

```
crontab  -u <user>  -e
```

在<user>处输入运行 Oinkmaster 时的用户名。这样，该用户打开控制台。把下面的行加入到 cronta 中将会使 Oinkmaster 在每天晚上的 2：00 运行。如果愿意，有一些 GUI 可用来配置 cron 域，如 gnome-schedule：

```
0 2 *** oinkmaster.pl  -C /etc/oinkmaster/oinkmaster.conf  -o /etc/snort/rules
```

现在 Snort 规则应该保持是最新的了。记住，如果改变 Snort 的版本，与之相应的规则所在的 URL 可能也会改变，在这种情况下需要相应地更新 Oinkmaster. Conf。

警 告

因为 Oinkmaster. Conf 文件包含更新 Sonrt 规则的路径，如果这个文件没有安全的访问许可，那么某些会编辑这个文件的人会使 IDS 不起作用。有了编辑配置文件的能力，一个恶意的用户就可以选择 URL，该 URL 上有不会触发任何事情的一个空规则集，或者更糟，规则会很好地工作却惟独忽视攻击者的 IP 地址。确保 Oinkmaster. Conf 是安全的且只有正在运行 Oinkmaster 的账户才有权访问这个文件。

其他研究

如果有一些问题用所介绍的各种 Snort 工具还是不能解决，那么还有其他一些选择。这里介绍的一些工具可能会比其他的对用户更加友好（即易于使用）。这里有一少部分额外的工具被高度认可且可能当运行 Snort IDS 时会有所帮助，其中既包括基于 Windows 的，又包括 Linux 的工具。

- ACID　ACID 代表入侵数据库分析控制台。可以从 http://acidlab. sourceforge. net/下载。BASE 的代码就是基于 ACID 的，所以它们的界面非常相似。如果只想用 Web 前端查看 Snort 日志，则 ACID 可能除 BASE 外不用购买任何东西。如果想从一个额外的非 Snort 的来源输入数据，则 ACID 可以非常灵活地完成这个任务。
- Barnyard　可以从 http://sourceforge. net/profect/showfiles. php? group_ id＝34732得到。它主要用于减轻 Snort 的记录日志的负担。有了 Barnyard，可以将 Snort 日志配置为二进制数据（它是 Snort 记录日志的最快的方式，但不是很人性化），然后用 Barnyard 获取这些二进制日志并转化成人性化的 ASCII 或者把它们输入数据库中。对于一个 IDS 上的报警量很低的小型环境，Barnyard 可能是不需要的。Snort 自身支持将日志存到一个 MySQL 数据库，而不需要用 Barnyard。

- Sguil sguil（http://sguil.sourceforge.net/）发音为 sgweel，代表 Lamerz 的 Snort GUI。它被视为网络安全监视的分析控制台。Sguil 的设计目的远不止是一个仅能查看 Snort 报警的控制台。Sguil 还为分析家提供了对一个报警进行深入研究的能力，以及易于对所捕捉的包进行研究的所有方法。实质上，sguil 将多种安全工具集成到一个界面上，以更容易地访问。Sguil 的开发者提供了一个可以通过 Web 连接的演示传感器，以观察 sguil 的活动。为了应用这一工具，可以下载和安装客户端程序，然后连接到传感器 demo.sguil.net 的端口 7734。遇到提示时，随便输入任何名字和密码，然后选择控制台上名字为 reset 的传感器。Sguil 是一个研究 Snort 报警的强大工具，但是配置和安装却是一件很让人头疼的事情。
- Snortsnarf 这是一个日志分析器，其目的就是专门用来分析 Snort 日志。可从 www.sonrt.org/dl/contrib/data_analysis/snortsnarf/下载。

效果演示

一个有关网络数据收集的长久争论的话题是传感器应该布置在何处。无论是 IDS 传感器还是报告传感器，如 PRTG 通信量记录器，都是如此。最大的争论是把传感器放到防火墙的外面还是里面。这是因为两者的数据是完全不同的。当把传感器放到边界防火墙外面时，可以看到从因特网连接过来的全部通信量，包括被防火墙阻止的通信量。如果传感器被放置在边界防火墙的里面，则只能看到允许通过防火墙的通信。

不可否认的是，与安全最相关的通信量是受到管理并穿越防火墙到达内部网络的通信量。它们隐藏着攻击、探测器等一些东西，需要认真地检查和监测，以确保网络不受攻击。如果一切都配置得当，一个边界内的 IDS 就只能看到很少的通信量，除了和 IT 策略相关的触发器，如文件共享或者即时通信协议。所以如果能够令安全官员感兴趣的所有数据都在网络内部，你就可能会觉得一个置于外部网络的探测器没有什么价值了。

把传感器置于网络外部的最大的价值其实与大众有关。对于网络安全来讲，不幸的事实是，如果所有的事情都做好了，没有人会看到你做的任何事情。没有信号灯或指示器告诉人们网络性能良好且是安全的。如果把 IDS 置于边界的外部，你就可以基于 IDS 监测到的通信量来提取报告。这可以用来向管理层表明你的安全努力是多么有效。说“网络运行良好”固然很好，但是其效果可能赶不上一页附有饼图的报告。一个关于传感器所监测到的攻击的正式总结可能会列举出一些基本的事实，例如，“56 000 例红色蠕虫代码被拦截，比上个月上升了 5%”等。仅需一个老的 PC 机和一点点超前的努力，写这样的报告可能不用费多大的劲，但是却可以让公众理解你为了网络安全所做的工作的成效，从而帮助你获得巨大的收获。

任何系统，当没有保护地暴露在因特网时，一定要记住它将会受到攻击。如果 IDS 被置于边界防火墙之外，那么除了其本身外，将没有什么可以保护它。这就意味着 IDS

必须是尽可能坚固的、安全的，以确保它不变成被黑客利用的系统。在这种环境下，一种最好的防御方法是给 IDS 加上网络阀门（不是免费的）来确保 IDS 只从网络接收而不被穿透。对于在因特网中建立只接受的电缆存在各种各样的讨论。有少量的研究的确发现了一些有趣的设计并进行了尝试。这种只读线路的成功与否将极大地依靠系统的网卡和所连接的交换机或集线器。尽管这不会使 IDS 传感器在攻击面前无懈可击或者减少加强它的需要，但这种配置将会使它非常难于被攻破。

小结

Snort 无可争议地处于开源 IDS 的领导地位，因此有一些优点。一个优势是它有巨大的不同的用户群体。这样的用户群使你可以在网上找到很多有关运行、配置和制定 Snort 的帮助和信息。尽管 Snort 不如商业化的软件包那样强大，但可以结合一些功能和工具使 Snort 成为一个企业级的 IDS。不用在软件上花费成本，就可以拥有一个工业标准的 IDS，它有一个巨大的特征库，并且还有定制自己特征的能力。特征可以自动地更新，以保持其是最新的，并且可以用一些 GUI 前端在一个中心位置来远程配置和管理一些 Snort 传感器。所有的这些优点加起来，不仅实现了很高的价值，增强了安全性，而且不用增加额外的软件成本。

快速解决方案

入侵监测系统

√ 实现一个 IDS 最常用的办法是拥有一个系统监视器且监测（嗅探）一条给定链路上的所有通信量。

√ 一个将通信量与一个已知特征数据库相比，以发现不希望的通信量的 IDS 就是一个基于特征的 IDS 的例子。

√ 一些 IDS 系统是基于异常的，它的意思是 IDS 试图根据实际网络数据建立一张“正常”的通信量表，然后根据通信量表来标记任何不符合表的通信量。

配置入侵监测系统

√ 将 IDS 置于何处是关键。如果 IDS 没有放置到合适的位置，将会丢失报警且误认为系统比实际要安全。

√ IDS 是本书所涉及的所有设备中需要硬件资源最多的安全主机（防火墙居于第二），所以当选择 IDS 所用的硬件时，一定要做好计划。

√ 记住，即使把它放置到适当的物理位置，也需要一个网络集线器让 IDS 可以查看去往其他设备的通信量，或者如果用的是交换机，则必须使用接口镜像。

在 Windows 系统上配置 Snort

√ 记住，在 snort.conf 文件中的每个路径都必须是绝对路径，往一个单独的错误路径都会使 Snort 不能正常地运行。

√ 为了让 Snort 能在 Windows 上应用，WinPcap 是不可少的，它也是为在 Windows 上使用其他一些的网络功能所必须的。
√ IDS 策略管理器可以被用来集中配置和管理 Snort 进程和 Snort 规则。

在 Linux 系统上配置 Snort

√ 也许想要一个如 BASE 这样的 Snort 报警前端来查看告警。
√ 如果环境是 Windows，则可以从 Windows 系统上访问告警而不用在 Linux IDS 主机上查看 Snort 控制台。

其他 Snort 插件

√ 如果没有人去注意它产生的报警，则一个功能完全的 IDS 没有太多的价值。一个好用的报警控制台给 IDS 增加的价值在于可增加人们对告警的注意力。
√ 推荐使用 Oinkmaster 来自动保持 Snort 特征文件总处于最新状态。

效果演示

√ 一个有关网络数据收集的长久争论的话题是传感器应该布置在何处。
√ 最大的分歧就是应该把传感器放置在防火墙的外面还是里面。
√ 不可否认的是，与安全最相关的通信量是受到管理并穿越防火墙到达内部网络的通信量。它们有可能隐藏着攻击、探测器等一些东西，需要认真地检查和监测，以确保网络不受攻击。

常见问题

以下常被提及的问题，本书的作者都一一做出了解答。设计这些问题用来测试对本章出现的概念的理解，并帮助读者在实际生活中应用这些概念。如果还有其他问题，浏览 www. syngress. com/solutions 并点击 Ask the Author 一栏。

问：怎样配置 Snort 发送 E-mail 报警?

答：不能，Snort 本身并没有发送 E-mail 报警的功能。这是有意设计的，因为处理 E-mail 报警会增加 Snort 进程不适当的负担，那样有可能导致掉包或者丢失报警。最简单实现这一功能的方法是用一个日志分析工具，如 Swatch。Swatch 和其他日志管理应用程序在第 7 章详细介绍。

问：怎样能在 IPS 上运行 Sonrt，而不是在 IDS 上运行?

答：Snortsam（www. snortsam. net/）被设计成能在一个防火墙上根据某种 Snort 报警自动调节规则。这是一个成熟的工具且仍在不断发展。也可访问 www. snort. org/dl/contrib/patches/查看 Snort 网站上的用户贡献部分中对应用程序的一个分类。Snort 本身也有一些有限的能力来采取行动，尤其是当执行“在线模式”时。还可以参考在 www. snort. org/docs/snort_htmanuals/htmanual_260/node7. html 更多有关 Snort 自身支持 IPS 的更多文档。

问： 怎样才能创建一个能够被“X”应用通信量触发的 Snort 规则？

答： 首先在线查找，通常可发现已有现成的规则。如果没有，一般的作法是捕获数据包（例如，用 Wireshark），然后观察这个包。需要特别识别所有数据包（若不是所有，起码是初始数据包）都共同具有的某些东西。凭借某些字符串能惟一地把该应用的数据包从其他包中识别出来，用规则的“有效载荷”选项把该字符串放到规则里。查阅在线 Snort 手册的规则选项域以获取更多的信息。

问： 怎样才可以使 Snort 传感器更安全？

答： 有很多办法。首先，在传感器本身上配置一个防火墙来保护它。可以只过滤访问传感器本身的通信量，这样就不会误将你想要用之触发报警的通信量过滤掉。还可以使 Snort 监听一个没有 IP 地址的接口，这样可以使黑客很难找到传感器（查看主要的 Snort 常见问题可以得到关于为什么这样做的说明）。

第 5 章
管理事件日志

本章主要内容：

- 产生 Windows 事件日志
- 创建 Syslog 事件日志
- 保护事件日志
- 应用知识

√ 小结
√ 快速解决方案
√ 常见问题

引言

事件日志对了解在一个系统中发生了什么事情是非常有价值的。典型的事件日志范围和 IDS（intrusion detection system）的输出是很不同的。这是因为，一般地讲，事件日志是为特定的系统和应用所特意量身定做的。通过使用正确的应用工具，甚至可以为定制的应用或批处理文件/脚本创建事件日志项。例如，如果在一个服务器上有一个删除旧的临时文件的批处理文件，可以使它如果在删除的过程中有错误就发送一个日志信息到 syslog 服务器。当谈到免费事件日志（产生日志的免费软件和接收日志的免费软件）时，有两种基本的格式可能会碰见并广泛应用。在 UNIX 世界里有 syslog，它是集中记录日志方面的事实上的标准。另外，还有 Microsoft 所拥有的事件日志，只能用在 Microsoft 的系统上。因为 Microsoft 选择不支持 syslog，我们将讨论如何才能最充分地使用 Windows 事件日志。除了配置和产生日志外，还将介绍如何分析日志和为有意义的事件产生通告。

产生 Windows 事件日志

Windows 事件日志分为 6 个主要类别：应用、安全、系统及域控制器、目录服务、DNS 和文档复制。通过“开始｜运行｜eventvwr. exe 可以查看一台 Windows 主机上的日志。事件查看器只是一个 MMC 控制台插件，如果愿意，可以把它增加到 MMC 控制台上，而不用单独运行事件查看器。应用日志自然是针对具体应用的，并且依赖产生日志的应用程序为事件日志提供有意义的信息。因为这样，来自具体应用程序的支持可能是极大不同的。当这个应用程序是 Microsoft 的应用程序时，其事件日志支持是很不错的，而且这样的日志通常提供相对详细的信息。其他的应用程序可能完全不支持 Windows 事件日志，并且这些应用程序可能不会产生任何有关自己的日志。Event Viewer（事件查看器）如图 5.1 所示。这个事件查看器试图成为查看和保存 Windows 事件日志时的主要访问对象，尽管还有一些可用来对日志进行操作的额外工具，既有 Microsoft

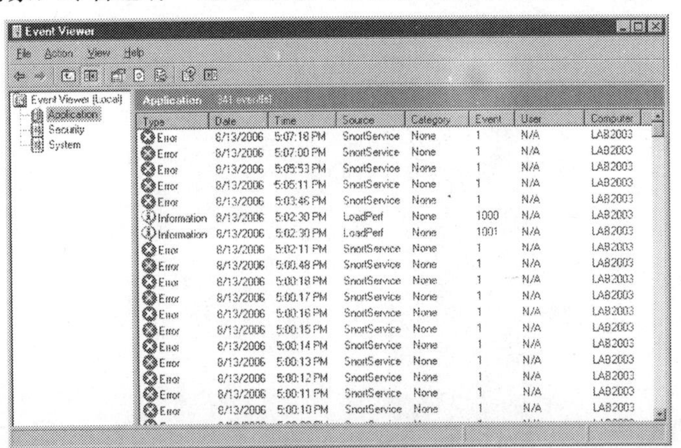

图 5.1　Windows 事件查看器

提供的，也有第三方提供的。

使用事件查看器很简单。在左侧面板里选择想要查看的事件类别，在右侧面板里就会显示该类事件。可以在右侧面板里双击一个事件，查看该事件的详细信息。事件属性窗口将会显示全部的事件条目，包括所有与在主要的事件查看器窗口中看到的相同的概要信息，加上该事件的完整描述。有时这些描述包括很有价值的解决故障的信息。事件属性窗口如图 5.2 所示，Windows 版的 Snort 支持将日志记入 Windows 事件日志中。

事件的列表是十分冗长的。幸运的是，有可以对事件进行过滤和搜索的机制。如果要对所显示的事件列表进行过滤，选择“查看｜过滤”，然后输入事件列表进行过滤的条件。如图 5.3 所示。

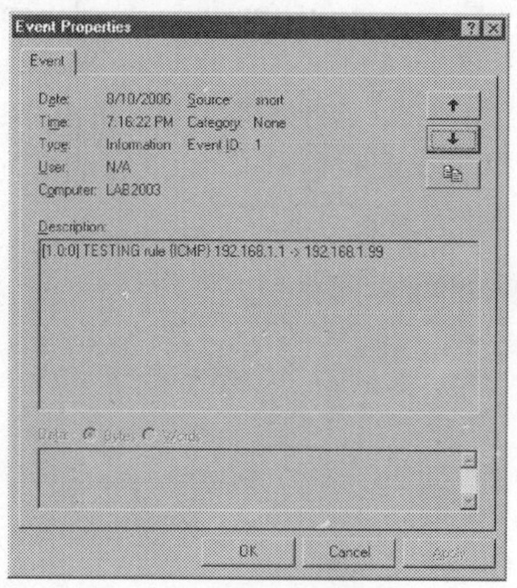

图 5.2　事件属性

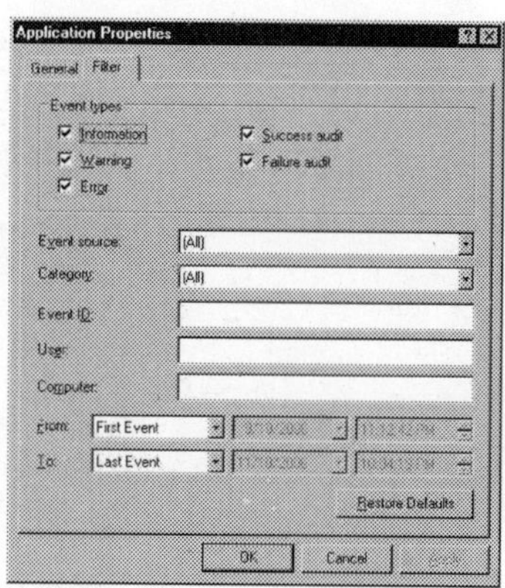

图 5.3　过滤窗口事件

表中大多数区域的名称已说明了其作用。如果知道所要查找的事件的 ID，则 EVENT ID 通常是为一个特殊的事件而过滤列表的最快方法。User 区域中填入当事件产生时，产生事件的程序正在其名下运行的那个用户。在大多数情况下，这将简单的是 NA 或者 SYSTEM，它们不经常用。这个区域通常在查看安全日志时才最有用。对配置感到满意后，单击 Apply 按钮，然后单击 OK 按钮。事件列表会立即被过滤。为了删除过滤器且显示所有的事件，返回到过滤列表，然后单击“恢复默认”按钮。

提 示

事件日志的详细信息有时候是语意不清的。如果一个特定事件的意思不是特别明了，则在因特网上很多地方可以获取这些特定事件的信息（包括 www.Microsoft.com）。一个常用来查看事件的站点是 www.eventid.net。这个站点包括一个表格，用于输入事件 ID 和源，也有连接到 Google 和 Microsoft 的 Web 网页的超链接以搜索有关该事件的信息。

用组策略生成 Windows 事件日志

在默认情况下，Windows 系统自动为特定类型的事件生成事件日志条目。而单独的应用软件会基于编程产生事件。记录日志的水平是足够日常使用的，但想要为很多额外的东西生成日志条目，尤其是安全事件。配置操作系统使之产生与安全有关的事件日志是相当容易的，只需通过 Microsoft 管理控制台（MMC）配置策略来激活审计即可。导航到“开始 | 程序 | 管理工具”即可访问控制台。所有列出的应用工具，如服务，其实都是 MMC 管理插件。也可以自定义 MMC 控制台，增加选择的管理插件而不用再单独查看这些管理插件。需要加载“安全配置和分析”插件来配置审计。为了实现这个目的，选择 Start | Run，输入 mmc，然后单击 OK 按钮，这样就会打开完整的 MMC。第一次打开时，MMC 中没有任何插件载入。单击 Console | Add/Remove Snap-in，然后在 Add/Remove Snap-in 对话框中单击 Add 按钮。在 Add Standalone Snap-in 对话框中选择 Security Configuration and Analysis 插件（图 5.4），单击 Add 按钮，然后单击 Close 按钮。单击 OK 按钮关闭“添加/删除插件”对话框完成该过程。这个过程可以多次重复，以便添加多个的插件到 MMC 控制台上。

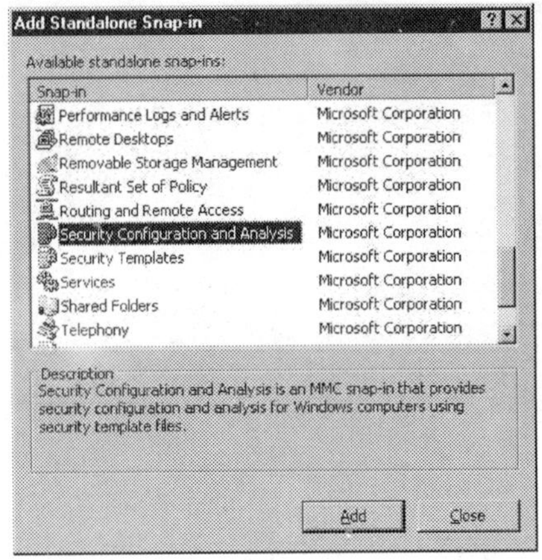

图 5.4　增加独立的插件窗口

现在已有插件添加到 MMC，下一步创建新的安全配置数据库。右击 Security Configuration and Analysis 插件并选择 Open Database 选项。第一次打开时，其中没有任何安全数据库，需要创建一个新的。输入一个后缀为 .sdb 的名字，然后单击 Open 按钮。在下一个窗口选择一个安全模板来导入。选择 Setup Security. inf 后单击 Open 按钮。做完了这一步，再次右击 Security Configuration and Analysis 并选择 Analyze Computer now 选项。在下一个窗口为日志文件选择一个路径和文件名（或者是接受默认的路径和文件名），然后单击 OK 按钮。分析完成后，在“安全配置和分析”栏会显示一些可扩展的条目。

在 MMC 中导航到 Security Configration and Analysis | Local Policies | Audit Policy 可以对审计策略进行设置。可以查看 Microsoft 有关保护 Windows 2000 的安全建议，其中包括审计设置，网址是 www. microsoft. com/technet/security/prodtech/windows2000/secwin2k/default. mspx。如果是 Windows 2003，则可以参考文章 http://www.microsoft.com/technet/security/prodtech/windowsserver2003/w2003hg/sgch00.mspx。一些非常重要的审计选项列在下面，同时还有一些有关最安全设置的建议。记住，激活大量的审计将对主机系统的性能产生不利的影响。必须仔细权衡拥有审计踪迹与当实现多种审计选项时将要损耗掉的资源之间的利弊。

- **审计账户登录事件** 在“审计账户登录事件”和“审计登录事件”之间有一些细微但很重要的差别。账户登录事件只有当本地账户登录到其他计算机上才发生。对于独立地处在隔离环境中的服务器，这样的事件是不会发生的。当这种类型的审计被用在域控制器时，你将会看到大多数由这种类型的审计产生的日志。
- **审计账户管理** 保持它的设置为“成功”或“失败”，会追踪何时发生了密码改变、账户创建和删除及组成员改变。应该对此设置所产生的审计记录进行密切监视以找出未授权活动，它们可能意味着一个系统攻击。
- **审计目录服务访问** 这将会为活动目录事件创建事件日志项，对发现安全问题很有用。
- **审计登录事件** 设置为“成功”或“失败”。这是单个最重要的审计项目。这些审计事件说明谁和什么时间想要登录，或许更重要的是，是否登录成功。这种设置将提供试图强力登录的明显证据且极有希望使你尽快调查试图登录的来源并及时采取纠正措施。
- **审计对象访问** 保持为“成功”或“失败”。这是另一个重要的审计设置。它将记录对对象的访问，如打印机、注册密钥、文件夹或者个人文件。基本上，它将审计系统存取控制列表（SACL）所定义的任何事物。
- **审计策略变换** 保持为“成功”或“失败”。当有人更改（或者试图更改）策略时它将被触发。一个成功攻破了某个系统的黑客可能会试图改变系统的策略，以使他在这个被攻破的系统上有更多的自由。
- **审计特权使用** 根据 Microsoft 所说，这一设置将会“审计用户行使其用户权利的每一个实例”。初听起来，这可能是很容易的，但是在实际中，它经常产生太多的数据，以至根本不能用。如果你的环境确实需要审计这样的事件，则把它设置为仅审计“失败”事件就足够了。大多数情况下，在用于日常工作的系统上将本项设置为“不审计”，而只为特殊的查找故障的活动而激活。
- **审计过程跟踪** 类似“特权使用”，这个设置会产生大量的数据且对性能产生重大影响。在大多数情况下，应该设置为“不审计”，除非正在查找特定的问题。
- **审计系统事件** 保持“成功”或“失败”。只有当影响整个系统的事件发生时，这个事件才会触发，如系统启动和关闭，或者是影响系统安全或安全日志的事件。

所有的这些都会使审计事件被产生并记录在事件日志里。另外一个为之产生审计事件可能很有用的项目是访问特定的文件。一些文件，尤其是可执行的，当它们被访问时，会发现为这些访问行为创建审计事件是很有用的。为了激活对特定文件的审计，按照下面的步骤操作：

(1) 在左侧面板里“安全和配置分析”栏下面选择“文件系统”。

(2) 导航到包括要审计文件的目录并在左侧面板里选择它。在本例中将用位于%

systemroot％\system32\的 cmd.exe 文件。

(3) 在右侧面板里找到 cmd.exe 并双击这个文件。

(4) 单击 Edit security 按钮。

(5) 为不同的账户配置不同的访问设置。

(6) 单击 Advanced 按钮。

(7) 选择窗口顶部的 Auditing 选项卡。

(8) 单击 Add 按钮。

(9) 选择当访问 CMD.EXE 时要审计的用户和组，然后单击 OK 按钮。

(10) 选中要审计事件的复选框。例如，Traverse Folder/ExecuteFile。

(11) 单击 4 次 OK 按钮关闭所有的窗口。

(12) 在左侧面板里导航到 Security Configuration and Analysis | Local Policies | Audit Policy。

(13) 在右侧面板里双击 Audit Object Access 并选中 Success 和 Failure 复选框。

(14) 单击 OK 按钮。

(15) 在 MMC 左侧面板中右击 Security Configuration and Analysis 并选择 Configure Computer Now 选项。

(16) 为日志文件选择一个名字和存放位置，然后单击 OK 按钮。

这个例子里把 Everyone 组的 Traverse Folder / Execute File 同时设为“成功”和“失败”，这样任何时候，只要 cmd.exe 被执行，就会在事件日志中创建一个事件。一个管理员成功访问 cmd.exe 的文档例子示于图 5.5。

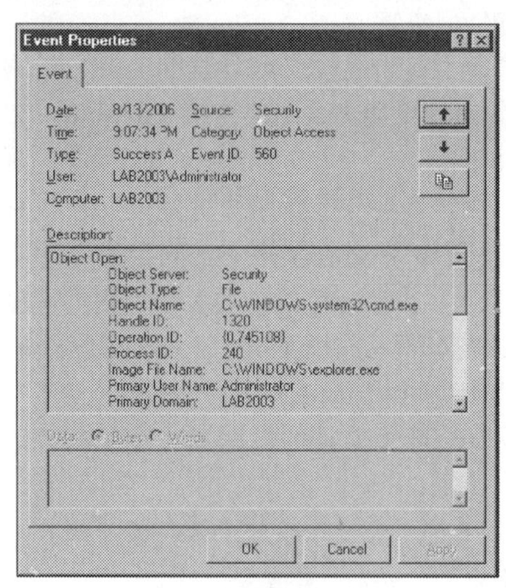

图 5.5 审计事件示例

如上所述，只需很少的自定义就可以使 Windows 事件日志产生大量的审计数据。尽管内建的审计和日志能力给人以深刻的印象，但要在事件日志里创建项目时，有时可能还需要更多的灵活性。

如果想要使审计策略对所有登录到域控制器的客户端有效，可以使用组策略对象将这条策略加到域控制器上。当计算机通过验证访问域时，这些策略将会应用它们。在域级别上激活这些策略的过程和在计算机级别上激活这些策略的过程是相似的。可以配置使策略应用到整个域，或者只应用到 AD 里的特定组织单元(OUs)。为了激活对域里所有计算机的审计，需要使用全局策略对象。按照下面的步骤操作：

(1) 导航到“开始 | 程序 | 管理工具 | 活动目录用户和计算机”。

(2) 右击要操作的域名，然后选择 Properties 选项。

(3) 选择 Group Policy 选项卡。

(4) 单击 New 按钮。

警告

人们普遍认为，最好的实践经验是创建一个新的策略对象来代替编辑默认的域策略。这是一个安全措施，以防在改变新策略时遇到问题。在紧急情况下，只需简单地禁用新创建的策略（在 Group Policy 选项卡中单击 Options，选中 disabled:），而不用费力地寻找产生问题的设置。

(5) 为新的策略输入一个有意义的名字，然后按 Enter 键。

(6) 选中“新创建的策略”，然后选择 Edit 选项。

(7) 按照前面介绍的有关配置一个本地的审计策略的操作过程配置想要的审计策略（图 5.6）。

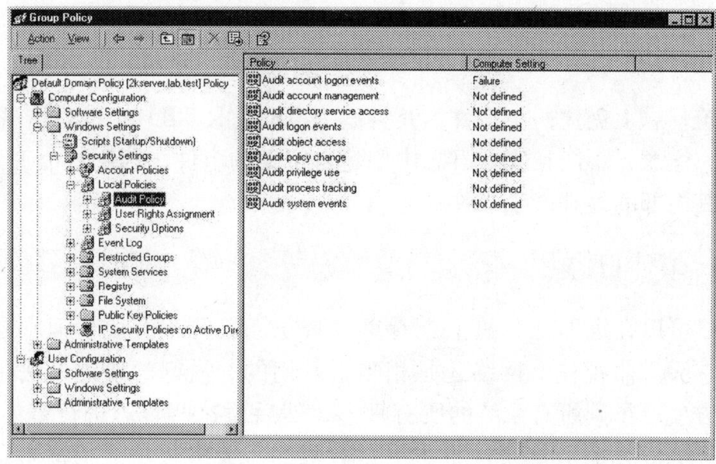

图 5.6　配置审计应用域 GPOs

在域级别上配置策略时还可以配置一些另外的设置，而这些额外的设置在使用本地计算机策略对象是看不到的，如事件日志设置。通过导航到 Default Domain Policy | Computer Configuration | Windows Settings | Security Settings | Event Log | Settings for Event Logs，可以（也应该能）配置有关如何访问事件日志本身的设置。下面列出了事件日志策略设置的概要，它们对安全有很重要的影响：

- **Restrict Guest Access to <log type> Log**　这个设置应该被设为激活，以阻止潜在的攻击者，他们想通过访问事件日志来得到来宾的访问权。
- **Retention Method for <log type> Log**　这个设置决定该对旧的日志事件做何处理。在默认的情况下，如果需要，事件日志将会覆盖掉旧的事件。这样做将确保系统不会因无能力记录安全事件而被关闭，并且只要你用另一个安全系统收集重要事件，这个默认设置是可接受的。强调这一点的目的是确保重要的安全事件不会丢失，因为黑客产生了众多的事件而使有证据意义的事件被挤出而丢失。如果将此项设为“不覆盖事件（手动清除日志）”，则可能出现由于耗尽空间而使系统关闭，甚至可能会导致一个拒绝服务攻击（相对于正当地侵入系统的试图）。

生成自定义的 Windows 事件日志项

文件级颗粒度的审计可以针对何时产生时间进行很多的控制。然而，假设下面的场景：有一个自定义的脚本或批处理文件在正常地运行，而想要在此脚本动作的基础上来创建事件日志项。任何时候 cmd. exe 被访问时，基于文件访问的审计都会创建一个事件，但是它却不会知道任何关于脚本文件的动作的东西，只知道 cmd 被访问了。在这种情况下可以手动创建包含自定义数据的事件日志项。

Logevent. exe（Windows 2000 和 Windows NT）和 enentcreate. exe（Windows 2003/XP）会圆满完成这个任务。各种命令行开关可以指定事件数据、将要写入其中的日志（系统、应用、安全）、事件来源、事件类型和用到的事件 ID。下面是命令的例子：

```
Eventcreate /T ERROR /ID 123 /L SYSTEM /D"Secure your network for FREE!"
```

这样在系统日志上创建一个事件，其类型为 ERROR，ID 为 123，内容为“免费保护你的网络!”。注意，不能在安全日志中创建自定义的事件。利用这个工具可使自定义的脚本段基于其内部的处理产生事件日志项。

收集 Windows 事件日志

利用 MMC 可以在远程计算机上查看事件日志。尽管很有用，但它是一个手动过程，并且若用它天天监视整个网络还是相当不好用的。最好的解决办法是找到一个方法，在一个地方就可得到所有系统的所有日志。然后对这些日志进行集中剖析、过滤、分析和处理。Windows 在收集事件日志上是有限的。大多数功能特征丰富的应用程序都是由第三方所创建且是商品化的产品。Eventlog. pl（Windows 2000 资源包，作为补充）能够备份事件日志并将事件日志输出为文本文件。随后可以把这些文本文件移动到一个中心系统且进行分析。Eventquery. vbs（Windows 2003/XP）能够从一个本地机器或一个单独的远程机器上过滤并列出事件。

另一个产品是 EventCombMT（Microsoft 提供的）。它有一个 GUI 界面，可以对远程的事件日志进行搜索，寻找与准则相匹配的事件并记录到一个文本文件中。

EventCombMT 会同时搜寻多个系统，而 Eventquery. vbs 只能查询一个系统。

EventCombMT 可作为 Windows Server 2003 资源包和 Windows Server 2003 安装工具包的一部分而被得到。Windows Server 2003 资源包工具可以在 www. microsoft. com/downloads/details. aspx? FamilyID＝9d467a69-57ff-4ae7-96ee-b18c4790cffd& DisplayLang＝en 下载。

EventCombMT 程序的窗口如图 5. 7 所示。配置和搜索准则简单明了。在默认情况下，EventCombMT 会把它搜寻得出的输出记录到 C：\ temp \ 中。EventCombMT. txt 提供查询的概要信息，如有多少服务器被搜索和利用了什么样的搜索准则。其他的的日志将被创建成＜hostname＞_＜log＞. txt 的形式。

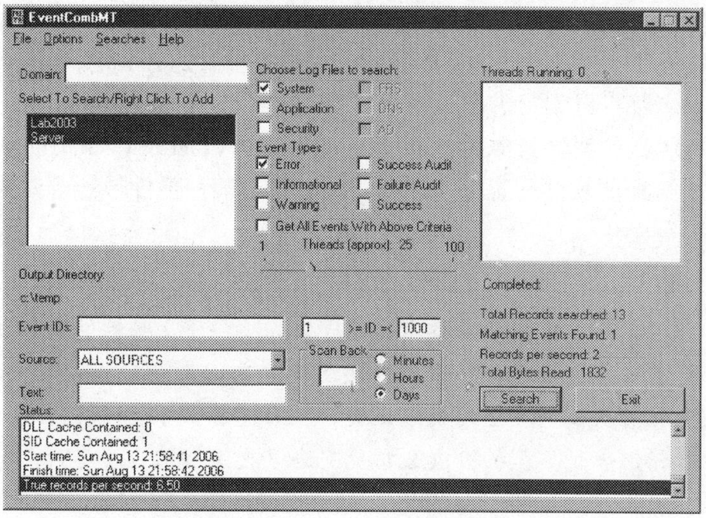

图 5.7　EventCombMT

例如，想搜索事件 ID 在 1～1000 之间的事件。输出结果被记录到 C：\ temp \ Lab2003_System_LOG. txt 中。日志包括下面的条目：

```
123,ERROR,system,Sun Aug 13 21:25:32 2006,LAB2003\Administrator, Secure your network for FREE!
The longest gap between all scanned records occurred at Sun Aug 13 21:25:32 2006 and was 0 days, 0 hours, 28 minutes, 18 seconds.
c:\temp\Lab2003-System_LOG.txt contains 1 parsed events.
```

可以看到，EventCombMT 找到了早些时候用 EventCombMT. exe 创建的样例条目。样例事件的 ID 为 123。

Log Parser 是 Microsoft 提供的另一个工具，可以从 www. microsoft. com/downloads/details. aspx? FamilyID＝890cd06b-abf8-4c25-91b2-f8d975cf8c07& displaylang＝en 下载。Log Parse 是一个更加通用的可以分析任何日志的工具软件，而不是只能分析 Windows 事件日志。随着灵活性的增加，其复杂性也增加了。应用 Log Parse（它是一个命令行工具软件）的语法可以随时复合，如 SQL 查询一样。输入 logparser. exe-h examples 会列出一个样本命令的冗长列表。如果查看文档，会看到 Log Parse 非常灵活且强大，但也是很不好用的。

若要在一个集中位置以其本身的事件日志格式收集 Windows 事件日志，则事实上被限制只能用 Microsoft 主机。这是因为 Linux 系统不能直接与事件日志一起工作。因为这一点，如果想要在一个不是 Microsoft 的日志服务器上操纵、过滤或者运行 Windows 事件日志，最好的做法是以一种普遍熟知的格式输出它们，如 Syslog。我们将在本章的后面对 syslog 的使用进行更深一步的讨论。

分析 Windows 事件日志

Microsoft 提供了一些工具，可以用来对可能创建的大量的事件日志进行分类。

Eventlog. pl（Windows 2000 资源包，补充 1）可以对事件日志进行备份、把事件列表输出到文本文件、清除事件日志、查询事件日志的属性。Eventquery. pL（Windows 2000 资源包，补充 1）根据不同的字段显示和过滤事件日志，如时间、日期、来源、类别、ID 等。这两者都可以编写脚本以对事件日志进行分类和产生一个有关最严重的安全问题列表。如果要在创建日志的主机上这样做，可以用如 eventtriggers. exe（Windows 2003/XP）这样的软件配置一个过程，该过程当某种事件被记录时执行。

提 示

记住这一点，如果设置一个事件触发器，当一个本地账户被在锁定时（例如）就发送一封 E-mail，如果一个黑客设法攻破了本地系统，他就可能禁用事件触发器。这就意味着从一个安全的观点出发，把日志输出然后分析将比在创建日志的机器上执行任何一种类型的日志分析更安全（更可行）。

如果事件日志是 Windows 事件日志格式的，有一些第三方的工具可以帮助集中管理和查看它们。Event Log XP 就是这样的一个工具，可以从 www. eventlogxp. com 得到。它使用一个简单的安装 Wizard 并提供一些非常有用的功能。主窗口如图 5. 8 所示，当前显示的是“系统日志”窗口。

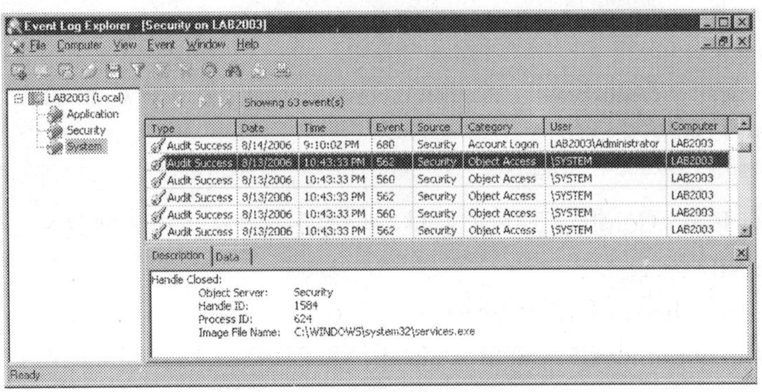

图 5. 8　事件日志资源管理器

如果在右侧面板里选择一个事件并右击，出现一个选项，该选项从在线的知识库——Microsoft 知识库或者 EventID. net 查找该事件。当不确定一个特定事件 ID 的确切意义时，用此选项很方便地查到。另一个比较有用的功能是可以配置一个自动更新，可通过导航到“查看｜自动更新”来完成配置。如果要改变更新的时间间隔，可以导航到“查看｜自动更新｜时间间隔”来完成设置。通过导航到“查看｜过滤器”可以访问一个健壮的过滤器机制。这些过滤器可以快速查看一个系统的日志，找出极其重要的事件。事件日志资源管理器的缺点是它在一个分开的窗口里显示了每个系统的每个日志。这会列出一大堆冗长的日志，尽管如此，还是比应用 MMC 中的查看要好。

NTLast 是一个很好的用于检查 IIS 日志的免费工具软件，可以从 www. foundstone. com 得到。不幸的是，适于分析 Windows 事件日志的免费产品非常少。若想对严重事件的日志进行分析且还不愿意为一个商业产品付费，我们推荐把 Windows 事件日志转变成 syslog 日志的格式，然后在一个 Linux 主机上分析 syslog 日志。这个办法为日志的收集和分析提供了最多的功能和选项，并且提供了最佳的性能。即使选择在一个 Windows 主机上进行分析，也有许多免费的可用来对 syslog 格式日志进行剖析的工具软件；而用来对 Windows 事件日志格式的日志进行剖析的工具软件就很少了。

创建 Syslog 事件日志

在发布的时候，实际上每个 Linux 系统都将被配置成创建大量的日志信息。大多数情况下，在安装时（默认安装会产生 syslog 日志），不仅如此，通常也会运行一个 syslog 服务器，除非特意关闭它。即使在一个 Windows 系统上运行 syslog 服务器，可用来分析 syslog 日志的工具软件也都将远比用于分析 Windows 事件日志的要多（大多是因为 syslog 的 ASCII 数据格式）。因为 syslog 日志的普遍存在，最好能熟悉一些 syslog 的基本概念。

Syslog 是客户-服务器方式的。服务器端（或者是 UNIX/Linux 所谓的守护进程）接受远程主机，甚至是本主机所产生的信息。客户端把信息编辑成合适的数据并发送给服务器。一个 syslog 条目完整地记录在一个单独的行里。每一个条目都包含一个设备和一个严重性等级。设备只是粗泛地说明是哪个成员子系统产生的信息，严格级别则说明信息的通用的严重性或重要的程度。我们用“粗泛”和“通用的”这两个词，是因为不是所有的应用程序所用的词都是相同的，再就是有人可能会认为一个给定的信息比另一个信息更重要。当手动创建信息时，可以输入所选定的设备和严重性等级。表 5.1 为可用的不同严重性等级提供了一个概览，从最严重到不太严重。注意，尽管这里严重性被写成 LOG_EMER，但根据所用软件的不同，会有稍微不同的格式，如 emer，emerg 或者 emergency。

表 5.1 syslog 严重级别概要

Linux syslog 严重级别	数字标识（级别）	用法
LOG_EMER	0	Emergency：表示一种惊慌的情形。Emergency 级别的信息通常广播给一个系统的所有人，并且意味着是最严重的情形
LOG_ALERT	1	Alert：意味着一种应该立即被改正的情形，如一个被破坏了的系统数据库
LOG_CRIT	2	Critical：意味着如硬件设备出错的情形
LOG_ERR	3	Error：是一个消息的一般错误级别，不是很严重
LOG_WARNING	4	Warning：这个消息代表了非紧急事件或情形
LOG_NOTICE	5	Notice：代表了不是错误的但应该被特别处理的情况，这种类型的级别可能对手动创建的信息很有用
LOG_INFO	6	Informational：这个消息类型通常不需要接受任何关注，除非在做一个特殊的检查或是寻找一个特殊的消息片段
LOG_DEBUG	7	Debug：这类消息包含很详细的信息，通常只有当调试一个程序或进程时使用。因为会创建大量的数据，调试级别的日志功能通常只在查找并纠正一些特殊的问题时才被激活

一些系统和工具软件用名字来表示不同的级别，而其他的一些则用数值表示不同的级别。因为大多数非 Windows 系统都明确地支持 syslog，所以它们通常配置为默认设备，以用于信息来源未明确定义的情况下。例如，如果 login 或者 su 产生了一个 syslog 事件而没有指明设备，它将自动被指派到 LOG_AUTH 设备上。自定义的信息通常被指派一个从 LOG_LOCAL1 到 LOG_LOGCAL7 的设备，也可以简单地写成从 local1 到 local7。设备被写成“简易．级别”，例如 debug. local1。

Syslog 服务器通常用的是 UDP 端口 514。除非采取保护通信的步骤，syslog 消息将以明文在产生消息的主机和 syslog 服务器间发送。通常情况下，syslog 消息包括敏感的或者至少机密的信息，如服务器名称、正在运行的软件的名称和 IP 地址。如图 5.9所示的是使用 NGsniff 捕获的一个测试 syslog 的消息。我们将在第 7 章讨论如何使用 sniffer 软件。

```
C:\ngSniff-1.3>ngsniff--interface 0
ngSniff v1.3 by NGSEC Research Team <labs@ngsec.com>
FREEWARE command line sniffer
Next Generation Security Technologies
http://www.ngsec.com
Sniffing...
IP HEADER 192.168.1.107-> 192.168.1.99
-------------------------------------------
IP->version: 4
IP->ihl: 5
IP->tos: 0
IP->tot_len: 106
IP->id: 62345
IP->frag_off: 0
IP->ttl: 128
IP->protocol: 17
IP->checksum: 28972
UDP HEADER
----------
UDP->sport: 1733
UDP->dport: 514
UDP->ulen: 86
UDP->checksum: 6598
-----Begin of data dump-----
3c 39 3e 41 75 67 20 31 35 20 31 39 3a 32 30 3a   <9>Aug 15 19:20:
35 38 20 65 76 65 6e 74 63 72 65 61 74 65 5b 77   58 eventcreate [w
61 72 6e 69 6e 67 5d 20 32 34 36 20 4c 41 42 32   arning] 246 LAB2
30 30 33 5c 41 64 6d 69 6e 69 73 74 72 61 74 6f   003\Administrato
72 20 20 54 65 73 74 20 45 76 65 6e 74 20         r Test Event
-----End of data dump-----
```

图 5.9 syslog 明文

有各种各样的方法用于保护 syslog 通信。我们将介绍如何在一个 Windows 主机上和一个 Linux 主机上安装 syslog 服务器。我们也会演示一些用于过滤和分析 syslog 日志的软件，以及在 syslog 客户端和 syslog 服务器端对 syslog 数据进行加密的步骤。

Windows syslog

尽管系统日志不是 Windows 自带的，但它在 20 世纪 80 年代就已诞生，并且已变得非常普遍，不可避免地得到了 Windows 的支持。研究用来处理基于 Windows 的系统日志的产品时，要记住区分系统日志服务器（或 daemon）软件和系统日志客户端软件。因为发送和接收系统日志消息的软件通常是不同的软件包，我们将依次讨论它们。我们将介绍不同的产生事件并发送到一个系统日志服务器上的方法，包括 Windows 和 Linux，以及用来接收事件消息的软件（同样包括在 Windows 和 Linux 上）。

产生系统日志事件

从一个 Windows 主机上产生系统日志消息的方法可以大致地分为两个类别。第一个是以系统日志本来的格式产生消息并把它发送到系统日志服务器上。因为当前的 Windows 版本都不支持系统日志，所以需要手动地用批处理文件或其他类型的脚本产生这些信息。对于一次性的程序或是自定义的应用来说，这可能是一个好的解决方法，然而可能会有只能将数目庞大的项目记录到 Windows 事件日志上可能性，这时就产生了第二种方案。

可能“最干净的”做法是不试图以其自身创建系统日志事件，而是用一种工具软件把 Windows 事件日志转化成一种与系统日志兼容的格式，然后再以这种格式处理它们。用这种方法不但比较容易配置，而且确保不会丢失事件。我们发现了 3 种比较好的免费软件可以提供这种功能，依其复杂性和功能性递增的顺序排列，分别是 Eventlog to Syslog Utility（evtsys），NTsyslog 和 SNARE。

Eventlog to Syslog Utility 可以通过链接 https://engineering.purdue.edu/ECN/Resources/Documents/UNIX/evtsys/得到。Evtsys 在配置和特征上都是最简单的软件。Evtsys 实际上并不需要安装，它只转发设备为 DAEMON，优先级为 ERROR，WARNING 或 NOTICE 的事件。在许多环境中，这可能就是所有需要的，但若对将要转发什么进行更多控制，则还有其他选择。

NTsyslog 在复杂性和功能上是适中的。公平地讲，它很容易安装，但是会比 Evtsys 多一些选项。NTsyslog 如同运行在 Windows NT/2000/XP 上的一项服务，当事件日志产生时，会把它们的格式变为一行式的系统日志格式，然后再发送到系统日志服务器上。NTsyslog 允许配置想要的日志输出类型，并赋给它们希望的设备和严重级别（如图 5.10 所示是转发设置窗口）。NTsyslog 可以从 http://sourceforge.net/projects/ntsyslog/下载。因为 NTsyslog 是一个很好并适中的软件，并且适用于大多数安装，所以在这里详细讨论 NTsyslog 的安装。

SNARE 提供的功能和 NTsyslog 相似，可以免费从 www.intersectalliance.com/projects/SnareWindows/下载。尽管在安装时稍微比 NTsyslog 复杂，但 SNARE 能够提供更多的控制，用于决定哪些事件可以输出到系统日志服务器上。事实上，SNARE 可以在主机产生系统日志通信量之前做一些鲁棒的前期过滤，而 NTsyslog 只能激活一个不太灵活的基于事件类型和事件日志的过滤机制。此功能对处理大量的事件日志事件是很有利的。在这3个之间，在功能和容易应用之间总能选出一个最好的。应该先研究和测试这3个产品并决定哪个更适合自己的要求。

配置 NTsyslog

按照下面的步骤配置 NTsyslog：

(1) 下载和安装 NTsyslog。

(2) 打开命令提示符并导航到要安装 NTsyslog 的目录。

(3) 输入 ntsyslog -install。

(4) 输入 ntsyslogctrl 打开 NTsyslog 服务管理控制器的 GUI（图 5.10）。

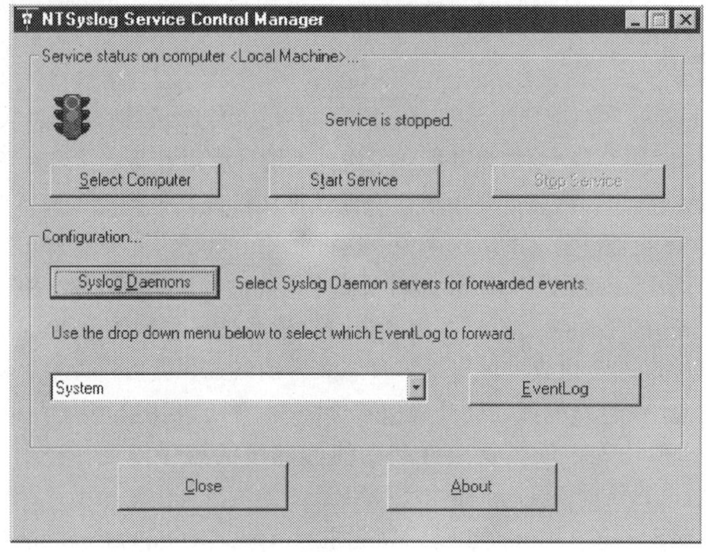

图 5.10 NTsyslog 服务管理控制器

(5) 单击 Syslog Daemons 按钮，然后输入系统日志服务器的名字或者 IP 地址，单击 OK 按钮。

(6) 单击 Yes 按钮检验要保存的系统日志参数。

(7) 单击 Start Service 按钮。

现在能够在 syslog 服务器上接收到 Windows 事件日志。用 eventcreate.exe 创建一个人工事件来测试，语法如下：

```
Eventcreate /T WARNING /ID 246 /D "Test Event"
```

在 syslog 控制台上出现的结果如 5.11 所示。

如果需要，可配置 NTsyslog 只转发来自特定日志（例如，安全日志）的事件，以及只转发特定类型的日志。也可以配置 NTsyslog 让它转发具有选定设备和严重级别的事件，而不是默认的级别。图 5.12 给出了“系统设置”窗口，它可以使转发配置更明了一些。如图 5.12 所示的是系统事件日志的属性。每个 Windows 事件日志都可以被单独配置为具有相同的控制级别。

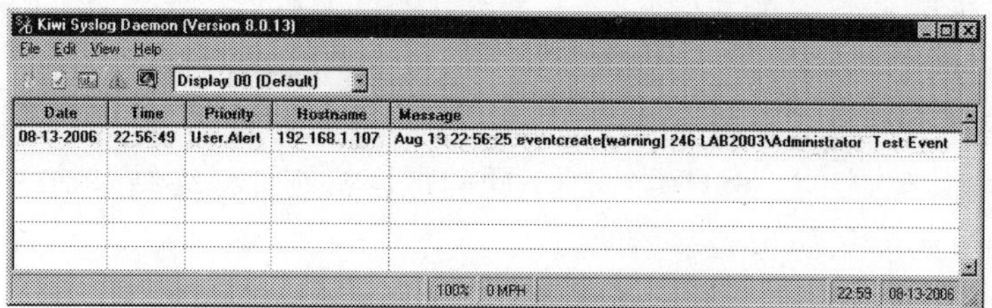

图 5.11　NTsyslog 的样本事件

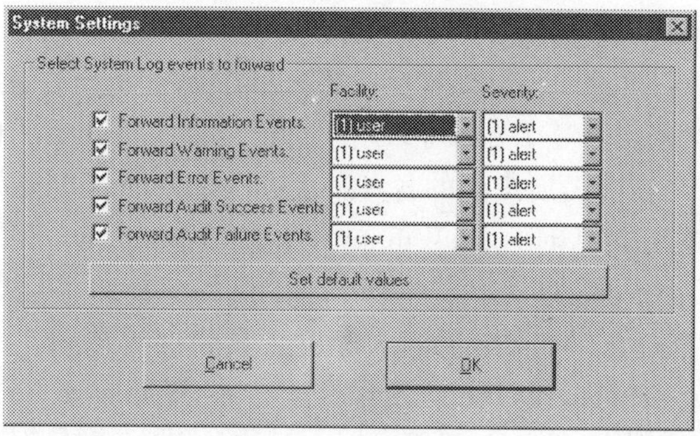

图 5.12　转存设置

对系统日志通信量进行加密

通常要监控的系统都是处在不可信任的网络中，如在面向因特网的 DMZ 中的一个 Web 服务器，或是一个 DNS 服务器。因为消息里可能包含敏感信息，所以应该对数据加密以保护其在传输过程中的机密性。这对于选择在 UDP 或者 TCP 上应用 syslog 很重要。选择哪种加密机制是由选用 UDP 还是 TCP 作为底层协议来决定的。可以对 TCP 或 UDP 的通信量进行加密，但是 TCP 的可靠传输使得加密非常容易实现，所以实现对通过 TCP 传输的任意数据进行加密的软件要多于 UDP 的。系统日志默认使用 UDP 端口 514。但系统日志的客户端和系统日志的服务器端都有可以用 TCP 代替 UDP 的产品。KiwiSyslog 守护进程（服务器）是免费的并可以通过 UDP 和 TCP 两种协议接收系统日志信息。

问题是，在写本书时还找不到一个免费的系统日志软件来把 Windows 日志转变成系统日志的格式并使用 TCP 发送。SNARE 将用到 TCP，但是只有商业的版本。虽然有很多免费的解决方案来加密 TCP 通信，但是对 UDP 来说却没有。这里有一个 TLS（Transport Layer Security）的产品，叫 DTLS（Datagram TLS），可以在 UDP 上进行加密，但是到目前为止，还没有实现。TLS 是 SSL（Secure Sockets Layer）的继承者，SSL 是 Web 页的加密标准（例如，http://）。Adiscon Logger（www.monitorware.com/en/logger/index.php）是一个免费的命令行形式的工具软件，用来创建日志消息，支持通过 TCP 或 UDP 发送系统日志。

如果可以用 TCP 把 Windows 事件日志发送到系统日志服务器上，则有很多可以容易安装的加密软件。一种方法是用 SSL。SSL 是一个文档齐备且易于实施的加密技术，可用于几乎任何基于 TCP 的通信。Stunnel 是一个开源软件，可以从 www. stuunel. org 下载。Stunnel 只需很少的配置，即可通过一个用 SSL 加密的会话，建立一条隧道用于 TCP 通信。另一个符合工业标准的产品，用到了 SSH 和它的端口转发能力。实际上，它与 Stunnel 很相似，不过 SSH 是一种不同的加密机制。最终结果是一样的，提供在一个加密的隧道上转发 TCP 连接的能力。

如果受限于只能使用基于 UDP 的系统日志体系结构，那么希望仍然是有的。此时需要在客户端和服务器端之间配置一条 IP 安全（IPsec）隧道。虽然在配置上有点复杂，但 IPsec 是建立 VPNs 的一个工业标准，是另一种形式的加密隧道。IPsec 有一个最大的优势是其协议无关性。IPsec 可以加密 TCP，UDP，甚至 ICMP 通信量，它基本上可以对任何在 IP 上传输的东西进行加密，而仅伴有一些警告。在发送 Sysloy 消息的情况下，只需要对 syslog 通信进行加密，但是 IPsec 可以用来对给定的主机和目的地之间的所有通信进行加密。若将 IPsec 用在前面所提到的各种解决办法之一时，主要的不利因素是其配置的复杂性。此外，外来产品对现代 Windows 系统（Windows 2000，Windows XP 和 Windows Server 2003）的支持要好于对 Linux 主机的支持，并且比后者易于配置。尽管 Linux 本身支持 IPsec，但如果有第三方配置工具软件的帮助，那么配置工作就会简单得多。我们将示范如何在 syslog 服务器（运行在 Windows XP 的情况下）和产生 syslog 消息的 syslog 客户端（运行在 Windows Server 2003 的情况下）之间安装 IPsec。

最后一个产品，如果碰巧是从一个 Windows 主机向另一个 Windows 主机发送 syslog 消息（若 Windows 缺乏对 syslog 的支持，则这种情况是不可能的），可以从 Kiwi Enterprises 上得到一个免费的可用于为 syslog 建立隧道的应用程序。Kiwi 安全隧道可以从 www. kiwisyslog. com/secure-tunnel-info. php 下载。Kiwi 安全隧道支持为基于 TCP 和 UDP 的 syslog 通信建立隧道，但是还没有 Linux 的组件。最有可能利用这一点的场景是有一些系统（包括 Linux 主机）在一个安全的子网时，它们创建 syslog 消息，但是这些消息必须穿过一个不安全的网络，如因特网，才能在一个中心域被接受。在这种情况下，所有的主机都可以把它们的日志发送到一个在其他地方的 Windows 主机上，可以随后为这些消息建立一条通过因特网的隧道，并且通过这条隧道把这些消息发送到一个中心办公区中的一台 syslog 服务器上。

用 IPsec 加密系统日志通信

首先介绍一些基本的 IPsec 术语。对 IPsec 的设置是在 Windows 系统上通过 IPsec 策略来控制的。每次只能有一个策略被应用到一个给定的主机上。这个策略用 IPsec 规则来定义。一个规则定义了对什么类型的通信进行处理及进行怎样的处理，是许可、封锁还是加密。规则也决定了如何对 IPSec 双方进行认证及其他加密设置。过滤器用于识别什么类型的通信应该被 IPsec 策略处理。在一些系统上称为定义“感兴趣的通信量”。“安全的方法”用于定义要用到的加密和散列算法。下面的步骤是在 syslog 客户端和 syslog 服务器端配置 IPsec。

（1）打开 MMC，若控制台上还没有 IP Security Policies 插件，则添加。

（2）右击左侧面板里的 IP Security Policies on Local Computer，然后选择 Manage IP Filter lists and filter actions 选项（图 5.13）。

(3) 在 Manage IP Filter Lists 选项卡上，单击 Add 按钮，出现 IP Filter List 窗口，如图 5.14 所示。

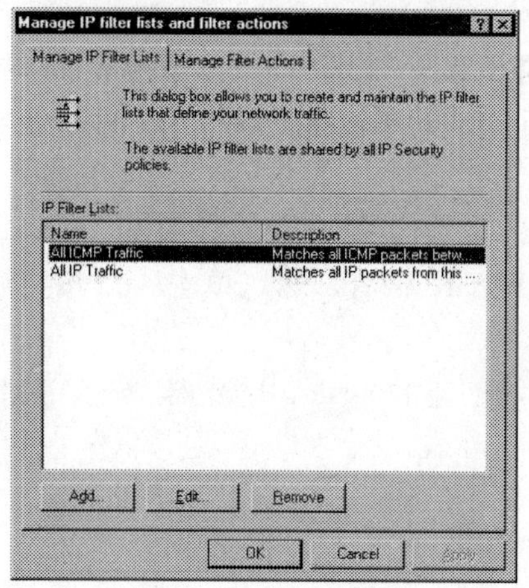

图 5.13 管理 IP 过滤器列表和过滤器动作

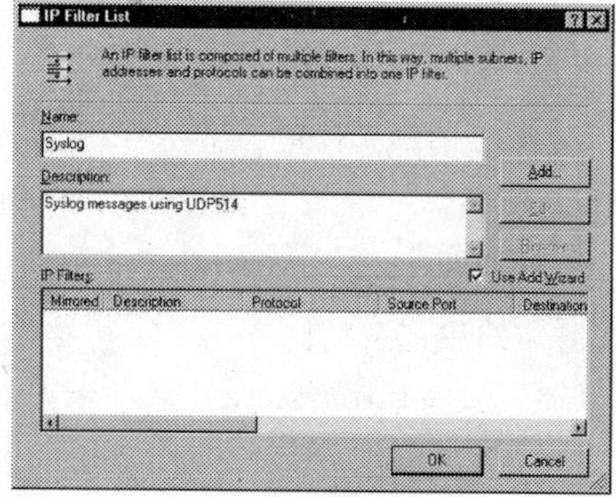

图 5.14 IP 过滤器列表

(4) 为过滤器输入一个名字，这里用 syslog。

(5) 为过滤器输入一个描述。

(6) 确认 Use Add Wizard 复选框被选中，然后单击 Add 按钮。

(7) 在 IP Filter Wizard 欢迎窗口单击 Next 按钮。

(8) 输入一个过滤器描述并确认 Mirrored 选项被选择（默认情况下，它应该是被选择的），然后单击 Next 按钮。

(9) 在下一个窗口保留 My IP Address 的默认源地址，然后单击 Next 按钮。

(10) 下一个是 Destination address 窗口，选择 a specific IP address，输入 syslog 服务器的 IP 地址，然后单击 Next 按钮。

(11) 在 Select a protocol type 窗口选择 UDP，然后单击 Next 按钮。

(12) 在 Set the IP protocol port 窗口保留 From any port 的选中状态，然后选择 To this port 选项。

(13) 在 Port 框里输入 514，然后单击 Next 按钮。

(14) 单击 Finish 按钮，返回到 IP Filter List 窗口。在本窗口的底部应该出现一个新的 IP 过滤器。这个过滤器将用 syslog 服务器的 IP 地址为目的 IP 地址、端口 514 为目的端口与任何向外的 UDP 通信进行匹配。

(15) 单击 OK 按钮返回到 Manage IP filter lists and filter actions 窗口。单击 Close 按钮。现在已经完成了过滤器定义，它将告诉系统什么样的通信应该被 IPsec 策略处理。我们现在必须创建该策略。

(16) 右击左侧面板里的 IP Security Policies on Local Computer，选择 Create IP Security Policy 选项。

(17) 单击 Next 按钮开始进入向导。

(18) 输入一个 Name 和 Description，然后单击 Next 按钮。

(19) 在 Requests for Secure Communications 里保留 Activate the default response

rule 的选中状态，然后单击 Next 按钮。

(20) 为默认的响应规则选择认证方法。活动目录是默认的且在大多数环境里是最好的选择。然而，一些系统如 DMZ 主机，可能没有域连通性，而可能连接的是一个单独的服务器。在这种情况下，需要用证书或者是预共享密钥认证。一个预共享密钥基本就是一个口令，并且是最脆弱的可用选项；然而实现起来也是最简单的。选择完后单击 Next 按钮。

(21) 保留 Edit Properties 复选框的选中状态，然后单击 Next 按钮。

(22) 在 Rules 选项卡上确认选择 Use Add Wizard 没有，然后单击 Add 按钮添加一个 IP 过滤器。

(23) 在预先做好的过滤器列表里，看到先前创建的 syslog 过滤器。选中先前创建的过滤器的单选按钮。

(24) 选择 Filter Action 选项卡，然后选择 Require Security 选项。

(25) 单击 Authentication Methods 选项卡，然后单击 Edit 按钮。

(26) 选择你所想用的认证方法的单选按钮，然后单击 OK 按钮。

(27) 在 New Rule Properties 窗口（图 5.15）单击 Apply 按钮，然后单击 OK 按钮。

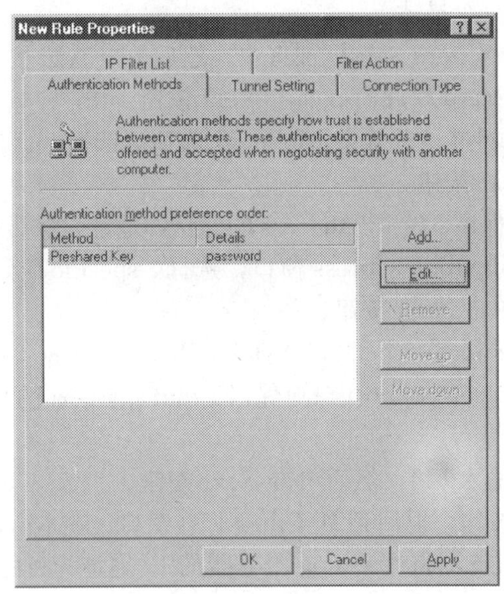

图 5.15　新规则属性

(28) 现在返回到 Security Rules 窗口，单击 OK 按钮。

(29) 策略现在应该显示在 MMC 窗口右侧面板中的列表里。右击这个新策略并选择 Assign 选项。这个策略被指派后，MMC 窗口如图 5.16 所示。

现在剩下的工作就是在 syslog 服务器上配置 IPsec 策略了。在服务器端，需要执行相似的配置；然而，在决定配置之前，有一些实施的细节需要考虑。例如，如果所有连接到 syslog 服务器的系统都用 IPsec，则可以在服务器上对策略进行配置，使之能求 IPsec，而不是查询它。但如果是一个混合的环境，其中一些系统应用 IPsec 保护

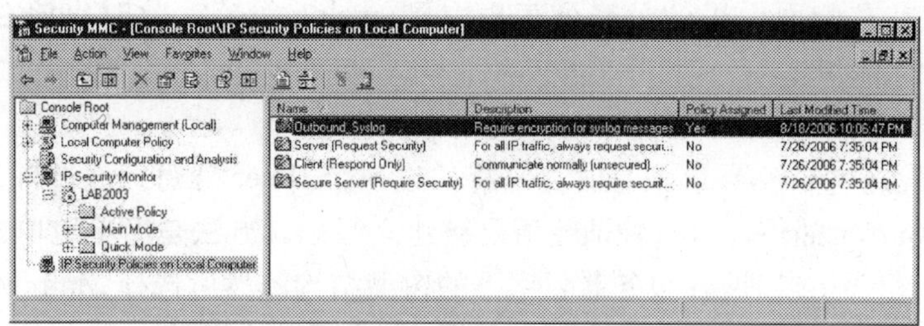

图 5.16　指派 IPsec 策略

syslog，而另一些系统则用普通的 UDP 来和 syslog 相连（例如，内部可信任的系统），最安全的做法是从使用基于 IP 地址和 IP 段的 IPsec 的单个系统处获得安全。

背景注释

日志服务器也是黑客攻击的对象

记住，有很多原因使日志服务器成为黑客攻击的目标。第一，如果黑客得到足够的权限看到日志被传送，攻击日志服务器可以使他能够删除日志和抹掉攻击的痕迹。除了抹掉痕迹之外，日志服务器还可能包括有关内部系统和有什么样的软件运行的珍贵信息。有时，基于日志的数据有可能推论出更多的信息。例如，如果黑客看到大量的来自各种各样系统的连接都连接到 DMZ 中的一个主机上的端口 443 上，并且还发现了从那个主机到另一个内部网络中的主机的 1433 端口上的后续连接，则黑客可能猜到第一个主机是一个电子商务的 Web 服务器，调用一个内部的 SQL 数据库，可能包括消费者的信息，如信用卡号。

如果所有这些都还不够，黑客将不能攻破日志服务器，他也可简单对它进行拒绝服务攻击，导致服务器不能接收日志，或者产生大量的信息来淹没日志服务器，使硬盘空间被溢出，系统被损坏，或者至少使得通过对所有的伪装进行整理，从中找到与他的攻击有关的条目变得很困难。因为所有的这些原因，日志服务器必须如其他高风险的系统一样受到保护。

(30) 在 syslog 的客户端（不是服务器端）的 MMC 的左侧面板里选择 IP security policies on local compuer。

(31) 右击并选择 All Tasks | Export Policies 选项。

(32) 选择一个名称和一个用来保存这些策略的位置，单击 Save 按钮。

(33) 打开 syslog 服务器的 MMC，如果 IP Security Policies 插件还没有添加，则添加它。

(34) 右击左侧面板里 IP Security Policies on local computer 并选择 All Tasks | Import Policies 选项

(35) 浏览找到先前输出的策略，然后单击 Open 按钮。这将导入在 syslog 客户端上配置的策略。

(36) 应该在右侧面板里的策略列表里看到 syslog 策略。此时应该在 Policy Assingned 栏下面列出 No。

(37) 右击 syslog 策略并选择 assign 选项。

现在，当发送一个 syslog 消息时，它将通过一个 IPsec 隧道。通过打开 MMC 中的 IP Security Monitor 插件，可以验证隧道已被建立起来。方法是简单地单击左侧面板里的 IP Security Monitor 以展开服务器名字下的树型结构。然后选择 Main Mode，最后选择 Security Associations。SA 列表应该与如图 5.17 所示的相同。

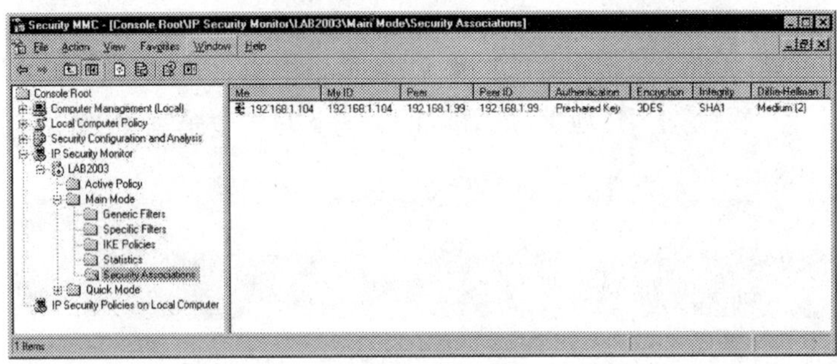

图 5.17　安全联合

如果返回到图 5.9，那是没有经过加密的测试 syslog 消息的嗅探器的输出结果，可能每个人都能读懂 syslog 消息的内容。图 5.18 显示了一个相似的截获结果，可以看到加密策略已经生效了。

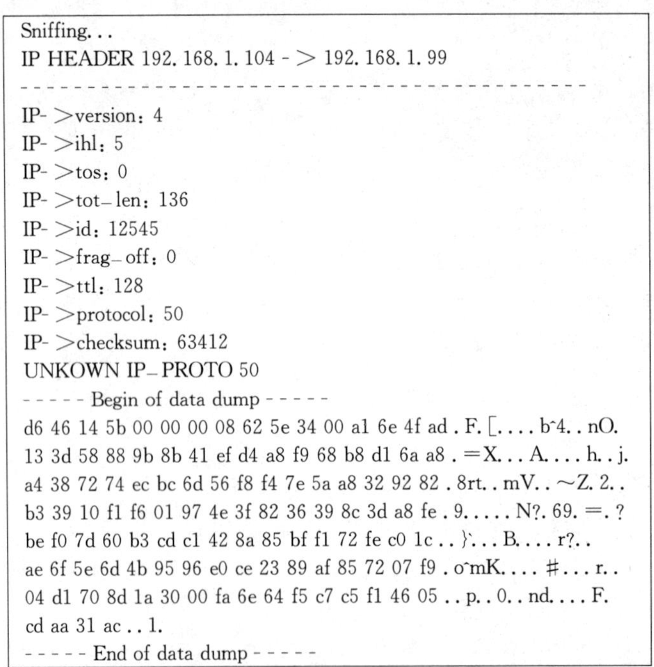

```
Sniffing...
IP HEADER 192.168.1.104 -> 192.168.1.99
------------------------------------------
IP->version: 4
IP->ihl: 5
IP->tos: 0
IP->tot_len: 136
IP->id: 12545
IP->frag_off: 0
IP->ttl: 128
IP->protocol: 50
IP->checksum: 63412
UNKOWN IP_PROTO 50
-----Begin of data dump-----
d6 46 14 5b 00 00 00 08 62 5e 34 00 a1 6e 4f ad .F.[....b^4..nO.
13 3d 58 88 9b 8b 41 ef d4 a8 f9 68 b8 d1 6a a8 .=X...A....h..j.
a4 38 72 74 ec bc 6d 56 f8 f4 7e 5a a8 32 92 82 .8rt..mV..~Z.2..
b3 39 10 f1 f6 01 97 4e 3f 82 36 39 8c 3d a8 fe .9.....N?.69.=.?
be f0 7d 60 b3 cd c1 42 8a 85 bf f1 72 fe c0 1c ..}`...B....r?..
ae 6f 5e 6d 4b 95 96 e0 ce 23 89 af 85 72 07 f9 .o^mK....#...r..
04 d1 70 8d 1a 30 00 fa 6e 64 f5 c7 c5 f1 46 05 ..p..0..nd....F.
cd aa 31 ac ..1.
-----End of data dump-----
```

图 5.18　加密的 syslog 消息

正如所看到的，现在这些数据是试图从 syslog 消息中抽取有用信息的黑客难以看懂的。

接收 syslog 事件

有一些可选的产品可在一台 Windows 主机上运行一个 syslog 服务器（以接收日志），一个很有用的免费产品是 KiwiSyslog，可以从 www. kiwisyslog. com 得到。执行下面的步骤可使 Windows 主机接收 syslog 消息。

(1) 下载和安装 Kiwisyslog Daemon。

(2) 运行时，打开如图 5.19 所示的默认的窗口。

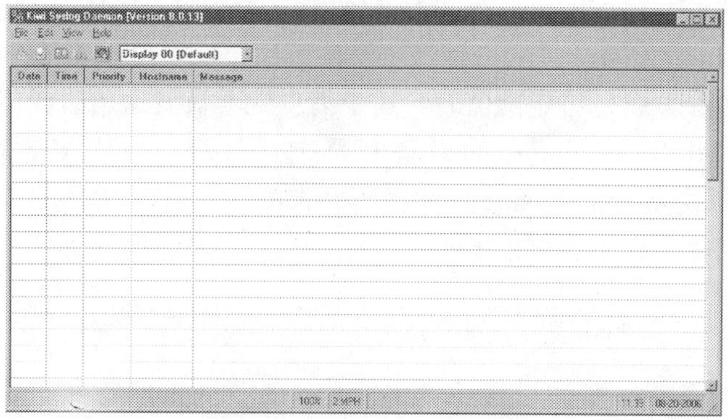

图 5.19　kiwisyslog 控制台

(3) 对于标准地使用 UDP 的 syslog 消息，不需要做任何事情就可接收消息。导航到 File | Setup，有一些可以配置的选项。安装窗口如图 5.20 所示。

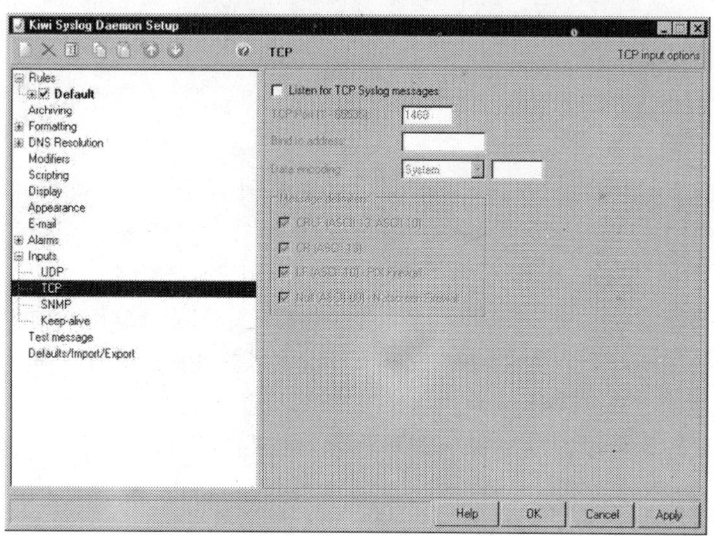

图 5.20　kiwi 系统安装

(4) 如果要使用 TCP 接收任何 syslog 消息，在左侧面板中浏览并找到 Inputs| TCP。

(5) 选中 Listen for TCP Syslog messages 复选框。

(6) 输入将从其接收消息的端口号。

(7) 其他的选项保留其默认的方式就可以了。如果消息的格式不合适或优先级不正确，分别调节信息分隔符或者数据编码即可。

也有一些免费的支持 Kiwi Syslog 的报警产品。可以为一个最小信息计数、最大信息计数或者一个硬盘空间的阈值设置报警。最小信息计数报警的值可能不会立即显现出来。如果设置这个值为每小时一个，则其意思是如果在 1h 之内没有接到任何 syslog 消息，它将出发一个报警。除非环境非常小，或者只是发送高严重等级的消息，否则这么小的值可能意味联通性方面出了问题。报警可能发出一个声音、执行一个程序或者发送一个 E-mail。

Kiwi 的另一非常强大的功能是可以配置接收 SNMP 陷阱。SNMP 就是 Simple Network Management Protocol 网络管理协议的简称。陷阱可以当成一种报警信息来配置，当各种各样的参数越过特定阈值时，这个消息就会被发送出去。当这个功能被激活时，可以配置 SNMP 陷阱所使用的设备和严重性等级。在大多数情况下，如果把 SNMP 陷阱指向存放 kiwi 的 Syslog 的服务器并选中了“监听 SNMP 陷阱”复选框，则使用这个窗口上的默认设置就可以了。

Linux syslog

支持 syslog 的 Linux 守护进程是 syslogd ，在一些较新的发布版则是 syslog-ng。目前的 Linux 发行版本中，很难找到一个没有将 syslog 守护进程启用的例子，但如果需要，可以类似任何其他的包一样来安装它。syslog 和较新的 syslog-ng 之间只有很少的差别。Syslog-ng 支持在 TCP 上发送 syslog，这为对 syslog 消息进行加密提供了更多选择。吸引大多数人注意的特性是使用/etc/syslog-ng. conf 文件配置什么行为应当产生 SYSLOG 事件时配置颗粒度的增加。这种更大程度的控制也是有代价的，syslog-ng 的配置文件要比普通的旧的 syslog 更复杂一些。

创建 syslog 事件

一旦被安装，就可以通过/etc/syslog. conf 来控制 syslog 守护进程的行为，在使用 syslog-ng 的情况下，通过 /etc/syslog-ng. conf 来控制。这个配置文件相对比较简单，并且通过浏览所用的 syslog 版本的手册，可以找到附加的信息。只需在控制台输入 man syslog 就可查看 syslog 的手册。还会有一个有关 syslog. conf 文件的手册来解释这个配置文件的语法。这个配置文件用于告诉 syslog 守护进程产生什么样的 syslog 消息。每一行包括一个“选择器”和一个“动作”字段。选择器告诉 syslog 守护进程什么类型的事件需要处理，字段告诉 syslog 守护进程对这些事件该做什么。通常会看到下面的格式用到在 syslog 文件里：<设备>. <严重性>. <动作>。如下所示：

```
Mail.*          /var/log/maillog
^Selector       ^action
```

这告诉 syslog 守护进程去记录所有从邮件子系统发来的事件；这样，邮件设备不论严重性如何，都被记录到/var/log/maillog。有效的严重级别的例子可以参考本章表 5.1。一个星号“*”是一个特殊的字符，可以表示一些不同的事情。若把这个星号用到上述格式中的设备或严重级别的位置，就可以分别代表所有的设备或所有的严重级别。如果将星号放到动作的位置，消息将会被发送给所有登录的用户。再如，行动可以是 /dev/console，即把消息发送到控制台。

除非一个给定的设备在堡垒主机上没有使用或不可用，否则应该为所有的设备规定一个日志行为。这个行动通常会记录到一个真实的文件上，但是仍有一些其他的选项可选。从安全的角度看，一个最著名的行为是“远程机器”。这个行为可以将日志发送到一台远程的主机上，这是一个很好的想法。远程机器行为的语法只是简单的“@主机”。下面在 Syslog. conf 文件中的命令行将会把所有的危急事件发送给 192. 168. 1. 11 上的系统：

*. crit @192. 168. 1. 11

如果日志文件所在的系统被黑客攻破了，那么在该主机上的任何日志都变得不可靠，并且在诉讼时也没有什么太大的价值。如果需要用到保存在被攻破的机器上的日志，则保证它们的完整性几乎是不可能的。事实上，没有什么方法可确保那些日志没有被改动过；简言之，那些日志已经变得完全没有用了。通过把 syslog 事件发送给另一个机器上的一个 syslog 守护进程，可以使日志变得更安全，这样，黑客若试图改变日志文件，就需要侵入两个机器。

对 syslog 通信加密

为了对 syslog 消息进行加密，需要通过 TCP 发送 syslog 消息，然后用另一种方法加密正在传送的日志。如果所用的 Linux 发布版不包括 syslog-ng，可以从 www. balabit. com/products/syslog_ng/免费得到，并且可以如其他任何软件包一样安装。有很多对 syslog 消息进行加密的方法。Stunnel 可以通过 SSL 加密的隧道传送日志。OpenSSH 可以用它的端口转发功能通过隧道来传送日志，而它用 SSH 对数据进行加密。最后，IPsec 也同样是可以应用的。IPsec 是惟一可以对通过 UDP 传输的 Syslog 日志加密的产品。

开始加密配置前，首先核实 syslog 消息可以成功地从 Linux 主机发送到 syslog 服务器（Linux 或 Windows）上。通过 UDP 传送 syslog 的目的端口是 514，而通过 TCP 传送 syslog 消息却没有一个标准的端口号可用。如果愿意，可以用 TCP 端口 514，但它是 rshell 正式注册使用的端口号。可以从 www. iana. org/assignments/port-numbers 得到更多的信息。如果没有其他任何软件在 syslog 服务器的 TCP 端口 514 上监听，则可以用这个端口。如果没有改变任何东西，syslog-ng. conf 的默认配置的和原始的 syslog 的很类似。为了把日志保存到远端的 syslog 服务器上，需要对 syslog-ng. conf 文件进行编辑。

默认的配置文件中把所有目的地定义在一个区域。默认的命名目的地的格式为 d_<name>，但这不是必须的。Syslog. conf 用的格式为<设备>. <严重性>. <动作>。Syslog-ng 用的格式为 {Source; filter; destination;}；其中的每一个字段必须在 syslog-ng. conf 文件中定义。为了定义将用的远端目的地址，在 syslog-ng. conf 文件中定义的最后一个目的地的后面加入下面的命令行：

```
destination d_lab { tcp ("192.168.1.99" port(5140)); };
```

这样就将 d_lab 定义为 192. 168. 1. 99 上的一个系统日志服务器，它在 TCP 端口

5140上监听。在过滤器部分里可以定义任何要应用到日志上的过滤器。下面的过滤器将会触发所有的严重性级别从 emerg（0）到 info（6）的日志消息，这基本上包括了除调试外所有的消息。在任何过滤器的名字前加上 f_是一个标准做法，但也不是必须的。下面的命令行将会定义一个名字为 f_no-debug 的过滤器：

```
filter f_no-debug {level(info..emerg); };
```

信息源被默认地定义为 s_sys，并且已经对过滤器和目的地进行了定义。现在可以应用这些定义并通过配置 syslog-ng 来发送 syslog 消息。为了做到这一点，在最后的日志行后面增加下面的命令行：

```
log { source(s_sys); filter(f_no-debug); destination(d_lab); };
```

保存这些改变后，需要重启 syslog-ng 守护进程。考虑到配置是记录除调试外的每一个事件，所以只要开启 syslog-ng 服务，就会看到一些消息。若没看到任何消息或者要进一步的测试，则可在大多数的 Linux 系统生成测试消息，这个测试消息可用 logger 命令来生成，其格式为 logger -p facility. severity message。下面是一个例子：

```
logger -p cron.emerg test message here
```

这样就会发送消息“test message here”作为设备的克隆，并且是 emergency 的严重等级。假如可以成功地发送基于 TCP 的 syslog 消息，则下一步就是增加一个加密层来确保 syslog 消息的安全。

配置 Stunnel

Stunnel 本身并不包括任何加密代码，而是使用外部的库来执行加密。在这种情况下，OpenSSL 用来创建一个加密隧道。SSL 代表 security socket Loyer，即安全套接字层，它同样也是经过良好测试的加密算法，通常用于加密 Web 网页。为了演示 Stunnel 在 Windows 和 Linux 的操作，我们将用一台 Linux 主机来产生日志（通过 syslog-ng）并用一台 Windows 主机来接收它们（通过 Kiwi 的 syslog 守护进程）。这将有一个在两个操作系统上运行 Stunnel 的感觉。根据下面的步骤在 Linux 主机上配置 Stunnel。

(1) 把下面的目的地址定义添加到 syslog-ng. conf 文件中，这将定义一个新的目的地址，叫做 d_loghost：

```
destination d_loghost {tcp("127.0.0.1" port(5140));};
```

(2) 修改 syslog-ng. conf 里指向目的地 d_lab 的日志行来指向新的目的地 d_loghost，然后重新启动 syslog-ng. conf。这将告诉 syslog-ng 把 syslog 消息发送到本地主机上的 TCP 端口 5140，这正是 Stunnel 监听的地方：

```
log { source(s_sys); filter(f_no-debug); destination(d_loghost); };
```

(3) 如果所用的 Linux 上没有预先安装 Stunnel，则需从 www. stunnel. org 下载并安装 Stunnel。

(4) 创建一个名为/etc/stunnel/stunnel. conf 的 Stunnel 配置文件。添加下面的文

本到该文件里，然后保存：

```
client = yes
[syslog-ng]
accept = 127.0.0.1:5140
connect = 192.168.1.99:6140
```

这样把Stunnel设置为客户机模式（默认的是服务器模式），并且设置Stunnel监听端口为5140，并且向192.168.1.99的端口6140发送返回数据。

(5) 打开一个终端窗口，然后输入Stunnel开启Stunnel。

现在需要配置SSL隧道的服务器端。按下列步骤在syslog服务器和Kiwi的syslog守护进程上配置Stunnel。

(1) 从www.stunnel.org下载并安装Stunnel。

(2) 导航到安装Stunnel的目录，然后编辑stunnel.conf文件。在stunnel.conf的结尾添加下面的命令行，然后保存：

```
[syslog_lab]
accept = 6140
connect = 7140
```

在默认的情况下，Stunnel处于服务器模式，accept和connect行简单告知Stunnel监听端口6140，并且当创建一个连接时，把数据发送到本地主机的端口7140。没有在配置文件中指定一个IP地址，Stunnel即假设是本地主机。

(3) 确保Kiwi的syslog守护进程在前面指定的端口上（本例是端口7140）监听TCP连接。完成这个配置的步骤为：打开Kiwi的syslog守护进程，然后导航到“文件|设置”，选择左侧面板里的“Inputs | TCP”并确保“监听的TCPsyslog消息”复选框选中，TCP端口字段是7140。

(4) 导航到“开始|程序|Stunnel|运行Stunnel”。

现在可以在syslog服务器上通过加密的SSL隧道接收日志消息了。开启Stunnel后将会在系统托盘上出现一个图标。右击这个图标打开一个非常小的菜单。如果在这个菜单里选择“Log”，则看到Stunnel所接收的连接上的一个运行的日志。因为通信路径可能有些混乱，图5.21给出了应用Stunnel时所产生的数据流程图。

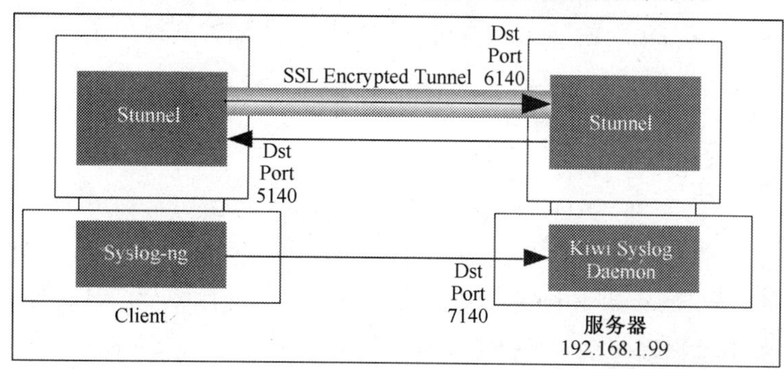

图5.21　Stunnel数据流

核实了确实能接收到加密的 syslog 消息后，需要产生一个新的服务器证书和私钥来代替默认的证书与私钥。Stunnel 需要一个服务器证书和私钥才能进行 SSL 加密。安装文件里有默认的证书和密钥，放在一个单独的叫做 stunnel. pem 的文件里。因为同样的证书分布在所有的安装文件里，所以在一个生产环境里应用这个证书是不安全的，所有的人都有这个密钥。必须创建一个新的证书和密钥文件用在服务器上（在客户主机上不需要这样做）。创建新的文件和密钥的最简单方法是应用 OpenSSL 包。

(1) 下载和安装 OpenSSL。源文件（用在 Linux 上）可以从 www. openssl. org/source/下载。预编译的二进制文件（用在 Windows 上）可以从 www. slproweb. com/products/Win32OpenSSL. html 下载。

(2) 下载并安装 OpenSSL 后，用下述命令创建一个新的服务器证书：openssl genrsa-des3-out server. key 1024。接下来提示输入一个通行短语，它用于创建一个原始的服务器密钥。

(3) 输入 openssl req-new-key server. key-out server. csr 产生一个证书签名请求。系统要求输入先前输入的通行短语并响应几个有关区域的提示信息，如所在的州、国家和公司的名字。

(4) 输入 openssl rsa-in server. key. org-out server. key 从服务器密钥中删除通行短语。必须输入通行短语才能完成这一步。

(5) 输入 openssl x509-req-in server. csr-signkey server. key-out server. crt 产生服务器证书。

(6) 最后，将证书和密钥文件组合进一个单独的 . pem 文件中，该文件供 Stunnel 使用。

(7) 在 Stunnel 目录里用新创建的 stunnel. pem 证书代替原来的 stunnel. pem。

(8) 在服务器里重新开启 Stunnel 并验证一切都工作正常。

既然已经能够成功地应用 Stunnel 加密 syslog 消息，则应该注意到所有的 syslog 消息的来源都是 127. 0. 0. 1，即本地主机。从技术上讲这是因为，正是本地主机向 syslog 服务器发送消息的。如果正（在 Linux 主机上）用 syslog-ng 接收 syslog 消息，可以通过在 syslog-ng. conf 文件的选项段里包含 keep_ hostname（yes）来改变这个行为。Stunnel 可以加密任何基于 TCP 的连接，而不只是 syslog。例如，可以用 Stunnel 来加密 Telnet 会话，甚至是一个自定义的基于 TCP 的应用程序。在安装 Stunnel 软件并完成基本的配置后，增加额外的隧道就像在 stunnel. conf 配置文件里定义额外的服务器一样简单。

配置 OpenSSH

OpenSSH 是一个实现 SSH（Secure Shell）协议的开源软件。开发它的最初目的是替代其他用于远程管理的明文协议，如 Telnet 或 rshell，SSH 包括一个端口转发选项，它可使 SSH 完成与 Stunnel 相同的功能。在 Stunnel 上使用 OpenSSH 有许多益处，例如，将 OpenSSH 安装成能够提供远程访问的事实就是一个突出的例子。在那些情况下，OpenSSH 几乎不用安装和配置。几乎所有的 Linux 都会默认地安装 OpenSSH，所以在 Linux 主机上已经安装了 OpenSSH 的可能性比已经安装了 Stunnel 的可能性更大。

我们已在第 2 章讨论了 OpenSSH 的安装与配置，所以这里假设 OpenSSH 已被安装并能够正常地提供远程命令行形式的访问，在此前提下讨论 OpenSSH 的配置。在这样的场景下，OpenSSH 的端口转发功能的使用与 Stunnel 相似。SSH 客户端建立一条到 SSH 服务器端的连接并监听去往某个指定端口的本地通信。当 SSH 客户端接收到这种通信后，它将对这种通信发送给一个 OpenSSH 服务器加密，这个 OpenSSH 服务器接下来对数据进行解密并发送给服务正在监听的本地端口。要配置使用 OpenSSH 进行转发的端口，需按下述步骤执行。

(1) 在 Linux 主机上运行下述命令：

```
ssh user@192. 168. 1. 99-L 5140:192. 168. 1. 99:7140
```

(2) 生成一个样本 syslog 消息，则它应该能被 syslog 服务器接收。若不能，则需检查所用 Kiwi 的 Syslog 守护进程是否仍在监听 TCP 端口 7140。

尽管大多数 SSH 端口转发的操作与 Stunnel 所建立的 SSL 隧道非常相似，但二者还是有些区别的。默认的，SSH 端口转发仅是在一条已建立的 SSH 隧道上转发端口的转发，所以首先要使用标准的用于 SSH 的 TCP 端口 22 建立加密的 SSH 隧道，除非指定了另外的端口。这个隧道被建立得完全是为了进行远程命令行访问而建立的连接。另外，SSH 会在指定的端口上监听并转发连接。SSH 端口转发最大的劣势就是它没有命令行方法来指定口令。这是 SSH 的开发者的一个有意的设计选择，以增加安全性。他们故意不提供将口令加入到脚本或批处理文件中的简单手段。这个关于用户交互的要求使得 SSH 成为一个在交互会话方面比基于服务的连接（如 syslog）更好的候选者。然而，正如所见，在一个 SSH 已配置很合适的系统上建立端口转发是非常容易的。

配置 IPsec

因为 IPsec 是一个特别为在不同供应商的系统间实现互操作而设计的工业标准，因此它是一个非常流行的加密方法。现在的 Linux 内核本身就内建支持 IPsec，也有其他一些实现 IPsec 的软件包。在下面的例子中，我们假设用的 Linux 内核本身支持 IPsec。通过下面的步骤可在 Linux 主机上配置 IPsec：

(1) 若系统没有安装 IPsec，可以从 http：//sourceforge. net/projects/ipsec-tools 下载并安装 IPsec 工具。这些工具提供了简单的界面来配置各种各样的 IPsec 设置。

(2) 编辑 /etc/raccoon/psk. txt 文件。这个文件保存预先分享的（AKA“秘密”）密钥。在前面的例子中，我们选择 Passuord 作为预先分享的密钥（这当然不是一个安全的密钥；在生产环境中，应该用一个更高质量的口令），文件格式为＜identifier＞＜key＞。在我们的例子里，将在文件里添加如下命令行并保存新的文件：

```
192. 168. 1. 99 password
```

前面在 Windows 上安装 IPsec 的例子中是用 Password 作为预先共享密钥的。如果希望在 Windows syslog 服务器里改变共享密钥，则通过下面的步骤编辑 IPsec 策略：

(3) 打开 MMC，在左侧面板里选择 IP Security Policies on Local Computer。

(4) 在右侧面板里双击 Inbound_Syslog 策略。

(5) 双击 TCP Syslog 安全规则并选择“证明方法”选项卡。

(6) 单击 Edit 按钮改变共享密钥，输入新的密钥。

(7) 依次单击 OK 按钮、OK 按钮、Apply 按钮及 OK 按钮进行确认，然后退出策略配置窗口。

下一步在 Linux 主机上配置 IPsec 策略。下载 IPsec 工具后，可用 SETKEY 工具软件来完成这个任务。这个工具软件可以展示当前的安全关联并实现一些其他有关 IPsec 策略的配置改变。通过创建一个 SETKEY 配置文件，定义将使用的安全参数。配置文件的完整内容如图 5.22 所示。

(8) 创建一个配置文件，命名为 /etc/raccoon/setkey.conf，输入如图 5.22 所示的信息。

所有以#开始的命令行都是注释会被 SETKEY 忽略。Flush 和 spdflush 告诉 setkey 清除先前的配置。这可以开始清除并确保只使用本配置文件里的内容。下一部分(#ESP SAs) 定义了 Encapsulating Security Payload (ESP) 参数。第一行说明从 192.168.1.105 (syslog 客户机) 到 192.168.1.99 (syslog 服务器) 的通信应该用 ESP 并用 3DES 加密。以 0x 开始的长字符串是一个密钥。这只是一个用来测试的样例密钥。应该产生自己的密钥来增加安全性。下面的部分同样是加密从 192.168.1.99 到

```
# Configuration for 192.168.1.105
# Flush the SAD and SPD
flush;
spdflush;
#### ESP SAs using 192 bit long keys (168 + 24 parity) ####
add 192.168.1.105 192.168.1.99 esp 1001
    -E 3des-cbc 0x7aeaca3f87d060a12f4a4487d5a5c3355920fae69a96c831;
add 192.168.1.99 192.168.1.105 esp 1001
    -E 3des-cbc 0x7aeaca3f87d060a12f4a4487d5a5c3355920fae69a96c831;
#### Security policies ####
spdadd 192.168.1.105 192.168.1.99 any-P out ipsec
    esp/transport//require;
spdadd 192.168.1.99 192.168.1.105 any-P in ipsec
    esp/transport//require;
```

图 5.22 设置密钥配置文件

192.168.1.105 的通信。在本例中，两部分加密用同样的密钥，而读者当然不必这样。最后一部分(# Security Policies) 定义了要应用的 IPsec 模式。我们配置传输模型并要求与策略相匹配的通信被加密。在这部分中，第二行是第一行的拷贝，只是 IP 地址颠倒了，这样策略可应用于两个方向的通信。

(9) 通过输入 setkey-f /etc/raccoon/setkey.conf 可应用 IPsec 策略中的设置。

(10) 编辑 racoon 配置文件 /etc/raccoon/raccoon.conf。

Racoon 是 Linux 上执行因特网密钥交换 Inernet Key Exchange (IKE) 功能的守护进程。如果从命令行不带任何选项地调用它，则 Racoon 将自动以守护进程模式运行。对于初始的测试和设置，推荐在前台运行它，这样就能看到输出，便于处理故障。执行 raccoon -F 即可在前台运行，增加-d (为了调试) 会增加输出的内容，提供更多信息。如图 5.23 所示是全部的 racoon.conf 内容。

前面几个路径行在默认的情况下是不可编辑的，它们告诉 racoon 从哪里可以找到预先共享密钥文件和要使用的证书。这个配置文件的功能是明显的。Remote 项说明当

```
# Racoon IKE daemon configuration file.
# See 'man racoon. conf' for a description of the format and entries.
path include "/etc/racoon";
path pre_shared_key "/etc/racoon/psk. txt";
path certificate "/etc/racoon/certs";
##### IKE PHASE 1
remote 192.168.1.99 {
exchange_mode main;
proposal {
encryption_algorithm 3des;
hash_algorithm sha1;
authentication_method pre_shared_key;
dh_group 2;
}
}
##### IKE PHASE 2
sainfo anonymous
{
lifetime time 1 hour ;
encryption_algorithm 3des, des ;
authentication_algorithm hmac_sha1, hmac_md5 ;
compression_algorithm deflate ;
}
```

图 5.23 Racoon. conf 文件

与主机 192.168.1.99 通信时，将使用主模式并用 3DES，SHA-1 和预先共享密钥。第二部分包括应用在所有主机上的安全关联信息（因为有匿名项）。如果需要，当与不同的主机通信时，可以定义要使用的不同参数，这可通过在 sainfo <host>的格式中创建多个项代替匿名来实现。

(11) 在一个终端上，用 racoon -F 或 racoon - F - d 来开启 racoon。

如果已在先前的例子里定义了 Windows 的 IPsec 策略，则按照下面的步骤改变先前配置的 IPsec 策略来接收基于 TCP 的连接。如果用的不是同一个系统，参考本章的 Windows IPsec 一节，执行配置 IPsec 策略的步骤，用计划使用的 TCP 端口号取代前面的例子中所设置的 UDP 端口 514。

(1) 打开 MMC 并在左侧面板里导航到 IP Security Policies on Local Computer。

(2) 双击先前创建的策略；在我的例子里它称为 Inbound_Syslog。

(3) 选中并突出显示 syslog 过滤器，将会打开 Edit Rule Properties 窗口。

(4) 单击 Add 按钮，并为新的过滤器输入一个名字，如 TCP Syslog。

(5) 输入一个描述并单击 Add 按钮，确保 Use Add Wizard 选中。

(6) 在 IP Filer Wizard 中单击 Next 按钮。在源地址字段选择 Any 并单击 Next 按钮。

(7) 在目的地址字段选择 My IP Address 并单击 Next 按钮。

(8) 协议字段选择 TCP 并单击 Next 按钮。

(9) 保留 From any port 处于选中状态，改变底部的选项为 To this port。输入 syslog 服务器监听的端口，如 7140。

(10) 单击 Next 按钮、Finish 按钮，然后单击 OK 按钮。

(11) 返回到 Edit Rule Properties 窗口，确保新规则的单选按钮选中并单击 OK 按钮。

(12) 在这个窗口里单击 Apply 按钮，然后单击 OK 按钮。

现在新策略应该已经生效了，将加密从 TCP 端口 7140 接收的通信。现在应该能在 TCP 端口 7140 接收被加密的 syslog 消息。因为 IPsec 是协议无关的，这种同样类型的配置可以简单地加密基于 UDP 的 syslog，从 Linux 系统到 Windows 系统都可以。为了做到这一点，只需简单地用选择的 UDP 端口来代替 TCP 端口 7140 即可，如默认的 UDP 端口 514。

提 示

第一次应用所有的 IPsec 设置时，可能不会马上看到通信。在大多数情况下，在建立初始的 IPsec 连接时，会有一个很短的延时。这个时间用于在安全通信可以进行之前协商加密算法的参数、交换密钥信息，以保证可以进行安全通信。

下面是一个有关可用于对 syslog 进行加密的各种加密算法的小结。

- **SSL** SSL 可能是最易于实现的。它需要一个基于 TCP 的 syslog 守护进程并对 syslog 重新配置，使之指向本地监听 SSL 的端口。对于特定的 Linux 发布版，Stunnel 有可能需要安装，也有可能不需要。
- **SSH** 在几乎所有的 Linux 系统中，SSH 都会被默认安装。与 SSL 相似，它需要一个基于 TCP 的 syslog 守护进程，但不需要重新配置 syslog 的端口和目的地，与使用 TCP 不一样。最大的不利之处是 SSH 原本用于交互式会话，需要认证来建立 SSH 隧道。
- **IPsec** IPsec 既是最功能强大，又是最灵活的加密算法，同时也是最复杂的。需要在两端的系统上匹配各种安全关联设置，并且为了使之工作，需要配置多个文件。IPsec 最主要的长处在于其在如何配置方面的高度灵活性和其协议无关性。不对基于 TCP 的 syslog 配置做任何改变就可以实现 IPsec。切记这只是一个最小的 IPsec 配置，其目的只是保护 syslog 通信。配置可以是非常复杂的，尤其是当需要为多个系统配置不同的 IPsec 策略时。从 www.ipsec-howto.org 上可得到一些非常好的文档，对这一过程做了更详细的介绍。我们还推荐阅读有关 syslog-ng，syslog-ng.conf，setkey，racoon 和 racoon.conf 的手册。

在 Linux 主机上接收 Syslog 事件

配置 Linux 主机使之接收 syslog 事件是很简单的。为了在 Windows 主机上生成测试事件，Kiwi 创造性地提供了一个得心应手的工具，称为 Kiwi syslog 消息发生器。它可以按照要求产生 TCP 和 UDP 消息，或利用随机参数产生 TCP 和 UDP 消息。可以从 www.kiwisyslog.com/info_sysloggen.htm 下载此消息发生器。如果使用的是标准的 syslog 守护进程，则需要编辑/etc/sysconfig/syslog 文件。此文件中包含“SYSLOGD_OPTIONS=”的行是告诉系统如何运行 syslog 守护进程的。在选项列表中添加-r 用于重新启动 syslog 服务，这些就是所需要做的一切。此时 Linux 系统将开始在默认的

syslog 端口（UDP 的 514）监听 syslog 消息。如果在一个终端窗口输入 netstat -A，应该可以看到 syslog 作为其中的监听进程。

如果使用的是 syslog-ng，则需要编译/ect/syslog-ng/syslog-ng. conf 文件。如果仅仅试图从默认的 UDP 端口 514 接收 syslog 消息，则所要做的就是从 syslog-ng. conf 文件中删除如下行中的注释分隔符（#）：

#udp (ip (0.0.0.0) port (514));

默认的配置文件是模拟初始守护进程的，即默认它不监听来自网络的 syslog 消息。在编译好配置文件后，重启 syslog-ng 服务器，可以从 UDP 的 514 号端口接收 syslog 信息。若要配置 Linux 主机，使其能从一个 TCP 而不是 UDP 端口接收 syslog 消息（这是推荐的方式），在 syslog_ng 文件的源定义部分（s_sys 是默认的源定义）中加入以下内容：

```
tcp(ip(0.0.0.0) port(7140));
```

用希望从中接收 syslog 信息的 TCP 端口替换上面的 7140 端口。如果要对到达 Linux 主机的 syslog 信息进行加密配置，可以用以前介绍过的任何一个例子来完成。

在 Windows 和 Linux 系统上分析 syslog 日志

现在已经把所有的日志都接收了，接下来的问题就是用它们干什么？你可能已意识到，它们会在很短的时间段内创造大量的数据。需要一种方式能对日志文件进行分类并挑选出最有意义的信息片段，然后在需要的地方对之做一些工作或者对全部日志文件做工作，并且尽可能以一种自动的形式完成。有两种基本的方式来处理日志数据。一是实时分析，还有一种是在日志产生之后在某些时间点进行的离线分析。通常，实时类型的分析用来从大量的"正常"的活动中分拣出比较重要的事件，并突出显示它们或发送报警，使人们关注这些事件并进一步分析。这种类型的分析和反应可以采取多种形式，从一个当事件流经控制终端时对之进行显示的简单的颜色编码，到自动送出电子邮件或者直接呼叫人的复杂规则。

离线分析经常用在对时间不是很敏感的调查中，如为了跟踪而进行的趋势识别或查找问题。举个例子，一个 CPU 运行有点快，这在实时分析中通常不是一个需要被标识出来的关键事件，而长期的高 CPU 运行率则可能是离线分析需要报告的事件了。同样，一个非常高的 CPU 使用率比较适合用实时通告，因为它可能表示一个产品装置不能再满足服务请求。每种类型的分析有其好处和用途。接下来讨论一些有用的日志分析工具。

Windows 日志分析

在一个 Windows 主机上日志分析的第一个关键是确定，要用它们本来的 evenlog 格式还是 syslog 格式来进行分析。Kiwi 提供了 Kiwi 日志查看器，监控日志文件的改变并用颜色代码将这些变化显示在日志文件查看器中。可以从 www. kiwisyslog. com / log-viewer-info. php 下载 Kiwi 日志文件阅读器。安装程序没有什么特别的地方，把查看器安装到选择的目录下，然后执行日志查看器就可以了。第一次打开查看器时是空白的。需要导航到“文件｜打开”并浏览日志文件。如果使用的是 Kiwi 的 Syslog 守护进程，默认的日志文件将存放在安装 Kiwi Syslog 守护进程的目录里，如 syslogd/logs/SyslogCatchAll. txt。然后日志条目将出现在主要窗口中。这些与出现在 Kiwi Syslog 守护进程的窗口中的条目是一样的。为了能让查看器及时侦查到日志文件的变化，从查看器的菜单中选择“编辑｜追踪”，或单击尾部按钮到顶部。这时有消息显示在显示器中，而且当收到新消息时还会更新。下一步就是要配置一些颜色编码，使重要事件显现出来。

可以通过选择“选项｜突出”来访问配置窗口。单击右侧的＋号创建一个新的高亮的触发器。默认的，高亮的颜色是红色的。编辑 String to March 部分，输入要触发的高亮文本。. emerg 就是一个例子，将触发所有紧急优先级的消息。当然，也可以编辑突出显示信息的文本内容和背景颜色。Kiwi 日志查看窗口如图 5. 24 所示 。

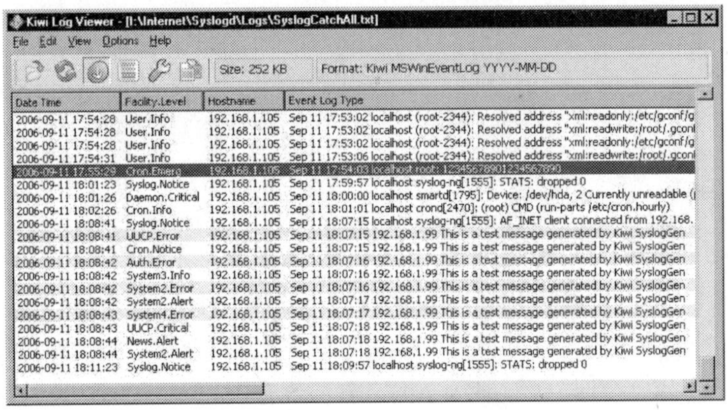

图 5. 24　Kiwi 日志查看器

Kiwi 日志查看器运行在一个控制台上，分析人员通过这个控制台可以整天监视查看器。它没有任何先进的功能或配置，但非常容易安装和配置。

事件日志分析器 4（EventLog Analyzer 4）是一个基于 Java 的应用程序，可以分析来自一个 Windows 主机上的 Windows 事件日志和 syslog 日志。这个软件还能安装在一个 Linux 主机上，但这样不能收集从 Windows 主机上发送的事件日志。如果是免费版本，只能总共分析 5 个主机。免费版本可以从 http：//manageengine. adventnet. com/products/eventlog/download. html? free 下载。执行安装时，提示选择试用版或免费版。在本例中选择免费版。选择安装目录后，提示选择一个 Web 服务器端口，它稍后将用于观察报告数据。还能选择是否想将事件日志分析器安装为一个服务（这是默认的选择）。

安装后，通过“开始”菜单来启动程序。这将打开命令提示符并执行 Java 应用程序。一旦完成这些，它将打开默认浏览器来显示登录页面。默认的用户名和密码会显示在登录页面，默认的用户名是 admin，密码也是 admin。默认将事件日志分析器用作 syslog 服务器进程的，这意味着不需要另外一个程序来监听发送来的 syslog 信息。单击 Add New Host 按钮可以添加新的主机。如果从一个 Linux 主机上接收 syslog 信息，选择 UNIX 作为主机的操作系统并输入要接收日志的主机的主机名和 IP 地址。对于

UNIX系统（syslog），记录日志必须或多或少地保持连续，但是对于Windows主机（事件日志），必须配置记录日志的间隔不少于10min。首页选项卡将显示主机列表和一些基本事件的摘要信息，如图5.25所示。

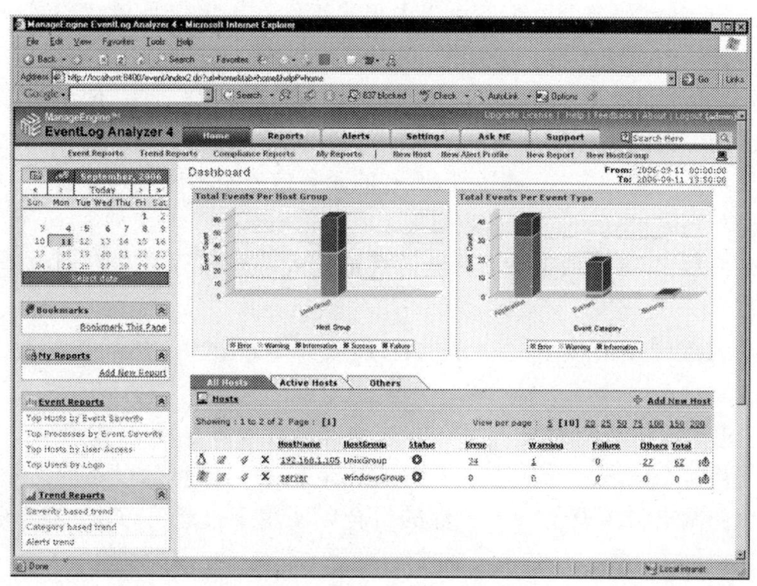

图5.25　事件日志分析器4

事件日志分析器的确提供了一些不错的功能，例如，可以根据事件的严重性、事件过程和某些趋势报告选项来分类预配置报告。为了配置发送电子邮件报警，需要两个步骤来完成。首先，必须单击“设置”选项卡，选择“设置邮件服务器”。然后输入POP服务器，如果需要，还要输入任何通过POP服务器认证所需要的登录信息；接着单击“保存”按钮。

接下来，单击“报警”选项卡，然后单击窗口左面的“新增报警模板”。下一个窗口面允许为电子邮件报警配置触发器。可以为报警模板命名并选择是应用于单一主机还是一个主机组。下一步，选择想触发报警的设备和严重性。也可以指定一个日志消息中必定包含的字符串以增加额外的粒度。为告警电子邮件选择一个临界状态并输入一个电子邮件地址。一旦完成，单击“添加报警模板”以保存模板。图5.26显示了在报警选项卡上新建立的模板。

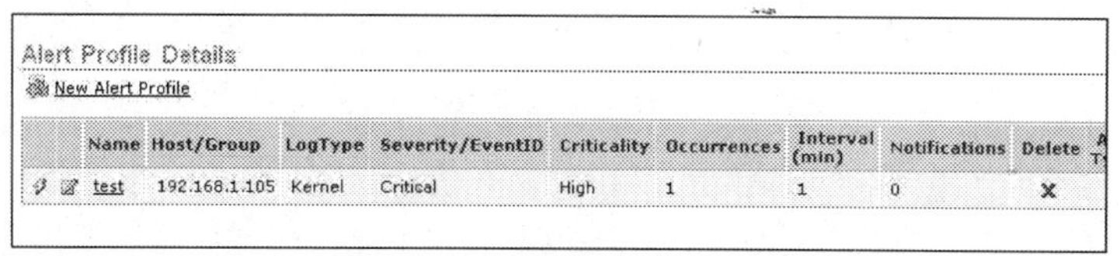

图5.26　报警模板“测试”

正如所看到的，配置的报警触发了一个kernel. critical消息。在Linux主机（192.168.1.105），可以用logger -p kern. crit testmessagehere生成一个测试消息来触发报警。总而言之，事件日志分析器有一些非常好的报告能力。5个主机的限制可能会也可能不会在运行环境中造成任何问题。就坏处而言，它更偏重于资源敏感，只在一个轮询周期中收集数据，所以对时间敏感的报警或通知不是很适合。

Kiwi syslog 守护进程是相当简单的免费软件。我们已在几个例子中把它用作 Windows 主机上的 syslog 服务器，但它可以做很多工作，不仅仅是接收 syslog 消息。首先来看它的一些基本的过滤能力。通知窗口顶部包含一个下拉框，默认显示“00”(默认值)。默认情况下，所有进入的日志都将显示 00；如果选择任何其他显示，它们都将是空的。可以遵循下面的步骤来配置一个定制的过滤器，这将把与过滤器相匹配的事件发送给不同的显示。用这种方式可以发送所有的紧急信息给不同的显示。

(1) 导航到 File | Setup，在左边面板上右击 Rules。

(2) 选择 Add Rule 选项，然后为新的规则输入一个名称。在本例中，我们输入了 Crit_events 。

(3) 在新的规则下右击 Filters，选择 Add Filter 选项，然后为过滤器选择一个名字。

(4) 在左边面板中选择过滤器后，右边顶部现在有新的下拉式窗口。FIELD 框可选择过滤器使用哪个区域。如果选择“优先”，它将根据信息的设备和严重性来过滤信息。由此产生的网格突出设备和严重性的组合以便用于过滤。单击 Crit 列的头，然后单击底部的选中标志，则选中在同一种临界的严重性下的所有设施。

(5) 配置完毕，单击 Apply 按钮。优先过滤器配置窗口如图 5.27 所示。

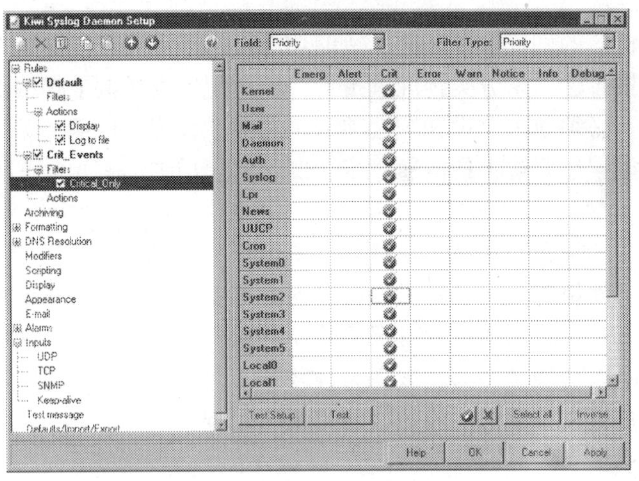

图 5.27　Kiwi Syslog 守护进程优先过滤器

(6) 接下来配置针对与过滤器相匹配的消息的行为。可以通过右击 Actions 并选择 Add Action 选项来完成。

(7) 在“动作”下拉框中的顶部，选择 Display 选项。

(8) 选择一个适用于临界信息的不同于默认的显示，单击 Apply 按钮。

可以将显示的名字改为一个有意义的名字。通过导航到左边面板中的 Display，然后用 Modify Display Names 下拉框来找到要修改的显示，然后在右边区域中输入新的名字，单击 Update 按钮。

不幸的是，有几个特性只能在注册版本中可以得到，例如，发送电子邮件、运行外部程序或者基于消息内容过滤规则把消息记录到 Windows 事件日志。Kiwi syslog 守护进程的免费版仍是一个非常有力的工具。总之，即使免费的 Kiwi syslog 守护进程有限制，但仍然可利用它的过滤能力及一些外部工具软件来实现一些警示功能。

作为一个简单的例子，可以把 Kiwi 过滤器中的一个行为配置成写到一个文件中。在这个例子中，任何与 kernel. emergency 相匹配的事件都会被写入到一个文件 \ syslogd \ logs \ email. txt 中。因为过滤器会默认将所有的事件都写入 \ log \ SyslogCatchAll. txt 中，本例的事件将被记录在这两个文件中。可能想改变记录日志的格式为以逗号分隔的形式以使文件分析更为简单。可以通过导航到“文件 | 设置”并在左边面板中的“规则”项下逐级深入，直到达到“行动”。高亮自定义的操作后，显示日志文件格式下拉框，如图 5. 28 所示。其中很多格式可供选择，本例中选择逗号分隔值 yyy-mm-dd（CSV 格式）。

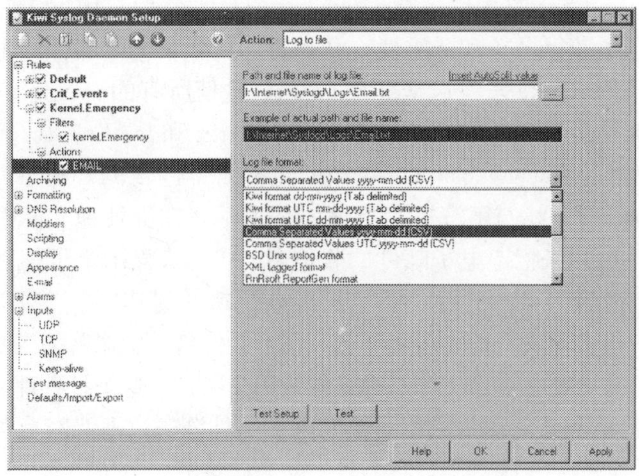

图 5. 28 Kiwi 日志文件格式

完成后将为所有 kernel. emergency 消息产生一个单独的 email. txt 文件，这将易于在一个批处理文件中进行操作。下面的批处理文件将展示如何容易地找到 syslog 消息并用电子邮件发送出去：

```
@echo off
if exist email.txt goto :mail
exit

:mail
ren email.txt working.txt
FOR /F "tokens=*" %%i in (working.txt) do (
echo %%i > lastline.txt
)

FOR /F "tokens=1-6 delims=," %%i in (lastline.txt) do (
```

```
blat working.txt -to recipient@any.com -f syslog@any.com -s "Syslog [%%j]
~from host %%k" -server smtp.any.com
)
del working.txt
del lastline.txt
```

正如所看到的，使这种形式的强大功能开始工作并不需要很大的工作量。前面的几行只是用来检查 email. txt 文件。如果 Kiwi 没有发现任何 kernel. emergency 消息，email. txt 文件就不存在，这种情况下，只需退出即可。如果 email. txt 文件存在，则必须发送电子邮件，所以跳转到"：mail"。第一个任务是将 email. txt 文件重新命名为 working. txt，使得如果批处理文件执行的同时产生更多的消息，将不会导致任何问题。Email. txt 文件应该可以包含多个 syslog 消息，所以反复传输 email. txt 的每一行到一个叫做 lastline. txt 的临时文件。因为将每一行传送到相同的地方，所以所有的传输结束时，只看到 lastline. txt 中最后一行的 syslog 信息。然后，用 FOR 从 lastline. txt 中的 last syslog 信息中获得设备和严重性，并且将它放置在电子邮件的主题行。在电子邮件的正文部分，用 blat. exe 来发送 working. txt，这使所有的 syslog 信息在批处理文件运行时生成。作为最后清理的部分，删除 working. txt 和 lastline. txt。

Blat. exe 是一个可从 www. blat. net 下载的免费命令行 SMTP 程序。注意，本书由于空间限制，需要换行时，我们用符号"~"表示，即两行在批处理文件中必须被放在一行中。对于 BLAT，-to 用来指定电子邮件的收信者，-f 用来显示电子邮件的发送者。-s 用来指定邮件主题，最后，-server 用来指定发送电子邮件到其上的 SMTP 服务器。当然，完成同一件事情有很多方法。批处理文件也只用了文件名，意味着都需要在相同的目录下(Kiwi 的 log 目录)，否则在引用文件时都必须使用全路径。这个批处理文件可以被安排每分钟或者每 5min 运行一次，以提供相对快的电子邮件警告。因特网免费提供了大量的各种用途的程序。下面提供一些例子，它们是一些高质量的、免费的命令行工具。

- **Blat**　命令行的 SMTP——www. blat. net。
- **Vmailer**　命令行的 SMTP——www. virdisoftware. com/vmailer/。
- **Bmail**　命令行的 SMTP——www. beyondlogic. org/solutions/cmdlinemail/cmdlinemail. htm。
- **sendEmail**　命令行的 SMTP——http://caspian. dotconf. net/menu/Software/SendEmail/。

sendEmail 可以在 Windows 和 Linux 下使用，这是它的优势，所以只要学习两个操作系统下的任何一个语法集就行。

- **Libwww**　命令行 HTML 的工具套件。

可以从网站 www. w3. org/Library/Distribution. html 阅读，从网站 www. idm. ru/content/view/9/8/lang,en/下载。

Linux 日志分析

进行日志分析时，在 Linux 系统下有很多有用的产品。在一个日志分析工具软件中想寻找什么决定了哪一个是最适合的，但在大多数情况下，没有一个单一的工具软件可以做一切事情。但是，或许可以找到一个工具的子集来完成要做的99%的事情。两个比较好的通用工具是swatch和logwatch。称其为通用的，是因为它们不是专门针对某一种特殊的日志文件格式的。这两种工具中，swatch是比较轻量级的，较容易安装，但是选项比较少。Swatch用来实时分析日志，并且遵照指定的配置根据在日志内容中发现的东西来执行。Logwatch有一个稍微不同的角色，焦点在分析和报告日志文件，但不是实时的。

配置 Swatch

因为swatch（简单观察者的简称）的用途相对集中，所以安装和配置十分简单。swatch的主页可在http://swatch.sourceforge.net/找到。一些swatch的动作在命令行中设置，但是要匹配的规则必须在配置文件中。例如，在命令行中调用swatch：swatch -c /etc/swatch.conf-t /var/log/syslog，这就是用来告诉swatch使用配置文件(-c)，它位于/etc/swatch.conf。如果没有用-t选项指定查看哪个文件，swatch将默认按顺序查看/var/log/messages或者/var/log/syslog。如果没有指定一个配置文件，它将把所有的东西回传给控制台。可以用-f <file>来一次检测一个文件，用-t使它连续运行。

swatch真正能做的事情在配置文件中定义。如果在配置文件中有下面的行，将导致所有包含denied或者Denied的行用黄色的文本回传给控制台，并且响一次铃声。其他所有的东西都被/.*/捕获，并且以普通文本形式回传给控制台：

```
Watchfor      /[dD]enied/
echo yellow
bell 1
watchfor    /.*/
echo
```

正如看到的，配置swatch并不困难。参阅swatch的手册来了解有关颜色选项的细节和其他功能，一些主要安全方面的命令和用途如下所示：

- **-script-dir=<path to directory>** 当swatch运行时，将它用在命令行中创建一个临时的观察者脚本，这个脚本被默认地写入用户的主目录。应将这个观察者脚本重新存放在一个不会被编辑的安全的目录下。一个黑客若访问了这个临时脚本就能控制swatch的显示，从而掩盖自己的踪迹。
- **exec command** 用在config文件中。若发生匹配，它将导致执行另一个命令。例如，这可以与发送电子邮件的程序一样简单，或者也能执行一个自定义的脚本来自动封锁netfilter防火墙。
- **Throttle hours：minutes：seconds，[use=message | regex | <reges>]** 这个命令尤其有用，因为可以用它来控制每隔多久对一个给定的消息的副本进行操作。这样，用一个不停滚动的信息来破解口令的蛮力口令破解器就不会使swatch溢出，不会充满日志分区。
- **Threshold events：seconds，[repeat=no | yes]** 这是另一个很重要的命令。这个命令能忽略一些匹配，直到这些匹配超过一个给定的极限为止，例如，除非模式在60s周期内发生了4次匹配，否则极限4：60将没有任何行动。这对于某些

事情，如错误的口令，是非常有用的。当然不希望因为管理员误输入一次密码就发出任何报警，但是如果在短时间内有许多错误的尝试输入，这就可能是黑客在试图破解账号了。

注 释

尽管手册面包括门限值，但这个选项看起来不能改写。各种帮助论坛已经申明，它工作在基于 Debian 的系统上，但是其他的论坛则申明它明显不工作。门限选项在我的 Fedora 测试系统中不能工作。

现在已经做了基础工作，下面创建一个样本配置。假设有一个执行关键任务的服务器，它的 IP 地址是 192.168.1.100。希望在包括该 IP 地址的任何信息出现时，swatch 都能发送一封电子邮件。如果该服务器崩溃了，不想在 5min 内得到 500 个电子邮件，所以希望有一个能够控制在 5min 之内最多收到一封电子邮件的控制阈。以下在 swatch.conf 开始的几行代码能完成这个工作：

```
Watchfor /192. 168.1.100/
exec sendemail -f Syslog@yourcompany.com -t recipient@some.com -u ALARM -s
MAILsrvr.com -m "Problem with 192.168.1.100"
throttle 00:05:00
```

选项-f 代表发送方地址；-t 代表接收方地址；-u 指定主题行；-s 指定向外发送时使用的 SMTP 服务器；选项-m 指定信息的正文部分；变量 $0 将被 swatch 扩展为将全部的日志条目包含到电子邮件的正文中。也可以使用-o messagefile =/var/logs/somelog.log 从一个指定的文件中创建正文。

假定想知道何人何时被拒绝了何种访问，可以将任何其中出现“拒绝访问”消息的颜色设为蓝色。也可以将事件发生时的系统钟声改为两次来引起注意。可以用下面几行命令配置这个功能：

```
Watchfor  /[Aa]ccess [Dd]enied/
echo blue
bell 2
```

最后有一个完整系列的开发服务器。这些服务器不断地产生日志条目，如果这些条目没有在开发箱中就会产生报警。幸运的是，这些系统都位于同一个建筑中，大多数开发服务器位于 193.168.123.0 网段，而且程序开发团队有一个服务器命名习惯，就是所有的服务器都以 DEVEL 开始命名。可以用以下的代码来告诉 swatch 忽略一个包含“192.168.123.”和 DEVEL 的信息：

```
Ignore /192.168.123.&DEVEL/
```

最后，用下面的代码段把所有其他的东西以普通的文本记录到终端：

```
watchfor /.*/
echo
```

如果阅读手册，就可看到有许多可用的颜色选项来高亮文本。但并不是所有的都可以运行在所有的系统上，因此必须测试来查看哪种颜色真正可用。Watchfor /. * /是默认的命令，这个命令将触发所有的事情，而且如果没有指定任何配置文件，它就被应用。如果想要 swatch 的屏幕显示得少一些，可以只配置想看到的行，然后以 ignore /. * /结尾。如果阅读手册，则注意到 swatch 本身支持使用 mail 来发送电子邮件。为了使用电子邮件，必须配置一个本地邮件传输代理（MAT），如 sendEmail。如果需要处理有问题的主机上的电子邮件，无论如何可能都需要配置一个邮件传输代理，但是如果电子邮件发送的仅只是日志警告，则一个命令行工具软件，如 sendEmail 将是最简单的方法。

注意，对于 swatch 过滤，使用的语法是/somethingtosearchfor/。swatch（伴随许多其他工具或语言）使用常规表达式（regex）作为过滤语法。在我们的例子中，过滤器是很简单的，但如果需要复杂的过滤，则常规表达命令看起来会很吓人。一个很好的介绍 regex 语法的初级读物和很多额外的信息可以在 www. regular-expressions. info/reference. html 找到。

配置 Logwatch

Logwatch 主要用来作为一个报告工具而不是实时监视器。可以在 www2. logwatch. org：8080/访问其主页。基本上，需要做的就是运行 Logwatch 并指定要分析的日志文件。Logwatch 有执行一些有限的对输出的格式进行转变的能力。如通常那样，举例以对 Logwatch 的作用有更加清晰的认识。Logwatch -service sshd-print 的输出如图 5.29 所示。

```
[root@localhost ~]# logwatch- - service sshd- - print

#################### LogWatch 7.1 (11/12/05) ###############
Processing Initiated: Mon Jul 10 23:19:05 2006
Date Range Processed : yesterday
                       ( 2006-Jul-09 )
                       Period is day.
Detail Level of Output: 0
                       Type of Output: unformatted
                       Logfiles for Host: localhost.localdomain
##################################################
----------------------- SSHD Begin-----------------------
SSHD Killed: 1 Time(s)

SSHD Started: 1 Time(s)

Illegal users from these:
    192.168.1.108: 4 times

Users logging in through sshd:
    root:
    192.168.1.108: 7 times
----------------------- SSHD End-----------------------
######################## LogWatch End ##################
```

图 5.29 logwatch 的输出

这些命令告诉logwatch让它在sshd服务上报告，并且把分析结果打印到标准输出(即终端窗口)。乍看起来，这似乎微不足道，但logwatch在对非常大的日志进行分类并以一种容易理解的格式提取有意义的信息方面是非常有价值的。另外一个命令行的例子就是选项logwatch-service sshd-print-archives-range all。这告诉logwatch不仅要解析指定的日志文件，而且要解析该日志族中所有存档的文件。例如，如果使用选项-logfile messages，则logwatch将解析除/var/log/messages. * 外的各种变化，如/var/log/messages. 1之外，还有/var/log/messages。

Logwatch是一个通用的日志分析工具，即它可以配置成分析除了它默认理解的日志文件外，还能分析其他类型的日志文件。如果试图运行logwatch-service customapp-print，则会得到一个错误："logwatch does not know how to process service: customapp。"但是，可以给logwatch添加关于customapp报告的能力。首先，需要知道logwatch将配置信息存放在哪里。它使用如下目录结构：

/usr/share/logwatch/default. conf/ 保持logwatch所携带的原始的配置文件。

/usr/share/logwatch/dist. conf/ 保持所使用的特定的发布版的配置文件。

/etc/logwatch/conf/ 保持任何专门针对特殊系统的配置文件。

这些目录下有几个子目录，所有的这些子目录都将不出现在所有的目录下。

/services/ 用来为每个服务定义配置文件。logwatch用一个给定的服务文件的存在与否来决定它是否理解一个服务以报告。例如，在这个目录下有一个/services/customapp. conf文件，当logwatch报告关于customapp的情况时，logwatch将不会报错。这个目录下的customapp. conf文件指定一个文件组，这个文件组将指定检查哪个日志文件。

/logfiles/ 包含日志文件组的配置文件。基本上，这些文件定义了哪些日志文件属于一个给定的组。这些文件也定义了在哪里寻找一个给定的文件档案。所以可以用/logfiles/custom. conf指定当报告custaomapp时哪些日志文件应该被检查。这些可能是多个独立的日志文件，如/var/logs/custom1. log和/var/logs/custom2. log。

所需要的确切的过滤器和配置文件将因应用的不同而不同，所以不可能提供有关特殊环境的指示。可以查阅位于www2. logwatch. org:8080/tabs/docs/HOWTO-Customize-LogWatch. html的指示来定制适合特殊应用的logwatch。此外，还有一个logwatch用户社区，如果应用是普通产品，则其中可能已经生成了所需要的定制。可以在logwatch邮递名单上找到很多关于logwatch的帮助和讨论，logwatch邮递名单可以在www. logwatch. org：8080/tabs/lists/填写。

保护事件日志

没有人评论的事件日志是没有多大价值的。与此非常相似的是，拥有不信任的事件日志也是几乎没有价值的。如果正试图重建一个事件集，需要确保日志没有被篡改。擦除日志是黑客在进入系统后所采取的第一个步骤。用这种办法不仅可以使合法的回应执行起来更加困难，而且如果不知道黑客的访问是怎样获得的，则保护系统不被闯入也会变得更加困难。涉及日志可靠性最多的是两个方面中的一个，即保管链和日志完整性。我们将考察确保两者的方法，因为在使网络更安全的过程中，它们是相互密切关联的。

确保保管链的安全

保管链的大概意思就是知道谁始终拥有某个事物。这些相同的原则也适用于物理对象及数据。在一个应用于物理对象的例子中，这意味着谁曾经拥有对象本身，或谁曾对上述对象有过物理访问。在如日志文件这样的数字数据的情况中，保管链包括对存储日志的媒体的物理访问，以及对日志数据的逻辑访问。保管链的目的是为了能证明谁保管（或存取）了数据。如果需要对一个黑客提出诉讼，确保保管链的安全就是非常重要的了。如果日志服务器是网络中的一员，每个人都可以存取日志文件，日志在一宗诉讼案件中将会变得没有价值。

确保保管链的数据安全的方法多种多样。与安全概念的深层次意义非常相似，多重管制将比依赖一个单一的控制或方法提供更好的服务。所有日志数据都应该只可以被需要它的用户访问。这些限制可以通过文件级的访问控制来完成，从而限制哪些用户可以登录到日志服务器，还可以通过网络级防火墙和隔离。在物理层，需要限制哪些用户可以实际获得进入日志服务器的授权，可以通过门锁、安全警卫、标识符号及其他相似的防护措施来实现。这些措施初步解决了谁访问日志数据的问题。也需要创建一个有关何时数据在授权的方式下被访问的审计踪迹。

所有对日志文件的访问（授权或非授权的）都应该被写入日志。这些日志应存放在不同的位置，这些位置是一般日志管理员不能访问的。在实际工作中，当然很少需要检查这些日志，但可以肯定，有这些日志总比没有要好。如果一个硬盘或其他存储介质必须被更换，则应该有某些手段来记录是谁、在何时、因为什么替换它。这个过程往往是用保管链的形式（类似于诉讼程序中的实物证据）来完成的，它伴随着物理媒介的移动。所有这些措施共同工作，以确保在任何时候都知道是谁访问了数据。下一步是确保数据在任何时间都没有被改变。

确保日志完整

如果不能删除日志，对黑客来说，最好就是改变日志。尽管可能会认为需要采取一些极端的手段，但其实所有黑客所要做的就是用一种明显的方法来改变这些日志，这样这些日志将失去大部分的法律诉讼价值。这是因为，一旦证明日志的任何部分已更改，则整个日志的完整性将不能保证。确保一个日志文件的完整性有很多方法。有些人提倡将日志打印出来创建一个硬拷贝并存放在一个安全的地方。这在实际中是行不通的，因为日志信息的增加非常迅速。另一种选择是将日志写入某种一次性写入介质，如可刻录CD- ROM或DVD。这种方法的优势是存储容量合理且物理媒体相对较小，而且保护储存的成本也比较划算。最简单且最常见的确保文件完整性的方法是当文件产生时生成一个哈希值，并且将这个哈希值储存在一个只读介质中。

一个哈希值就是对一个数据集经过某种数学计算后得到的结果。这个结果亦称哈希、哈希值或信息摘要，对于一个给定的输入（在理论上）是惟一的且是可重复计算的

(即对于同一个数据集，使用同一种算法，结果不变)。在实际的术语中，这类似一个数据集的数字指纹。如果使用《战争与和平》整本书作为输入生成一个哈希，则会得到一个特殊的哈希值。任何其他人使用同样的哈希算法并把《战争与和平》作为输入，也将产生相同的哈希值。如果在整本书中任何一个单独的字符被改变，如一个句号被改为逗号，则哈希值就会不同。一个哈希函数是一个单向计算，这就意味着从已知的哈希值是没有办法求出其原始输入的。对于一个日志文件，这意味着如果在稍后的日期重新检查日志文件时，可以用日志文件作为输入重新计算哈希值，且与日志文件产生的时候所计算的原始哈希值比较。如果两个哈希值匹配，说明日志文件没有被改变。

有许多产生哈希值的工具软件和许多广泛应用的不同算法。一些算法比较"安全"，即对于两个不同的输入产生相同哈希值的概率非常小。SHA（secure hash algorithm，安全哈希算法）和 MD-5（message digest 5，信息摘要算法）是两种很常用的算法，它们被认为在大多数情况下是足够安全的。记住，过程越自动化，发生错误的机会就越小，日志数据在司法过程中就越可靠。存在很多有用的工具软件，下面将介绍几个最好的工具的用法。如果正在收集访问一个 Windows 服务器的日志，则 fsum 是一个很好的实用工具，可以从 http://www.slavasoft.com/fsum/index.htm 下载。fsum 是免费软件，但也可购买用作商业用途。许可协议允许 fsum 一次只能在一台计算机上运行。与所有的免费产品一样，推荐查看并理解它的许可协议。fsum 可运行在 Windows 9x，NT，2000 和 XP 上，能产生 13 种不同类型的哈希。在下面有关几种常见的算法所产生的哈希值的例子中，为了节省空间，删除了后面的例子中的一些冗余文本：

```
C:\>fsum input.txt -md5

SlavaSoft Optimizing Checksum Utility - fsum 2.5
Implemented using SlavaSoft QuickHash Library <www.slavasoft.com>
Copyright (C) SlavaSoft Inc. 1999-2003. All rights reserved.

; SlavaSoft Optimizing Checksum Utility - fsum 2.5 <www.slavasoft.com>
;
; Generated on 11/21/06 at 12:29:09
;
345dd07cc1cf8ba6b9da0ffa7886e2cd *input.txt

C:\>fsum input.txt -sha1
; SlavaSoft Optimizing Checksum Utility - fsum 2.5 <www.slavasoft.com>
; Generated on 11/21/06 at 12:30:30
345dd07cc1cf8ba6b9da0ffa7886e2cd *input.txt

C:\>fsum input.txt -crc32
; SlavaSoft Optimizing Checksum Utility - fsum 2.5 <www.slavasoft.com>
; Generated on 11/21/06 at 12:30:34
345dd07cc1cf8ba6b9da0ffa7886e2cd *input.txt
```

虽然基于终端的工具软件是自动的和比较简单的，但是也有很多基于GUI界面的哈希工具。如果用Linux作为日志收集工具，可能已经安装了md5sum或sha1sum（我更喜欢用这个工具）。也可以使用OpenSLL套件中的多种算法来产生一个信息摘要。Md5sum和sha1sum都是单一用途的程序，即只是运用各自的算法来产生哈希值。OpenSLL能产生下面几个哈希类型：MD2，MD4，MD5，rmd160，SHA和SHA1。下面是一些使用md5sum和sha1sum的例子：

```
# md5sum /input.txt
3ecb68cc0a0f5bff183bbe4d53cfe522 /input.txt
# sha1sum /input.txt
afd7e214ec0c04d07c27b0f3412c477406a012e1 /input.txt
# openssl md5 /input.txt
MD5(/input.txt) = 3ecb68cc0a0f5bff183bbe4d53cfe522
# openssl sha1 /input.txt
SHA1(/input.txt) = afd7e214ec0c04d07c27b0f3412c477406a012e1
```

可以制定一个定期产生哈希值的过程，以自动与日志文件本身的更新周期同步。例如，如果在每晚的午夜更新日志，则可以创建/编辑此过程，使得一旦日志文件更新过程结束就产生该日志文件的哈希值。这个哈希可以和日志文件一起被储存，只要同时也被存储在一个与日志文件分开的安全位置即可。肯定不希望任何访问日志文件的人都能够简单生成一个新的哈希，并且用它来取代原始的哈希；这将完全违背产生哈希的目的。作为一个额外的收获，如果愿意，openSSL也可以通过命令行日志文件进行加密，这也使得为这个过程制作脚本变得较为简单。

应用知识

现在，介绍了如何为自定义的应用和过程产生日志事件。如果需要，可以运用加密手段集中收集日志文件，而且也可以确保这些日志文件没有篡改。也可以借助工具来分析日志文件，并且还是免费的。可能想知道该用这些新发现的知识干什么，或者应用新发现的知识的下一步是什么。无论是否是需要批准一个新的日志管理策略的人，或者是否需要得到经理的许可来停止它，这一进程仍大致相同——从一个计划开始。运用这些战略的任务分为两步：制定一个日志管理策略和制定一个实施战略。这两项任务可能需要同时进行并相互影响。

实施计划需要包括什么样的主机在日志管理范围中的分析。主机的数目、物理位置，以及可能产生的日志数据量都很可能会影响如何实施日志策略。接下来要决定在何时、何地集中收集日志文件。这应该比较有战略意义，还要考虑通信链路和其他性能度量的问题。这个频率将包括每隔多久收集日志和多长时间运行一次日志分析。也许最重要的是，需要决定将被处理的日志文件的格式——Windows事件日志格式或syslog格式。需要选择使用什么日志管理工具，选择可能会涉及一些实验室环境中的测试。需要为诸如如何在传输和存储过程中确保日志数据的机密等管理方面的问题做出计划。

日志管理策略是一个如何处理日志的高层概括。这个文件不会深入到如何完成具体目标的细节，它只指明这些目标是什么。这个策略应满足确保日志文件数据的机密性的需求。记住，要确保无论是在传送还是储存过程中的日志数据的机密性，可能需要类似服务器的备份磁带的非现场存储设备。谨记，在某些情况下，可能会有外部法规适用于这些需求。在某些情况下，日志文件的完整性可能也需要加以解决。如果有法规，如HIPAA，影响组织时，这将尤其重要。也需要围绕事件的改变制定一项战略，其中可能包括当日志消息表明有可能入侵的企图时通知安全小组，或当日志信息表明一个关键的服务器有问题时通知不同的人/小组。报警层次需要文档化，监控软件的配置应该能反映什么被文档化了。可以看到，定义的策略将需要管理层的批准。

小结

我们希望你现在对系统日志的角色和集中进行巩固和监视的价值有了很好地理解。有许多有用的工具，涵盖了日志文件的许多方面，包括收集、产生、输入、输出及分析。对于那些对分析日志文件主题有兴趣的人来说，由 Tina Bird 创建的 www. loganalysis. org 是一个重要的网站。在这个网站上，除了许多有关日志分析的详实文章外，还有许多广泛用于各方面的工具软件的超链接。对之稍加研究之后，即可做出明智的决定，并且为组织的日志文件的归档和监测策略制订出规划。

快速解决方案

产生 Windows 事件日志

√ 如果希望用 syslog 格式处理事件日志，可以考虑一些工具，这些工具可以有效地将 Windows 事件日志用 syslog 格式输出到 syslog 服务器。

√ Microsoft 提供了一些命令行工具来创建和操作事件日志条目。这些工具能够为定制的应用和批处理文件创建事件日志条目。

创建 Syslog 事件日志

√ Syslog 是最广泛应用的记录日志的格式，而且几乎对每个非 Microsoft 操作系统都是可懂的。

√ TCP Syslog 信息的应用使一系列的加密产品都成为可用的，而使用基于 UDP 的 Syslog 信息时，可用的加密产品就少得多。

保护事件日志

√ 记住维持适当的保管链。需要能够毫无疑问地说出在日志文件的整个存在周期中有谁曾经访问过日志文件。

√ 在所有的日志文件产生的同时产生一个哈希值，并且存放在一个只读的且安全的地方。今后如果用到日志文件时，这将能够证明它们未被篡改。

应用知识

√ 日志记录战略应该包括以下方面的考虑：如何集中记录日志、日志分析和报警及保持日志数据的完整性。

- 日志信息在主机之间传输，SSL，SSH 和 IPsec 都可以对之进行加密。
- 实时日志分析主要用于过滤和突显输出，以此把数据限制到最相关的信息上，从而可以判断哪些是比较重要的事件。
- 脱机日志分析主要用来报告度量、事件调查或者对实时日志分析的配置进行微调。

常见问题

以下常被提及的问题，本书的作者都一一做出了解答。设计这些问题用来测试对本章出现的概念的理解，并帮助读者在实际生活中应用这些概念。如果还有其他问题，浏览 www. syngress. com/solutions 并单击 Ask the Author 一栏。

问：如果在远地的办公室有许多主机，我想将所有从这些主机上发出并返回到一个中心日志服务器上的基于 UDP 的日志加密，是否有一个比在所有的主机上激活 IPsec 更简单的办法来解决这个问题？

答：当然有。有好几种办法可用。可以收集办公室里所有主机的发往 syslog 服务器的日志，然后配置从服务器返回到中心办公室的安全的 IPsec 加密算法。也可以配置一个网关装置，用隧道模式和中心办公室进行安全通信，这样来自所有主机并通过该网关的通信量都会被加密。使用其中任何一种操作，只需要在一个系统上配置 IPsec 即可。

问：生成用于测试目的的日志条目的最简单的方法是什么？

答：若要从 Windows 主机产生 syslog 事件，则 Kiwi 的 SyslogGen 是必不可少的。可以从 www. kiwisyslog. com/info_ sys-loggen. htm 下载。在 Linux 系统中，可以直接将数据导入日志文件，如 echo kernel. emergency＞＞/var/log/message。例如，如果运行 swatch，则可能触发 kernel. emergency（假定它在监视/var/log/message，默认就是这样的）。

问：我应该把日志文件保存多久？

答：这取决于业务和环境。如果处于一个安全事件的风险很高的环境，如 ISP，则这将肯定影响应该保存日志的时间的长短。如果政府法规有相关规定，则必须遵守这一规定。如果日志包含任何可被归入 HIPPA（健康保险便利和责任法案）的信息，则相应会有一组完全不同的需求需要遵守。决定更新和保持周期后，还需要与法律部门密切协作，以确保遵守了所有的职责。

问：哪种哈希算法最好？

答：与很多安全问题的答案一样，这要视情况而定。越安全的哈希算法就意味着越繁琐的计算。这对于一个很小的输入文件或许不是很明显，但是当输入一个非常大的文件时，产生哈希值所用的时间将是非常多的。因此，一个更实际的答案是："使用不会对系统进程产生负面影响的最安全的哈希算法。"从安全的角度看，使用一个哈希算法的风险是，同一个信息摘要可能是由两个不同的输入产生的。较新的算法和较长的哈希值可以减少这种风险。所以，按照性能从好到坏的顺序，使用 SHA-512，SHA-256，SHA-1，SHA-0 和 MD-5。进行测试来查看哪些算法在应用中的运行速度是可以接受的。

Chapter 6

第 6 章 系统测试与审计

本章主要内容：

- 详细开列资产
- 脆弱性扫描
- 开源软件安全测试方法指南(OSSTMM)

√ 小结

√ 快速解决方案

√ 常见问题

引言

我们早晚总会遇到需要识别在网络上的所有系统的时候。尽管有最严格的使用策略，但有时没有登记在册的系统仍可能会被添加到网络中。有时这些系统仅是“测试”系统，但却从未停止使用。其他时候可能发现，“无赖”系统的存在严重违反了网络策略。也许有这种情况，某系统是供应商提供服务的一个组成部分，但却由第三方管理。如果是在处理一个不熟悉的环境，如一个新收购的公司，或者刚刚担任相关职位，则首先对网络有一个完整的了解会更加重要。如果该网络中没有足够的主机，这项工作并不是一个大的挑战。但如果网络很大或主机分布在多个地点，全部访问这些主机是不切实际的，则采用某种自动发现手段可能会更实际。我们将介绍一些通用的发现/扫描工具，以及一些针对特定服务的发现/扫描工具。

识别所有在网络上的系统后，下一个合理的步骤就是确定那些系统的安全势态。有几个自动安全扫描工具可用，它们可以为已知的攻击创建一个大的列表，从而使这项工作变得简单一些。我们将展示一些自动化的脆弱性扫描工具的配置和运作，讨论 Microsoft 的基准安全分析器（Microsoft Baseline Security Analyzer），它只简单检查 Microsoft 系统并报告任何发现的已知的安全问题。最后，有一些正式的安全测试方法，可以用来评估一个系统的安全性，而不是仅仅用来运行漏洞扫描器。

详细开列资产

在完美情况下，我们将拥有一个有关连接到公司网络的每一个系统的 100%准确和完整的文档。没有任何一个使用该网络的人在没有适当的书面申请并被批准的情况下能够将一个系统连接到网络中。但大家都知道“完美”是不存在的。也许有一个特殊的理由来做网络发现，但也许不会。无论如何，定期发现是一个好主意，即使没有任何具体的理由亦是如此。它可以保证在遵守公司策略的情况下为网络上所有的设备出具文档化的批准文件。一份有关主机的详细清单也可以证明文件与网络的真实状况相匹配，路由器和交换机被放在应该放置的地方。基于这样的事实，即系统可能很难被物理定位，特别是尺寸越来越小的无线接入点，基于网络的发现往往比物理方法更有效。

定位和识别系统

执行一个网络清查有两个主要步骤。第一个步骤就是简单识别一个系统的存在性。有很多方法可以做到这一点，通常将这些方法组合起来使用得到最准确的清查结果。完整地 ping 网络中的各个 IP 地址块将能识别大多数系统。如果系统设定为不回应 ping，这个系统当然会被错过。这种情况最常发生在当一个个人防火墙运行在阻止网络 ping 的主机的时候。即使在系统不回应一个 ping 的情况下，主机也通常对一些端口进行监听。一个更全面的对基于 TCP 的端口的扫描往往会发现一个系统的存在，如 ping 不到的系统。此外，通过捕获每个端口的初始输出，可以收集更多的信息，这些信息可以用来识别正在监听的软件或主机。例如，如果连接到 TCP 端口 21，并且发现发出的响应带有 HTML 头，可能得出结论：系统正在一个通常用于 FTP 端口上运行一个 Web 服务器。可以尝试检查 DHCP（动态主机配置协议）服务器上的 DHCP 作用域来识别一个网络上的未被授权的系统。无线系统的识别相对而言比较简单，这是由于必须传递一个信号以便沟通。依赖于网络的大小，甚至可以得到有关交换机和路由器上使用的端口的详细清单，或通过交叉引用带有一个已知主机列表的交换机的 ARP 表，这种方法是给那些有很多时间的人使用的。但是，在 99 %的情况下，对所有网络 IP 地址采用简单的 ping 扫描，再结合对一些关键端口采用 TCP 扫描和 UDP 扫描网络上的主机是一个很好的清查方法。

提 示

一个十分可靠的网络能精确地隐藏要履行的创建详细清单的行为类型。采用与阻止一个黑客探知网络相同的技术，也可以将管理员的身份隐藏起来。如果不能看到期望的结果，记住很可能是防火墙、VLANs、IPsec 和其他安全措施使结果出现了偏差。

识别了存在于网络中的系统后，下一步要花费更多的时间：确定该系统的物理位置。在某些情况下，也许不需要，尤其是如果它们是被授权系统，或者如果可以找到一种手段联络到系统的负责人以使系统“合法”。但是，如果的确找到了一个欺诈系统，则希望看到它所处的位置并执行其他收集信息的步骤来尝试从网络移除或者完成系统所需要的程序来授权该系统访问网络。有时，这个过程相对是很简单的，例如，当一个系统可以明确位置，甚至是服务器角色的主机命名约定时，如 DALLASWEB01. some-company. com。在其他情况下，可能需要使用的 IP 地址和 *traceroute* 来基于子网并结合良好的网络结构图追踪主机的物理位置（我们在下面将要仔细分析一个例子）。在一个无线系统情况下（主机或接入点），定位欺诈系统（rogue system）将特别具有挑战性。

记住，网络设备清单不是一份一成不变的文件。需要花费时间来执行一个 IP 扫描，追踪任何不熟悉的装置，并且核查网络访问的许可或者寻找所有设备的许可。当完成这些工作时，可能就是重新开始构建网络设备清单的时候了。因为网络不是一个静态的实体，这种类型的发现应该按一个定期的时间表来执行。可能以本地的策略来规定发现的频率。如果这些策略还没有，应该制定一个进程并使它成为正常的商业运转的一部分。这样，欺诈系统在很短的时间内可能就会被定位，而且可以将这些系统可能造成的安全风险减到最少。

清查文件的内容会根据需求的不同而有所改变，但也有一些共同的要素。起码想知道 IP 地址、主机名称和负责管理设备的人的联系信息。可以得到尽可能的详细信息，包括硬件规格（制造商、型号、内存等）、MAC 地址、行政联系方式、紧急联系方式、操作系统类型和版本，以及更多信息。最终要按照业务需求自定义清查文件。或许部署生物特征认证是首先考虑的，在这种情况下，可能需要一项内容来指明哪个装置附加指纹扫描器。

Nmap

Nmap是最广泛使用的通用网络扫描器。可从http://insecure.org/nmap/下载，有可以在Windows，Linux，Mac OS X，Sun Solaris和其他操作系统上使用的版本。不论是运行在Windows还是在Linux系统上，Nmap的操作都大致相同。最大的不同是，如果在Windows上使用Nmap，需要Windows下的包捕获驱动程序——WinPcap。

注 释

最新版本的Nmap支持自然套接字，这意味着如果使用Windows 2000，Windows XP或Windows 2003 Server，则不需要WinPcap驱动。如果使用的是老版本的Windows，则仍然需要WinPcap。

Nmap可以利用各种标准化的TCP数据包选项及一些用非标准的方式的选项扫描打开的端口。有大量的命令行选项，它们有时候看起来比较混乱，但因特网上对Nmap的文档和支持都非常好。周期性的，总会有一个GUI前端出现了，又消失了，但目前还没有人积极地为Namp开发Windows前端。NmapFE是Linux系统下用的GUI前台，被Nmap的创造者积极地维护。这个GUI有一些好处，允许选择有关各种选项的选择框，而不是要求知道很多复杂的命令行语法。

提 示

一定要知道基础网络的拓扑结构。如果正在扫描防火墙另一侧的一台主机，它可能会严重改变结果。在某些情况下，甚至一个ISP（提供服务者）也会过滤掉某些端口。虽然这可以防止这些端口从因特网上被利用，但是可能仍然可以在本地被利用，并且可能会造成安全风险。

如果已经安装了Windows包捕获驱动程序（WinPcap），并且能正常工作，在Windows上安装Nmap所需要做的就是将所下载的zip文件解压缩到一个目录，并且运行Nmap可执行文件。在Linux上，可以下载并编译源代码或作为一个RPM（可靠性能测定）来安装它。当不带任何选择地运行时，会看到一个带有一些例子的冗长的帮助界面。为了找到真正有用的信息，参阅Nmap的主页http://insecure.org/nmap/man/。如果能在Linux或Windows系统上正常工作，则Nmap的功能在两者上几乎是相同的。不过，还是存在一个重大不同，就是速度。Nmap在Linux系统上比在Windows上运行速度快得多。在一个小型网络中这可能不必考虑，但如果扫描大量的主机或端口，扫描时间会很重要。

下面通过一些例子说明如何使用Nmap。假设要对整个公司的网络做一个初步扫描。如果公司使用私有地址空间192.168.0.0或其中某些部分，可以扫描整个B类网络，用下面的命令行只发送一个ping来观察系统是否是“活跃的”：

```
nmap -v- sP 192.168.0.0/16
```

这将执行最基本类型的扫描，它只是一个使用-sP 选项指定的 ping 扫描。通过使用 - v 选项可以看到更多的信息。这个命令可以使 Nmap 给出更详细的信息；在大多数情况下，可以找到额外的情报信息。这个选项也可以多次使用以获得更多的信息，所以-v 和-v v 都有效。因为个人防火墙阻止 ping 尝试是相当普遍的用法，如果不用-sP 选项运行扫描可能会运气更好。如果不指定扫描类型，Nmap 将默认进行 TCP SYN 扫描（等同于-sS)。正常的 TCP 三次握手的组成是：发起通信的系统发送一个 SYN 位被置位的包，目标主机回应一个 SYN 位和 ACK 位都被置位的包，最后原来的系统再发送一个 ACK 位被置位的包给目标主机。以这种方式建立一个 TCP 会话，接下来就是两者通信。SYN 扫描（-sS）将发送初始的 SYN 位被置位的数据包，但是当目标主机用 SYN 和 ACK 位被置位的数据包答复时，Nmap 却不完成三次握手，这样会话也就不能充分建立。这种方法确实快且高效，因而成为 Nmap 使用的默认扫描方法。

如果没有具体说明扫描哪些 TCP 端口，Nmap 会扫描定义在 Nmap 服务文件中的所有 TCP 端口，在写本书的时候，该文件中共有 1680 个最常用的端口，所以假设在对整个网络系统进行 ping 扫描的过程中，一个不认识的系统（192.168.1.106）被识别出来，而且想了解关于它的更多的信息。在 ping 扫描后，可以再执行不带选项的 Nmap 扫描，看哪个最常用的端口被打开。作为一个典型的没有指定其他选项的单主机扫描，Nmap 192.168.1.106 的输出如图 6.1 所示。

```
C:\Apps\Nmap>nmap 192.168.1.106

Starting Nmap 4.11 ( http://www.insecure.org/nmap ) at 2006-09-17 14:54
Central Standard Time
Interesting ports on 192.168.1.106:
Not shown: 1676 closed ports
PORT STATE SERVICE
135/tcp open msrpc
139/tcp open netbios-ssn
445/tcp open microsoft-ds
5101/tcp open admdog
MAC Address: 00:08:02:32:8A:4C (Compaq Computer)

Nmap finished: 1 IP address (1 host up) scanned in 2.172 seconds
```

图 6.1　Nmap 扫描的结果

从这些结果可以看到，该系统的 TCP 端口 135，139 和 445 是打开的，这表明最有可能是一个 Windows 主机。为了消除疑惑，可以使用 Nmap 的操作系统指纹识别特征。在网络上任何给定的系统可能只是在编程上略有不同，导致对网络通信的响应方法也略有不同。Nmap 可以使用这些细微的响应差别（如 TCP ISN［初始序列号］采样、TCP 选项的支持和排序、IPID［IP ID］采样和最初的窗口大小）作为线索并与 Nmap 的 Nmap-os-指纹数据库比较。如果它发现在数据库中存在一个匹配，则实际操作系统可以有很大的概率被准确地识别。一个使用-o 选项进行操作系统的指纹识别的例子如图 6.2 所示。

```
I:\HackApps\Nmap>nmap 192.168.1.106-O

Starting Nmap 4.11 ( http://www.insecure.org/nmap ) at 2006-09-17 15:00
Central Standard Time
Interesting ports on 192.168.1.106:
Not shown: 1676 closed ports
PORT STATE SERVICE
135/tcp open msrpc
139/tcp open netbios-ssn
445/tcp open microsoft-ds
5101/tcp open admdog
MAC Address: 00:08:02:32:8A:4C (Compaq Computer)
Device type: general purpose
Running: Microsoft Windows 2003/.NET | NT/2K/XP
OS details: Microsoft Windows 2003 Server or XP SP2

Nmap finished: 1 IP address (1 host up) scanned in 2.813 seconds
```

图 6.2　Nmap 操作系统指纹识别

Nmap 可将系统识别为 Windows 2003 Server 系统或者带有 Service Pack 2 的 Windows XP 系统。此外可能注意到，Nmap 已基于 MAC（地址访问控制）地址识别出这是一个康柏（Compaq）系统。拥有所有这方面的资料，就会知道这个欺诈 PC 机使用的是什么类型的系统。下一步很可能就是要找到欺诈主机的物理位置。假定不能看出该子网属于某个具体的位置，则 traceroute 将使用 ICMP（网间控制报文协议）来尝试追踪用户和目标主机之间的每个路由。traceroute 输出的一个例子如图 6.3 所示。

```
I:\HackApps\Nmap>tracert 192.168.1.106

Tracing route to 192.168.1.106 over a maximum of 30 hops:

1 2 ms 2 ms 2 ms 192.168.102.1
2 11 ms 14 ms 10 ms 10.10.10.1
3 12 ms 10 ms 11 ms router1.houston.your-co.com [10.10.20.1]
4 14 ms 12 ms 12 ms router2.austin.your-co.com [10.10.30.1]
5 14 ms 10 ms 13 ms router3.dallas.your-co.com [10.10.40.1]
6 20 ms 18 ms 17 ms router4.orlando.your-co.com [192.168.2.1]
7 19 ms 20 ms 17 ms 192.168.1.106

Trace complete.
```

图 6.3　路由追踪输出

提示

不同的系统完成同一个操作所用的命令可能不同。例如，Linux 系统中的 traceroute 命令在 Windows 系统下是 tracert 命令。

我已经指定了实际的 IP 地址和主机名字，但是你可以对网络中的一些主机使用

traceroute 命令。因为在一些路由器的命名惯例中，常常包含一些地理位置的暗示，这些将说明主机的位置。在图 6.3 可以推测，第 6 跳的主机位于佛罗里达州的奥兰多。假定在奥兰多有一个可管理的交换机，可以远程登录这个交换机（在本例中是 Cisco 2900XL 交换机）并查看它的 MAC 地址表。参考前面提到的 Namp 扫描，神秘系统的 MAC 地址是 00：08：02：32：8A：4C，所以可以用下面的命令对 MAC 地址表进行过滤，只显示感兴趣的 MAC 地址：

```
SWITCH# Show mac | incl 0008.0232.8A4C
0008.0232.8A4C Dynamic 1 FastEthernet0/2
```

现在可以为有本地权限的人提供一个确切的网络端口（交换机上的端口 2 用以追踪线路并找到神秘主机。正如所看到的，Nmap 有很多特征。有大量用于避免被入侵检测系统察觉的产品。也有很多其他的能够以极其不寻常的方式操纵 TCP 数据包的产品。虽然这些产品并不适合每个人，甚至自己根本不需要使用这些特殊产品，但作为一个安全专业人员最好还是熟悉它们。也有一些选项，在试图进行连接时用于指定超时的时长。默认时长通常是足够的，但如果想加快扫描，可以使用更短的时长。如果要做大量扫描，Nmap 的主页几乎是必须的，作为一种提示表，表 6.1 列出了一些最有用的命令行选项。

表 6.1 Nmap 选项

选项	示例	说明
—exclude —excludefile	nmap 192.168.1.1-254 -exclude 192.168.1.106 nmap 192.168.1.1-254 —excludefile file1.txt	特别适用于扫描大量 IP 地址，以排除某些关键服务器
-sP	nmap 192.168.1.1-254 -sP	只进行 ICMP ping 扫描
-sV	nmap 192.168.1.1-254 -sV	判断开放端口服务/版本
-sT	nmap 192.168.1.1-254 -sT	对每个端口进行三次握手 TCP 扫描
-p	nmap 192.168.1.106 -p135，136，167 nmap 192.168.1.106 -p U：514，T：514	对指定端口进行 TCP 或 UDP 扫描。U：<UDP port>；T：<TCP port>
-P0	nmap 192.168.1.1-254 -P0	将所有主机看作在线。nmap 不会对无回应主机作扫描
-O	nmap 192.168.1.1-254 -O	进行 OS 检测
-A	nmap 192.168.1.1-254 -A	判断 OS 和版本信息，功能等同于-sV 加上-O
-oN	nmap 192.168.1.1-254 -On nomal.txt	将屏幕显示输出到文件
-oX<file>	nmap 192.168.1.1-254 -Ox XML.xml	输出为 XML 格式文件，以便于网络查看
-oG	nmap 192.168.1.1-254 -oG grepable.txt	输出为更易于 grep 的格式。Grep 为 * NIX 下的命令行过滤工具，功能类似 Windows 下的查找
-v or -vv	nmap 192.168.1.1-254 -v nmap 192.168.1.1-254 -vv	提供更为详细的 nmap 行为输出

Nmap 是一个很好的通用扫描器，可以执行各种类型的扫描。如果需要提供扫描结果的报告，则有哪些可用的输出格式将是很有用。甚至可以为扫描安排一个时间表，并且将输出用可扩展标记语言（XML）写到一个文件中，可以通过电子邮件或者一个网站上的视图来分发这个文件。图 6.4 显示了对 192.168.1.100 进行扫描的部分 XML 输出的例子。

Super Scanner

有时需要一个比 Nmap 更简单的工具，或者也许要使用一个工具，不需要安装 WinPcap 驱动即可在 Windows 系统上运行。SuperScanner 不需要 WinPcap 驱动，甚至

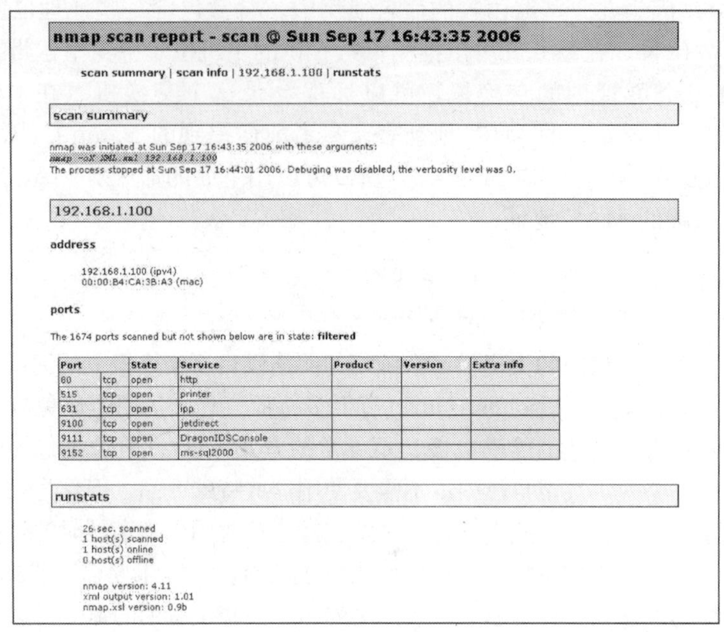

nmap scan report - scan @ Sun Sep 17 16:43:35 2006

scan summary | scan info | 192.168.1.100 | runstats

scan summary

nmap was initiated at Sun Sep 17 16:43:35 2006 with these arguments:
nmap -oX XML.xml 192.168.1.100
The process stopped at Sun Sep 17 16:44:01 2006. Debuging was disabled, the verbosity level was 0.

192.168.1.100

address

192.168.1.100 (ipv4)
00:00:B4:CA:3B:A3 (mac)

ports

The 1674 ports scanned but not shown below are in state: **filtered**

Port		State	Service	Product	Version	Extra info
80	tcp	open	http			
515	tcp	open	printer			
631	tcp	open	ipp			
9100	tcp	open	jetdirect			
9111	tcp	open	DragonIDSConsole			
9152	tcp	open	ms-sql2000			

runstats

26 sec. scanned
1 host(s) scanned
1 host(s) online
0 host(s) offline

nmap version: 4.11
xml output version: 1.01
nmap.xsl version: 0.9b

图 6.4 Nmap XML（可扩展标记语言）输出

不需要一个安装程序。所有要做的就是从 www.foundstone.com/resources/proddesc/superscan.htm 下载这个程序，从 Zip 文件中将它解压出来并运行。最新的版本（版本 4）能运行在 Windows 2000 和 Windows XP 上。它的主窗口和一些在系统中发现的结果如图 6.5 所示。

图 6.5 SuperScan V4

SuperScan 的操作比较简单。要扫描一个子网，只要输入起始和终止 IP 地址，单击“->”按钮将这些地址添加到扫描队列。如果输入了相同的起始和终止 IP 地址，则扫描一台主机。第三种选择是单击 Read IPs from file 旁边的“->”按钮，可以浏览一个包含 IP 地址列表的文件，选择要扫描的多个 IP 或者一定范围的 IP 后，单击底部的“开始”按钮，这个按钮看起来类似一个普通的“播放”按钮。如果第 4 版不能正常工作，程序的作者建议使用第 3 版（图 6.6）。我介绍两个版本是因为虽然第 4 版提供了更多的选择，但根据我的经验，第 4 版在扫描后往往没有返回结果，而第 3 版工作起来更为可靠。使用第 4 版而不使用第 3 版的一个主要原因是第 3 版和更早的版本每次只能扫描一个 C 类网络。第 4 版在第 3 版基础上提供了一些其他的特性，特别是有能力扫描不连续的 IP 地址范围，能对一些扫描参数进行更多控制，并且有一些特殊的用于列举 Windows 主机的选项。正如所看到的，第 4 版所做的改进有重要意义，所以如果第 4 版确实适合你，它可能是最好的版本。

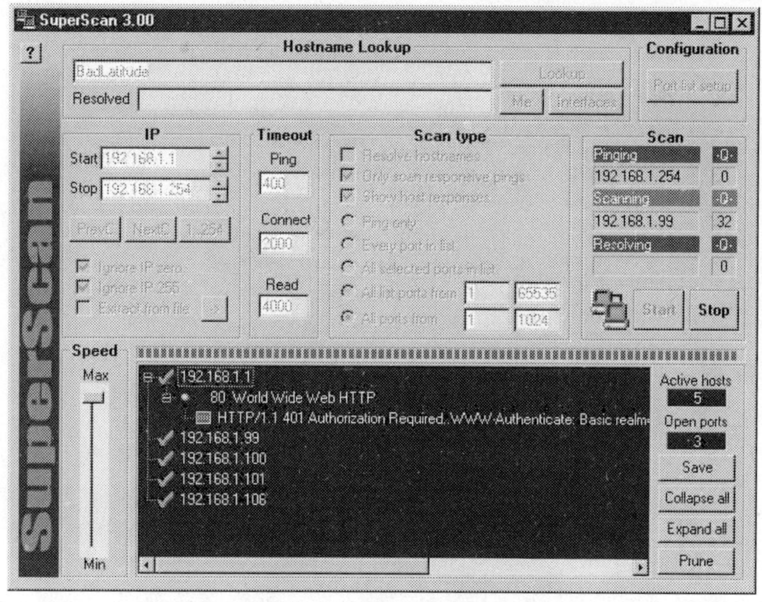

图 6.6 SuperScan V3

正如所看到的，第 3 版和第 4 版的界面大不相同。用来开始扫描的按钮在以前的版本上确实比第 4 版的要标得更清楚。单击“开始”按钮时，扫描就会开始执行。如果有很多主机或者端口要检查，扫描将要花费一些时间。在具有开放端口（如监听端口）的系统旁边有一个小＋号，可以单击＋号来展开开放端口的列表。展开下一级的＋号将显示当连接到该端口时扫描器接收到的任何响应。

SuperScan 第 4 版提供了对所使用的扫描选项的更多控制，但是第 3 版和第 4 版最大的不同则是为 Windows 主机列举选项。这里简单讨论 SuperScan 4 的 Windows 列举能做什么，以及特殊用途的列举工具。列举的一个定义是：“创建一个相关点的简明列表。”我们可以精炼这个定义使它适用于网络安全：“建立一个目标或者关于一个给定的网络主机的数据点的列表。”这可能包括正在运行的服务器和应用软件、可以访问的共享文件、主机上的用户和群组等。对于 Windows 主机，可以收集大量的信息，产生大量的列表。例如，如果要列举一个主机上所有的共享文件夹，可以使用下面的命令：

```
net view \\192.168.1.108
Shared resources at \\192.168.1.108
Share name Type Used as Comment
-------------------------------------------------------------
----------------
SharedDocs Disk
The command completed successfully.
```

SuperScan 的许多相似进程都是自动的。选择 Windows Enumeration 选项卡（图 6.7），在左边面板上就会出现各种执行的复选框。选择要使用的选项后，单击 Enumerate 按钮，结果会显示在右边面板上。

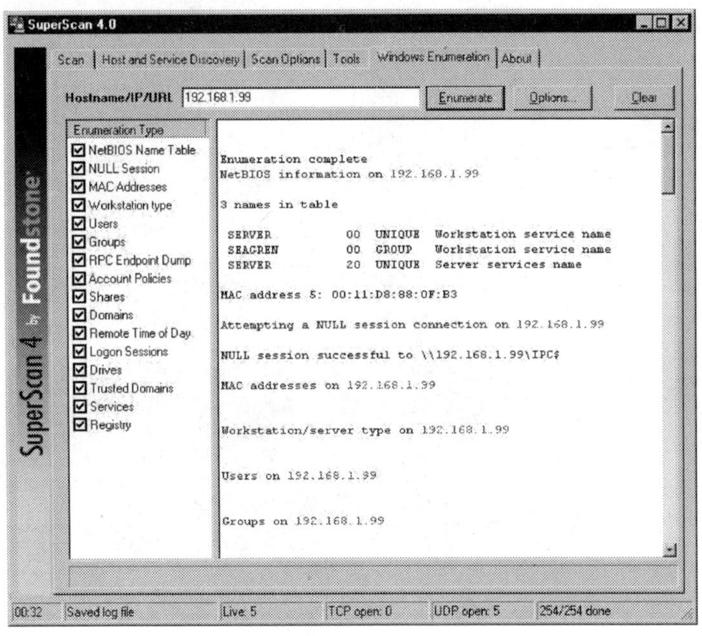

图 6.7 SuperScan v4 的 Windows 列举

选中 Windows Enumeration 选项卡上的 Shares 复选框，可以将列举共享文件的过程应用于整个子网上的所有主机而不是单一主机，而这只是 SuperScan 可以使用的列举选项之一。默认情况下，SuperScan 将会在不用证书的情况下执行所有列举，但如果单击 Windows Enumeration 选项卡上的 Options，则可以输入特定的用于连接的账户信息。NetBIOS 名称表列举类型与使用 nbtstat- A 192.168.1.108 得到的信息相同，即显示 NetBIOS 机器名称（可以与主机名不同，尽管很少有这种情况），并且能显示该机器所属的工作组/域。依靠系统被配置的安全程度，可能能够从这些列举的技术中得到很多信息。如果系统是非常安全的，则得到很少的信息。一般来说，这些检查带给目标系统的风险是很小的，但是，如果服务中断是不能接受的，则应该避免运行这些类型的检查，因为总还是涉及一些风险。

除了拥有 Windows 列举选项外，SuperScan 比 Nmap 有更少的特征，但更容易使用，并且不需要运行安装向导，不需要任何注册项或特殊网络驱动程序。因为 SuperScan 本身不需要任何安装，不对注册表做任何更改，所以可以将它放在一个 pen drive 或共享网络驱动上，这十分有用。有时候这种类型的“低姿态”工具是非常有用的。

Angry IP Scanner

一个终端 GUI（图形用户界面）扫描器正在迅速流行，它就是 Angry IP Scanner（www. angryziber. com/ipscan/）。它在功能上介于 SuperScan 3 和 4 之间，而且不需要安装。Angry IP Scanner 也具有不需要 WinPcap 驱动的优点。虽然 Angry IP Scanner 使用了一个看起来十分简单的界面（图 6. 8），但是却将许多特征包含到自身很小的文件中。

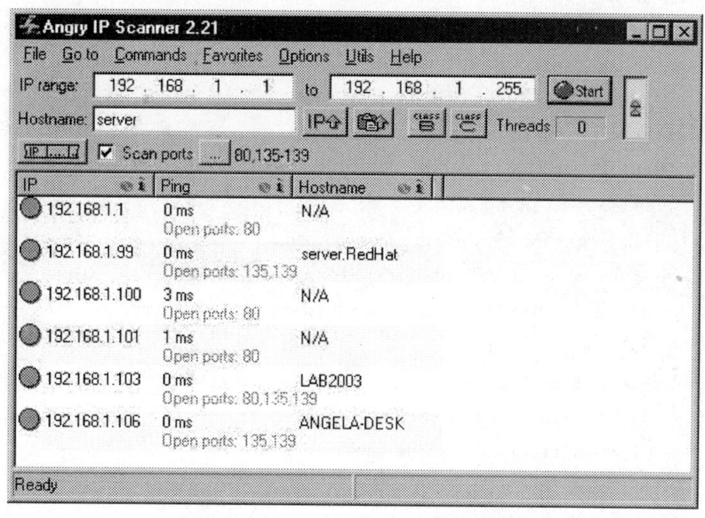

图 6. 8　Angry IP Scanner

选中一个 IP，接着导航到 Commands | Open Computer，可以看到一个方便易用的 Windows 选项列表，如 In Explorer，Web Browser，Ping，Telnet 和 Traceroute。Angry IP Scanner 有两个吸引人的特征：它是一个开源项目且是惟一的既支持以命令行运行，也可以从图形用户界面运行的扫描工具。

Scanline

如果碰巧需要寻找一些微不足道的东西，有一个很好的实用的工具：Scanline，也可从 Foundstone 的免费工具组部分（www. foundstone. com/resources/proddesc/scanline. htm）得到，是一个只有命令行的 TCP 扫描器。如果不能使用图形用户界面来远程访问要扫描的系统，这个工具将特别有用。如果只能用命令行方式访问，例如，通过一个 SSH 会话，Scanline 也将是十分合适的。使用 Scanline 十分简单。进入 Scanline 目录中，只要输入 sl，就会出现如图 6. 9 所示的帮助界面。

使用下面的命令行可以执行与前面执行的对网络 192.168.1.0 的扫描一样的扫描：

```
sl 192.168.1.1-254 -n
```

其中的-n 选项说明 Scanline 只做 ping 操作，不用扫描一个端口。如果只是指定一个 IP 地址或者 IP 地址范围，没有指定任何其他选项，Scanline 将会扫描其内部的默认端口列表。这种行为与 Namp 相同。Scanline 的默认端口列表目前包括以下端口：

```
C:\Pers\Apps\Scanline>sl
ScanLine (TM) 1.01
Copyright (c) Foundstone, Inc. 2002
http://www.foundstone.com
sl [-?bhijnprsTUvz]
[-cdgmq <n>]
[-flLoO <file>]
[-tu <n>[,<n>-<n>]]
IP[,IP-IP]
-?-Shows this help text
-b-Get port banners
-c-Timeout for TCP and UDP attempts (ms). Default is 4000
-d-Delay between scans (ms). Default is 0
-f-Read IPs from file. Use "stdin" for stdin
-g-Bind to given local port
-h-Hide results for systems with no open ports
-i-For pinging use ICMP Timestamp Requests in addition to Echo Requests
-j-Don't output "-----..." separator between IPs
-l-Read TCP ports from file
-L-Read UDP ports from file
-m-Bind to given local interface IP
-n-No port scanning-only pinging (unless you use-p)
-o-Output file (overwrite)
-O-Output file (append)
-p-Do not ping hosts before scanning
-q-Timeout for pings (ms). Default is 2000
-r-Resolve IP addresses to hostnames
-s-Output in comma separated format (csv)
-t-TCP port(s) to scan (a comma separated list of ports/ranges)
-T-Use internal list of TCP ports
-u-UDP port(s) to scan (a comma separated list of ports/ranges)
-U-Use internal list of UDP ports
-v-Verbose mode
-z-Randomize IP and port scan order
Example: sl-bht 80,100-200,443 10.0.0.1-200
This example would scan TCP ports 80, 100, 101...200 and 443 on all IP
addresses from 10.0.0.1 to 10.0.1.200 inclusive, grabbing banners
from those ports and hiding hosts that had no open ports.
```

图 6.9 Scanline Help

UDP ports

7 9 11 53 67-69 111 123 135 137 138 161 191 192 256 260 407 445 500 514 520 1009 1024 1025 1027 1028 1030 1033 1034 1035 1037 1041 1058 1060 1091 1352 1434 1645 1646 1812 1813 1900 1978 2002 2049 2140 2161 2301 2365 2493 2631 2967 3179 3327 3456 4045 4156 4296 4469 4802 5631 5632 11487 31337 32768-32790 43981

TCP ports

7 9 11 13 15 19 21 22 23 25 43 49 53 66-68 70 79 80 81 88 89 98 109 110 111 113 118 119 135 139 143 150 156 179 256-259 264 389 396 427 443 445 457 465 512-515 524 540 563 587 593 636 691 799 900-901 1024-1031 1080 1100 1214 1243 1313 1352 1433 1494 1498 1521 1524-1525 1529 1541 1542 1720 1723 1745 1755 1813 1944 2000 2001 2003 2049 2080 2140 2301 2447 2766 2779 2869 2998 3128 3268 3300 3306 3372 3389 4000 4001 4002 4045 4321 4444 4665 4899 5000 5222 5556 5631 5632 5678 5800 5801 5802 5900 5901 6000 6112 6346 6347 6588 6666-6667 7000 7001 7002 7070 7100 7777 7947 8000 8001 8010 8080-8081 8100 8383 8888 9090 10000 12345 20034 27374 30821 32768-32790

全部的帮助文件或者使用指南放置在与下载 Scanline 的页面相同的 Foundstone 页面中。图 6.10 显示的输出例子就是使用了语法 sl 192.168.1.115 进行简单扫描产生的结果。

```
C:\Pers\Apps\Scanline>sl 192.168.1.115
ScanLine (TM) 1.01
Copyright (c) Foundstone, Inc. 2002
http://www.foundstone.com
Scan of 1 IP started at Wed Aug 30 21:17:06 2006
-------------------------------------------
192.168.1.115
Responded in 0 ms.
0 hops away
Responds with ICMP unreachable: Yes
TCP ports: 22 135 139 427 1025
UDP ports: 137 138 500
-------------------------------------------
Scan finished at Wed Aug 30 21:17:14 2006
1 IP and 267 ports scanned in 0 hours 0 mins 8.34 secs
```

图 6.10 Scanline 的结果

特殊用途的列举器

我们已讨论的扫描工具都是一般用途的扫描器，尽管其中某些工具包括了一些专门的列举技术。虽然 SuperScan 4 包括了一些特殊的 Windows 列举选项，但以前版本的 SuperScan，Nmap，Scanline 工具都不包括这些选项。在某些情况下，可能要扫描非常具体的响应。例如扫描感染了 Back Orifice Trojan 的机器（使用 BOPing）或扫描启用了 SNMP 功能的设备（用 SNScan）。Nbtscan 收集网络上的所有设备的 NetBIOS 信息。

BOPing 和 SNScan 都可从 Foundstone 得到，但是从因特网可以得到更多的特殊用途列举器。这些特殊的列举扫描器的本来目的可能不同于合法的安全工具，扫描系统的目的可能是利用该系统发动拒绝服务攻击。如通常那样，从因特网下载这些工具的时候要十分小心，可以先研究下载源，以确保没有引入一个特洛伊木马或病毒。一般用途的扫描器通常仅是打算寻找响应系统并确定它们正在监听哪些端口。

你知道吗?

一句警告

也许你已经够幸运或者足够小心，从来没有下载包含某些恶意代码的软件。在因特网上搜寻安全软件时会发现，安全软件正好常常就是一个安全风险。无数的因特网网站都看似提供了安全工具来发现木马程序（或更普遍地，可能控制木马）、清除病毒或者以某种方式保护系统的安全。但事实是，下载的程序已经被病毒、木马或者其他恶意软件感染。为寻找安全工具而在因特网上冲浪时，必须十分小心，否则会成为下一个无辜的受害者。

我的建议是只从主要的安全研究者那里下载安全工具。通过这种方式，可以相当肯定该软件只会做要它做的事，没有任何隐藏的有效载荷。有些时候，根本无法从一个比较主流的安全网站上找到想要的工具，在这些情况下，或许不得不访问一些不太知名的网站。在这些情况下我推荐先将软件下载到一个孤立的测试系统中，用各种反病毒和反间谍软件大量地测试该程序后，再运行该软件。这些步骤有助于把被恶意软件感染的机会降到最小。

表 6.2 将本章包含的每个扫描工具的主要特征罗列出来。

表 6.2　扫描工具的特征矩阵

	Nmap	Superscan Version 3	Superscan Version 4	Angry IP Scanner	Scanline
命令行支持	√	—	—	√	√
GUI 接口支持	—	√	√	√	—
Non-Contiguous Targe IP Ranges	√	—	√	—	—
Access to non-standard TCP scan types	√	—	—	—	—
特殊目的列举	—	—	√	√	—
WinP cap Required	√	—	—	—	—

定位无线系统

一些最难定位的系统就是与网络没有物理连接的系统，如依靠无线连接的系统。对一个无线网站进行调查有很多原因。如果公司使用无线技术，你可能想了解怎样进行有效地网络覆盖。也许不想让街道对面的大楼中的用户使用你的无线接入点。另一方面，可以进行实地调查，以探测网络覆盖在哪里比较薄弱，需要重新设计。或者也许一个雇员安装了无线接入点或中继器等根据公司的策略不允许安装的“无赖”设备。如果这些假设中的一些是真的，则要识别该设备存在，并且如有必要，试着定位物理设备。物理定位系统与其说是一门科学，不如说是一门艺术。定向天线和一个小的三角测量有助于非常准确地接近一个无线设备。一个定向天线可以有一个小到15°的接收弧，并且当进行三角测量时，接收弧度越小，效果就越好。

携带一台笔记本电脑，使用一个无线网卡和一个无线扫描工具，如NetStumbler，四处开车闲逛（driving around）的消遣方式，被称为“驾驶战争”。这个术语从很老的技术衍生而来，这种老技术就是使用一台调制解调器呼叫大量的电话号码来看是否有电脑接听电话，这被称为“拨号战争”（*war dialing*）。随着不断增加的便携性和无线接入点变得越来越便宜、越来越多，不再需要一辆汽车来定位它们。仅仅带着笔记本电脑四处走动来寻找无线信号被称为“步行战争”（*war walking*）。有一些网站和人群，定位不安全的无线接入点（例如，公共查阅），并且标注它们以使其他人知道在哪里能找到免费的无线接口，他们将这变成一种娱乐。www. wigle. net/gps/gps/Map/onlinemap/?state=TX&s=Show+State就是这样一个网站，如果在这个网站上待的时间足够长，将显示无线接入点的个人SSIDs。

Network Stumbler

NetStumbler是Network Stumbler（www. netstumbler. com）的简写，是一个用802.11a，802.11b和802.11g来探测无线网络的工具。除了简单地被动监听无线设备的功能，NetStumbler还会尝试发送各种类型的通信量从设备收集其它的信息。实际上，NetStumbler很好使用。惟一真正需要关注的是确保使用的是一个NetStumbler支持的无线网卡。尽管没有保证，但是坚持使用Lucent Orinoco芯片的卡或者Cisco卡会提供好的性能和兼容的硬件。Senao也能提供一个有很好的灵敏度的高功率卡，这个卡我用的比较成功。不幸的是，没有一个对所支持的卡的综合列表，所以在购买之前研究还是值得的。NetStumbler网站上确实包含了一些关于所支持的卡的有用信息。当启动NetStumbler时会看到一个类似图6.11所示的界面。

如果一切正常，NetStumbler将以扫描模式启动，并且很有希望产生一个探测到的设备的列表。如果没有得到任何结果，但认为应该得到，那么导航到窗口顶部的Device，查看是否选择了合适的网卡。可以改变所选择的网卡而不停止扫描。得到结果的数量将随使用的无线网卡和天线的质量的不同而有非常大的变化。

在因特网上进行一点研究有助于选择一个好的无线网卡。Seattle无线网络站点（www. seattlewireless. net）有一些极好的文章，这些文章有助于做出明智的决定。需要决定选择哪种无线网卡，是否使用一个外部天线（与标准的室内天线正好相反），如果使用外部天线，则要使用一个全方向天线还是一个定向天线。如果要尝试进行三角测试来发现有问题的设备，则使用定向天线将使这项工作更加容易完成。也要记住，选择硬件时，信号损失是十分致命的，而且天线和无线设备之间的每一个连接器都会失去少量的信号清晰度。因此，在天线上装合适的中继器比在天线和无线设备之间使用一节“尾缆”作为一个适配器电缆更好。

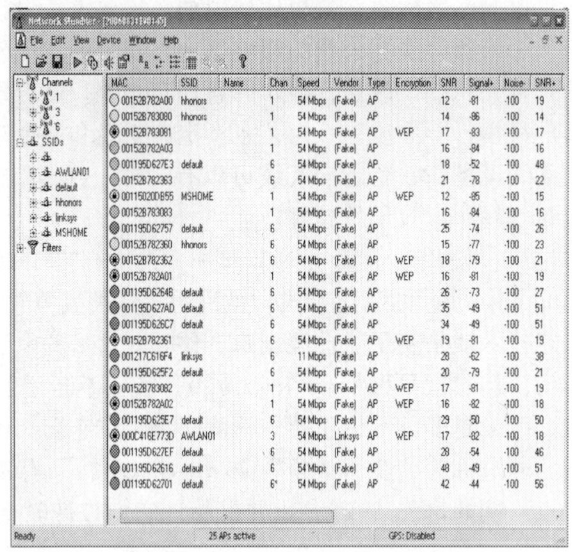

图 6.11　NetStumbler 802.11b

提示

尝试使用三角测试来定位现有的无线设备时，记住无线信号会反射在附近的物体（例如，建筑物等）上。所以可能从马路对面大楼的方向反射接收到比较强的从隔壁房间的一个无线接入点发射的信号。如果你和无线设备之间的墙壁绝缘效果很好，而且街道对面的建筑物能很好地反射无线信号，这种情况就很可能发生。

许多无线网卡的制造商也能提供监视接入点信号强度的工具。这些工具通常是展示一个信号强度和/或信号质量的曲线。他们的工具通常需要结合有问题的接入点来使用，但这就使它们不能作为一个步行战争工具来使用。NetStumbler 在结果记录中容纳了大量信息。信号的普通质量用左边圆环的颜色来指示（绿色是信号好，黄色是不好）。当这个圆环上出现一个带锁的符号就表明无线设备使用了某种形式的加密手段。加密算法的类型会在加密栏中显示。如果 NetStumbler 探测到一个接入点（不论其是绿圈还是黄圈），但是不再能从这个设备中接收任何信号，这个圈将变成灰色。设备变成灰色是由于周围情况，例如，天气导致一个很弱的信号不能被探测到或者由于设备已关掉。

NetStumbler 的树状视图（位于左侧面板）包括一些便捷的用于整理结果的方法。信道条目可以被扩展开，显示出带有信号的所有信道的列表。每个信道都能再次被扩展以查看什么设备使用了该信道。当被正在使用的同一信道上的其他设备干扰时，这个显示将非常有用。它会让你很快看到有什么其他的设备在使用相同的信道。过滤器条目也包含一些便捷的对结果进行过滤的方式。其中一个很有用的过滤器是 Encryption Off，它简单地显示了所有没有使用加密技术的设备的列表。

你自己正在寻找的一种特性就是让 NetStumbler 连接到一个给定的无线设备的方

法。不要因为 NetStumbler 不包括这个特性就觉得很困难。要连接到发现的任何接入点，只需要操作系统工具或者其他的软件程序即可。Boingo 就是 Windows 系统的一个这样的程序（www. boingo. com）。当它不能启用所有的特性且不能很好地显示精确的信号强度时，可以选中一个 AP 并单击连接，这样尝试进行连接。另一个值得一提的工具是 Airsnort，用来被动地收集加密信息包并最后解密用于无线通信的密钥。

警 告

处理无线设备时，记得使用充分的判断。连接之后，设备的拥有者能嗅探所有的通信量，能寻找漏洞来利用或者公然攻击你的系统。一旦连接建立，就不应该通过该无线设备做任何其他的连接，否则会将自己的证书暴露给控制了该接入点的攻击者。甚至通过该设备发起一个到另一个可信设备的加密连接也是不明智的，因为它们可能充当一个中间人并截取证书。这些警告中没有任何一个略微谈到使用其他人的无线带宽的潜在法律后果。这种行为的合法性在一个地方和另一个地方可能是不同的。由于这个原因，在连接到一个未知的无线设备时，应该寻求雇主的法律指导。

文档

文档经常是网络工程和设计的一个最容易忽视的方面。大多数人不喜欢产生网络图和有关文档。许多 IT 人员认为写文档是白白浪费时间，他们宁可用这些时间去做一些“真正的”工作。为什么要做这个文档，其实有很多原因，并且使文档保持准确和最新是非常重要的。文档的类型是很重要的，根据业务的具体需求有所不同，但以下是一些从安全的角度看最重要文档类型：

- 网络拓扑图
- 访问需求表
- 业务连续性和灾难恢复计划
- IT 安全策略/标准/程序

一个额外的适用于所有关键文档的考虑因素是可用性。如果网络是不可用的且所有的文档都存储在文档服务器上，则很难访问那些需要用来帮助恢复网络的网络文档。很多次，个人在紧急情况下未能解决这个问题，并发现无法获得关键文档。这可能包括不能访问业务连续性计划、网络图和其他关键文档。通常情况下，文档的副本应该被打印出来并存储在一个异地的安全位置，可能和储存异地数据备份是同一地点。

网络拓扑图

大多数人可能熟悉网络拓扑图或网络结构图。它的本意是要以图形的方式显示各种网络组件的连接情况。通常该类型的文档在网络最初安装时产生，但不会按照应该的样子来维护。比起没有网络图来说，一个不准确的网络图可能会造成更多问题，因为有人可能会设想事物用一种方式配置，而事实上，它们却用另一种不同的方式配置。准确的网络图是至关重要的。当存在问题而又需要排查网络时，它们的真正价值就被凸显出来。不知道各种事物是如何放在一起时，解决任何问题之前必须先从信息收集工作开始，这只会增加不必要的延误。

或者，也许网络足够小，了解每一个连接到它的设备如同了解手背一样，所以不需要图表。在大部分时间里，这可能能够充分地工作。但是，如果不得不引入外界的帮助，他们可能和你一样不了解网络，则在可以开始做你安排的工作之前，需要支付顾问费用来了解那些东西是如何工作的。在这种情况下，缺乏准确的文档就是在耗钱，不仅要为外界的帮助了解情势而付费，也可能包括因解决方案延迟而造成的损失。如果不小心，这些花费将会迅速地增长，这些都是管理层值得注意的。

高质量的文档非常有用的另一种情况就是审计。有一些很明显类型的审计，Sarbanes-Oxley，SAS70 及相关类型的商业审计。可能不会被这些类型的规章和需求影响，但是还有其他类似审计的情况可能会影响你。如果正在寻求与另一个商业实体以某种方式合作，该方式要求两个实体之间要有网络连接，则对方可能会要求看到有关你的网络的基础结构的文档。他们将要对该文档进行审核，以确保它是一个安全的配置。如果不能提供所要求的文档，这可能有产生阻止商业合作的危险，并且也可能会导致收入的损失。

好了，我对一个好的网络图的重要性已经说的很多了。接下来的问题是，一个“很好的”网络图究竟由哪些部分组成？就其最基本的形式而言，只要将所有重要的数据放在一个地方且数据精确，这就是所需要的一切。在此之上，还有其他很好的特点，如一致性。一致的外观和感觉为尽快浏览图和理解所包含的信息提供一个很好的方式。这可能意味着一套一致的图示或符号，与关键信息的一致安排，如谁是文档拥有者和版本信息。尽管不同的产生图表的人的工作风格不同，但如果这些安排过于分散，则最后很难把一个文档和另外一个区分开。

虽然使用逻辑图或者物理图是适当的，但也应该站在发展的角度考虑。逻辑图更趋于高层次，显示整体的数据流和设备的一般连接，而物理图通常包括电缆、端口等详细信息。每种类型的图各有其用。及时检修一个连接问题时，将会更多地用到物理图，而一个逻辑图往往是针对非技术人员的，如项目经理和高层管理者。在一定程度上，这可能只是个人的偏好；根据需求，有可能两种类型都不是“错误的”，或者一种或两种类型可能都是合适的。当谈到文档的美学时，一致性可能被证明是很有价值的。同一个图的逻辑视图和物理视图的例子如图 6.12 所示。

访问需求表

另一类关键是访问需求表。要让文档能够证明一个用户正式要求访问网络，或某一特定的网络资源，如服务器。这个文档也将为“谁提供了资源、提供多长时间”做记录。这种类型的文档常常对审计很有用，可以用来表明哪个系统和用户已经被允许使用该网络。这种类别的文档也可以包括有标记的安全策略（这可能是对允许什么和怎样接入网络的规定）。如果需要追寻违反网络使用策略的行为，上述两者中的任何一个都很重要。这些类型的文档，再加上网络图，对论证最优方法和获得潜在商业伙伴的信心是很有用的。

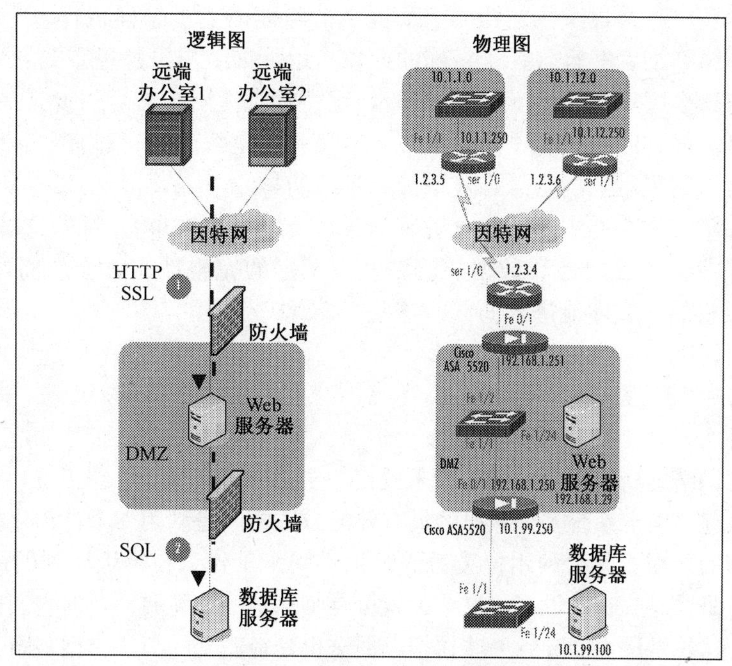

图 6.12　逻辑和物理样本图

业务连续性和灾难恢复计划

不仅是一个纯粹的网络安全文档，围绕业务连续性（BC）和灾难恢复计划（DR）也有很多安全考虑。其中之一是方案本身要包括一个有关高度敏感的信息日志。因为这个原因，应该限制只有需要访问这些文档的人才能访问。这个文档也将担当进行下述工作的第一个向导：了解概括出来的进程、正在使用的基础设施、寻找任何安全风险。人们时常忽略保护 DR 服务器安全或者将包含敏感信息的磁带四处乱放而没有保护措施。最后，这个文档很可能永远无用或者不需要，但是在灾难发生之后，这些文档将能重建或者毁坏一个公司。

IT 安全策略/标准/流程

因为这个主题是引起很多混乱的原因，所以值得在这里总结每个类型的文档都应该包含什么。

- **策略**　策略本质上说是总体的宽泛的陈述。这些文档不应该经常更改。例如，一个策略声明应该是“被划分为机密的或者更高安全等级的数据，当在一个非信任网络中传输时应该被加密”。这些文档很少包含敏感的信息，而且每个公司的策略常常看起来很相似。
- **标准**　详细描述应该用什么方法来遵守策略，比策略更详尽。一个标准的例子是“可接受的加密协议是 3DES，AES（128），AES（256）。”标准中的信息可能对一个黑客很有用，如使用的加密算法，但是这些信息所具有的是典型的边缘价值。

- **程序** 程序是最详细的文档。一个程序精确地描述了怎样执行一个给定的活动。程序非常详细，并且包括了精确的操作指示，如“单击这里”或者“使用这些选项执行这个程序”。因为细节的等级，程序常常使用有编号的步骤并包括如 IP 地址和可能的访问账号和密码等细节。虽然并不是每个进程都有它的程序，这些文档常常包括很敏感的信息，应该被适当地防护。

因为在一些这类文档中可能包含敏感信息，所以应该被小心对待。进程应该被运转起来以便确保信息的可用性和数据的机密性。数据的完整性有时会忽略，但是也很重要。只有被授权的个人才能进入而修改这些文档。

脆弱性扫描

在定位了网络上所有主机并删除了未授权的主机或对其进行了纠正后，应该确定所有系统的安全状况。确定系统安全状况的最有效的方法之一是利用一个自动化的脆弱性扫描器。这些类型的扫描器通常利用侵袭力的级别不同来工作。在等级序列的最安全的那一端，这些设备只要寻找一些设置，这些设置可能暗示了一个脆弱性，但它们实际上并不发现该脆弱性。这种做法可能导致一些误报，但这也是最安全的扫描类型，因为由它引起的使目标主机服务中断的风险最小。而在这一等级序列的相反一端，扫描器其实可以尝试发现脆弱性。因为有许多的脆弱性旨在破坏服务，这种类型的扫描明显伴随高风险。然而，它的确导致了极少的误报，并且为相关系统的整体安全提供了一个非常准确的指标。

值得指出的是，脆弱性扫描器只是一个扫描器，并不真正具有智能。一些不道德的安全公司将使用和你一样的扫描器（这些扫描器你免费使用），打印出结果并和收款单一起提交给客户。脆弱性扫描器要依赖使用者智能地配置。甚至当一些情况被发现时，也必须判断它是否是当前环境中的一个风险。在某些情况下，需要进一步调查来确定发现是否有效，以及是否代表一个真正的风险。以下是对 Nessus 的讨论，它是现在最好的免费的脆弱性扫描器之一。

Nessus

Nessus 已经出现很长时间了，事实上在 1998 年就已出现。它可以用在 Linux，FreeBSD，Solaris，MAX OS X 和 Windows（2000，XP 和 2003）操作系统上。目前用于 Windows 的产品被列为试用版，但仍能很好地运行，我没发现任何问题。可以从网站 www. nessus. org/download/下载。虽然免费，但最新的版本（Nessus 3）已不再是开源的了。Nessus 系统包括两部分：一个服务器和一个客户端。服务器进程完成实际扫描，而客户端用于配置和运行扫描并查看扫描结果。Nessus 是一个功能非常丰富的应用软件，它可通过下载的插件执行上万种不同类型的检查。Nessus 的许可证是非常多的，但有时，必须购买一个许可证。总之，可以随时扫描自己的个人系统，但扫描第三方的网络时，需要一些额外的许可证。也有许可选项用于在一个将要提供给用户的装置上安装 Nessus 及将 Nessus 作为 OEM 产品提供的时候。有关 Nessus 的许可证的全部详细信息，可以登录网站 http://nessus. org/plugins/index. php?view=faq 查阅许可证的常见问题。

应该根据IT安全策略的需求定期扫描主机的脆弱性。每当网络或者主机发生显著变化时，都应该执行脆弱性扫描，因为这可能会无意中制造了一个安全风险，这既可能是由于人为错误引起的，也可能是由于变化和现有的安全控制之间的相互作用引起的。所谓显著的变化包括添加一项新的如启用终端服务等功能、执行一次升级或安装新的服务包。基本上，如果发生了重大变化，要确保改变并没有制造一个安全脆弱性。

在 Windows 系统运行 Nessus

安装 Nessus 十分简单。需要选择安装的目标目录，并且必须接受许可协议。若需要一个很好的关于 Nessus 的参考，参见 Nessus Network Auditing（Syngress 出版社出版，2004 年）。成功安装了 Nessus 后，只要单击 Tenable Nessus 图标，就会出现启动画面，如图 6.13 所示。

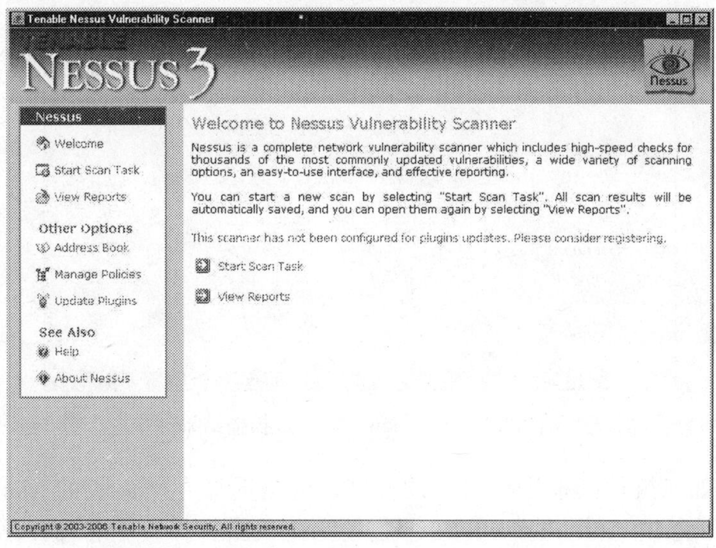

图 6.13　Windows Nessus

要开始扫描，只要单击 Start Scan Task，然后输入要扫描的目标主机。可以输入一个单一的 IP 地址、一列用逗号分隔开的 IP 地址、一个主机名，甚至一个网络范围。输入目标后，单击 Next 按钮。下一个界面允许选择要使用的插件。默认的情况下，将运行除“有危险的”插件之外的所有插件。危险的插件就是更具入侵性的及可能会导致更高的服务中断风险的插件。如果要更精细地控制哪些特殊的插件需要运行，单击 Manage Policies（图 6.13）。选定的插件后，单击 Next 按钮。下一个界面允许选择在哪里执行扫描。可以用自己的系统作为客户端，并指示一个不同的机器进行实际扫描，或者也可以把自己的系统同时用作客户端和服务器，在这种情况下，扫描将在配置扫描的系统上执行。输入服务器要使用的信息后，或直接使用默认的 localhost，单击 Scan Now。

运行所有的插件需要花一些时间。完成扫描后，Web 浏览器将被打开并显示扫描结果。如图 6.14 所示是对一个 Windows XP Professional 系统进行默认扫描（即没有危险的插件）后的一个结果集。

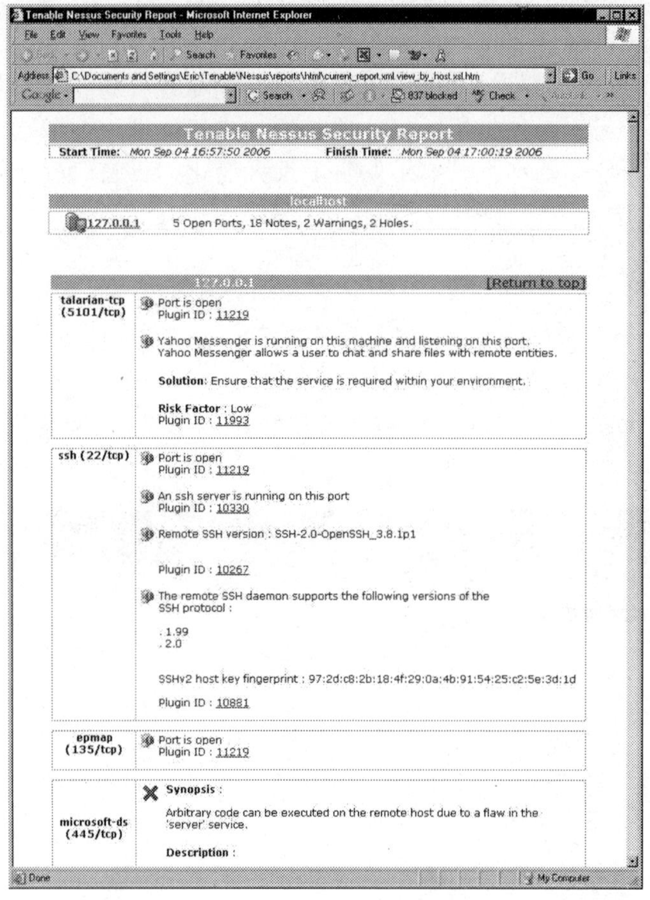

图 6.14　Windows Nessus 扫描结果

如果要对如何执行扫描进行更多的控制，可以选择左侧面板的 Manage Policies，然后单击右侧面板的 Add a new policy。需要为此策略选择一个名称并单击 OK 按钮。完成设置后，该策略将显示在列表中。可以选择 Edit Settings 或者 Edit Plugins。设置选项能够配置有关扫描的各种参数，如危险的插件是否应该被使用、扫描期间使用的凭证、ping 选项等。Edit Plugins 选项简单说，就是允许挑选要使用的插件。插件选择窗口有两个面板，左边的一个显示插件族，如所有涉及 FTP 的插件，右边的面板列出了选定的插件族中的个别插件，如图 6.15 所示。

如果知道正在使用的只有 Windows 主机，可以取消选择所有插件族，如图 6.15 中突出显示的 Fedora Local Security Checks。知道它们不适用于被扫描的系统时，运行这些插件只会增加扫描时间，而且在运行“危险的”插件时，可能还会增加导致服务中断的概率。

在 Linux 系统运行 Nessus

Nessus 在 Linux 系统上的操作与在 Windows 的操作有点不同。在一个 Windows 系统上启动 Nessus 时，默认情况下，客户端（用于配置扫描参数并查看扫描结果）与执行实际扫描（Nessus 服务器）的系统是相同的系统。Nessus WX 是 Windows 客户

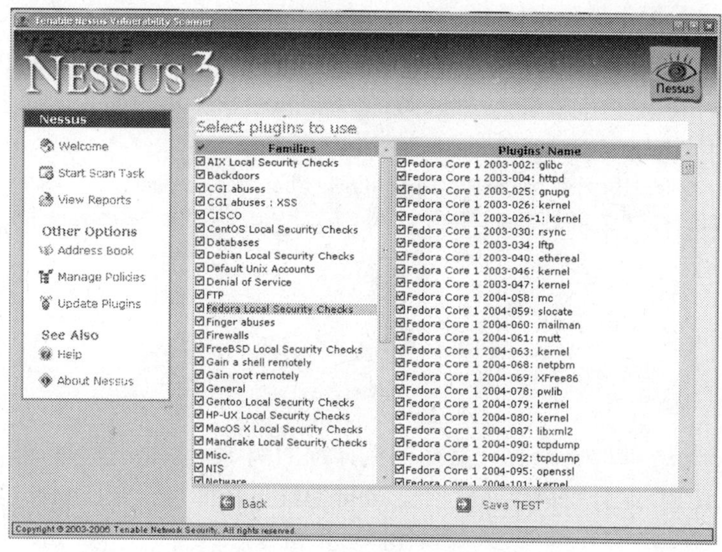

图 6.15 Nessus 插件（Windows）

端，能够连接一个远程 Nessus 服务器。在 Linux 中，情况不一定非是这样。Nessus 服务器进程 nessusd 可以运行在机器 A 上，而在机器 B 上使用 Nessus 客户端来配置扫描目标主机 C。机器 A 运行扫描，并且将结果发送给机器 B 以供查看，因此客户端和服务器的安装文件需要分别安装。需要从一个不同于客户端的系统执行扫描时，这个配置提供了额外的灵活性。一个使这一特性很有用的场景如图 6.16 所示。这个场景中，在 Nessus 客户端系统和目标系统之间有防火墙，但在 Nessus 服务器和目标主机之间没有防火墙。如果使用系统 B 作为客户端和服务器，很多需要执行的检查将被防火墙阻挡，这样最多只是产生不精确的结果。主机 B 只作为客户端，而主机 A 作为 Nessus 服务器，防火墙只需要允许 Nessus 客户端会话（默认的 TCP 端口 1241）通过，然后服务

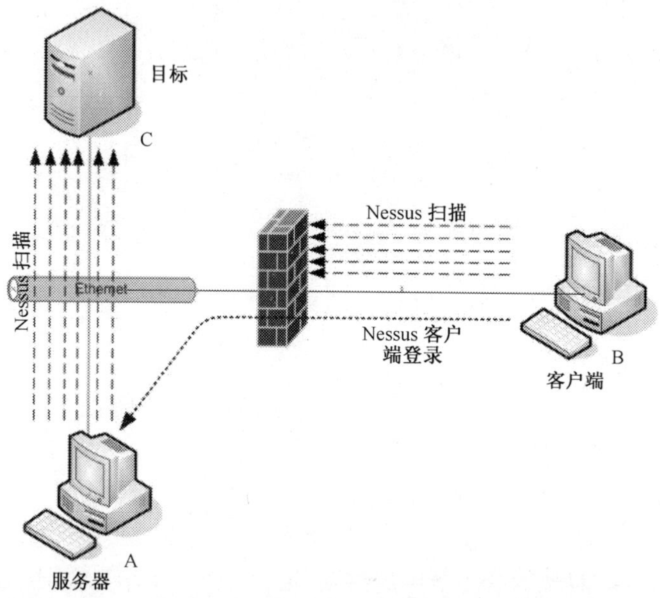

图 6.16 Nessus 主机-服务器运转

器可以检查系统 C 而不被防火墙干涉。

安装完成后，必须为 Nessus 服务器创建一个用户。这可以通过执行/opt/nessus/sbin/nessus-add-first-user 来完成。输入一个用户名，接着选择验证方法（默认是使用口令）。如果选择了口令方式，则需输入两次口令来确认。接着，要求输入用户规则。用户规则用来限制用户用 Nessus 扫描的主机。若要允许一个给定的用户扫描 192.168.1.0 中的任何主机和它们使用的 Nessus 客户端系统，而不能扫描其他的，可以输入以下规则：

```
accept 192.168.1.0/24.
accept client_ip
default deny
```

可以从 nessus-adduser 的主页上找到更详细的例子。如果此时不希望应用任何规则，只需按 Ctrl+D 组合键退出，然后按 Y 键验证选择即可。完成这些后，输入/opt/nessus/sbin/nessusd -D 启动 Nessus 服务器后台程序。

Nessus 客户端界面与其在 Windows 系统上的看起来明显不同，如图 6.17 所示。必须使用 Nessus 客户端来登录到 Nessus 服务器，即使客户端和服务器恰好同时位于同一台机器上也是如此。输入 Nessus 用户名和密码，然后单击 Log in 按钮。在图 6.17 中，客户端和服务器是同一个系统，这就是为什么 Nessusd Host 区域的值是 localhost 的原因。也可以在一个不同的系统上输入一个远程主机名来使用 Nessus 服务器。

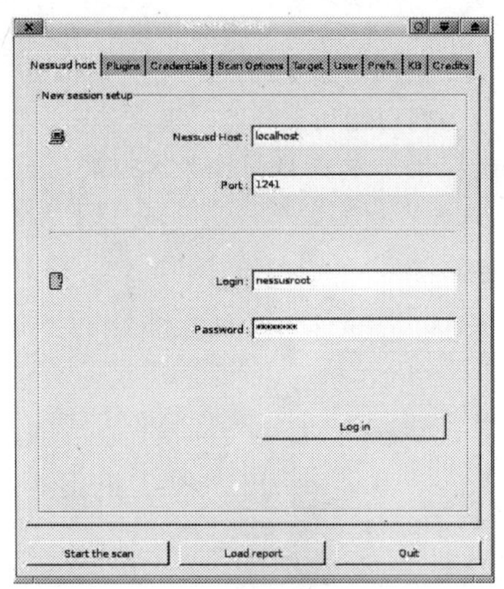

图 6.17 Linux Nessus 登录界面

登录后可以访问几个选项卡。在 Plugins 选项卡可以选择执行哪些类型的检查。类似 Windows 界面，顶部面板中列出插件族，底部面板列出个别的插件。选中它们旁边的复选框即可启用一个已有的插件或者插件族。在写本书的时候，有总数超过 11 000 的插件作为默认 Nessus 包的一部分。使用目标选项卡可以指定扫描哪些机器。Credentials 选项卡用来给 SSH，SMB（Windows）和 Kerberos 提供登录信息。在某些情况下，为了进行部分检查，Nessus 将需要认证。Prefs 选项卡能够配置各种选项，如

SNMP的共同体字段、HTTP登录、扫描冗余的文件，以及更多的变量。完成选择后，只需要单击Start the scan按钮即可。

注 释

在默认的情况下，有几种类型的检查是不会被充分检验的。这些类型的扫描引起目标主机发出不想要的响应的风险比正常情况要高。这种行为同Windows Nessus一样，因为默认情况不使用“危险的”插件。为了使用这些插件，必须删除Scan Options选项卡上Safe Checks复选框的选中标志。

扫描完成之后，出现一个带有扫描结果的报告窗口。报告窗口出现在Nessus窗口中，而不是出现在因特网浏览器中。这个界面可以从一个面板切换到另一个面板，并且对结果进行深入了解。通过选择子网，在主机面板上可看到该子网中的主机的列表。选择一个主机后，端口面板就会出现，可以对一个特殊端口的结果进行深入了解。选择一个特定端口后，就可以选择要看到该端口的哪些结果。在右下方的最大的面板上给出了脆弱性特性的解释，如图6.18所示。

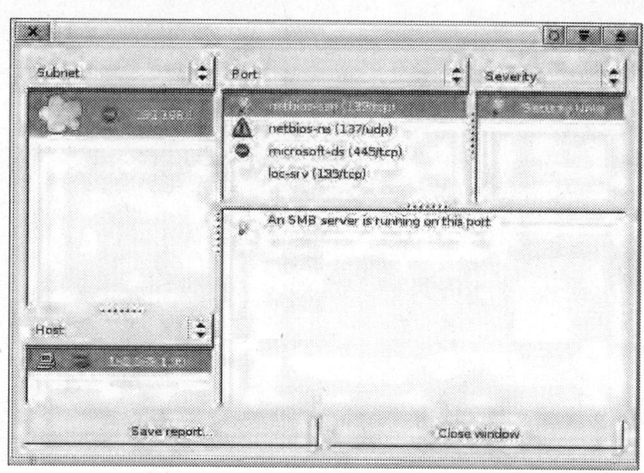

图6.18 Linux Nessus扫描结果

看过大量的可用插件之后，可以发现Nessus是一个可用来决定系统有哪些脆弱性的十分有用的工具。Nessus有大量的操作系统支持并具有检查大范围的脆弱性的能力，可以说是一个用来测试系统安全性的很有价值的工具。与通常的情况一样，Nessus在Linux系统上将比其在Windows系统上运行得快，但是如果不需要扫描很多系统，则这个可能就意义不大了。订购Nessus的主要优点是当新的插件发布时，可以尽快接收更新插件。使用免费的注册版，则比订购的用户晚7天后才能得到插件的更新。如果不注册，则只能通过下载带有更新插件的新版本来获得更新插件，所以，若使用免费版本，获得最新的插件将有一些延时。作为一个付款用户，也可以配置Nessus要检查的扫描策略；这些策略可以包括很多系统设置。但是，即使有了这些限制，它仍然是一个很好的免费的脆弱性检测工具。

X-Scan

Nessus并不是惟一可用来扫描脆弱性的。有很多产品，但其中大多是商业产品。另一个免费的脆弱性扫描器是X-Scan，可以从www. xfocus. org/programs/200507/18. html下载。X-Scan是一种只适用于Windows的扫描器，支持两种有趣的特性：操作系统检测和弱口令检查。X-Scan不需要安装，所有需要做的就是解压缩文档到选定的位置，运行可执行文件。主窗口（其中还带有一些扫描结果）示于图6.19。

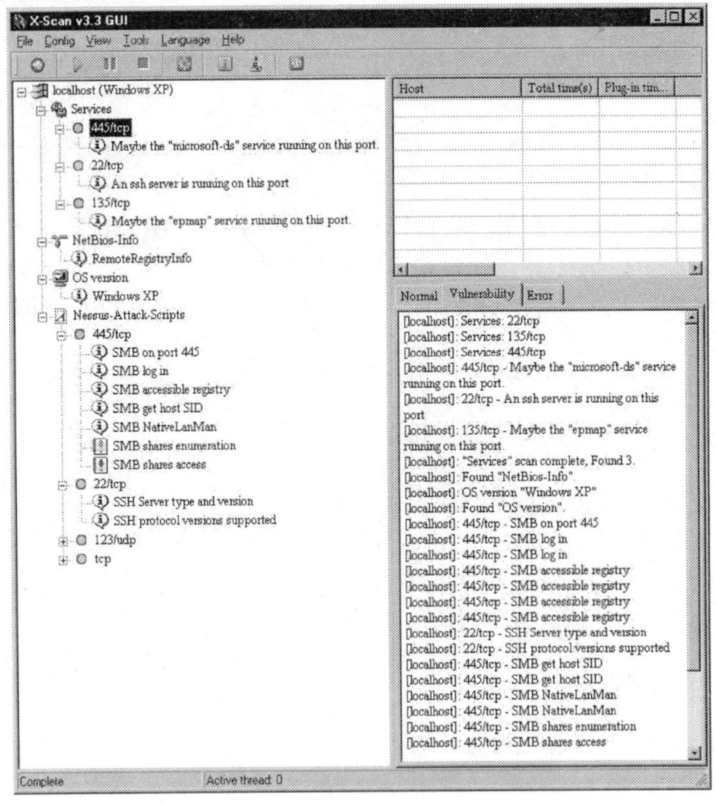

图6.19　X-Scan的扫描结果

若扫描本地主机，只需要单击绿色的play按钮，或者导航到File | Start。如果要扫描一个非本地主机，导航到Config | Scan Parameter，打开Config窗口。左边的面板包含一个配置选项的层次结构。选择左边面板的Scan range，然后在右边面板的IP address range中输入目标主机。如果要配置X-Scan特有的一些复选框，则打开Config窗口，并且在左边面板中导航到Global Options | Modules，中间面板中将显示一个模块列表，右边面板则解释模块的作用。这些模块包括一些操作系统的指纹识别和大量的弱口令检查。

通过选择左侧面板的Global options | Report可以选择使用哪种扫描报告格式。默认格式是HTML，但是也可以选择XMS或者文本文件。如果选择Global options | Others，则出现两个有用的选项。默认的是“当响应失败时跳过主机”。若经常选择Scan，则即使系统对一个ping没有回应，X-Scan也将执行扫描。知道哪个目标主机不

回应一个 ping，但系统却正常时，这个功能就非常有用了。也可以看到在默认状态下，由 Nmap 来执行操作系统指纹识别。通过选择 Plug-in options | Port 可对默认的端口列表进行编辑。

如果要选择使用特定的插件，可以导航到 Plug-in options | NASL 来实现。如果 NASL 这个词听起来很熟悉，那是因为它是 *Nessus Attack Scripting Language* 的缩写。X-Scan 和 Nessus 使用相同的插件。默认是选择除了“破坏性的”插件外的所有插件，这里所谓的“破坏性的”在 Nessus 中被称为“危险的”。如果取消选中 Select all 复选框，可以单击顶部的 Select。Select Script 窗口允许选择熟悉其运行格式的脚本，如图 6.20 所示。

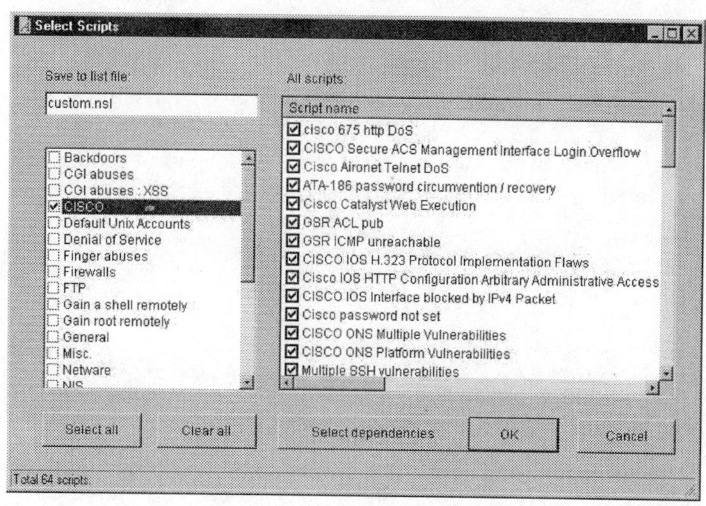

图 6.20　X-Scan 脚本选择

左边面板列出了众多类型的脚本，这与 Nessus 的“插件族”列表一样。右侧面板列出了每个单独的脚本。选择之后，一定要单击 Select dependencies 按钮，这样任何支持选定的脚本都将会被激活。完成选择后，单击 OK 按钮。Save to list file 区域可保存列表以备今后使用。保存一个只应用于 Windows 主机的列表将很有用，因为这些检查中的许多也是可以应用于其他类型系统的。完成所有的配置更改之后，单击 OK 按钮，然后执行扫描。默认情况下，扫描完成时，X-Scan 开启浏览器来查看该报告结果。一个 HTML 报告的例子如图 6.21 所示 。

记住，要使用 X-Scan，需要安装 WinPcap 驱动。如许多这种工具一样，如果没有安装 WinPcap，则 X-Scan 将安装它。实际执行检查时，X-Scan 使用与 Nessus 相同的插件，但 X-Scan 也有能力执行一些额外的检查和操作系统指纹识别。如 Nessus 一样，X-Scan 也支持命令行操作，这取决于所处的环境。但另一方面，X-Scan 不支持客户-服务器架构，而 Nessus 却支持。如果确实需要这种类型的功能，可以使用某种类型的远程访问功能从一个位于更适当位置的系统运行扫描，但是这将需要第三方软件。如果需要这个性能，X-Scan 未必是最好的工具，而 Nessus 可能会更适合。

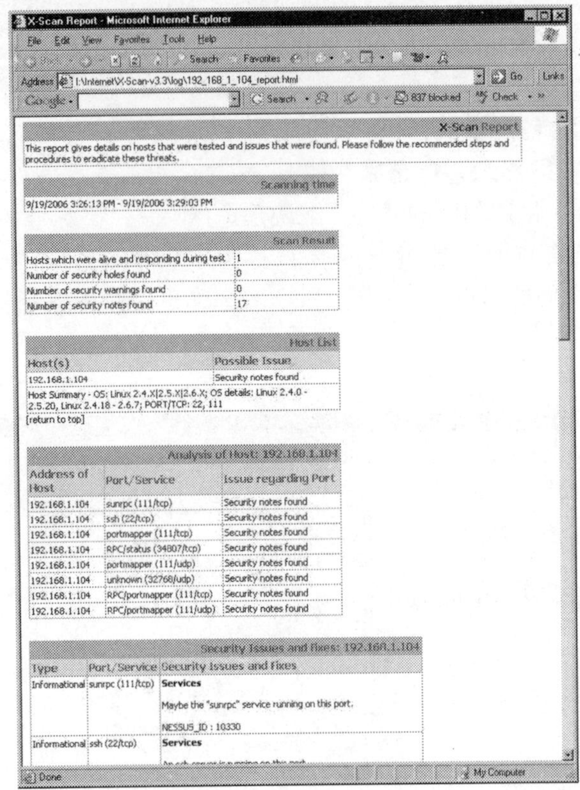

图 6.21　X-Scan 的 HTML 报告

Microsoft 基线安全分析仪

Microsoft 基线安全分析仪（MBSA）是一个检查 Microsoft 产品的基线安全性的工具。此处的“基线”意味着最小的已应用的安全补丁（MBSA 使用更新器服务来检查补丁级别），和已检查的最小的安全设置。MSBS 不是像 Nessus 那样的一般用途的脆弱性扫描器。MSBS 是一种检查 Microsoft 主机的安全设置是否薄弱的手段，这里，薄弱的安全设置未必就是脆弱性。MBSA 的主页是 www.microsoft.com/technet/security/tools/mbsahome.mspx。MBSA 有不同的版本，每一种都支持不同的平台。MBSA 1.2.1 是给装有 Office 2000 和 Exchange 5.0 或 5.5 的用户使用的。MBSA 2.0 版支持 Windows 2000 SP 3 或更高版本的操作系统，Office XP，Exchange 2000 和 SQL Server 2000 SP 4。一个更完全的 MBSA 所支持的产品的列表可以在 http://support.microsoft.com/?scid=kb;en-us;895660的文章中找到。老版本的 MBSA 1.2.1 只支持有限的软件。可以结合 EST（企业扫描工具）使用 MBSA 1.2.1 来对老版本的应用软件进行综合扫描。此软件相对较小且是轻量级的，其大小不超过 2 MB。它的安装过程简单快速。MBSA 的界面也非常简单，如图 6.22 所示。

扫描一个单一的计算机，只需单击 Scan a computer，输入一个计算机名或 IP 地址，然后单击 Start Scan。扫描器将报告目标主机上从安全角度来看不理想的任何设置或者选项。如图 6.23 所示是一个扫描结果的例子。MBSA 将发现的任何安全问题标注

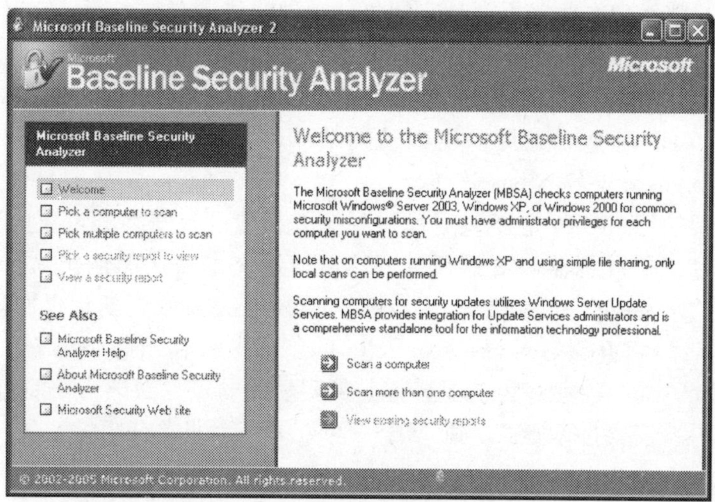

图 6.22　Microsoft 基线安全分析仪

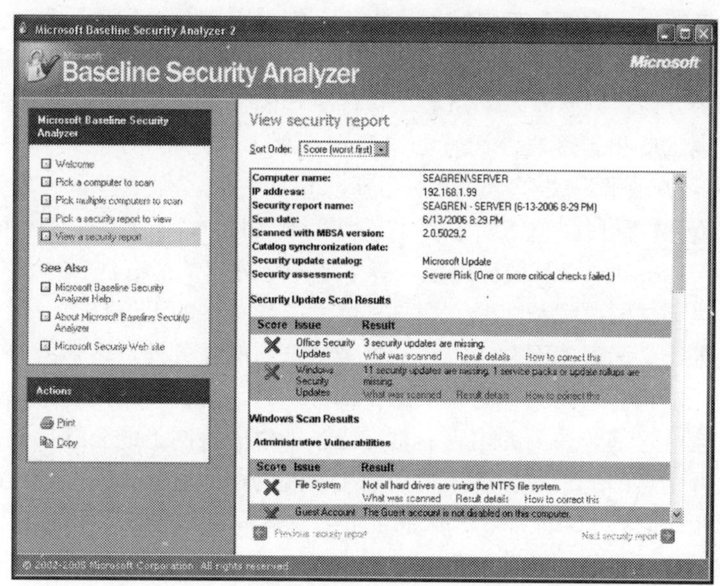

图 6.23　Microsoft 基线安全扫描器的扫描结果

一个红色的“X”，包括本例中没有将所有的磁盘分区格式化为 NTFS 格式。NTFS 是 Microsoft 公司的文件系统格式，允许对文件和文件夹的访问控制进行配置。FAT32 是一个较旧版本的 Microsoft 的文件系统，没有文件安全性。

扫描结果默认以 . mbsa 文件的形式储存在%USERPROFILE%\SecurityScans 中。MBSA 也包括一个命令行版本，名为 mbsacli. exe。有一些能应用于命令行的有用的选项。例如，基本的用法是 mbsacli /target 192. 168. 1. 99。也可以使用 mbsacli /r 192. 168. 1. 1-192. 168. 1. 254对某个范围内的 IP 地址进行扫描。如果完全忽略目标，则 MBSA 默认地将本地主机作为目标主机。默认的，mbsacli 直接把所产生的文本结果输出到控制台，并且在%USERPROFILE%\Security Scan\ 目录中产生一个 . mbsa 报告。

文本形式的输出能被保存成一个文件，尽管此文件的格式有利于通过编程对结果进行解析，然而对于人们查看来说则不是一个很好的格式。不幸的是，没有多少工具来解决问题。Microsoft 为 MBSA 2.0 提供了 Microsoft Office Visio 2003 Connector。单击 Visio 图标时，可在 Visio 中查看结果。可以从网站 www.microsoft.com/technet/security/tools/mbsavisio.mspx 下载 Visio 连接器。

所以假定要使用 MBSA 定期查看所有系统并报告没有安装的重要的更新。可以使用命令行版本和工作计划器来安排任务。然后使用文本格式的输出文件和 find 命令，例如，用 find "Missing" <MBSAout.txt>列出所有丢失的更新。再次使用 find，即用 find "Missing" <MBSAout.txt> | find "Critical" 仅输出缺失的至关重要的更新。简而言之，MBSA 是一个很好的工具，但其最明显的弱点是缺乏一个良好的报告机制。如果只有少数系统需要进行测试，则 MBSA 可能是一个非常有用的工具。

开源软件安全测试方法指南（OSSTMM）

假设已经能够运行脆弱性扫描和网络发现，则可以进行下一个层次的安全评估。如果打算考虑所有能做的安全测试，如无线安全、物理安全、雇员教育、事件响应等内容，以及更多的方面，则感觉力不从心。这些工作的任务量十分巨大，仅简单地判断应该从哪里开始测试就相当困难，而且如果真那么做了，则很可能会遗漏一些重要的东西。OSSTMM（开放源码安全测试方法手册）正如它的名称一样是一本关于如何完成安全评估的免费手册。它的内容非常详细（版本 2.0 共 120 页），可以从 www.isecom.org/osstmm/下载。即使选择手册中所列出的所有测试中的一部分，它仍然是一个在适当测试的过程和实践方面具有帮助指导意义的无价资源。

除了涉及如定义测试范围和约定规则这类测试前的任务外，评估所涉及的内容超出了实际测试的范围，深入到被称为模块的子部分。以下为所涉及的各个部分的概述。

- **信息安全**　这部分涉及的内容非常广泛，如对因特网上的公开信息进行搜索以发现非公开信息的线索等任务。一个间接发现的例子就是一份岗位招聘启事，该启事要求招聘熟悉 F5 的 BIGIP 产品的人，这就间接地告知公司正在使用什么类型的负载平衡。本部分还涉及机密数据的安全处理，包括私人数据。
- **进程安全**　这部分包括用某些手段测试验证进程，通过电子邮件或电话呼叫来试图获得未授权的访问，这些手段包括不适当的操作（例如，在重新设定账户前不验证身份）或者冒充其他人等，还包括诱使授权使用者进行外部登录（通常是一个虚假的位置，如假网页）来窃取证书或者搜集其他信息。
- **因特网技术安全**　本部分的重点主要集中在基本技术上，检查网络中如丢包、路由、路由控制、ISP 和目标机构的宽带等内容。这部分才是真正进行安全测试活动的地方，也包括完成一个网络调查和通过 IP 扫描或端口扫描进行初始调查。一些有关基础网络所接触到间接暴露问题也会在本部分中有所涉及。机密信息的处理将再次在网络层接受检查，这将涉及加密协议及其相关技术等。这部分也涉及应用程序脆弱性测试、路由测试、访问控制测试、IDS 测试、反木马和反病毒系统测试。最后，还包括密码破解、拒绝服务测试的模块，以及对组织的安全策略的检查。

- **通信安全** 这部分包括测试 PBX 和其他通信方式，例如，语音邮件、调制解调器和传真机。
- **安全** 由于完全测试无线安全的复杂性和所需的专门知识，无线安全在 OSSTMM 中有单独的部分。这部分包括测试电磁辐射（EMR）的深奥的模型。发射到显示器之外的 EMR 能够让一个人在建筑物之外就可以阅读出现在 CRT 显示器的东西。它也包括对于无线网络自身的更多普通测试，如 802.11x 和蓝牙网络。这部分所涉及的范围非常广，甚至包括无线耳机和利用无线耳机进行的通话安全、无线手持扫描器（例如，在零售商店使用的那种）、RFID 设备及其他无线设备。
- **物理安全** 这部分包括评估边界安全、安全监控、访问控制方法，如大门、办公室/实验室的门和各种门锁。它还包括报警响应（所有类型的报警，包括消防、环境、安全事件报警等）。地理位置和其内部分布也将在本部分进行检查。

文档的最后包含多个模版以供实际测试之用，例如，一个防火墙分析模版和一个密码破解模版。这些模版不是程序，而是一个包含如何测试和测试什么的细节的文档类型。这些模版对于确保正在对测试进行适当记录和没有遗漏任何重要步骤是十分有价值的。因为很多步骤在模版中都有明确的区域用于记录具体的细节。

安全和开放方法论研究所（ISECOM）的商业模式基本上提供免费的 OSSTMM。然而，它是一个需要认真审阅和经常更新的文档。当最佳实践发生改变和用户手册更新时，这些改变首先被“黄金”用户和“白银”用户得到，然后才对普通公众开放。二者之间的延迟时间通常是几个月。因为这是一个测试方法论，几个月的推迟可能不会对免费使用 OSSTMM 的人造成任何重大问题。

小结

总的来说，本章涉及的工具和应用软件有助于读者使用各种方法定位网络中的系统。本章介绍的最好类别的工具软件在发现扫描的复杂性和功能性方面提供了广泛范围以供选择。在所有的系统被定位之后，可以开始用脆弱性扫描器来测试，以确定其目前的安全态势。这样，可以建立一个完整和准确的系统安全程度的蓝图。Microsoft 基线安全分析器则进一步提供有关 Microsoft 操作系统薄弱的安全设置的报告，而不是只限于报告脆弱性。所有一切都是提供需要的信息，以完成保护网络安全的第一步：信息收集。

快速解决方案

详细开列资产

- √ 必须定期重复开列网络中设备的详细清单以确保其准确性。
- √ Nmap 比其他的免费扫描器有更多的功能和选项。不仅要熟悉需要使用的选项，而且还要熟悉可能遇到的黑客用来试图搜集网络信息的选项。

- 由于各种扫描各有长短，应该对它们有全面了解，以选择适合的来满足任务要求。
- 确定无线设备的存在是简单的，但确定设备的物理位置是困难的。
- 如果试图进行三角测量并确定物理设备的位置，需要一个能显示准确的信号强度的扫描器和一个定向天线。

脆弱性扫描

- 一定要对运行的扫描入侵能力和扫描对目标主机构成的风险有充分的认识。
- 考虑任何无线活动的法律后果，确保从雇主那里得到足够的支持。
- MSBA 只用于 Microsoft 的产品，其本身只负责报告薄弱的安全设置，而不必给出安全脆弱性。

OSSTMM

- OSSTMM 是一个利用业内公认的最佳实践指导你执行安全评估过程的手册。

常见问题

以下常被提及的问题，本书的作者都一一做出了解答。设计这些问题用来测试对本章出现的概念的理解，并帮助读者在实际生活中应用这些概念。如果还有其他问题，浏览 www. syngress. com/solutions 并单击 Ask the Author 一栏。

问：一个简单的端口扫描是否会对目标主机造成任何风险？

答：答案是肯定的。一个简单的检查看哪些系统正在运行的 ping 扫描不能对系统造成什么风险，但是一个更深入的端口扫描就有可能了。如果目标主机的资源比目标系统的资源多，可能会耗尽目标系统的资源，无意识地造成一个拒绝服务攻击。Nmap 更不寻常的扫描选项甚至会带来更高的风险。一些专门的 TCP 标记处理扫描会给目标主机带来确定的风险。因为标记结合是非法的（根据 TCP 的规定），目标主机不能被很好地编码以便处理它们。众所周知，这是不应该发生的，但是这些类型的扫描仍带有风险。

问：为什么无线接入点是一个很大的安全问题？如果我的用户想使用别人的互联网带宽，为什么我应该小心？

答：原因是多方面的。如果一个用户连接到企业网络，同时还连接到一个开放的无线接入点，并且他的机器已经受到攻击且已被攻破，则攻击者就有了一个开放的进入企业网络的后门，此后门可能会绕过所有防火墙和安全措施。即使不考虑所有安全问题，用户现在拥有了一个你不能轻易监控的外部连接，如果该用户是一个贩卖商业机密或用其他方式传递机密信息的人，则你就不能发现了。当用户使用公司的因特网连接时，你就有能力使用 IDS，收集通信量统计数据，利用防火墙进行控制，以及运用其他安全策略。

问：是否可以利用 NASL 写自己定制的“插件”，完成专门的安全检查？

答：可以。已经有很多“插件”可以使用，所以一般想使用的插件很可能已经有了，除非这个插件比较特殊。可以在 http://nessus.org/plugins/index.php?view=search 搜索可用的插件。搜索到的插件中可能含有专供用户或注册用户使用的插件。可以编写自己的插件，如果插件对别人有用，也可以在 Nessus 社区上与他人共享。利用 X-Scan 也可以创建自己的插件，并且使用与 Nessus 相同的 NASL 插件。

第 7 章
网络报告和故障排查

本章主要内容：

- 带宽利用率和其他度量的报告
- 分析数据的收集
- 理解 SNMP
- 网络问题的排查

√ 小结
√ 快速解决方案
√ 常见问题

引言

网络安全只对“讨厌鬼”有吸引力，这是一个不幸的事实。对其他人而言，监视入侵检测系统或查看千兆字节的日志信息样本是非常枯燥的，更重要的是这对于他们毫无意义。有些场合不可避免的要向技术不高的观众示范网络状态。有时需要调整近期的花费，有时也许需要支持一项预算。就是在这些时候，一些可以把比特和字节转化成图表的工具才显示出其价值。本章讨论一些这样的工具，以及它们如何在日常活动中起作用。

带宽利用率和其他度量的报告

如果要申请升级网络带宽，经常出现的首要问题之一就是：“我们要用带宽做什么?”你不想承认没有任何想法。在这种情况下，如果有一些关于网络流量的报告机制就真的得心应手了。或是因为网络连接饱和使得网络响应变慢，你想知道什么正在使用带宽，一份关于正在使用的基于协议和端口的报告会很好地完成这项工作。流量统计可用于一些管理用途，但可否用于安全用途呢?可能整个网络变慢了，而你需要很快知道为什么会这样。有很多方法可用来确定其原因，但一个显示某特定工作站正在生成所有流量的图表会很有帮助。如果报告明确显示一个特定工作站正在一个文件共享网络下载大量数据，就一定涉及安全性。归结起来，有很多度量对管理和保护网络安全很有用。

有很多商业产品提供各种不同水平的网络数据流量监测。也有很多商业的和免费的产品收集更专门的数据（例如，Web 服务器的统计数字）。以下对一些最好的通用免费产品进行了简要总结，并且在本章后面附加了关于如何安装和配置这些产品的说明。

- **MRTG（多路由器流量图示仪）** 谈到使用免费软件获得一般网络统计数据时，MRTG 是使用得最多的软件之一。它可以从 http://oss. oetiker. ch/mrtg/免费下载。它可以在 Unix / Linux，Windows 或 NetWare 系统上运行，并且被纳入很多第三方应用程序中。它的数字和图表来自简单网络管理协议（SNMP）信息。因此，设备需要支持 SNMP 来使用 MRTG 或者通过其他方式获取 MRTG 所需的数据。我们会在下一节中更详细地讨论 SNMP 的概念，如果对 SNMP 较为生疏，则可以先跳过去阅读相关部分。MRTG 使用 Perl（www. perl. org）在后台进行实际的工作，可以免费获得且易于安装。
- **MZL & Novatech TrafficStatistic** TrafficStatistic（www. trafficstatistic. com）的工作方式与 MRTG 有一些不同。它通过嗅探所有网络流量来收集数据。与入侵检测系统（IDS）一样，这样工作的流量分析器，其在网络内的位置对收集想看到的数据至关重要。在一个小的环境中，应该并不困难。流量统计只提供非常小的报告数据，包括总吞吐量（吞、吐及总量）、排名前 10 的通信双方（吞、吐及总量）和排名前 10 的协议（吞、吐及总量）。如果需要其他更多的东西，可以购买其他插件。一些插件还是相当经济实惠的。可以从 www. trafficstatistic. com/pages/basemodules. html 下载 TrafficStatistic 的免费版本。如果想很容易安装和运行，并且只需提供最基本的报告数据的工具即可，则 TrafficStatistic 是一个很不错的选择。

- **PRTG Traffic Grapher（PRTG 流量图示仪）**　在写本书时，这可能是最好的集功能性和易用性于一体的免费工具。可以从 www. paessler. com/download/prtg 下载免费版本。PRTG 流量图示仪是一个可从网络流量协议、SNMP 和流量嗅探中提取统计数据的移动多功能程序之一。它安装简便，并且默认情况下图形都是构造好的。免费版本的局限是仅可以从 3 个传感器收集数据，这对于小环境而言是十分适用的。
- **ntop**　www. ntop. org 是一款功能非常强大的基于网络流量分析工具。该工具可以在 FreeBSD，Linux，Solaris，SGI IRIX，AIX 和 Microsoft Windows 系统上运行。Ntop 本身并不包括告警和通报机制，惟一的目的是收集和报告流量统计数字，并且表现很出色。Ntop 所提供的详细程度超过了这里所提到的其他任何一款工具。同时，它也是完全免费、没有任何限制的。

分析数据的收集

讨论各种数据分析产品时，一个关键的因素是这些产品如何收集数据的。它们所使用的方法不仅对分析时使用什么度量，而且对执行分析活动的主机在网络内的位置和资源需求都有重大影响。以下简要说明最常用的数据收集方法都有哪些，以及优缺点。

嗅探数据是收集数据最简单的方法之一。没有任何特殊的配置，嗅探数据就是当数据通过执行监听任务的主机所在的网段时对其进行监听。这个技术通常是最具鲁棒性的，因为嗅探流量时，主机能看到每一个数据包。对所有数据做什么取决于分析引擎，但是关键的一点是不能对所抓取的信息进行选择，收集的是所有数据，然后再分拣它们。这个方法比其他方法需要更多的处理器的处理能力，尤其是当流量很大时。

这个方法也需要准确放置收集数据的主机，因为只有数据通过主机所在的网段，主机才能观察到。正因为如此，数据收集系统的物理位置将可能取决于网络的拓扑结构和希望分析流量的位置。除了资源的需求，这种方法最大的缺点就是它在网络层收集数据，而不考虑产品所特有的指标。虽然一些分析平台可以尝试去补救并对包含在数据包中的一些更高级的信息进行分析，但是仍得不到使用其他方法时所获得的同等水平的更高层的信息。

SNMP 是专门为网络设备的管理而设计的协议。虽然这一管理功能可能包括执行某些更改任务，但在数据分析背景下，SNMP 仅只用来检索信息。使用这种方式时，有一台网络主机向开启了 SNMP 的设备请求某些信息，然后这些设备发送所期望的指标作为响应。另外，可以对这些设备进行配置，使得当这些指标超过所配置的极限时，就发送这些指标作为告警。不足的是，收集到的信息的范围很集中，只能从一个设备获得所支持的特定的统计数据。窃听收集的是网络层数据，而 SNMP 则能收集到窃听不容易获得的更高层的某些产品所特有的数据。IIS 6 服务器的 currentAnonymousUsers 和 currentNonAnonymousUsers 的值就是一个产品特有的计数器的例子。若在 IIS 服务器上建立一个嗅探器逻辑以跟踪每一个到该 IIS 服务器的连接，并且监视该连接是否使用身份认证，则这样的尝试带来的工作量将是非常繁重的。相反，SNMP 能够直接提供 IIS 服务器的这些指标，因为它一直跟踪这些指标。

在大的环境中，SNMP也可能是一个能造成网络拥塞的非正式协议。在一个小环境中，这可能不是问题，但仍是需要注意的事情。SNMP追求的最主要的目标就是不需要把数据收集器放在数据传输的路径中。可以将系统放在任何地方，然后它就会轮询各设备（使用get命令）以获得所需的数据。也可以对一个开启SNMP的设备进行配置，使得当指标达到一个预先设定的阈值（使用TRAP命令）时就向某收集器发送指标。SNMP和嗅探提供了不同的信息，能够相辅相成。SNMP和嗅探的实施都需要提前的安排和计划，这主要是因为各自收集不同的统计数据。

NetFlow是为收集网络流量统计数据而专门设计的协议。NetFlow主要在Cisco的设备上得到支持，但是其他一些厂商也实现了类似的技术，具有不同程度的互通性。NetFlow在行为上类似SNMP陷阱，因为一旦NetFlow设备完成配置，就会发送流量统计数据到数据收集器。不同的是，SNMP收集的必须是被开启了SNMP的设备所支持的非常具体的指标，而NetFlow收集的则是网络流量数据的一个非常小的子集。NetFlow的信息收集基于源/目的IP地址、源/目的端口号、正在使用的协议、服务设置类型和设备接口来进行。这些指标收集有关带宽利用率和处于前列的网络对话的数据。听起来这可能就像是医生的命令。然而，并不是所有的设备都支持NetFlow，尤其是较为便宜的设备。这就意味着在小的网络环境中，NetFlow并不是数据收集的合适选择。如果的确有支持它的网络设备，那么建议进行一点研究，看是否可以利用NetFlow数据。可以在www.cisco.com/en/us/products/ps6601/products_ios_protocol_group_home.html了解到更多关于NetFlow的内容。

注 释

RMON是remote monitoring（远程监控）的缩写，也是另外一种网络管理协议。RMON是一个在RFC 2819中描述的标准，使用SNMP作为底层功能，使用一大套新的MIB对象用于数据收集。因为RMON使用SNMP，所以与供应商无关，也采取措施尽可能地减少网络流量。虽然RMON对企业级的网络分析设备的支持是很好的，但实际上并没有免费的网络分析解决方案。

理解SNMP

正如从上述简短的总结看到的，很多网络设备依赖SNMP收集信息。理解SNMP很有意义，因为SNMP是目前使用最广泛的以集中方式管理系统的架构之一。应该熟悉的一些基本的词汇，包括管理信息库或者MIB。MIB基本上是一个具有等级的树状结构，是一个能够在目标系统上读取或更改的设置的目录。MIB的一些组成部分对所有支持SNMP的设备都一样，其他部分可由卖主各自定义。MIB的任何具体对象都可通过它的对象标识符或OID来引用，这个OID是一个用来在MIB中查找对象的数字影射。例如，MIB中第一个最高级的对象可以称作1，而低一级的3个对象就是1.1，1.2和1.3，以此类推。由于对象数量巨大，典型的OID可能是类似1.3.6.1.2.1.2.2.1.14.1。除了使用数字形式去查阅OID外，每个子树也有一个相应的名字。以上述例子为例，1.3.6.1 也能以 .iso. org. dod. internet 的形式查找。全部使用名称的形式通常很少用到，但也可能会遇到。被管理的设备几乎可以是任何运行代理的网络设备，代理可以把具体设备的管理信息转化成与 SNMP 兼容的格式。网络管理站是进行管理的设备，并且有很多名字，这取决于在哪阅读。

管理站能够对 MIB 对象执行的最基本的操作是 GET 和 SET。有一些变量，如 GetNext 或者 GetBulk，都可以归结为使用 GET 读 MIB 中的值，而使用 SET 设置该值。在用图表示网络吞吐量时，要做的就是用 GET 获得相关的 MIB 对象。以 1.3.6.1.2.1.2.2.1.14 为例，这是一个接口进入错误。SNMP 管理的另一个关键特性是陷阱。作为被管理设备的客户端，GET 或 SET 操作由管理站发起，而陷阱则是由被管理设备发起的。SNMP 陷阱基本上是有关一些预先设定好的条件的警告，很像是 PRTG 流量图表中的通知。陷阱作为一种警告，从被管理设备发送到管理站。

如果这一切看起来有点混乱，不必惊慌，下面的例子将有助于你清这些东西。有一些免费工具可用来浏览一个设备的 MIB，使用其中一个工具可能对于理解 OIDs 的含义及它们是如何使用的很有用。我建议你从 www. wtcs. org/snmp4tpc/下载 GetIf，它是一款非常好用的免费 MIB 浏览器。一旦安装了它，只要在 Host name 字段输入 IP 地址或者主机名，只要确保输入了一个读取的团体字符串，然后单击 Start 按钮即可。我建议只输入一个读取的团体字符串以防意外地更改目标设备中的任何设置。如果很多字段中都有 GetIf，那么它是通过 SNMP 连接的。可以单击 MBrowser 选项卡查看。通过展开 iso | org | dod | internet 旁边的十号，浏览想要的 OID。选定所要的 OID 后，单击 Start 按钮（发送一个 Get）来查询值。例如，你可以试着找到 1.3.6.1.2.1.2.2.1.5 来查看网络接口速度。

最后，关于 SNMP 要考虑的是它被认为是一个非正式协议。这是由于查询多级 OIDS 和接受响应的过程中，如果有一个大型的 SNMP 基础设施，而正在读或写很多 SNMP 的 MIB 对象，所产生的网络流量将会是显著的。尽管在一个小环境中，SNMP 流量应该是很小的，但这仍是一个需要考虑的因素。

工具和陷阱

SNMP 的安全性

SNMP 已经诞生很长一段时间了，而且目前有 3 个主要版本。SNMP 版本 1 和 2 中有一些重大的安全缺陷。最主要的就是它们发送的数据是未加密的，其中可能包括不想让任何人看到的大量数据。第二个要考虑的就是只依赖团体字符串的有限的身份认证能力不仅要决定谁可以阅读 SNMP 数据，还要决定谁可以设置 SNMP 的值，有效地授权配置 SNMP 功能的设备。

SNMP 版本 3 解决了许多问题。然而，当前它并未受到广泛支持。尽管比较突出的企业级平台通常都支持 SNMP V3，而免费工具并不支持。鉴于这些事实，确保 SNMP 通信量安全的最好方法是与访问列表（如果适用）和一些加密算法相结合，如 IPSec。

配置多路由流量图示器

使用多路由器流量图示器（MRTG），需要从 http://oss.oetiker.ch/mrtg 下载合适于你的操作系统的版本。另外一个和一些有用的 SNMP 工具一起打包的版本可以在 www.openxtra.co.uk/products/mrtgxtra.php 找到。MRTG 也需要 Perl 来支持。Perl 是一个被广泛使用的通用脚本语言，功能丰富且有完成各类任务的功能模块。你可以从 www.activestate.com/store/freedownload.aspx?prdGuid=81fbce82-6bd5-49bc-a915-08d58c2648ca 下载 ActivePerl。MRTG 和 ActivePerl 具备以后，按下列步骤配置：

(1) 运行 Perl 的安装文件。

(2) 选择目标安装目录。

(3) 出现提示时，允许安装向导将 Perl 添加到 PATH 环境变量中，创建 Perl 文件的相关扩展名。这样，Perl 脚本就可以在不提供具体完整的可执行路径的情况下执行。

(4) 解压 MRTG 压缩文件到选择的目录。

(5) 从 \ mrtg-2.14.7 \ bin \ 目录运行 perl mrtg。它还不会做任何事情，因为还需要创建配置文件。这个测试只是要验证 Perl 确实在 PATH 中并能够执行 mrtg。

(6) 从 \ mrtg-2.14.7 \ bin \ 目录输入以下命令：

perl cfgmaker ＜SNMP STRING＞@＜SNMP DEVICE IP＞-global "WorkDir：C：\ www \ webroot"-output mrtg.cfg

它创建一个初始配置文件。可以使用不同的工作目录，工作目录就是 MRTG 存放 HTML 文件的地方，所以通常是在 WEB 服务器的目录结构。如果一切运行正常，命令行不会有任何输出，但是一个 mrtg.cfg 文件已经在 \ bin \ 目录中生成。

如果出现错误，可能是团体字符串不正确，或者 SNMP 的安全设置不允许 MRTG 连接。不管哪种情况，都可以按照以下步骤来调整 Windows XP 中 SNMP 的安全设置。

(1) 在 Windows XP 中编辑 SNMP 的属性，打开服务插件程序（Start | Run | services.msc）。

(2) 找到 SNMP 服务并双击，单击 Security 选项卡。

(3) 确保 SNMP 的团体字符串设置正确。

(4) 如果不想限定哪些机器能使用 SNMP 与开启了 SNMP 的设备通信，选择 Accept SNMP packets from any host 单选按钮。否则，确保运行 MRTG 的系统列在 Accept SNMP packets from these hosts 部分，单击 OK 按钮。

这时，应该已使用 *cfgmaker* 成功创建了 MRTG 文件。这个文件只是一个开始，在真正使用前仍需要进行手动编辑。

(1) 现在可以在 \ bin 目录下使用 perl mrtg mrtg.cfg 命令来运行 MRTG。第一次运行该命令时，会得到一些关于丢失日志文件的警告。这在第一次运行时很正常。

(2) 生成一些文件，主要的一个文件是以目标主机名或 IP 地址开头的 HTML 文件。如果在浏览器中打开这个文件，则显示字节的流量统计信息。

图 7.1 是一个 MRTG HTML 输出的示例。

通过安排 MRTG 定期运行，可以建立一系列用来填充图表的数据点。MRTG 能以后台进程模式运行。在这种模式中，一旦启动 MRTG，它就不会退出，会一直运行并

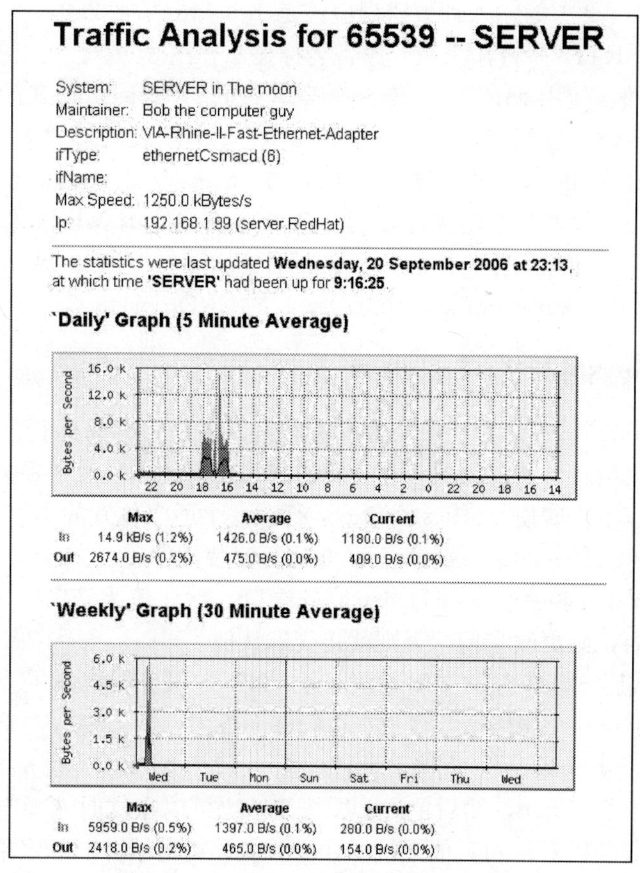

图 7.1　MRTG 的 HTML 输出示例

持续收集数据。这样做需要两个步骤。首先，编辑配置文件并在 Global Properties 部分添加一行：RunAsDaemon：Yes。其次，在命令提示下使用以下命令来启动 MRTG：

```
start /b perl mrtg mrtg.cfg
```

收集所需数据的另一种方式是使用 Microsoft 的 SRVANY.exe 和 INSTSRV.exe 工具将 MRTG 作为一个 Windows 服务运行。如此广泛的选择范围，应该有一种执行 MRTG 的方法适合你的环境。

MRTG 的一个优势就是收集数据的系统的个数不受限制。虽然吞吐量是默认的指标，但是，如果知道希望监控的 OID 的指标，MRTG 也可以收集和记录历史数据，一些好的例子可能就是磁盘空间、CPU 利用率、网络错误和可用内存。这里给出一个目标，说明作为指定目标 OID 的例子：

```
Target[RTR]:1.3.6.1.2.1.2.2.1.14.1&1.3.6.1.2.1.2.2.1.20.1:pass@192.168.1.25
```

OID 的格式是<OID for first line in graph>&<OID for second line ingraph>。在这个例子中，指定了一个 IP 地址为 192.168.1.25 的目标设备，所使用的 SNMP 团体字符串为 pass。在图表上，所读取的 OID 为：一行是 1.3.6.1.2.1.2.2.1.14.1（输入错误计数），另一行是 1.3.6.1.2.1.2.2.1.20.1（输出错误计数）。最后的数字是接口

号。因此，在界面#2上的输入计数错误应该是1.3.6.1.2.1.2.2.1.14.2。括号内的标签（在本例中为“RTR”）将作为一个设备名称显示在图表页。

正如所看到的，使用MRTG获得一个简单的HTML网页形式的吞吐量图表是非常简单的。只需多做一点配置工作就可以使MRTG用图表的形式表示更广泛的信息。我强烈建议在MRTG的网页上阅读第三方文档（http://oss.oetiker.ch/mrtg/3party.en.html）。本页面有很多文章是描述如何在各种环境中使用MRTG，也连接了许多有用的图形工具来帮助管理配置文件。为了在图形中增加粒度（如1min的间隔）和图形美感，可以试试http://oss.oetiker.ch/rrdtool/的RRDtool。

配置MZL和Novatech trafficstatistic

虽然trafficstatistic不是功能最全的解决方案，但是很容易运行。trafficstatistic只从网络嗅探中收集信息，所以需要将运行流量统计工具的主机放置在能观察到报告网络流量的地方。按以下步骤使trafficstatistic运行在一个适当位置的主机上：

(1) 从www.trafficstatistic.com下载并运行安装文件。

(2) 安装过程中，注意该HTTPSrv服务端口（默认值为7777）和RunCPM端口(7778)，如果需要，则更改它们，否则就接受默认值。

(3) 安装完成后，允许它开启IP捕获服务、HTTP服务器服务并运行GUI监视器。

(4) 如果有不止一个网络适配器列在适配器面板中，则需要右击希望收集数据的适配器，并选择Congfiguration。

(5) 确保检查了Listen，然后单击OK按钮。也可以在这时选择定义结算期。这些都是针对互联网服务供应商和其他提供者，需要统计特定结算期的账单向用户收费，但是也可以为了自己的报告目的去配置。默认情况下，结算期将会从目前的日期一直到无限期。

(6) 单击OK按钮后，提示确认所选择的适配器。单击Yes按钮确认选择。

现在应该已在选定的接口收集数据了。窗口在其默认状态下应该显示一些链接。单击Create report，然后选择Usage Development。在下一个窗口中选择要报告的网络接口，并单击OK按钮。由此产生的最终报告如图7.2所示。

如果报告的地址不是在RFC 1918定义的私人地址，你可能会发现对本地网络流量不是真的感兴趣，并且不使用因特网宽带的高层对话列表的操作也可能是无用的。在这种情况下，你有能力定义本地地址并让Trafficstatistic在产生的报告中不使用它。这份列表不一定真的是本地的，但确实能配置Trafficstatistic使其不报告某些特定的地址。这使得如果某些主机在正常情况下就有很高的流量而又想从报告中完全排除变得非常简单。要配置本地地址列表并从报告中排除它们，按以下步骤进行：

(1) 确保在适配器面板中选择了适当的网络接口。

(2) 右击该适配器并选择Configuration选项。

(3) 选中Exclude traffic between local addresses复选框。

(4) 单击Edit LAL按钮（即local address list）。

(5) 单击Add Host，Add Range或者Add Net按钮并输入适当的信息。

(6) 完成后，单击OK按钮并再次单击OK按钮来完成最终改动。

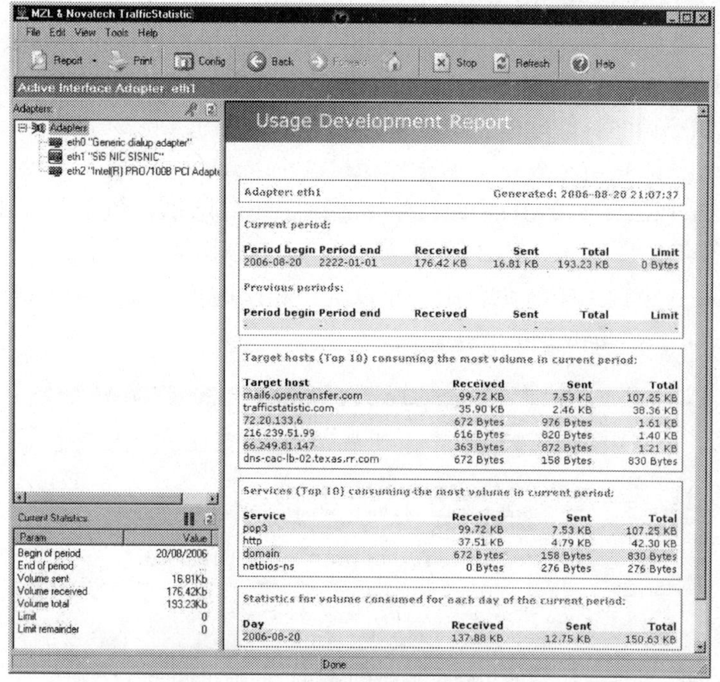

图 7.2　MZL 和 Novatech trafficstatistic 报告

注意，这些改动将不会影响当前已收集的数据。

MZL & Novatech Trafficstatistic 的制造者所使用的商业模式是提供免费的基本监控。如果要其他功能，可以购买附加的插件程序。插件的价格差异很大。Multi Optional Report 插件提供了更详细的带宽报告，使你能真正地深入探询并看到某一特定主机正在使用什么端口产生网络流量，价格为 50 欧元（大约 66 美元）。如果 MZL & Novatech Trafficstatistic 能提供需要的足够的报告，并且有一个备用机器可用来嗅探网络流量，这样可能是很实用的。

配置 PRTG 通信量图示仪

PRTG Traffic Grapher（PRTG 通信量图示仪）是目前最好的可供选择的免费软件之一。下载的软件同时包含免费版本和全功能的限时试用版。PRTG 是惟一个持通过嗅探、SNMP 和 NetFlow 收集数据的工具。PRTG 生成的图表功能强大，并且提供一个 Web 接口让你不必通过 PRTG 服务器或安装其他软件也可以深入查看数据。这意味着，如果想通过嗅探收集数据，不需要为提供 ORTG 服务器的远程访问而费心；可以通过任何网页浏览器来访问报告。依照以下步骤获得 PRTG 并运行：

(1) 从 www. paessler. com/download/prtg 下载并运行安装文件。

(2) 单击 Yes 按钮来确认要安装免费/试用版。

(3) 单击 Next 按钮。

(4) 选择 I accept the agreement 单选按钮接受许可项，然后单击 Next 按钮。

(5) 选择安装目录，然后单击 Next 按钮。

(6) 在 Select Components 界面上可以选择默认值，然后单击 Next 按钮。

(7) 选择是否启用 Web 接口。如果确实启用 Web 接口，可以保留默认值。PRTG 的 Watchdog 服务是一个进程，监控 PRTG 进程并在意外结束时重启，它应该被选择启用，除非有不这么做的具体理由。选择完后，单击 Next 按钮。

(8) 单击 Finish 按钮完成安装并开启 PRTG。

第一次运行 PRTG 时，出现一个窗口选择安装的版本：免费版（限于 3 个传感器）、试用版（可试用 30 天）或者购买商业版。图 7.3 显示了这个窗口。也可以选择比较各种版本。在这个例子中看免费版，所以选中相应的单选按钮（免费版是默认的），单击 Next 按钮，然后单击 Finish 按钮。

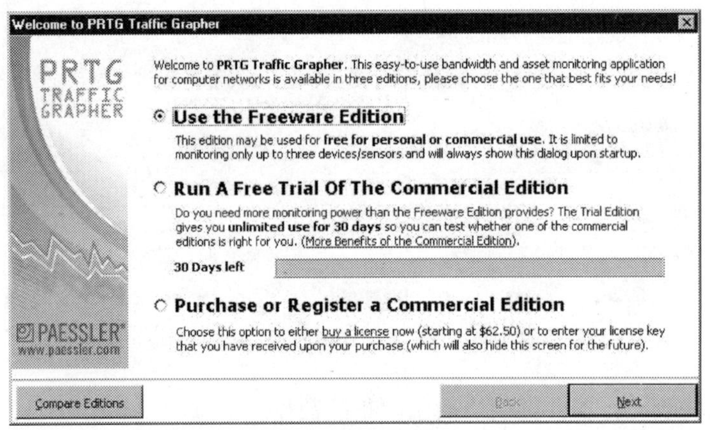

图 7.3　版本激活界面

(9) 下一步是一个空的窗口，窗口中央有一个 Click here to add your first sensor! 按钮，单击这个按钮。

(10) 单击 Next 按钮。

(11) 选择希望的数据收集方式。这里，传感器可以是任何一个数据收集设备，包括路由器支持的 NetFlow、PC 嗅探流量或者支持 SNMP 的任何设备（包括 Windows 系统）。在这个例子中，我使用 PC 嗅探网络流量（如果网络基础设施设备不支持 SNMP 数据收集或 NetFlow 数据，这可能是惟一的选择）。最后的选择是将其安装成延迟监测系统。在这种模式下，系统将使用 ping 监控该主机和其他网络主机之间的往返时间。选择之后，单击 Next 按钮。

(12) 在下一窗口输入传感器名称或者保留默认值。

(13) 选择希望使用的界面旁边的复选框，然后单击 Next 按钮。

(14) 在下一窗口选择排除某些特定的流量。建议保留默认值 Monitor all traffic。如果需要，以后还可以编辑。单击 Next 按钮。

(15) 在下一窗口选择监控什么协议（即通道）。可以单击 Edit Port Filter Library 来定义自己的通道。现在，只要单击 Select ALL 按钮，然后单击 Next 按钮。我们将简单示范如何创建通道。

(16) 在下一窗口选择一个分组来把传感器加入其中（对于限定 3 个传感器来说，

分组可能不是很必要，但是如果已经拥有成百的设备时，它将十分有用)，也可以选择扫描间隔。除非有必要，否则选择默认值即可，单击 Finish 按钮。

图 7.4 显示了 PRTG 流量图示仪的主控制台，有 3 个面板。最左边的称为 Views，允许在不同布局之间选择并显示不同的数据。中间的是 Sensors，允许选择不同的传感器来观察它们的数据。最右边的面板是 Views：＜descriotion＞，随着左边面板的选择而改变。相同的安装文件用于 Windows XP 和 Windows 2000 时界面会稍有不同，不过差别很小，所以本说明也适用于其他版本。

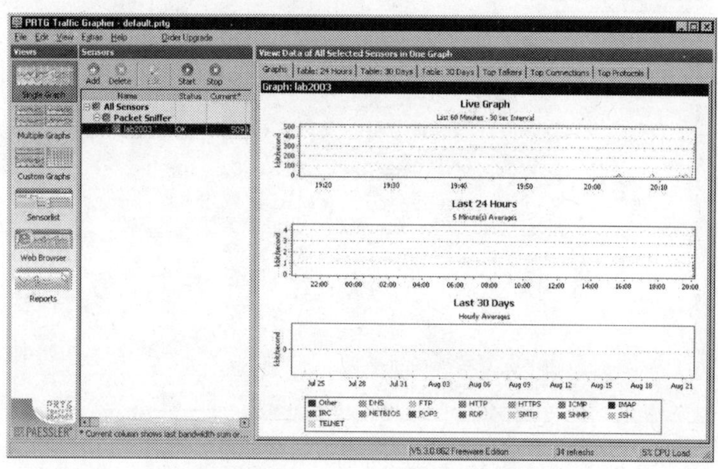

图 7.4　PRTG 流量图示仪应用程序

如果双击给定的图表，则会获得一个放大的视图，可供编辑图形颜色、单位和其他选项。默认情况下，这个 Web 界面可通过安装 PRTG 的机器的 IP 地址和端口 8080 访问。在本例中，可以打开一个浏览器访问 http://192.168.1.104:8080。图 7.5 显示了这个浏览器界面。

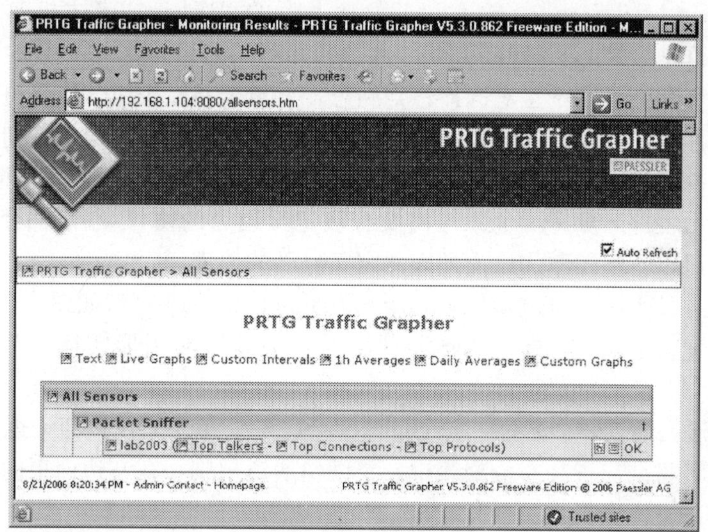

图 7.5　PRTG 的 Web 界面

现在应该在收集数据，这可以在图表中看到。也许想要自定义一些特性，如果想禁用或者修改 Web 界面（和许多其他设置），请访问 Extras | Options，在左侧面板中选择图 7.6 显示的 Web Server。如果想完全禁用 Web 界面，不选 Enable Internal Webserver 即可。如果打算保持启用 Web 服务器，应该选择 Write webserver access logfile。还应该把 Website Access Control 改为 Limited Access，因为传感器数据和报告有可能包含机密信息，默认的无限制访问 Web 界面是不安全的。

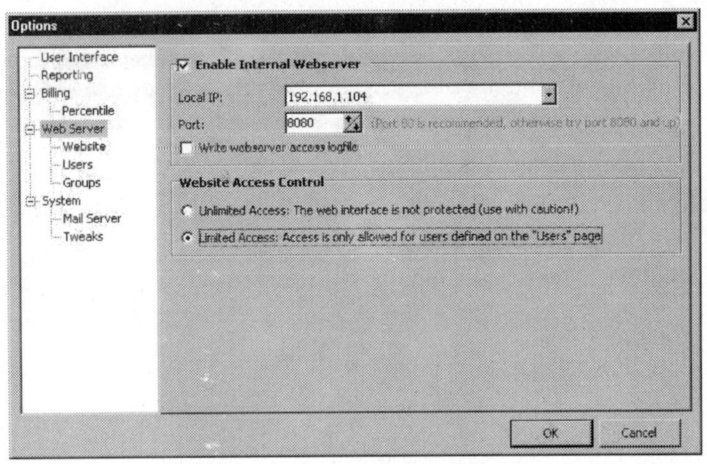

图 7.6 选项界面（Web 服务）

配置 Web 服务器选项后，在左侧面板选择 Web Server | Users。其默认配置只承认 PRTG 管理员（注意，这并不是本地计算机的管理员账户；这是 PRTG 的专用账户）。这也许是需要的一切，但如果需要允许添加新的账户，单击 Add 按钮并输入账户信息，然后单击 OK 按钮。

如果想发送电子邮件警告，需要配置 PRTG 内的邮件服务选项。执行 Extras | Options | System | Mail Server，输入 SMTP 服务器的 IP 地址或者主机名，输入一个电子邮件地址（这是报警电子邮件的 from 地址）即可。如果需要 SMTP 验证，也可以在窗口输入用户名和密码。一旦对选择感到满意，就单击 OK 按钮，接受更改。

现在假设你有一些自定义的应用程序，或许只是一些要在报告中特别提到的应用程序，这可能是内部定义的使用非标准协议/端口号的应用程序，或者是 PRTG 没有定义的更一般的应用程序，如 syslog。任何没有被定义通道的协议/端口都会落入 other 通道中。可以按照以下步骤添加通道列表并定义自己的通道。

（1）导航到 Extras | Channel Library。Channel Library 窗口如图 7.7 所示。

（2）如要为基于 UDP 的 syslog 消息添加一个具体的图形实体，单击 Add Filter 按钮。

（3）为该通道输入一个名称，如 UDP_SYSLOG，单击 OK 按钮，返回到原来的窗口，新的通道名将会出现在左侧列表中。要编辑通道规则，在左边面板内选择要编辑的通道，然后单击右侧面板。

（4）输入 Protocol [UDP] DestinationPort [514]，然后单击 OK 按钮。这样就将通道添加到 PRTG 的控制台了，但还没有添加到一个具体的传感器中。

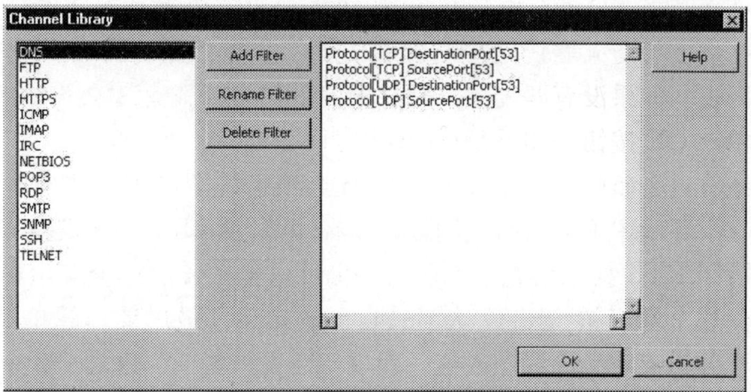

图 7.7　Channel Library

提示

记住通道使用端口号来识别应用程序。这种识别的可靠性依赖于应用程序必须使用一致的端口。没有什么能阻止人们用 TCP 端口 23 而不是 80 来运行 Web 服务器，这种情况下，它会作为 Telnet 流量显示在图表中。其他应用程序，尤其是即时通信和文件共享应用程序，将会对广泛的端口进行尝试，试图找到能够通过企业防火墙的端口。通过创建过滤器，仅基于端口号的识别方法来识别这些应用是不可靠的。

（5）确保在 Sensors 面板中选择了适当的传感器，导航到 Edit | Edit。下一个窗口的标题是编辑传感器。

（6）选择左侧面板中的 Channels，单击 Add 按钮，如图 7.8 所示。

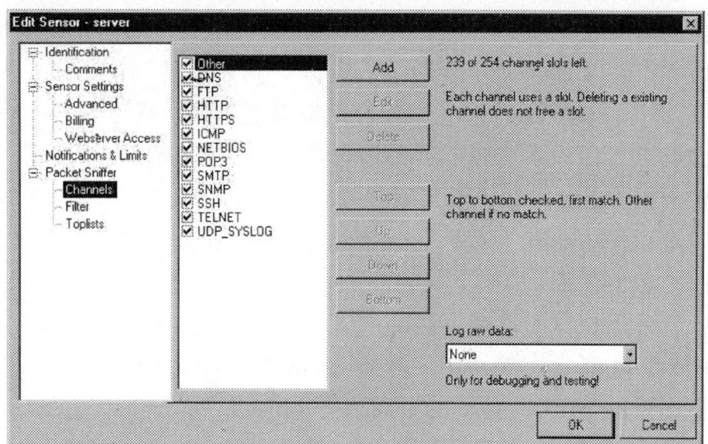

图 7.8　编辑传感器

（7）在左边面板中选择新的通道，单击 OK 按钮。

（8）使用 Top，Up，Down 和 Bottom 按钮来把通道放置到希望的位置。通道检查匹配项，在这一点上与防火墙访问控制列表的工作原理一样，因为 PRTG 找到匹配项就会停止检查列表。如果没有匹配项，它将把流量归为“其他”。

（9）再次单击 OK 按钮关闭 Edit Sensor 窗口。

现在，应该有一个新的通道显示在 Graph 选项卡的图例中。最多能定义 254 个通道，这个限制在小环境中不是什么大问题。现在应该能让 PRTG 通过嗅探收集数据了。可以从 Web 或者 PRTG 控制台查看到图表。也可以定义任何一个应用程序所用的其他新加的端口，使这个端口被 PRTG 认定是自己的通道。最后要讨论的是告警的配置。仅从不使自己不分昼夜地坐着看图表这一点讲，建立一些通知也是一个节省时间和精力的好办法，而且这样做还可以使你的经理看起来好像你有“网络 ESP”一样。为了配置通知和限制，导航到 Edit | Edit 并选择 Notifications & Limits 选项卡。它提供了以下选项：

- **Error Notification** 只有在传感器报告一个错误时才会被触发。注意，如果一个传感器连接中断，那么传感器就不能报告错误，直到连接恢复。
- **Threshold Notification** 这是用来为每一个通道设置具体的上限或者下限的。选择时间跨度可以从秒到天。如果不指定一个时间跨度，一超过极限，通知立刻被触发。
- **Volume Notification** 它类似 Threshold Notification，但将容积定义为一个上限，且最小时间跨度为 1h。
- **Limit Line** 该限制线只为添加一条限制线到一张综合显示 30 天内容的图表中。例如，有必要在一个 100M 比特的网络上设置一个 75M 比特（75%）的限制作为基础设施达到容量时的告警。

所有通知当被触发时会产生几个选项：可以选择发送一个电子邮件、执行一个 HTTP Get 请求、执行一个程序/批处理文件和改变每一次被触发时图表的背景颜色。让一次单独的触发也可以引发多种通知方式，如改变图表背景颜色并发送电子邮件。由于 PRTG 包括了一个功能齐全的通知系统，这使 PRTG 成为同类软件中最好的免费网络报告工具。举个例子，假设你有一个单独的 T1 线路在工作（每秒 1.5 兆比特），如果 FTP 的流量超过了每秒 1 兆比特，就发送一个电子邮件。按以下步骤配置通知：

（1）在 SENSORS 面板中选择所需的传感器，然后右击并选择 EDIT 选项。

（2）在左侧面板中选择 Notifications & Limits。

（3）单击 Add Threshold Notification 按钮。

（4）选择一个名字，如 1Mb_FTP。

（5）在 Channel 下拉框中选择 FTP。

（6）在 Threshold 部分选择 over，1，megabit 每 second。

（7）在左侧面板的 Notification 的下面选择 Email。

（8）选中 SEND EMAIL 复选框。

（9）在 Address 字段输入接收人的电子邮件地址。

（10）选择使用的电子邮件模版，然后单击 OK 按钮。

（11）在 Edit Sensor 窗口，并单击 OK 按钮接受这些更改。

因为具有基于极限和容积执行外部程序的能力，所以它能够处理的情况是近乎无限的。如果把 PRTG 警告整合到一个 syslog 基础设施中，可以使用 EXE 通知方法去执行一个批处理文件，该批处理文件使用命令行工具生成 syslog 消息。通过上面的描述我希望已经说明了 PRTG 是一个功能强大且齐全的产品。在其免费版中，几乎没有什么功能是达不到的，而且 3 个传感器的限制对一个小环境而言也不是什么问题，而且免费产品的图表和报告能力都非常强大。

配置 Ntop

Ntop 可以在许多操作系统中运行。尽管初始安装会有所不同，但一旦完成了安装，那么对它的配置和使用主要是通过 Web 界面来进行的，所以不管底层的操作系统是什么，数据都将以统一的方式呈现。Ntop 网站提供了多个版本以供下载。对于 Windows，它们提供源文件，在这种情况下，必须自己编译，还提供预编译的二进制分布。预编译版本的缺点是被限制为只能捕捉开始的 2000 个包，这对于大多数人而言并没什么用，而 Linux 版本或者 Windows 源文件中不存在这种限制。如果编译源码不是你所喜欢的工作，可以从 www. openxtra. co. uk 下载安装一个 Ntop 的预编译版本（此版本没有 2000 个包的捕捉限制），它的标签是“对所有的网络进行管理”。OPENXTRA 有限公司已经为许多流行的包提供了预编译文件，包括 Ethereal，MRTG，Net-SNMP，ntop，Windump 和 Nmap。在 Windows 主机上依照以下步骤来安装和配置 OPENXTRA 的 Ntop 包：

(1) 下载安装文件并执行。

(2) 在欢迎屏幕上单击 NEXT 按钮。

(3) 接受许可协议并单击 NEXT 按钮。

(4) 如果需要，输入用户名和机构，选择开始菜单入口是供所有用户使用还是只有运行安装向导的用户使用，单击 NEXT 按钮。

(5) 选择要安装的组件（推荐使用默认值）和对象目录，单击 NEXT 按钮。

(6) 完成安装后，单击 Finish 按钮。

完成安装后，在系统托盘中应该有一个名为 OPENXTRA Commander 的新图标。双击该图标打开 OPENXTRA Commander。如果 Ntop 服务插件没有启动，单击 Action 栏中的 Start 图标启动它。一旦启动，单击 Ntop 插件的 Launch 操作，它将打开浏览器。如果一切正常，它已经开始收集一些重要数据。如果在主机中不止有一个网络接口卡（NIC），可能需要选择适当的 NIC。这个选择可通过页面顶部的菜单栏中的 Admin | Configure | Startup 选项来完成。一些菜单项有一个小的挂锁图表，这些是需要密码才能访问的网页。XTRA 包默认的用户名是 admin，密码是 admin。页面顶部是包含网络接口的列表，如果需要，可以从多个接口收集数据。如果要更换已选择的接口，则需要使用 OPENXTRA Commander 来停止并重启 Ntop 服务。

Ntop 的常见问题解答有点难找，它在网页 www. ntopsupport. com/faq. html 上。因为 Ntop 只关注以易于深入研究的格式显示数据，一旦正常工作就不能再配置了。在各种界面上有很多信息，概要栏的任何一个选项都是非常有用的。如果导航到 IP | Local | Ports Used，出现类似图 7.9 的界面。这只是 Ntop 提供的许多充满数据的界面中

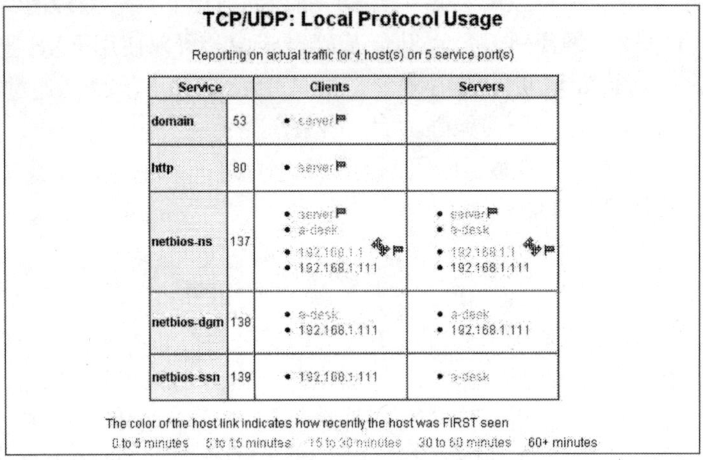

TCP/UDP: Local Protocol Usage

Reporting on actual traffic for 4 host(s) on 5 service port(s)

Service		Clients	Servers
domain	53	• server	
http	80	• server	
netbios-ns	137	• server • a-desk • 192.168.1.1 • 192.168.1.111	• server • a-desk • 192.168.1.1 • 192.168.1.111
netbios-dgm	138	• a-desk • 192.168.1.111	• a-desk • 192.168.1.111
netbios-ssn	139	• 192.168.1.111	• a-desk

The color of the host link indicates how recently the host was FIRST seen

0 to 5 minutes 5 to 15 minutes 15 to 30 minutes 30 to 60 minutes 60+ minutes

图 7.9 Ntop 使用的 IP 端口

的一个，要包含显示所有可用的图表和标签的界面需要很多网页。

Ntop 页面的很多部分实际上是到其他网页上的超链接，以更加深入地查看，并获得更多更详细的信息。尽管 Ntop 缺乏报警和其他有效行为的支持，但只需稍做一些定制便可以实现一些有用的功能。举个例子，OPENXTRA Commander 可以用来提供一些简单的连接。通过添加一个已配置好的 .INI 文件到 \ OPENXTRA \ Common \ Plugins \，可以添加一些条目到 Commander 菜单。例如，INI 文件中的以下内容会打开记事本：

```
[APPLICATION]
NAME = Notepad
DESCRIPTION = Launch notepad
ACTIONDESCRIPTION = Start
VERSION = 1. 0. 0
COPYRIGHT = ESS
COMMAND = notepad
COMMANDARG =
```

如果改变了插件选项，在更改生效前需要进入 View | Plug-ins | Reload Plug-ins。在 \ OPENXTRA \ NTopWin32 \ www \ perl \ 也可以获得几个 Perl 脚本，它们都可以用 perl <scriptname>在命令行中执行。这里对 Perl 脚本做简短的介绍。

- **dumpFlat. pl** 它以类似 Perl 的格式返回一个在当前时间点上的 Ntop 中所有主机数据的列表，并且每分钟循环一次（默认）产生当前数据。其用法信息将在本节进一步讨论。
- **mapper. pl** 这个脚本使用主机的 IP 地址返回表示位置的 GIF 标志，用来在 Ntop 内的各种报告中产生标志标签。
- **remoteClient. pl** 它返回一个类似 Perl 的有关当前时间点 ntop 中的所有主机数据的列表。其用法信息将在本节进一步讨论。

由于能够获得原始数据而产生了很多的可能性。举一个简单的例子，假设想产生一个当前 Ntop 所知道的所有主机名的列表，Dumpflat. pl 被默认配置为以 1min 的时间间隔循环输出，而 Remoteclient. pl 配置为以类似 Perl 的方式输出，不利于在 DOS 窗口分析。先复制 remoteClient. pl 并把它重命名为 raw. pl，然后编辑 raw. pl，找到下面行：

```
$URL = "http://".$ntopHost.":".$ntopPort."/dumpData.html?language=perl";
```

改为

```
$URL = "http://".$ntopHost.":".$ntopPort."/dumpData.html?language=text";
```

现在，执行 Perl raw. pl 会产生 Ntop 储存在内存中的原始数据。这个输出很容易分析，因为每台所了解的主机的所有数据都放在单独的一行中。现在，用下面的命令分析 raw. pl 的输出，并且在屏幕上显示每行的第四个字段（主机名）：

```
FOR /F "tokens=1-4 delims=|" %a in ('perl raw.pl') do @echo %d
```

也可以使用 find. exe（perl raw. pl | find " 192. 168. 1. 99"）抽取包含某已知主机名或 IP 地址的一行数据。一旦有原始数据可供处理，就可以对它进行各种各样的分析。

很有可能要更改已定义端口号的列表。这有两个目的，一是更深入地了解网络中正在使用的应用程序；二是减少混入“其他”中的数据的数量。端口列表的修改会影响 IP 菜单选项下所有屏幕的输出。执行以下步骤来创建自己的自定义端口：

（1）在 \ OPENXTRA \ NTopWin32 \ etc \ 目录中创建一个应用程序端口列表文件，如 portlist. txt。

（2）输入要在 portlist. txt 文件中显示的应用程序。下列列表可以放置在 portlist. txt 中，其格式是：出现在 ntop 中的名字＝端口或端口名（类似 OS 中定义的）或一个端口范围。前三部分的内容是如果没有定义 portlist 文件，Ntop 会使用的目录：

```
## Default ntop portlist ##
FTP=ftp|ftp-data
HTTP=http|www|https|3128
DNS=name|domain
Telnet=telnet|login
NBios-IP=netbios-ns|netbios-dgm|netbios-ssn
Mail=pop-2|pop-3|pop3|kpop|smtp|imap|imap2
DHCP-BOOTP=67-68
SNMP=snmp|snmp-trap
NNTP=nntp
NFS=mount|pcnfs|bwnfs|nfsd|nfsd-status
X11=6000-6010
SSH=22

## Default ntop Peer-to-Peer portlist ##
Gnutella=6346|6347|6348
Kazaa=1214
WinMX=6699|7730
DirectConnect=0 Dummy port as this is a pure P2P protocol
```

```
eDonkey = 4661-4665

## Default ntop Instant Messenger ports ##
Messenger = 1863 | 5000 | 5001 | 5190-5193
## Extra ports ##
Syslog = 514
PCAnywhere = 5631
SQL = 1433
```

提 示

网页以 portlist.txt 文件中定义的相同顺序显示应用程序名。这意味着应该把想最先看到的端口定义列在 portlist 文件的前面，以避免不得不滚动网页才能看到。

(3) 创建 portlist 文件后，导航到 Admin | Configure | Startup Options。

(4) 选择 IP Preferences 超链接。

(5) 在 TCP/UDP Protocols To Monitor 字段中指定 portlist.txt 文件的全路径。

(6) 关闭并重启 Ntop 进程，使更改生效。

此外，可以限制附加的 Ntop 页面。如果要访问者必须通过用户名和密码才能访问 Ntop 的任何页面，可以导航到 Admin | Configure | Protect URLs 进行配置。在底部单击 Add URL 按钮，然后单击 Add URL 按钮，不做任何填写。这样密码将保护所有 Ntop 的页面。

Ntop 所有的动态数据都保存在 RAM 中，所以如果重置系统，则会丢失所有数据。有一种将数据存储到磁盘的机制，但必须意识到，记录所有数据到磁盘会占用大量的磁盘空间，所以需要谨慎地规划需要监测的内容。Ntop 将数据存储在 RRD（总循环数据库）文件中。可以导航到 Plugins | Round-Robin Databases | Describe 来配置 RRD 插件。活动栏应该出现 YES 按钮，如果是 NO 按钮，单击 NO 按钮切换到激活状态。为了帮助决定使用哪一个报告工具，表 7.1 给出了所讨论的各工具的功能。

表 7.1 工具特征报告

	MRTG	MZL & Novatech TrafficStatistics	PRTG	ntop
SNMP	√		√	
Sniffing		√	√	√
Netflow			√	√
Linus	√			√
Windows	√	√	√	√
Limitations	Only two lines per graph	No Report Customization	3 Sensor Limit	Data only
Notes	Supported on Netware			

开启 Windows 主机上的 SNMP

要学的东西太多了，所以在 Windows 系统上启用 SNMP 代理，看它能做什么。要在 Windows XP 上启用 SNMP 代理，按以下步骤进行：

(1) 导航到 Start | Settings | Control Panel。

(2) 打开 Add or Remove Programs 窗口。

(3) 选择窗口左侧的 Add/Remote Windows Components。

(4) 将光标移到 Management and Monitoring Tools 上，但不要选中它。

(5) 单击 Details。

(6) 选中 Simple Network Management Protocol 复选框并单击 OK 按钮。

(7) 单击 Next 按钮，然后单击 Finish 按钮。

接下来需要在 Windows 主机上配置一些具体的 SNMP 设置。按以下步骤操作：

(1) 单击 Start | Run 并输入 services. msc 打开服务单元。

(2) 双击右侧面板的 SNMP Service 条目。

(3) 选择 Agent 选项卡。

(4) 输入 Contact 信息和 Location 信息。这些都是从管理控制台浏览时用来识别系统的。

(5) 打开 MMC 窗口。

(6) 在左侧面板选择 Computer Management。

(7) 展开 Computer Management | Services 和 Applications | Services。

(8) 在 Service 部分选中想用的 SNMP MIBs 类型复选框。

(9) 选中 Traps 复选框。

(10) 在 Community name 下拉列表输入一个团体名，也称为团体字符串，单击 Add to list 按钮。一个团体字符串如同密码，可以限制在特定设备上使用 SNMP 的人。

(11) 在 Trap Destinations 部分，单击 Add 按钮，输入要向其发送陷阱的系统。这应该就是 SNMP 管理控制台。使用前面的例子，这可能是一个运行 PRTG Traffic Grapher 系统的 IP 地址。

(12) 选择 Security 选项卡。

(13) 选中默认的团体名 public 并单击 REMOVE。如果让 public 作为 READ ONLY 团体名，则任何人都可以读系统中的 SNMP 数据。大多数系统默认 public 为只读，而 private 为完全控制。与通常情况一样，有了密码就不再使用默认的设置了。

(14) 单击 Add 按钮并输入 Read Only Community Name，然后再单击 Add 按钮。

(15) 重复此过程，添加一个具有读写访问权限的团体名。

(16) 选中 Accept SNMP packets from these hosts 单选按钮，单击 Add 按钮。

(17) 输入一个 IP 地址或者主机名并单击 Add 按钮。在这个例子中，我输入的 IP 与作为我的 PRTG 管理控制台的机器的 IP 相同。

(18) 单击 Apply 和 OK 按钮。

Windows 系统现在已经准备好使用 SNMP 来管理；接下来需要一个管理控制台。在这种情况下，我们可以将它添加为 PRTG 系统的附加传感器（记住免费版本限制 3

个传感器)。要将 Windows 主机添加到你的 PRTG 控制台，按以下步骤操作：

(1) 打开 PRTG 应用程序。

(2) 在 SENSORS 面板，将光标移到 All Sensor。

(3) 右击，选择 Add Sensor 选项。启动添加传感器的向导。

(4) 单击 Next 按钮。

(5) 选择 SNMP 作为数据获得类型并单击 Next 按钮。

(6) 默认的 Standard Traffic Sensor 选择显示 Windows 系统接收和发送使用了多少带宽。SNMP Helper Sensor 显示一些更详细的 Windows 所特有的计数器。要进行基本监控就选择 Standard Traffic Sensor，单击 Next 按钮。

(7) 在 Device Selection window 中为传感器输入一个名字和 IP 地址。选择 SNMP 的版本（选择设备支持的最高版本）。输入该传感器使用的团体字符串，单击 Next 按钮。它将连接到传感器并可以选择要监控的接口。

(8) 选中合适的接口的复选框。

(9) 选择要监控哪个值（默认的是带宽）并单击 Next 按钮。

(10) 在最后的窗口为传感器列表选择一个组，配置扫描间隔。默认值就很好，所以只要单击 Finish 按钮就可以了。

你应该看到一组新增传感器的有关入带宽和出带宽的图表。要使用免费的 SNMP 助手软件加一个传感器，其步骤基本上是一样的。惟一显著的差异是需要在被监控的系统上运行 Paessler SNMP Helper 的 Setup. exe 文件。这个安装文件可以在 PRTG 的安装目录中找到。安装文件没有真正的配置选项且很容易安装。

安装 SNMP 助手后，继续以上步骤进行传感器的添加，但要做如下改动。选择使用的 SNMP 类型时，只需选择 SNMP Helper Sensor，在下拉菜单中选择 SNMP Helper Freeware 单击 Next 按钮。PRTG 控制台将连接该代理，并呈现所有可能要监控的值的列表。做好选择之后，单击 Next 按钮。

开启 Linux 主机上的 SNMP

如果想用 SNMP 从 Linux 主机上收集数据，第一步是看是否已经安装了 SNMP 后台进程 (snmpd)，可以输入 chkconfig—list snmpd。如果安装了 SNMP 后台进程，就会将其列出，并且显示它被配置成以哪个运行级启动。如果没有安装后台进程，可以用任何适合系统的方法进行安装。以 Fedora Core 5 为例，它采用的安装方法 yum install net-snmp。该后台进程和一些应用工具都包括在 net-snmp 包中。也有 net-snmp-utils 包，它包括的工具更多地集中于 SNMP 的使用，如 MIB 浏览器等，但是不包括该后台进程。

完成 snmpd 的安装后，需要对其进行配置。我们讨论两种配置 snmpd 的方法。后台程序的当前版本非常稳定，副作用是包含一个位于/etc/snmp/snmpd. conf 的非常复杂的配置文件。运行 SNMP 并只用它收集数据的最简单方法是用一个新名字来保存 snmpd. conf 的样本文件，然后新创建一个新的 snmpd. conf 文件。新的 snmpd. conf 文件只包含一行：rocommunity labcommunitystring。在这个例子中，只读团体字符串会设置为 labcommunitystring。显然，应该为自己选择一个安全密码。这类配置文件快速简单，但不是非常安全。

也可以使用 Netfilter 防火墙或者 tcpwrappers 来基于通信系统的 IP 地址对 SNMP 访问进行限制。另一种选择是使用内置在 SNMP 后台程序中的访问控制。要配置 snmpd 的访问控制，需要编辑 snmpd. conf 文件。获得访问 SNMP MIB 的权限需要 4 个基本步骤，都在配置文件中进行。下面的例子包含各种配置设置，希望提供一个可行的好想法。将下列语句添加到配置文件中：

```
##        sec.name      source              community
##------------------------------------------------------
com2sec   local         localhost           snmplocalstring
com2sec   internal      10.0.0.0/8          snmpcommunitystring
com2sec   admin_net     192.168.1.0/24      snmpadminstring
```

这几行把一个团体名映射为一个安全名，因而使用 com2sec 指令。sec. name 只是一个用于指代获准的访问的名字，可以使用任何喜欢的名字。Source 是将使用该访问的配置文件的主机，也可以使用默认的源，也就是任何 IP 地址。community 是该访问使用的团体字符串（注意，只读团体字符串和读写团体字符串没有什么不同，这是因为安全名指代的访问将在稍候的配置文件中定义）。

```
##          Access.group.name    sec.model    sec.name
##-----------------------------------------------------
group       Full_Group           v1           local
group       RO_Group             v2c          internal
group       Full_Group           any          admin_net
```

下一部分用 group 指令把安全名映射入一个组名中。在本例中，我们把本地安全名和 admin_net 安全名一起映射到同一个组（即 Full_Group 组）。sec. model 是用来决定使用哪一个 SNMP 版本（1 或 2）。使用版本 3 需要完全不同的配置。

```
##        MIB.view.name     incl/excl     MIB.subtree      mask
##------------------------------------------------------
view      all-mibs          included      .1
view      limited           included      .1.3.6.1.2.1.2
```

这部分定义了一个视图，它基本上定义了 MIB 树的一部分。all-mibs 视图包括整个 MIB 树，而 limited 视图只包括 .1.3.6.1.2.1.2 部分，由网络接口和相关指标组成。可以配置包含或不包含一个给定视图的 MIB 子树。除此之外，还可以省略 MIB 树的某些敏感部分。如果可以，能使用 MIB 树名来代替数字。在上面提到的例子中，可以使用 included .1.3.6.1.2.1.2 或者命令 included. iso. org. dod. internet. mgmt. mib-2. interfaces 来代替。Mask 是 MIB 树上的可选比特掩码，它指定了哪些比特匹配特定的访问。默认的（无掩码）只匹配视图中指定的位。掩码通常用来匹配表中特定的一行或者几行，所以在这个例子中，all-mibs 视图能访问 .1 和下面的所有东西。

```
##          MIB.group.name context sec.model sec.level prefix read      write notif
##------------------------------------------------------------------
```

```
access  Full_Group   ""  any   noauth   0   all-mibs   none   none
access  RO_Group     ""  any   noauth   0   limited    none   none
```

最后一部分是定义一个可访问视图的组名。Context（上下文）是可选的，若该项没内容，则默认写“ ”。对于 SNMP V1 或者 V2，sec. level 的值是 noauth。在 read 和 write 栏下定义视图。Notif 栏是指定发送陷阱的能力的地方，除非通知视图当前没有被实施。

修改以后，需要重启 SNMP 以使更改生效。那么完成了这一切后会怎么样呢？可以从本地主机使用 snmplocalstring 作为团体字符串对 MIB 进行访问，从而可以读取整个 MIB 树。假设在 10.0.0.0/8 网络的用户是主体用户群，可以使用 snmpcommunitystring 团体字符串访问 MIB，并且只能以读方式访问网络接口子树。假设在 192.168.1.0/24 子网上的主机是一个网络管理子网，可以使用 snmpadminstring 团体字符串对整个 MIB 树进行只读访问。

所有这些配置完成后，你可能想知道 SNMP 的各版本间的区别。随着协议的成熟，它已经历了几次变化，其中大多是围绕安全的。版本之间基本的区别如下（以供参考）：

- **SNMP v1** 只包括基本的功能并使用明码文本发送 SNMP 数据。
- **SNMP v2** 主要是引入了安全特征，包括 MIB 树的两个新的分支：1.3.6.1.5（安全性）和 1.3.6.1.6（SNMPv2）。引入了 GetBulk 操作，可在一个单一请求中请求大量数据。SNMP v2 也使用明码文本发送信息。
- **SNMP v3** 引入了文摘认证协议，用于保证数据完整性，使用 MD-5 确保发送的信息和接受的信息是一样的；引入了对称私有协议，使用数据加密标准（DES）算法来确保数据的机密性（注意，现代标准通常不认为 DES 是安全的，它被三重 DES（3DES）代替，最近又被高级加密标准（AES）代替）；引入了基于用户的安全模型（USM）和基于视图的访问控制模型（VACM）。

网络问题的排查

不可避免的，网络迟早会出现一些问题。在大多数情况下能够使用标准的资源来排查问题，如错误信息和 syslog 日志。然而个别时候，标准信息源不能提供足够的信息来让你了解到底发生了什么。在这种情况下，网络嗅探器可能是惟一的选择。嗅探器基本上能看到网络层上所有原始格式的流量并能收集。这意味着你看数据的方式与网卡看数据的方式是相同的，完全不同于最终产品展示给应用程序的方式。不同嗅探器的复杂程度和功能各不相同。

商业嗅探器和免费嗅探器的主要区别在于远程管理能力及有时用到的高级分析选项。在许多情况下，嗅探器要求安装特殊的驱动以嗅探流量。嗅探器的角色主要是简单展示所收集的数据，需要由用户来解释数据，并且决定在大的背景下它意味着什么。出于这个原因，嗅探器的输出（通常称为踪迹）进行分析经常留给经验丰富的网络专家来完成。然而，伴随一些基本的信息，嗅探器往往可以提供对网络通信的其他方面看不到的背景的快速探究。我们将介绍 GUI 嗅探器的安装和基本用法，并且介绍两个命令行嗅探器。

GUI 嗅探器的使用

如果在 Google 上搜索网络嗅探器，排在前列之一的是 Ethereal。Ethereal 是最古老的，功能最齐全的免费嗅探器。虽然 Ethereal 仍有一个网站存在（www. ethereal. com)，但是该工具采取了一个新的转变，现在被称为 Wireshark（www. wireshark. org)。Wireshark 有一些其他免费嗅探器所没有的特点，例如，它在对话重组和捕捉显示/过滤语法方面是比其他免费嗅探器更先进的。Wireshark 需要 WinPCap 驱动，WinPCap 的安装很简单。WinPCap 可以从 www. winpcap. org 下载。WinPCap 的安装已在第 4 章中详细讲过了，所以这里只做简单介绍。WinPcap 驱动比 Windows 网络驱动能更大程度地激发包水平上的对网络通信的访问和控制。基于这个原因，许多进行大量的包操作的第三方软件都使用 WinPcap。在 Windows 系统上，按以下步骤来安装 Wireshark：

(1) 从 www. wireshark. org 下载 Windows installler 文件。

(2) 运行 Setup 可执行文件。在安装过程中，询问是否安装 WinPcap 驱动。除非已经安装了最新的 WinPcap 驱动，否则选择默认的安装 WinPcap 驱动。

(3) 手动启动 Wireshark，或者当驱动安装完成时允许安装向导来启动 Wireshark。

(4) 如果有更多的接口，导航到 Capture | Interfaces，它将提供一个 Wireshark 可用的接口列表。

(5) 选择要捕捉的那个，单击 Capture 按钮。

现在正在嗅探网络。记住，在一个交换网络中只能看到进出自己机器的流量和广播流量。需要启用端口镜像才能看到所有通过交换机的流量。Wireshark 的小窗口显示所收集的通信量的统计信息，如图 7.10 所示。

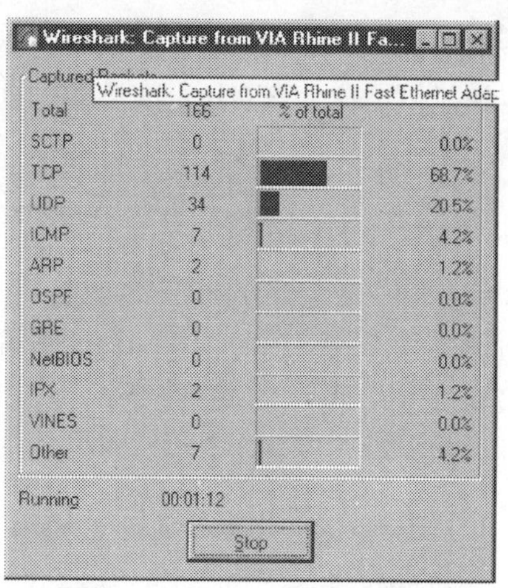

图 7.10　Wireshark 流量统计

单击 Stop 按钮时，该统计窗口将关闭，所有收集的数据将移入捕捉窗口。Wireshark 的布局类似大部分包捕捉软件。上部的面板（或者叫包列表面板)，为每个包显示一个条目，带有一些类似源/目的主机、协议和其他一些基本信息的高级信息。第二个（中间的）面板被称为数据包的详细资料面板，以标题的形式显示了包的内容。每一个标题都可展开以显示更多的细节，也能扩展到下一个标题。底部的面板（或者包字节面板）以十六进制和 ASCII 码的形式显示了原始数据包数据（纯文本)。捕获控制台如图 7.11 所示。

数据包将依据协议的不同而被赋予不同的颜色代码。Wireshark 的一个有用功能是对话重组。你将会发现 12 号包是 Telnet 连接上的一个起始包。如果右击某个 Telnet 包并选择 Follow TCP Stream 选项，Wireshark 将使用协议信息和序列号去编译属于该对话的包数据的列表。如果希望看到属于该对话的包而不是数据，右击某个 Telnet 包并选择 Conversation Filter | TCP 选项。这将改变显示过滤器，只显示 Telnet 对话中的包。这在

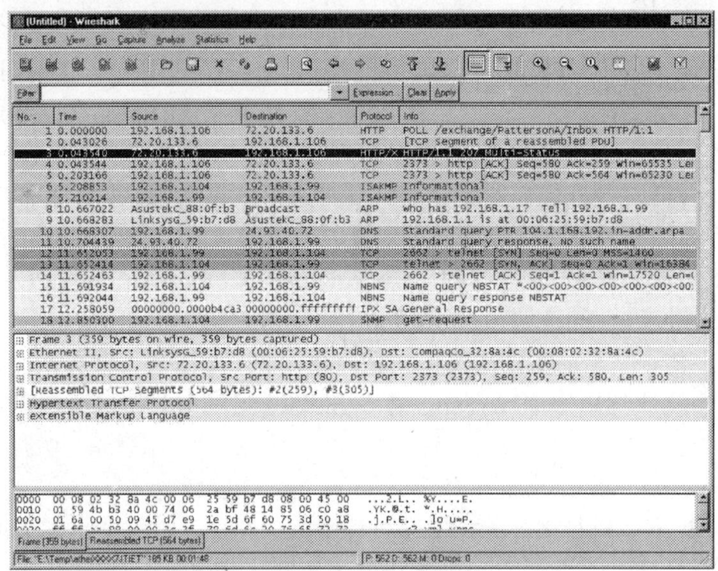

图 7.11　Wireshark 捕捉控制台

试图跟踪一个对话并查看错误出现在哪里时显得非常有用，能节省大量的时间。

许多 Linux 版本默认安装 Ethereal。Ethereal 是 Wireshark 早先的版本，大多数情况下它能完成要做的事情而不需要升级。如果要最新的版本，可以安装 Wireshark。不像 Windows 系统在安装软件时的方法大同小异，在 Linux 上有很多种不同的方法用于安装软件，一些安装方法是版本特定的，而另一些可能用于很多不同版本。从命令行使用 RPM 包管理（RPM）是一个最常用的安装软件的方法。基于 Red Hat Linux 操作系统及其他版本的 Linux 系统均支持 RPM，这包括很多版本，甚至包括一些 live CD。可以通过以下命令查看所有安装包的列表：

```
rpm -q -a
```

为了在 Linux 上安装 Wireshark 包，需要先获得包文件（如可以从 www.redhat.com/download/mirror.html 下载）或使用包含在系统安装 CD 中的 RPM。不同的系统可能有适合其配置的特定的包，或者一个给定的系统版本可能不支持某个给定的软件的最新版本。第一步是研究最新的适合自己的 Linux 的 Wireshark 版本并下载 .RPM 文件。然后输入以下命令安装 Wireshark（在本例中，Wireshark 的版本是 0.99.2-1）：

```
rpm -i wireshark-0.99.2-1.src.rpm
```

如果安装成功，则出现类似以下的输出：

```
Preparing...            ###############################[100%]
1：wireshark-0.99.2-1   ###############################[100%]
```

甚至可以直接从因特网中安装一个包，指定 FTP 或 HTTP 的完整路径作为 RPM 的路径：

```
rpm -i ftp://somesite.com/5/i386/RPMS/wireshark-0.99.2-1.src.rpm
```

要卸载包，必须使用包名，这个名称与 RPM 的文件名不同。要卸载 wireshark-0.99.2-，输入以下命令，使用-e 开关来擦除：

```
rpm -e wireshark-0.99.2-1
```

提 示

由于不同版本的 Linux 需要不同的方法安装软件，而这些方法的数量又如此巨大，故不可能在这里全部讨论。要获得关于安装新的软件包的介绍，那么使用的系统版本的首页将是开始寻找相关资料的最好地方。举一个例子，下面仅简单总结了在 Fedora Core 5 上安装软件时可用的工具，还需要研究所使用的版本应该使用哪种方法。

- **pup** 更新软件的 GUI 工具，可在 Applications | System Tools | Software Updater 中访问。
- **pirut** 管理软件包的 GUI 工具，可在 Applications | Add/Remove Software 访问。
- **RPM** 管理软件包的命令行工具。
- **yum** （Yellowdog 升级工具，经过修改的）管理软件包的命令行工具。
- **yum Extender** Yum 的 GUI（与 yum 的安装工具 yumex 一同安装）。

由于所有包管理系统都略有不同，从而使事情更加混乱。Pirut 和 Yum 可以自动确保有最新版本的软件包。这两项也将自动检查并安装任何与安装的软件相关的内容。RPM 不包含这个功能，在使用 RPM 时需要手动检查相关内容。Yum 只在基于 RPM 的系统上工作，并不是所有的系统都能使用或安装 Yum。因此，我建议了解如何用 RPM 管理包，即使不选择使用 RPM 进行日常管理。

Wireshark 提供一些其他免费软件没有的通常需要付很多钱才能得到的功能。假设已经捕获了一些包，并且想查看 Telnet 对话。要找到任何一个单独的 Telnet 包，可以通过浏览主窗口或使用一个过滤器。要过滤所有的源或目的端口为 23（Telnet）的 TCP 包，在 Filter 字段中单击并输入 tcp.port == 23，然后单击 Apply 按钮。虽然过滤语法看起来很直观，但有些时候还是不知道使用什么关键字。可以通过单击 Expression 按钮创建一个过滤器，出现的窗口如图 7.12 所示。

导航到 Field name 面板中的 TCP，然后展开 TCP 子树并选择 tcp.port。将光标移到 Field name 字段的某一个选项后，在 Relation 字段中选择一个逻辑运算符，如“==”表示相等。最后，在 Value 字段中输入值（在这种情况下是 23），单击 OK 按钮。这将会在 Filter 字段中添加过滤器表达式。必须单击 Apply 按钮把过滤器应用到包显示中。现在应该只有一个 Telnet 包的列表。如果选择任何一个 Telnet 数据包（Wireshark 在信息栏就是这样标记它们）并右击，可以选择 Follow TCP Stream 选项，打开一个单独的窗口，如图 7.13 所示，显示该对话的所有数据包的数据部分。

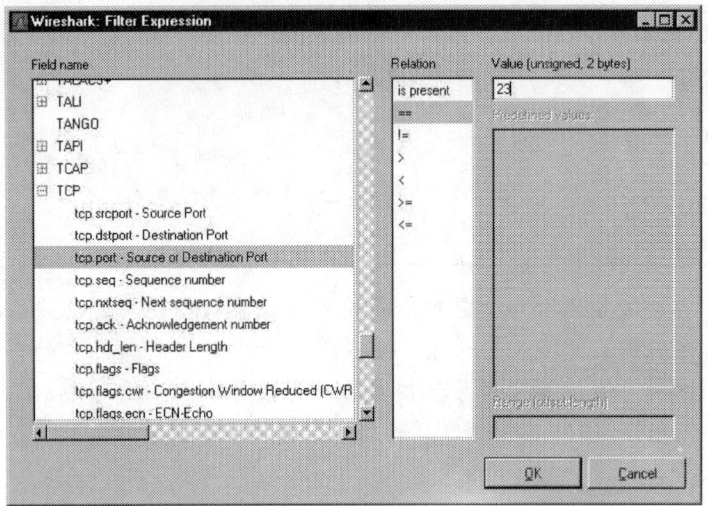

图 7.12　Wireshark 过滤器

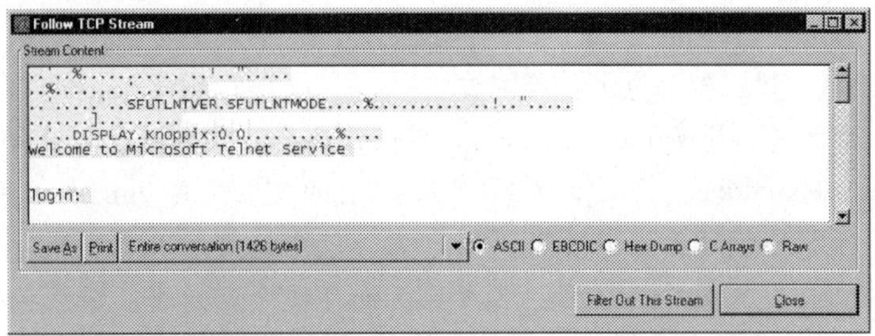

图 7.13　Wireshark Follow TCP Stream

这里给出 Follow TCP Stream 窗口的完整输出是为了让你对 Telnet 登录有一个了解。这也显示了一个事实：Telnet 登录不使用任何加密，除非通过可信网络，否则对于远程访问来说，它是一个不安全的选择。

```
..'.. %........... ..!.." .....
.. %.......'........
..'.....'.. SFUTLNTVER. SFUTLNTMODE.... %.......... ..!.." .....
.......].........
..'.. DISPLAY. Knoppix:0. 0....'..... %....
Welcome to Microsoft Telnet Service

login:

password:

.....
.... xterm.
```

```
.....
....xterm.

*==========================================
Welcome to Microsoft Telnet Server.
*==========================================
C:\Documents and Settings\Eric>

Volume in drive C is D1P1_OS
Volume Serial Number is 2037-12FA
Directory of C:\Documents and Settings\Eric

12/08/2003 06:52 PM <DIR> .
12/08/2003 06:52 PM <DIR> ..
05/02/2005 11:30 PM <DIR> My Documents
05/02/2005 11:30 PM <DIR> Favorites
12/08/2003 06:44 PM <DIR> Desktop
12/08/2003 06:44 PM <DIR> Start Menu
12/23/2003 12:15 AM <DIR> WINDOWS
02/16/2006 08:46 PM <DIR> .housecall
06/13/2006 08:15 PM <DIR> SecurityScans
06/24/2006 06:43 PM <DIR> .ssh
09/19/2006 03:27 PM 600 PUTTY.RND
09/04/2006 04:22 PM <DIR> Tenable
  1 File(s)   600 bytes
  11 Dir(s) 2,719,571,968 bytes free

C:\Documents and Settings\Eric>
```

我确实删除了一些空白行以节省空间，但除了被删除的空白行外，上述内容其实就是 Telnet 流的全部。可以看到对话的开始包括 DISPLAY. Knoppix，它是我连接的系统。下一行是 *Welcome to Microsoft Telnet Service*，指明目标主机是一个运行 Telnet 服务的 Microsoft 系统，提示登录 ID（我使用 Eric）和密码。登录之后，我使用 dir 命令获得了远程计算机的一个目录列表。

用户名和密码没有在 Follow TCP Stream 输出列出来。因为 Telnet 是一个明码的文字协议，在数据部分可获得用户名和密码。Telnet 将为每个输入的字符发送一个包，所以对于 Eric 用户 ID，一个包只包含一个 E 作为数据，另一个包是 r，另一个是 i，最后一个包是 c。要在包捕获窗口看到这些，则使用上部面板来选择一个 Telnet 数据包。在中间包中能看到各层包的细节。底部是 Telnet。单击＋号，展开显示包的数据部分。图 7.14 显示了包＃179 的数据有效载荷为 E，这正是我登录 ID 的第一个字符。

也可以通过导航到 Edit | Find Packet 在所捕获的包中搜索一个字符串。然后，可以选择通过一个显示过滤、十六进制或者字符串方式来搜索。如果选择了字符串方式，

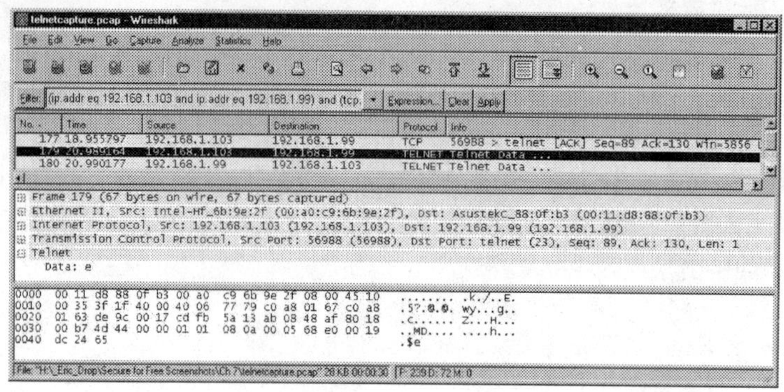

图 7.14 Wireshark Telnet 数据

然后在所提供的字段中输入任何 ASCII 字符串，它将搜索所有捕获到的包的数据部分，这能帮助快速地找到一个感兴趣的对话。如搜索一个 URL 来寻找一个要检查的 HTTP 对话，你会发现如果要搜索一个包含 Eric 的 Telnet 用户登录 ID 的字符串，可能永远不会找到它，因为它每次只发送一个字符。如果不知道 Telnet 的这种工作方式，可能混淆并错误地断定 Wireshark 不能捕获 Telnet 对话。正如所看到的，分析嗅探数据并不只是象你读到的那样。能够获得有用的信息并从包捕获中排除故障，需要有一定的经验，并且了解协议是如何在网络中运转的。

命令行嗅探器的使用

有的时候，需要一个占用资源稍微少一些的嗅探器。命令行嗅探器仅需要很少的处理，因此只给运行它的系统增加很少的负担。有时候可能遇到只能用控制台（命令行）访问而不能使用 GUI 工具的情形。这时一个命令行嗅探可能提供一个快速的网络流量查看。我们将简要解释几个命令行嗅探器的使用，其中之一需要 WinPcap 驱动，另一个在 Windows 2000 或者更新的操作系统上使用则不需要，最后一个是用于 Linux 系统的命令行嗅探器。

Windump

许多 Linux 系统都默认安装了 tcpdump。因为 tcpdump 是很通用的（至少在非 Windows 系统上是这样的），已经被移植到了 Windows 上，被称为 WinDump。WinDump 需要 WinPcap 来工作。WinDump 能够从 www. winpcap. org/windump/install/ 下载，它没有安装文件，下载的 . EXE 文件就是整个包，所以只需下载并把文件放进选择的目录即可。WinDump 的手册和 tcpdump 的手册非常类似，在 www. winpcap. org/windump/docs/manual. htm 能够找到。尽管有太多的选项需要详细解释，但这里介绍的一些选项已经可以帮助你开始了。

Windump-D 列出了 Windump 能看到并通过其捕获数据的接口。Windump-I 2 监听 2 号接口。通过输入 windump-I 2host lab2003，可以对输出进行限制，使之仅显示进或者出的名为 lab2003 的主机流量。虽然命令行语法相对直观，但还是有很多选项。该手册非常好，其后面还有一些有用的例子。在 Wireshark 的例子中，我们使用 Telnet 对话来工作。如果想查看进或出主机 lab2003 的源或目的端口号为 23（用于 Telnet）的流量，可以输入 windump-I 2-host lab2003 and tcp port 23。我打开了一个 lab2003 的 Telnet 对话，部分输出见图 7.15（我删除了时间戳，这样每一行就不会绕到下一行去）。

```
windump: listening on \ Device \ NPF_{C428C1BF-C15A-460B-90D6-3A6F5DF68F22}
IP server. RedHat. 2714 > LAB2003. 23: S 639728410:639728410(0) win 16384 <mss
1460,nop,nop,sackOK>
IP LAB2003. 23 > server. RedHat. 2714: S 1106948603:1106948603(0) ack 639728411
win 16384 <mss 1460,nop,nop,sackOK>
IP server. RedHat. 2714 > LAB2003. 23: . ack 1 win 17520
IP LAB2003. 23 > server. RedHat. 2714: P 1:22(21) ack 1 win 17520
IP server. RedHat. 2714 > LAB2003. 23: P 1:4(3) ack 22 win 17499
IP LAB2003. 23 > server. RedHat. 2714: P 22:30(8) ack 4 win 17517
IP server. RedHat. 2714 > LAB2003. 23: P 4:28(24) ack 30 win 17491
IP LAB2003. 23 > server. RedHat. 2714: P 30:65(35) ack 28 win 17493
IP server. RedHat. 2714 > LAB2003. 23: P 28:31(3) ack 65 win 17456
IP LAB2003. 23 > server. RedHat. 2714: . ack 31 win 17490
IP server. RedHat. 2714 > LAB2003. 23: P 31:88(57) ack 65 win 17456
IP LAB2003. 23 > server. RedHat. 2714: P 65:228(163) ack 88 win 17433
IP server. RedHat. 2714 > LAB2003. 23: P 88:133(45) ack 228 win 17293
IP LAB2003. 23 > server. RedHat. 2714: . ack 133 win 17388
IP server. RedHat. 2714 > LAB2003. 23: P 133:319(186) ack 228 win 17293
IP LAB2003. 23 > server. RedHat. 2714: P 228:419(191) ack 319 win 17202
IP server. RedHat. 2714 > LAB2003. 23: . ack 419 win 17102
IP server. RedHat. 2714 > LAB2003. 23: P 319:320(1) ack 419 win 17102
```

图 7.15　Windump of Telnet 对话

很显然在默认情况下，WinDump 只显示标题信息，而不是任何包数据。显示这些数据，需要使用-X 或者-XX 开关。在默认情况下，WinDump 将只显示包的一定数量的数据部分，这是由 SNAP 长度（snap length）决定的。默认为 68B，若要改变这个设置，可在命令行中使用-s 选项来实现。需要非常具体的信息的时候，WinDump 的众多的过滤选项使之成为一个很好的工具。可以使用大量的参数来限制输出从而捕获到一个具体的网络流量。

ngSniff

ngSniff 比 WinDump/tcpdump 的稳固性稍差，但是非常容易获得。ngSniff 主要的好处在于，如果使用 Windows 2000，WindowsXP 或 Windows Server 2003，则不需要安装任何驱动来捕捉流量。想快速了解网络中发生了什么而又不想运行任何安装程序或者驱动时，它是非常有吸引力的候选者。如果输入没有选项的 ngSniff，它会显示帮助界面和所有 ngSniff 的可接受的选项。ngSniff-list-interfaces 列出可用的接口。要限制仅嗅探进出 lab2003 的流量，可以输入 ngSniff-interface 0-only-host lab2003。下面是一个从 192.168.1.104 到 192.168.1.99 捕捉到的 SNMP 消息的示例。

```
IP HEADER 192.168.1.104-> 192.168.1.99
```

```
--------------------------------------------------
IP->version: 4
IP->ihl: 5
IP->tos: 0
IP->tot_len: 77
IP->id: 20699
IP->frag_off: 0
IP->ttl: 128
IP->protocol: 17
IP->checksum: 13275

UDP HEADER
----------
UDP->sport: 4337
UDP->dport: 161
UDP->ulen: 57
UDP->checksum: 48040

-----Begin of data dump-----
30 2f 02 01 00 04 09 74 65 73 74 77 72 69 74 65 0/.....testwrite
a0 1f 02 03 00 ee 18 02 01 00 02 01 00 30 12 30 ............0.0
10 06 0c 2b 06 01 04 01 cb 00 01 01 02 03 00 05 ...+...........
00 .
-----End of data dump-----
```

因为使用它不需要任何安装的特性，故 ngSniff 应该在网络工具包中占有一席之地。它曾被使用在生产系统中，而该系统在商务时间段不希望安装任何软件，但是我们能从一个 U 盘驱动运行 ngSniff，查看应用程序发生了什么问题并快速解决。如果要一个不需要任何安装的最基本的 GUI sniffer（使用在 Windows 2000 或者更新的系统上），也可以尝试 SmartSniff，可以从 www.nirsoft.net/utils/smsniff.html 下载；或者是 IP Sniffer（IP 工具包的一部分），可以从 http://erwan.l.free.fr/下载。

Tcpdump

Tcpdump 本来是运行在 Linux 上的，不能在 Windows 系统上运行，被默认安装在大量的 Linux/UNIX 系统上，在因特网上有丰富的关于如何使用它的支持信息和文章。它的语法和用法与已经讲过的 WinDump 很接近，所以这里仅介绍如何在一个 Linux 系统上安装 Tcpdump（如果发现它没有被安装）。

要安装 Tcpdump 包，需要为你的版本获取或找到一个适当的包文件。不同的系统版本可能有与其配置相对应的不同的包，某个给定的系统版本可能不支持一款最新版本的软件。输入以下命令安装 Tcpdump（这个例子的版本是 3.9.4-1）：

```
rpm -i tcpdump-3.9.4-1.i586.rpm
```

如果这个安装成功，应该看到和以下相似的输出：

```
Preparing... ################################### [100%]
1：tcpdump-3.9.4-1 #################################[100%]
```

要卸载包，必须使用软件包的名字，这个名字与 RPM 文件的名字不一样。卸载 Tcpdump 3.9.4-1 时输入以下命令，使用-e 开关：

```
rpm -e tcpdump-3.9.4-1
```

到此为止，希望你已对嗅探器的故障排除能力有一些印象。你可能想知道为什么不能把 Wireshark 用于每一个系统以便排查问题。试想，如果一个黑客要获得访问某个系统的权限，则网络嗅探器是一个不可缺少的信息收集工具。如果提供了一个预先安装和配置好的嗅探器供黑客使用，则可能使黑客的工作变得大为简单。最重要的是，在产品系统上安装额外的软件一般应是尽可能少做的事。虽然现在 WinPcap 驱动程序的安装已经非常可靠（但情况并非总是如此），但安装网络驱动程序总是会有风险，比如因弄错某些东西而使网络通信中断。有两个非常迫不得已的原因致使必须使用 NGSniff 或者一个基于 GUI 的功能与之相近的不需要安装在系统上的嗅探器。在大多数情况下，这些使用 Windows 原有套接字的嗅探器可以从 U 盘或者 CD-ROM 上运行，甚至可以从网络映射驱动器来运行。表 7.2 比较了 4 种不同嗅探器的特点。

表 7.2 Sniffer 特点

	Wireshark	Windump	Tcpdump	NGSniff
GUI 接口	√			
命令行	√	√	√	√
特殊设备	√	√		
Windows	√	√		√
Linux	√		√	
注释	大多数分析选项			无需安装

其他故障排除工具

让一个基于网络的应用程序能正常工作，有许多相互依存的关系，因此仅使用一个单独的工具是不能隔离和识别问题的。昂贵的软件和数据收集探测器企图使这一过程尽可能自动化，但是大多数情况下，关键的实施还是依靠具体操作的人。根据问题的症状或者缺乏某个具体的症状，从底层向上，执行故障排除的人必须系统地使用排除过程，以尝试找出有问题的组件，然后采用措施补救问题。在大多数情况下，只需要在现代操作系统中使用基本的故障排除工具即可，例如，ping，traceroute 和各种为某个操作系统所特有的命令。在某些情况下，一些专门的软件可以使故障排除任务更加容易完成。在这里介绍几个我认为最好用的。

Netcat

Netcat 经常被人称为故障排除工具中的“瑞士军刀”，这是因为它的功能精致而简单，所以有许多用途。实质上它是在两个系统间建立一个通信对话。可以输入 nc-l-p 2222 让系统 1 监听端口 2222，在系统 2 上使用命令 nc 192.168.1.10 2222 将连接系统 1（假设系统 1 的 IP 地址是 192.168.1.10）的端口 2222。建立连接后，在任一系统的控制台上输入的任何东西都会被发送到另一个系统的 stdout 上。虽然对话的两边都可以结束 Netcat，但是它们并没必要这么做。除了提供一种基于命令行的传输数据的方法，Netcat 还能测试任何端口的连通性。通过输入 nc ＜IP Address＞ 23，可以连接一个系统以确认 Telnet 是否被监听和可用。事实上，如果使用-t 开关，Netcat 将协商 Telnet 的细节。虽然 Telnet 经常以完全相同的方式用来测试到任意端口的连通性（Telnet ＜IP＞ ＜port＞），但其实 Netcat 是更灵活的，可以经由 TCP（默认）或者 UDP 进行连接。

Netcat 提供一些额外的功能来帮助网络故障排除。Netcat 可配置为能够将一个对话转储为十六进制，也可以配置为当一个连接建立（如果使用不小心，可能是不安全的）时，或者一个对话被终止后将自动重启为监听模式时执行一个程序。Netcat 可以从 http://netcat.sourceforge.net/下载，最新的更新是在 2004 年 1 月。一个适用于 Windows 的版本（1.1）可以从 www.vulnwatch.org/netcat/下载。最后，一个衍生的项目 cryptcat 增加了 twofish 加密算法，可以从 http://farm9.org/Cryptcat/下载，有适用 Linux 和 Windows 的两种版本，也有一个非常相似的实用工具，叫做 Socat，正在积极的发展中。Socat 在功能上非常接近 Netcat，但它还有其他一些额外的功能。Socat 可以从 www.destunreach.org/socat/下载。

tracetcp

通常，有能力知道网络流量通过网络的路径是解决连接问题的关键。在大多数情况下，可以通过工具 traceroute 解决上述问题（在 Windows 系统上使用的是 tracert）。执行 traceroute 命令就是使用 ICMP（Inter 网控制信息协议）将 TTL（生存时间）值为 1 的包发送到目的地，TTL 的值针对每一跳都会增加 1。若此过程进行得顺利，每经过一跳都会使 TTL 减 1，当其变为 0 时，包被丢弃，相关信息被送到接收器。常见的问题是，在通过干涉路由器或者防火墙时，ICMP 会被部分或者完全过滤。在这种情况下，需要一种新的方法通过具有更高成功率的协议来完成同样的事情。

上述情况下，一个 TCP 的 traceroute 是一个很好的工具。它可以通过操纵 TTL 值来有效完成同样的工作，但是使用的是 TCP 包并允许用户设置端口，这使得只要端口选择好，所有防火墙和路由器都能通过。例如，挑选一个流行的网站来尝试跟踪路由，也许得到一些“请求超时”的实例，表明相关的那一跳没有响应。大多数情况下，这意味着 ICMP 被防火墙过滤掉。如果使用基于 TCP 的 traceroute 并将目的端口设为 80，也许会获得更好的结果。用于 Windows 系统的一个很好的基于 TCP 的 traceroute 工具是 tracetcp，可从 http://tracetcp.sourceforge.net/下载。对于 Linux 系统来说，一个非常稳固的工具是 LFT，是 layer four traceroute（第四层 traceroute）的缩写，可从 http://pwhois.org/lft/下载获得。

Netstat

可以在 Windows 或 Linux 上使用 Netstat 工具获得一个网络连接的列表。-l 命令

（在 Linux 中）只显示该系统的监听端口。在 Windows 中，使用-a 命令也可实现同样的功能（-a 命令同样可以在 Linux 中使用），列出所有的连接。从排除故障的角度看，有时会想证实一个服务是否正在监听恰当的端口，或者确定什么服务正在监听给定的端口。旧版本的 Netstat 无法显示，但现代 Windows 系统提供了-b 选项，可显示与一个给定的监听端口有关的进程。

```
C:\>netstat -a -b
Active Connections

Proto     Local Address     Foreign Address     State          PID
TCP       server:4122       localhost:4123      ESTABLISHED    1988
[firefox.exe]
```

如果运行旧版的 Windows 或者 Linux，这里则给出了一些工具。若在 Windows NT，XP 或者 2000 系统中使用命令行工具，则从 www.foundstone.com/resources/proddesc/fport.htm 下载的 fport 很适用。输出大致的显示如下：

```
I:\Internet\fport>fport
FPort v2.0 - TCP/IP Process to Port Mapper
Copyright 2000 by Foundstone, Inc.
http://www.foundstone.com

Pid    Process          Port    Proto    Path
1988   firefox     ->   4123    TCP      I:\Internet\Firefox\firefox.exe
```

说到 Windows GUI 工具，tcpview 是非常强大的，可以从 Microsoft 公司 www.microsoft.com/technet/sysinternals/utilities/TcpView.mspx.下载。tcpview 也有命令行版本，称作 tcpvcon。在 Linux 中，可以用 lsof（列表打开文件）工具查看哪个进程正在使用哪个端口。尽管这个工具可能相当复杂，但有一种快捷而简单的方法，即

```
lsof | grep LISTEN
syslog-ng 1555 root 6u IPv4 4463 TCP *:7140 (LISTEN)
```

这表明 syslog-ng 进程正在监听端口 7140 上的 TCP 连接。

小结

正如所见，有很多强大且免费的解决方案可用于网络报告和排查故障。千万不要低估图形的辅助力量，它可能是一幅图、一个饼状图或者任何图。一幅简单的图可以比一整页的数字使人更快地了解关键点所在。有了以某种简单易懂的形式呈现的相关数据，就可以说明为什么需要更多的网络带宽，也可以说明因特网流音乐的使用是怎样消耗所有的带宽的，并且只需要一个政策改变就可不必再升级带宽了。依靠特殊政策，无论对哪种协议感兴趣，都可以为之产生报告。通过运行嗅探器，可以尝试收集并绘制统计信息，使用免费软件可为这些工作节省时间。推荐 PRTG 和 Ntop 作为跟踪使用统计信息

的最好的解决方案。

尽管做了最大努力，如果问题还是发生了，那么还有功能强大且免费的包嗅探器可用来排查网络层的问题。一旦理解了不同产品的优点，就能够选择一个适合你的嗅探工具。可以很快地看到网络包水平上正在发生什么，在一些情况下还可以很快识别出通过其他方式根本不可能解决的问题。

快速解决方案

带宽利用率及其他度量的报告

√ 记住，对于任何数据收集系统（即传感器）来讲，其安装位置是确保系统能够看到适当的用于分析的数据的关键。

√ 使用的数据收集方式的类型（嗅探、NetFlow 和 SNMP）将对收集器的安装位置和使用的工具产生巨大影响。

√ SNMP 可以在几乎任何一种现代操作系统上使用，收集且监控各种用途的数据，包括产品所特有的数据。

分析数据的收集

√ 通过嗅探器收集数据要求收集器与被分析的通信量在同一个网段内。

√ 通过 SNMP 收集数据可以使你将收集器与被监控的设备独立开。然而，只能收集被 MIB 传感器特殊支持的数据。

√ SNMP 生成其自身的网络流量，因此会占用一部分带宽。

√ NetFlow 比嗅探器或者 SNMP 的用途更加集中，提供的信息主要集中在通信流和会话，缺点是并非所有设备都支持 NetFlow。

理解 SNMP

√ 通常不同的设备支持不同版本 SNMP，每个版本都具有不同的安全性能。这些考虑是否重要主要依赖于如何实施一个 SNMP 基础设施。SNMP 版本 3 是强力推荐使用的版本（即它最安全）。

网络问题的排查

√ 最先采取的步骤之一是决定哪个嗅探器适合此任务。考虑以下因素：需要 GUI 吗？需要做多少过滤？安装驱动器是可接受或必需的吗？

√ 想成为解释所捕捉的结果方面的专家没有什么捷径可走。这需要对底层的网络协议具有深入的了解，但是通常只需一些基本了解就可以发现某个包嗅探器是否对排查问题有效。

常见问题

以下常被提及的问题，本书的作者都一一做出了解答。设计这些问题用来测试对本章出现的概念的理解，并帮助读者在实际生活中应用这些概念。如果还有其他问题，请浏览 www. syngress. com/solutions 并单击 Ask the Author 一栏。

问：使用 Tcpdump 或 Windump 各有什么优势？

答：不是很多，语法几乎完全相同，因此就功能而言，二者可能没什么区别。更倾向于使用一种或另外一种工具的惟一因素是，如果在嗅探一个非常大的容量的网络，则使用 Linux 系统的 Tcpdump 可能在性能上比使用 Windows 系统的 WinDump 有更好的表现，进而可以降低丢包的风险。如果速度不是问题，使用任意习惯的操作系统都行。

问：怎样使 Ntop 做“x”？

答：初学者可以在网上搜索，幸运的是已经有文件了。也有几个邮件地址列表可用于讨论 Ntop 及其使用。若了解 Ntop 的一般使用，参阅 http://listmanager. unipi. it/mailman/listinfo/ntop。若有开发方面的问题，参阅 http://listmanager. unipi. it/mailman/listinfo/ntop-dev。因为 Ntop 在后端使用 Perl，通过极少的 Perl 编程几乎可以完成任何要做的，而且与批处理文件相同，Perl 有能力调用外部程序。这意味着，可以轻松地创建一个脚本来定期检查 Ntop 数据，并且当越过某个阈值时执行某个程序（如发送 syslog 消息或电子邮件）。

问：MRTG 的图表似乎很初级，是否有方式来修改其外观？

答：可以编辑一些用于创建图表的图片。最受欢迎的方法是，使用 RRDtool（Round Robin Database tool 的缩写）配置 MRTG，参阅 http://oss. oetiker. ch/rrdtool/。它使 MRTG 收集的数据更有效地储存。MRTG 只需要很少的配置就可支持 RRDtool。关于如何配置 MRTG 使其能与 RRDtool 一起工作的文件可以在 http://oss. oetiker. ch/mrtg/doc/mrtg-rrd. en. html 找到。将数据存入 RRD 数据库后，可以使用其他第三方脚本来生成 HTML 图形，如可从 http://my14all. sourceforge. net/获得的 14all 脚本。

第 8 章 安全是一个持续的过程

本章主要内容：

- 补丁管理
- 变更管理
- 杀毒软件
- 反间谍软件
- 入侵检测系统
- 漏洞扫描
- 渗透测试
- 策略审议
- 物理安全
- CERT 小组(计算机突发事件响应小组)

√ 小结

√ 快速解决方案

√ 常见问题

引言

如果已经成功地实施了一个防火墙、一个网络分析报告系统和一个入侵检测系统，我很想告诉你工作已经完成了，可以去喝杯咖啡了，可惜这是不行的。保护网络和系统只是一个持续过程的第一步。没有持续有意识地努力，安全基础实施会变得不安全。本章将讨论维护一个安全环境所需的各种不间断的努力。

每个主题都会从安全实现及若不遵守步骤有什么样的安全风险的视角来考察。安全是网络建设的一个领域，在这个领域中，不作为比在任何其他领域中更容易导致失败。如果得不到充分的维护，即使是最安全的系统最终也可能会成为网络中最大的安全风险。沿着这样的思路，差不多每个使用网络通信的系统，从无线接入点、防火墙、工作站、服务器，甚至路由器和交换机本身，都需要定期维护才能可靠安全地运转。定期安全维护可以细分为一些更具体的类别，这些今后会详细地讨论。

补丁管理

补丁管理是一个宽泛的类别，基本意思是“以可控的方式保持一切处于最新状态”。一个补丁就是一个对软件的修改，通常解决的事情都相对较小且具体。应用补丁所产生的变更通常没有应用服务包或一个完全升级的版本所产生的变更重要。补丁管理并不是在所有最新的补丁刚一向公众发行就立即应用。应用 Windows XP 的 Service Pack 2 将会自动启用内置防火墙。对大多数用户来说这不是问题，因为默认情况下，防火墙允许所有的向外发出的连接，但是如果在这个系统上运行了某些服务，而这些服务需要监听一个向内的连接，则会突然发现应用补丁之后，这些服务就不起作用了。在这个特定的例子中，此服务包已经发布了很久了，大多数人要么已经更新，要么即使还没有更新，也已意识到了问题之所在。即使还不知道服务包已启用了防火墙，此信息已散布得如此广泛以至于有可能很快就会发现这个消息。然而，当补丁刚一发布时，事情并不是这样，很多组织发生了服务中断，而如果有适当的补丁管理，这本来是可以避免的。

一个适当的补丁管理系统应该包含对所有系统的补丁级别的定期且有计划的审查(由适当的主题专家审查)。选择的具体计划需取决于环境。在一个安全性高的环境中，这一过程可能每周都要进行，而在大多数环境中，每个月一次就够了。补丁审查的一个关键要素是给最新发行的补丁分派一个优先级。这应该由一个合适的主题专家来规定，或者如果经费足够，由一组主题专家来做。这是一个相对主观的技能，没有硬性、快速的规定，只有指导方针。如果一个补丁处理公司正使用的服务器硬件的一个安全缺陷，它就是一个优先级非常高的补丁。另一方面，如果该硬件只是在很少的地方用到，并且有其他适当的控制措施，那么优先级就会很低。所分配的优先级将规定一个补丁使用的底线。这些底线也需要发展以满足商业需求，但是将以下优先级作为起点：

- **关键的**　这些类型的补丁处理易于利用并有可能被利用的严重脆弱性。这些补丁应该尽快测试并应用，所以其底线通常是 24h。
- **高的**　高风险的补丁需要用于在加速测试计划中规定的一些紧急情况。这些补丁执行的期限可以是一周。

- **中等的** 这是一类典型的脆弱性。或许它需要在一组非常详细的环境条件具备的情况下才能被使用，或者危险是有了拒绝服务的迹象，但还没有对受影响的服务造成完全的损害。这类补丁的底线是标准补丁周期，很可能是一个月。
- **低的** 优先级低的补丁可能是用于小的几乎不可能被利用的脆弱性的，或是用于已用其他附加的外来控制措施保护得很好的设备。当与业务有关的时候，这些类型的补丁可能需要等到常规的维护周期才应用。维护周期意味着补丁将在下一次软件升级时被间接应用。值得注意的是，这些补丁在被更改之前依旧是值得注意的。
- **可忽略的** 这些补丁不用于特定的硬件或配置。它们通常在赋予了初始优先级后就被过滤掉了，以后不再被关注。

补丁审查会议可能包含某些类型的分发给上层管理层的报告，该报告的格式要易于理解和提取摘要，以便参与的每个人都能及时了解最新内容并告知当前的状况。这些报告应该包含一个显著补丁的列表、一个打补丁的时间安排表及过去修补工作成败的指示。这类文档对审核者也非常有价值，可以表明不但已经建立了过程，而且这些过程也被遵守了，以便保持系统的安全和软件的更新。

测试对任何补丁管理系统来说都是一个至关重要的要素，甚至可以说测试是补丁管理的核心。只有修补时间表而没有适当的测试预期补丁并确保其与现存的软、硬件相兼容的流程是不够的。测试流程应该使用一些标准化的形式，要有执行测试的人签署的同意，以及对执行的测试的一个详细程度合理的描述。获取并记录测试流程对增加可说明性和一致性非常重要，这将有助于避免很多人都相信另外一个人测试的一个特定的补丁。

有时一个补丁不能成功地通过测试，这也许是设计造成的，例如，如果补丁禁用了正使用的一些特征。在这些情况下也许需要评价是否要使用该补丁，即使在测试过程中发现了问题也该这样。这是一个基本的判断，即由修补引起的问题是否超过不修补带来的风险。需要由恰当的业务代表来做这些类型的决定，或者至少是由他们认可。做这样的决定的人需要有是否接受这样的一个风险的授权。

别忘了测试程序本身也需要定期审查，以确保执行的测试仍然是足够的。随着软件和特征的改变，需要更改测试程序来适应新的功能。不管修补的是什么，所有上述因素均适用，但也有一些具体到平台的考虑因素。个别业务需求将决定使用的具体流程。图 8.1 给出了一种方式，可实施这些流程并将它们融入到一个可重复的过程中。

网络基础设施

网络基础设施包括任何可被称为网络的一部分的东西，而不是在网络上或使用网络。它们是通过网络移动数据的设施，包括路由器、交换机、防火墙和网桥，所有的这些设施迟早都需要修补。开发补丁管理程序时，要考虑的一个最重要的因素就是补丁发布时间表。显然，如果补丁还没有过时，则不能修补一个系统。网络设施特别是防火墙及其他安全设施，安全漏洞补丁发布得非常快且频繁。这就意味着补丁管理系统需要包含一个安排测试和应用补丁的时间表并设定其优先级的过程。有一套打补丁时间表，如

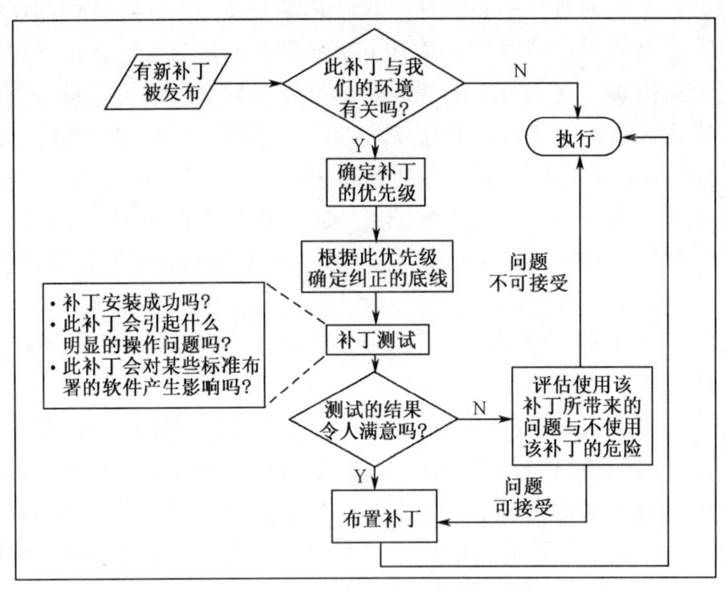

图 8.1 补丁管理过程

按月的，至少是非关键的修补，能使业务部门可以根据修补的时间窗口来制定时间表并对任何修补的间断做出说明。分发一个修补时间表将有助于将修补工作带来的影响降到最小。如果一周后再修补一个连接因特网的防火墙的关键漏洞，就是在赌黑客在接下来的一周内不会发现易受攻击的防火墙。另一方面，如果补丁测试不充分，则补丁有可能产生意料之外的问题而引起服务中断。

时刻记住在基础设施设备上应用补丁时，服务中断的潜在可能性很高。因为所有其他设备都要依靠底层的基础设施设备来通信，所以网络层的复杂化会产生破坏性的结果。如果一个单独的服务器补丁造成服务中断，那么就得不到该服务器提供的服务。但如果同样的事情发生在网络的核心路由器上，可能会使所有网络系统都不能工作。由于它具有致使服务中断的高潜在可能性和大范围的潜在影响，基础设施设备的补丁应该在应用前进行额外的彻底的测试。尽管补丁破坏某事的危险通常很小，但还是应该特别注意测试可能会用到的选项或不常见的特性。

操作系统补丁

操作系统补丁由不同的厂商在不同的时间发行。很多情况下，发行一个补丁是为了解决一个具体的安全风险或修正一个与某一特定的功能相关的程序缺陷。一些厂商可能有发行补丁的具体时间表，如 Microsoft 在每个月的第二个星期二发行补丁。这些发行时间表和发行频率正是基础设施设备补丁和操作系统补丁之间最主要的区别。补丁审查、应用和测试周期等的时间安排都需要与厂商的发行时间表同步，还需要用变更窗口来安排补丁更新时间表（见下文的变更管理），如果补丁的数量多，甚至需要为操作系统补丁专门应用一个变更窗口。

确定应用补丁的过程和应用补丁的时间长度时也需要考虑主机系统的角色。负责划定应用补丁的优先级的人必须知道网络主机提供服务的重要程度。在按月为单位的维护计划下，对业务至关重要的服务器可能需要等待较长的时间才能接受修补，而暴露在敌意攻击（例如，在一个非军事区）中的主机可能需要更快地接受安全修补。这些都是不熟悉业务运作的人在制定补丁管理策略时不会考虑的因素。为了妥当安排这些维护活动，需要对补丁的影响有技术上的理解，能权衡不应用补丁的风险，并且明白服务中断的潜在的业务影响。

应用程序补丁

应用程序补丁通常由应用程序开发商发行，发行频率可以有巨大的差异。一些应用程序几乎从不更新，而另一些则经常变更。最常见的，厂商建议只在添加需要的功能或有问题时才应用修补程序，换言之，“如果它还没坏，就别修补它”。因为应用程序补丁的本质有很大的不同，需要在一个个案例的基础上进行评估以对这些补丁的应用做出安排。除非修补程序是为了解决安全性风险，这些类型的更新可以等待一个定期的变更窗口到来时再做。和操作系统的补丁一样，补丁涉及的应用程序的角色可能会影响对应用该补丁的时间安排和测试。

变更管理

尽管变更管理和补丁管理是相关的，但它们并不是一回事。补丁管理是变更管理的一个子集，专指应用补丁。变更管理更广泛，因为它包含任一种现有环境的变更。被管理的变更可能包括新的软硬件的安装，或由于系统功能更改而引起的设置修改。变更管理的目的是以可控的方式完成变更以将风险最小化。完成一次变更时可能引起很多事情出错，而拥有一个恰当的变更管理策略则有助于减少很多风险。

变更引起中断

完成一次变更时最大、最明显的风险就是可能引起服务中断。我们可能都熟悉这类源于一次变更的并发症，如应用了更新后，服务器突然无法访问了。这可能是功能的完全丧失，如网络驱动程序遭到破坏或只是部分中断，只有一部分功能丧失。在任一情况下，中断的时间会造成收益的重大损失，或需要掏钱（付给顾问或厂商的）用于改正问题，更不要提让人头疼的故障排除了。记住，这样的危险有些是完全可以避免的，而另一些则无法避免。重启服务器时，确实没法知道服务器上的网络接口卡是否会停止工作，但是手头备有一个多余的接口卡则很有帮助。一些情况下，变更本身也许可以完美地工作，但是由于缺少恰当的变更管理，很多变更同时发生就会相互干扰。例如，如果正在更新互联网的连接，则另一个技术员也许就不能用从网上下载的软件来执行更新。

不充分的文档化会使问题恶化

不充分的变更管理系统还有更多的方式引起问题，假设同事安装了一个新的交换机，测试确实可以连接后回家了。第二天，有一整组系统不能用了，则怀疑所有的系统可能都被连接在新的交换机上了，但却没有变更文档。你不知道哪些系统正在使用这个新的交换机或连接在哪个端口上。现在必须花珍贵的时间设法了解当前是什么状况，而此时还没有开始排除真正的故障。这就是一个变更自身可能不会引起故障，但是没有恰当的文档和流程，变更依然消极地影响了网络功能的例子。为了减少这样的风险，最好的办法就是开发一个变更管理策略。

变更管理策略

现在我们知道变更管理非常必要，那么究竟如何实施变更管理策略？一个好的变更管理策略会提供有效的安全实施和管理变更所需要的工具。变更管理策略应该包括以下要素：

- 变更审核
- 变更安排
- 变更文档

以可控的方式实施变更的第一步就是审核并评估所需要的变更。一些情况下，这也许是一个由个人操作的相对非正式的过程。在一个较大的组织中，这事实上是由一个委员会实施的，并且包括高层管理者参加的正式会议，需要确定适合公司需求的复杂性等级。这个阶段的目的是要识别所需要的变更，决定它们有多么需要，以及实施这些变更需要什么级别的过程。你可能不想只因为有人想改变他们的屏幕保护就花很长时间来听取报告和开会。变更需要被赋予优先级，虽然这在一定程度上是主观的，但必须考虑以下因素：

- 不实施变更的影响和风险。业务会受到影响吗？资金会不会损失？或仅仅是给员工的工作带来不便？
- 应用变更可能带来消极影响服务的风险。变更带来破坏的可能性是多少？环境有多复杂？环境记录和被理解的程度如何？
- 受变更影响的主机或系统的关键程度。受影响的设备对业务过程有多关键？
- 非技术因素。如果变更破坏了某事，客户能见到该中断吗？客户的信任或业务会不会有损失？

所有这些考虑因素都会导致第二个阶段，即计划安排阶段。我看到过很多执行一个更改的风险非常高，而做出的决定却和风险相匹配的例子。划分的优先级和确定的最终期限可能与前述的管理程序非常相似。

只有在分析变更的优先级以后，才能安排它们。通常，一个业务会因变更的紧急程度不同而有一个以上的变更窗口。在任何非业务时间期，对非关键系统做小的变更也许是可接受的，而关键系统也许每周只有一个几小时的变更窗口来变更。变更窗口是实施变更的可接受的时间段长度，本阶段最好是与多个股东共同工作来完成，这样就可以在不产生冲突的情况下安排各种变更的实施。如果可以提供来自多个商业渠道代表的输入和买进，则本阶段会运作得更好。

计划也会被某些技术人员意识不到的非技术因素所影响。也许在月初发起了一个新的广告活动，那么公司网站的通信量预计会猛增。这种情况下，在活动发起的前一晚在服务器上应用一个操作系统补丁也许就不是一个好主意。正是因为这些原因，安排变更的人不应该单独工作，而是应该与适当的团队寻求合作。在一个相对较小的环境中，这类计划冲突发生的可能性不大，但应该知道它的潜在影响并采取行动避免其发生。计划阶段通过使所有重要团队都参与进来，或至少被告知变更安排，可以使计划冲突的风险降到最低。

记录变更是最容易被忽视或执行不充分的步骤之一，这点在危机发生的过程中、人们的注意力都集中在恢复功能时尤其如此。一个记录良好的变更比没有记录的变更更有可能成功。这不仅是因为之后有人可能需要文档，还因为完成必须的文档的过程可能引起考虑另外一些已经被忽视的方面。尽管变更文档对于每个机构都不同，但有一些要素是所有变更文档共有的。概述如下：

- **变更计划**　变更计划有实施变更的时间和日期，包括变更什么时候开始、什么时候结束，还包括缓冲（back-out）时间，这个时间过后，变更要么必定工作，要么不起作用。缓冲时间过后要继续进行一个不成功的变更通常需要得到高级经理的允许。
- **测试**　该部分包括用来测试变更的流程，有时可能是简单的，有时也许是非常详细的，要求有自己的一套文档。本部分明确规定了衡量变更成功的方式。若在以后出现问题时，本部分也用于显示执行变更的人在测试变更时勤恳努力的工作。
- **取消变更，恢复原状的计划**　本部分详述取消变更所需要的步骤。有时这部分可能看起来微不足道，但在较复杂的变更中取消变更可能会很难。例如，如果升级了一个 Web 服务器上的第三方的应用程序，则也许除了从磁带中恢复外再没有别的取消该升级的方法了，而这可能要花大量的时间。取消变更计划中包含的步骤用于决定开始取消变更的门限时间。例如，如果 Web 服务器的变更窗口是早晨的 1 点到 6 点，而取消变更（从磁带中恢复）要花 3h，则必须不迟于 3 点就开始取消变更。
- **联系名单**　联系名单列出了所有有关人员，包括执行变更的人、测试变更的人及他们要报告的人。还应该包括突发事件时要联系的人，可能是该工作的项目经理。注明预期的通信方式也是个不错的主意，例如，如果高级网络经理期望在变更成功后收到一封电子邮件，这也需要注明。这有助于确保不会忘记细节。
- **签字**　这是关键部分之一。不仅主题专家，具体的相关人员也应该提供书面同意，这也包括非技术的业务代表，从而保证了每个可能被影响的人都参加并同意变更。

所有的流程都应该有处理紧急变更的计划。根据定义，紧急变更是一个没有计划但非常需要的变更。这常意味着虽然还没有进行足够的测试和计划，但如果不进行该变更其后果更是不可接受的，则由此所产生的风险仍需被接受。当系统出乎意料地不可用，或者是被黑客攻击的时候，这些变更就可能发生。应该有一个可供替换的流程，用于实施一个能加快该过程的改变。紧急变更程序（方法）应该被很好地记录。如何得到紧急变更的批准以及谁有批准紧急变更的权利也是应该考虑的特殊因素。完成变更之前就已有了适当的制定良好的变更程序，可以使完成紧急变更造成的风险最小化。如果服务中断真的发生，也能够及时地处理。

杀毒软件

在现代社会，反病毒系统已成为正常开展业务的必须。它们可以在邮件服务器中心网关或个人工作站上本地实施（通常是这两者都要实施）。无论如何，杀毒软件都需要经常更新升级以保持病毒特征库为最新。因为特征文件是用来基于一小段代码样本识别一个病毒的，因为新的病毒和特洛伊木马的飞速发展，过时的特征文件几乎没有任何反病毒保护。很多情况下，新的特征文件发行得非常频繁，几乎不会引起服务中断的风险。应该制定一个特征文件更新升级的进度表并由管理层批准。更常见的是，一个新的特征文件带来的负面影响是一个文件被错误地识别为恶意软件，而事实上这只是错报。应该生成报告来验证所有系统上的特征都是最新的，同时也应该有人定期核查这些报告，当发现有系统上的特征不是最新时，要采取行动，这两者都非常重要。如果一台服务器上的特征几个月都无法自动更新，就需要有一个适当的过程来确保有人注意到它。尽管对反病毒特征的测试已变得越来越少，但在整个公司进行任何更新之前，在小范围的主机上尝试性地部署不失为一个好办法。当扫描引擎本身正在更新或一个新的杀毒选项正在被实施时，这尤其适合，你不会想让杀毒产品把公司的会计程序检测为病毒并把它删掉吧！

反间谍软件

反间谍软件可能和杀毒软件集成在一起，也可能是一个独立的产品。当它是一个独立的产品时，就需要更新，并且所有适用反病毒的告警也同样适用于独立的反间谍软件产品。因为反间谍软件或者恶意软件产品通常都使用识别特征，如杀毒程序一样，它们也需要定期更新升级。有必要指出，反间谍软件产品会产生更多的错报，特别是在对与网络有关的应用软件的识别时更是如此。因为普通用户通常不使用这些与网络有关的应用软件，所以它们常被标记为恶意软件。需要考虑这个问题，提供一些审核扫描结果的方法。最好能做一个被批准的用户和（或）产品的名单以减少错报。

入侵监测系统

很多适用于杀毒方案的考虑因素也同样适用于入侵监测系统（IDS）或者入侵防御系统（IPS），至少对于如 Snort 那样的基于特征的产品是如此。因为入侵检测系统/入侵防御系统使用一个已知序列来识别恶意通信量，所以保持特征码的最新至关重要。通常，入侵监测系统只会提醒有入侵，因此基本没有因入侵监测系统失败或对其维护不当而导致为其他网络通信量提供的服务被中断的风险。如果正在使用入侵防御系统，情况就不是这样了。IPS 会采取积极措施阻断一个入侵。对于入侵防御系统，需要对变更进行彻底地测试以使入侵防御系统不会在不经意间将重要的商业通信量误认为是恶意的而终止连接，这点非常重要。很多维护都是要么与更新入侵监测系统/入侵防御系统应用程序软件本身有关，要么与攻击特征有关。在所有情况下，充分的变更测试都会有助于确保变更成功，并且不会影响正常操作。

漏洞扫描

漏洞扫描和渗透测试常被错误地交换使用。漏洞扫描通常是被动行为。只是使用自动化的软件来检测主机中已知的漏洞或危险的（也就是不安全的）设置，这不是渗透测试。渗透测试是主动尝试对已有的安全措施进行攻击。漏洞扫描不是渗透测试的替代品，但在决定一个给定系统的安全风险的底线时非常有用。因为网络是动态的，永远在变化中，漏洞扫描过程绝不会真正完成。漏洞扫描的频率由公司政策结合涉及主机的风险和敏感性方面的考虑因素来决定。在一个非常大的网络中，可能要几个月才能完成一次彻底的网络扫描，而在一个小的环境中，每周扫描一次通常很容易就能完成。

扫描引擎只需要偶尔更新。经常更新的是扫描器所使用的实际攻击脚本。有些扫描器称这些脚本为插件，而另一些扫描器称它们为脚本。该插件或者脚本告诉扫描软件如何检查一个特定的漏洞。如果它们不是最新的，可能就检查不到最新的风险，因此可能相信自己是安全的，而事实上并不安全。因为漏洞扫描器引起目标主机服务中断的风险特别高，任何扫描器或攻击脚本的更新或改变都应该经过认真仔细的测试后才能在很多主机上使用。

警告

也许你已经注意到我一再强调引入漏洞扫描时一定要谨慎，有充分的理由来多次重复强调这一理念。在扫描一台主机之前务必要仔细评估需要哪些测试，在扫描整个网络之前先扫描一个测试系统。有些测试有引起服务中断的非常高的风险。在一组给定的测试进行多次都没引起任何问题之后，风险将会最低；然而，如果环境有所变化，则又会面临引起服务中断的高风险。

漏洞管理周期

因为漏洞扫描必须定期重复，为此必须制定适当的政策和流程。这些政策和流程应该包括一个进度表：在什么时候、什么情况下，应该扫描某一特定主机。当系统被认定是“干净的”，应该有一个适当的签字确认的过程，如果存在当时不希望或不可能修复的问题情况，还要有一个接受特定风险的程序。一个典型的漏洞扫描周期由以下步骤组成（图8.2）：

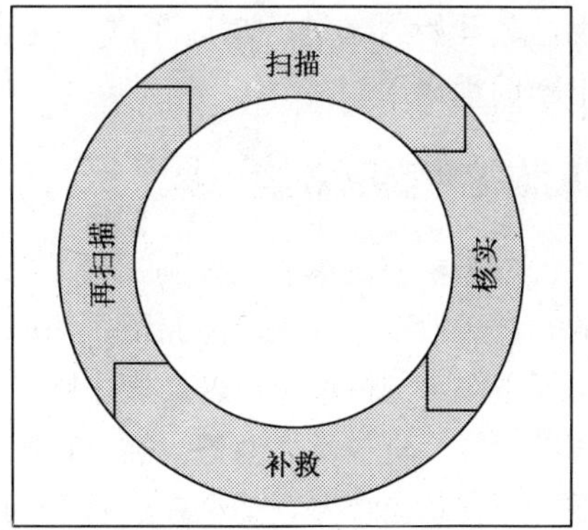

图8.2　漏洞扫描周期

（1）执行初始扫描。这一步给出了问题的基准，用于后面的步骤。

（2）核实扫描结果。漏洞扫描中发现的问题有些也许是错报。在某种情况下，它们有可能是合理的问题，但并不是实质性的，是因为扫描器未能考虑的其他修正控制措施而产生的。

（3）补救问题。这包括遵循所有的变更控制流程来试图排除或缓减漏洞扫描程序发现的风险。

（4）再次扫描。最后一步常被漏掉，但其实它是非常重要的。它不仅验证修补步骤是否成功，还向管理人员，必要的时候还向审核人员证明你正主动地采取措施保护网络。

这一周期性过程永远不会结束，因为一旦扫描了一台主机，验证了扫描结果，执行了减缓问题的操作，然后再次扫描该主机来验证补救工作是否成功，此时也就是再次开始该过程的时候了。

角色和责任

在网络安全的所有领域中，角色和责任都是重要的。涉及漏洞扫描和修补时更是如此。应该明确记录并定义个体的角色，并且由最高管理者签署。原因有以下几点：首先，当约翰说不用任何认证机制就可让某驱动器共享时，必须确保他真的有资格和权利代表相关业务部门这样说。需要知道他了解相关的风险，并且能为任何由此引起的后果负责。明确记录这些角色和责任的另一个原因是证明不会发生利益冲突。如果约翰整个周末都必须在维护窗口期间配置服务器，那么他说服务器不需要再配置了也许就是不恰当的。

渗透测试

渗透测试有很多工作和漏洞扫描是一样的，但常由第三方执行。这是因为真正的渗透测试要求测试人员有很高的技术和知识。很少企业有工作量或预算来雇佣全职工作人员。相反，一般都是付钱给可信的第三方来获得渗透服务。服务费用可能是巨大的。正因为如此，渗透测试通常只在高风险和（或）很重要的主机和系统上执行。在开始应用一个新的基础设施时进行的渗透测试实际上并不是维护，但是随后进行的渗透测试就属于维护的范畴了。应该明确规定一个系统或主机需要再次进行渗透测试的准则。多数情况下，该准则将基于一个计划表（如年计划表）或发生重大变更的时侯，无论哪个先发生，就开始再次进行渗透测试。应该和法律顾问一起提出一份有关保护免于偶然的服务中断的承诺表。

获得高级管理者的支持

由于检测的本质，漏洞扫描尤其是渗透测试都有很高的引起服务中断的风险。有太多的要素必须正常工作才能保证一切顺利进行。这是因为目标主机上运行的任何一个进程停止了工作，则该系统也就彻底中断了。只需稍微研究就会发现有数不清的事实：超负荷工作的网络管理员卖力地进行测试以找出安全风险，但仅仅因为删掉了公司的资源而丢了工作。不管意图多好，如果在运行公司网站的服务器上使用 Nessus 进行漏洞扫描，而且扫描使网站崩溃了，则你无疑会陷入悲惨境地了。正因为如此，在着手做任何高风险行为前必须得到可能的最高层管理者的允许。这个允许应该是书面的，并且由有权利这样做的人签字，这也许是不得不做的惟一事情来证明行为是经过授权的且是合法的。

阐明要买的东西

拉丁短语 *caveat emptor* 的意思是让买主小心。涉及渗透测试时该说法尤其适合。

有很多安全顾问使用 Nessus（免费的）进行漏洞扫描，打印结果，并且把报告与账单一起交给客户。这不是渗透测试，真正的渗透测试需要一些有黑客的技术但通过安全测试而合法谋生的人。花点时间和有可能提供该服务的服务商谈谈，会学到很多渗透测试之外的东西。签名之前寻找一些参考资料，进行一些调查并以书面形式准确地描述出他们将提供什么服务。运行漏洞扫描没什么不妥，如果想让专家进行扫描也没什么不妥，只需要确保买的就是想要的即可。做一个受过教育的消费者有助于你获得更好的安全服务并使公司更安全。

策略审议

你也许厌烦了所有维护工作，但不管信不信，就连策略也需要定期维护。因为技术在变，所以策略也必须跟着变。例如，出现了一种新型的加密算法，或者一种已有的加密算法因一些新的攻击散播而变得无效了。这类维护包括策略、标准和流程文档。流程通常非常容易区别，但不幸的是，你常会看到策略和标准用混了。以下内容概述了每一类文件：

- **策略**　这些是高级别的文档，不包括细节，只规定了一个泛泛的目标或需求。一个常见的例子如："所有被归类为高机密的数据都必须加密"。这些文档由高级员工制定且很少改变。策略变更通常是由业务因素引发的。
- **标准**　这些文档给出为满足策略所需要的技术方面的要求。如一个标准可能规定："当策略要求对数据进行加密时，必须只使用 3DES 或 AES 加密算法"。这些文档伴随着使用的有关技术的改变而改变。
- **流程**　这些文档包括为遵从策略和标准而使用的详细的一条条的指令。它们准确地说明使用什么工具软件、哪些单选按钮可用、选中什么复选框。这些文档可能经常改变，取决于使用的技术。软件产品的更新可能完全改变已经制定的流程。不同的流程可能会为执行的人假定一个不同的技术水平，但总的要求是使文档尽可能地容易遵循。

每个文档都应该按照计划进行审议以保证充分满足公司的安全需求。审议并（如果需要）修正之后，这些文档应该递交给适当的相关人员进行同等审议，并且由主题专家进行评审。最后，它们应该由高级管理层书面批准，这样可以确保策略不会过时而失去价值。与很多其他方面的改变相同，也应该有一些适当的机制在发生一些突发事件时能迅速完成策略和标准的变更。

物理安全

很多情况下，物理安全被忽视了，尤其在较小的组织，这些组织常认为问题不会发生而没有必要担心。物理安全包括任何与环境有关的安全风险。例如，如果有人建议把服务器放在前厅，你可能认为那是荒唐的。然而，我看到过很多小公司的网络设备放在储藏室，这些储藏室的门一直开着以便空气流通。如果能保证只有授权的人才可以进到储藏室所在的区域当然好，但这基本不可能。保洁人员和其他支持人员常可自由地接近敏感系统。这听起来也许很牵强，但是如果这些人中有一个具有相关的技术，那么他/她得到最敏感的数据会有多难呢？相反，如果一桶清洁用的水偶然洒到非常关键的服务器上又会怎么样？

如果仔细考虑，你也许会意识到物理安全并不牢固或根本不存在。应该定期检查站点的物理安全，解决任何薄弱环节。在某些情况下，也许一个流程或策略的简单改变就可以了，但在另外的情况下，也许需要添加一些新的设备。当检查物理安全时，要考虑某个人是否未经授权就能物理地访问网络组件。授权访问被记入日志或者文档了吗？所有存储媒体中的敏感资料都被适当地处理了吗？水灾、火灾或温度极限环境风险都被考虑了吗？是否教育员工当他们看到可疑的事时要说出来？

一些物理安全风险不包括门锁或安全栅栏。很多安全性很高的环境规定应该禁用任何未被使用的网络接口，这与物理安全有关，因为目的是防止有人插入一个未授权的设备，如嗅探器，并且访问网络。作为一个物理安全问题，接口访问的概念可被延伸到任何类型的数据接口，可写光盘驱动器、红外数据端接口，甚至工作站上的 USB 接口。接口中的任何一个都能使未授权的人访问数据。

背景注释

随时了解敏感数据在哪里

如果试图从“这个服务器敏感吗”的角度来搞清需要保证什么的安全，那么就有问题了。正确的方法应该是知道什么数据是敏感的（就是要将所有的数据分类），然后在数据的生命周期内的各个时刻要知道它在哪里存放。例如，作为你的客户，一个公司的业务员找你，给了一个大的订单。他们给你传真过来有关税号和其他需要的表单，你通过电话得到口头的付款信息，处理订单并通过电子邮件发送给他们一份确认收据。

你知道需要安全地保存付款信息，因此在服务器的硬盘上加密账目明细，电子邮件收据本身可能也需要加密，这取决于它包含什么信息，因此也要将这一点考虑在内。打电话时要使用已存在的账目信息证实你在和谁说话。这样就已经全部覆盖了所有的基础了吗？包含机密信息的传真机是放在一个物理安全的地方吗？未授权的人可以经过并看到传真的内容吗？服务器的备份磁带安全吗？依赖于加密机制，如果你可以从磁带中恢复整个服务器，也许就能访问加密数据。

这里的关键是一直要知道敏感数据在哪里并作出相应的保护。

CERT 小组（计算机突发事件响应小组）

当网络被危机冲击时，需要一个由知识渊博、技术精湛的人组成的小组来应对危机并指挥响应工作。危机可以是任何形式的，从动力故障、病毒爆发事件到拒绝服务攻击。这个小组常称作计算机突发事件响应小组或计算机事件响应小组。这样的小组大小不一，取决于公司的大小和需求。CERT 小组应该定期会面并审查任何显著的安全问题。该小组将监控各种安全通知清单以便公司能及时知道安全问题。当真的出现一个问题时，该小组应碰面并评估威胁，然后调用适当的资源来处理。这可能仅指召集 IT 人员、通知法律机构或请安全专家解决问题。

因为该小组负责终止或最小化突发事件带来的损害，通常得到最高层管理者的支持。这类支持通常包括访问重要的资源，如果该工作必须去做。尽管一个小公司可能没有一群人组成自己的 CERT 小组，则确实应该考虑采取步骤来早做准备。应该有适当的计划以便人们知道如果有什么故障发生时要打电话给谁，首先联系的人应该是能做出有关技术问题的判断并了解突发事件有多严重的人。应该教育员工当计算机突发事件发生时他们可以做出训练有素的决定。

下面是有关一些最广泛使用的通告服务。你也许想报名参加其中一些服务以便知道最新的信息。尽管一些服务提供多种可选择的通知途径，但最普通的途径是邮件发送清单，这种情况下你将收到任何人寄到该清单的电子邮件。理清邮件会消耗一些时间，但是如果真的想立于不败之地，花些时间还是值得的。可以肯定，黑客正使用这些服务以使尽可能早地了解新的漏洞。他们常比公司的安全管理员更早地了解最新的漏洞。

- **Bugtraq** 这可能是最大最有名的安全邮件发送清单。其数量可能很高，但它是最尖端的安全信息。这个清单不是具体的产品，很大一部分也许都跟环境无关。因为这是一个适度的清单，所以把无用信息降到了最少：
  www. securityfocus. com/archive/1/description
- **Microsoft 技术安全通告服务** 这一服务使用多种渠道（电子邮件、RSS，甚至即时消息报警）提供不同水平的信息。通知的范围当然只限于 Microsoft 的产品：
  www. microsoft. com/technet/security/bulletin/notify. mspx
- **财务事项的充分公布** 这一清单也不是具体的产品，这点与 Bugtraq 非常相似，但不是一个适度的清单，这意味着信息的到来将稍稍快些。为额外的速度付出的代价是清单上也有很多的垃圾，并且不是所有被报告的漏洞都经过很好的测试或是可信的：
  https://lists. grok. org. uk/mailman/listinfo/full-disclosure
- **安全基础** 这是一种网络新手适用的清单（而许多清单并非如此），因此包含基本的问题。这对刚进入网络安全领域的人来说是一个很好的清单。该清单是有节制的且数量非常大：
  www. securityfocus. com/archive/105/description
- **防火墙向导** 这是一个针对所有类型防火墙的非常有节制的清单。内容质量非常高，因此如果管理防火墙是感兴趣的事，我强力推荐这个清单：
  https://honor. trusecure. com/mailman/listinfo/firewall-wizards

此外还有更多的清单，一些是通用的且包含与任何类型的安全问题有关的信息，而另一些则是专门针对具体产品的。只要稍微搜索就会发现一些清单，这些清单不仅可作为获得有关安全的新闻的早期预警系统，还可作为发布板帮助了解可能出现的棘手的安全问题。

小结

一个安全网络只有在适当的维护时才会保持安全。维护需要在很多层次进行，如修补软件、升级硬件和保持入侵检测系统与杀毒软件的特征的最新状态。所有升级和修补都需要符合一个变更管理过程，这个过程的存在可以确保变更在可控的方式下进行，这个过程设计得能使风险最小化。在制定应对计算机紧急状况的合理响应计划时要有一些先见。记住，网络如同一个链，而它的强壮性只取决于最弱的环节，如果其中的任何一处没有考虑到，都可能产生安风险。作为网络管理员，必须保证所有方面的安全，否则黑客只需找到一个未修补或过时的系统就可危及安全。

快速解决方案

补丁管理

√ 事实上所有的网络设备都需要在一定时间修补。补丁出现的时候，一定要评价现在是否需要，或者是否可以等待一个软件包发行（如一个服务包或新的内核）再修补，因为这种软件包是经过更多严格的测试的。

√ 修补核心组件时要更加小心，这些核心组件的故障意味着整个网络功能的丧失。

变更管理

√ 所有的变更都伴随着某些风险。变更管理旨在了解风险并使之最小化。

√ 记录变更是了解环境的关键，也在因出现服务中断事件而对环境进行故障排查时起着至关重要的作用。

杀毒软件

√ 如果不能保持杀毒特征库总是最新的，也基本不可能有任何杀毒保护。维护对于基于特征的产品绝对是至关重要的。

反间谍软件

√ 反间谍软件可能和杀毒软件集成在一起，或者本身可能就是一个独立的产品。

√ 因为反间谍软件或恶意软件产品通常都使用特征库，如杀毒程序，需要定期更新。

入侵检测系统

√在一个基于特征的入侵检测系统中保持特征最新是非常关键的。

√ 测试任何入侵检测系统是防止错报的关键，而对于 IPS，充分地测试将帮助避免因使用入侵防御系统而产生一个计算机突发事件。

漏洞扫描

√ 漏洞扫描必须是一个定期的、周期性的过程，任务永远不可能做完，除非绝不对系统做任何改变。

渗透测试

√ 确保不存在任何含糊不清之处，以确切知道以商定的费用将获得什么服务。

策略审查

√ 信息技术政策（和标准或流程）需要定期地进行预先安排好的审查，如果需要，还应做出修改以保持价值和适用性。

物理安全

√ 物理安全包括任何与环境相关的安全风险。

√ 大部分安全性高的环境都规定任何没被使用的网络接口都应该禁用。这样可以防止未授权的用户在无意中使用这些数据接口攻击系统、下载恶意软件或者传输敏感或机密的数据。

CRET 小组（计算机突发事件响应小组）

√ 应该有一个适当的流程来响应与计算机相关的紧急事件，包括联络流程以使最初的发现能被适当地逐步上报。

常见问题

以下常被提及的问题，本书的作者都一一做出了解答。设计这些问题用来测试对本章出现的概念的理解，并帮助读者在实际生活中应用这些概念。如果还有其他问题，浏览 www. syngress. com/solutions 并单击 Ask the Author 一栏。

问： 渗透测试者在开始测试之前应该有多少关于目标主机的信息?

答： 各不相同。很多时候，测试者在开始测试时没有任何信息，因此不得不收集信息，这将模拟外部攻击者可能的攻击。经过最初一轮的仅使用由测试者收集的数据进行的渗透测试后，后继的测试在向测试者提供了充分的有关现存的体系结构和过程的信息后进行。后继的第二个阶段是模拟对目标环境非常了解的内部攻击者试图攻击的类型。这样，第一次渗透尝试会遇到一组不同的障碍。如果从互联网进入内部网络和从组织内进入内部网络，防火墙上针对这两种情况的过滤器可能大不相同。尽管渗透测试不总是以这种方式进行，但这的确代表了一种非常彻底的测试方法。

问： 我们应不应该告诉其他员工关于渗透测试的事情，这也许能警告雇员更加警惕?

答： 再说一次，如果通常按上述两种方式来做测试，初始的入侵要实现两个目的：测试安全性和入侵检测系统及安全响应。初步响应之后，每个人都知道渗透测试在进行，任何托词都得放弃。安全人员只需监视活动并提供检测到活动的报告即可。

问：所有角色都需要不同的人还是可以由同一个人来担当？

答：最佳指导方针就是设法避免任何潜在的利益冲突。如果批准服务器补丁的人就是应用该服务器补丁的人，则他/她可能有理由批准在午餐时间应用补丁而不是周末，以便不需要在周末加班。在一个较小的组织中也许不可能避免所有潜在的利益冲突，在无法避免的情况下，设法寻找附加的管理层签署，这样至少有一双额外的眼睛看到了所批准的维护活动，确保所有的维护都被很好地记录。

问：哪里是漏洞扫描周期的终点？

答：没有终点。漏洞扫描周期执行之后，步骤（2）～（4）将永远重复。

有 奖 征 集 反 馈 意 见

尊敬的读者：

科学出版社科爱森蓝文化传播有限公司（简称“科爱传播”）立足国际合作，致力于为科技专业人士提供优质的信息服务。我们很想通过自己的努力最大限度地满足您的需求，您的哪怕是一点点的建议和意见，都将成为我们改进工作的重要依据。

我们将在每年的 6 月份、12 月份各一次从半年的参与者中抽取幸运者 10 名，幸运者可以从“科爱传播”的出版物中任选价值 1000 元的图书（10 册以内）作为奖品（全部出版物信息可在我们的网站上查到）。

1．**您所购买的图书书名：**《______________________________________》

您于________年___月____日在（通过）_______________________购买到此书。

你认为本书的定价：□偏高　□合适　□偏低

你认为本书的内容有约____%对您有用。

2. **影响您购买本书的因素（可多选）：**

□封面封底　□价格　□内容提要　□书评广告　□出版物名声　□作者

□译者　□内容　□其他______________________________________

3．**你认为我们出版物的质量：**

内容质量（学术水平、写作水平）：□很好　□较好　□一般　□较差

译介质量（翻译水平、文字水平）：□很好　□较好　□一般　□较差

印制质量（印制、包装）：□很好　□较好　□一般　□较差

4．**您最喜欢书中的哪篇（或章、节）？请说明理由：**

____

____

5．**您最不喜欢书中的哪篇（或章、节）？请说明理由：**

____

____

6. 您希望本书在哪些方面改进？

7. 您感兴趣或希望增加的图书选题有：

8. 您是否愿意与我们合作，参与编写、编译、翻译图书或其他科技信息？

9. 请列举您近两年看过的，您认为最有参考价值、对您帮助最大的 1~2 本书：

书名	著作者	出版社	出版日期	定价

11. 您还有什么别的意见、建议？（可另附纸）

- 请告诉我们您准确的地址和联系办法：

姓名：______ 性别：______ 生日：______年______月______日

单位：______职务/职称：______

地址：______

E-mail：______电话：______

传真：______手机：______

回寄地址（也可以通过 E-mail 反馈）：

100717　北京东黄城根北街 16 号　科学出版社 科爱传播中心 杨 琴（收）

联系电话：010-64006871；传真：010-64034056

E-mail: yangq@kbooks.cn，keai@mail.sciencep.com

（注：本反馈单复印有效，也可以在线下载：http://www.kbooks.cn/reader.asp）